Greenberg
Revisão Rápida

Complemento à Oitava Edição

Greenberg
Revisão Rápida
Complemento à Oitava Edição

Leonard I. Kranzler, MD, JD, FACS, FAANS
Clinical Professor of Surgery (Neurosurgery)
University of Chicago
Chicago, Illinois

Jonathan G. Hobbs, MD
Resident Neurosurgeon
University of Chicago
Chicago, Illinois

Thieme
Rio de Janeiro • Stuttgart • New York • Delhi

Dados Internacionais de Catalogação na Publicação (CIP)

K89g
    Kranzler, Leonard I.
       Greenberg Revisão Rápida: Complemento à Oitava Edição/Leonard I. Kranzler & Jonathan G. Hobbs; tradução de Silvia Spada, Renata Scavone, Rivo Fischer et al. – 1. Ed. – Rio de Janeiro – RJ: Thieme Revinter Publicações, 2018.
       576 p.: il; 18,5 x 26 cm.

       Título Original: *The Greenberg Rapid Review: A Companion to the 8th Edition*
       ISBN 978-85-5465-029-2

       1. Sistema Nervoso – Cirurgia – Exames. 2. Perguntas. I. Hobbs, Jonathan G. II. Título.

                                      CDD: 616.8
                                      CDU: 616.8

Nota: O conhecimento médico está em constante evolução. À medida que a pesquisa e a experiência clínica ampliam o nosso saber, pode ser necessário alterar os métodos de tratamento e medicação. Os autores e editores deste material consultaram fontes tidas como confiáveis, a fim de fornecer informações completas e de acordo com os padrões aceitos no momento da publicação. No entanto, em vista da possibilidade de erro humano por parte dos autores, dos editores ou da casa editorial que traz à luz este trabalho, ou ainda de alterações no conhecimento médico, nem os autores, nem os editores, nem a casa editorial, nem qualquer outra parte que se tenha envolvido na elaboração deste material garantem que as informações aqui contidas sejam totalmente precisas ou completas; tampouco se responsabilizam por quaisquer erros ou omissões ou pelos resultados obtidos em consequência do uso de tais informações. É aconselhável que os leitores confirmem em outras fontes as informações aqui contidas. Sugere-se, por exemplo, que verifiquem a bula de cada medicamento que pretendam administrar, a fim de certificar-se de que as informações contidas nesta publicação são precisas e de que não houve mudanças na dose recomendada ou nas contraindicações. Esta recomendação é especialmente importante no caso de medicamentos novos ou pouco utilizados. Alguns dos nomes de produtos, patentes e *design* a que nos referimos neste livro são, na verdade, marcas registradas ou nomes protegidos pela legislação referente à propriedade intelectual, ainda que nem sempre o texto faça menção específica a esse fato. Portanto, a ocorrência de um nome sem a designação de sua propriedade não deve ser interpretada como uma indicação, por parte da editora, de que ele se encontra em domínio público.

Tradução:

Silvia Spada (Caps. 1 a 19)
Tradutora Especializada na Área da Saúde, SP

Renata Scavone (Caps. 20 a 29)
Médica Veterinária e Tradutora, SP

Rivo Fischer (Caps. 30 a 39)
Biólogo e Tradutor, RS

Sandra Mallmann (Caps. 40 a 49 e 98 a 102)
Tradutora Especializada na Área da Saúde, RS

Soraya Imon (Caps. 50 a 69)
Tradutora Especializada na Área da Saúde, SP

Angela Nishikaku (Caps. 83 a 92)
Tradutora Especializada na Área da Saúde, SP

Claudia Santos Gouvêia (Caps. 70 a 82)
Tradutora Especializada na Área da Saúde, RJ

Luciana Cristina Baldini Peruca (Caps. 93 a 97)
Médica Veterinária e Tradutora, SP

Revisão Técnica:

Enrico Ghizoni (Caps. 0 a 51)
Professor de Neurocirurgia da Faculdade de Ciências Médicas da Unicamp
Neurocirurgião do Hospital de Oncologia Infantil Boldrini
Neurocirurgião do Hospital Crânio-Facial Sobrapar

Andrei Fernandes Joaquim (Caps. 52 a 102)
Residência em Neurocirurgia pela Unicamp
Doutorado em Neurocirurgia pela Unicamp
Pós-Doutorado em Traumatismo Raquimedular pela Universidade de São Paulo (USP)
Membro da Academia Brasileira de Neurocirurgia

Título original:
The Greenberg Rapid Review: A Companion to the 8th Edition
Copyright © 2017 by Thieme Medical Publishers, Inc.
ISBN 978-1-62623-206-8

© 2018 Thieme Revinter Publicações Ltda.
Rua do Matoso, 170, Tijuca
20270-135, Rio de Janeiro – RJ, Brasil
http://www.ThiemeRevinter.com.br

Thieme Medical Publishers
http://www.thieme.com
Capa: Thieme Revinter Publicações

Impresso no Brasil por Zit Gráfica e Editora Ltda.
5 4 3 2 1
ISBN 978-85-5465-029-2

Todos os direitos reservados. Nenhuma parte desta publicação poderá ser reproduzida ou transmitida por nenhum meio, impresso, eletrônico ou mecânico, incluindo fotocópia, gravação ou qualquer outro tipo de sistema de armazenamento e transmissão de informação, sem prévia autorização por escrito.

Em reconhecimento a seus exemplos de erudição, tradição e amor à família, este livro é dedicado à memória de:

Sr. Morris Kranzler	Sr. Ben Teichner	Sra. Eva Teichner
Sr. Louis Weinberg	Dr. David Kranzler	Sra. Ada Rotter
Sr. Max Goldstein	Sr. Alex Angheluta	Sra. Rina Rosenbush
Dr. K. Jeffery Kranzler	Sr. Milton Saltzman	Sra. Dina Weinberg
Sr. Charles Kranzler	Sr. David Hurwitz	Sra. Chana Kranzler
Dr. Gershon Kranzler	Sr. Kurt Loebenberg	Sra. Rose Hurwitz
Rabino Alex Weisfogel	Sr. Joseph Kranzler	Sra. Ruth Kranzler
Sr. Nate Blum	Sr. Walter Rosenbush	Sra. Helen Goldstein
Sr. Henry Kranzler	Sr. Steve Rotter	Sra. Betty Blum
Sr. Harvey Goldstein	Sr. Tobey Friedman	Sra. Rosalie Goldstein
Sra. Luiza Anghelo	Sr. Python Anghelo	Sra. Eveline Kranzler
Sr. Yerachmiel Kranzler	Sr. Arthur Kranzler	Sra. Miriam Saltzman
Sra. Ruth Yudkofsky		

Em reconhecimento a meus pais, Lillian (em memória) e George Kranzler (em memória). E à minha esposa Uliana e filhos, Jenelle, Justin e Jared.

Leonard I. Kranzler

Nenhuma realização seria possível sem o amor inabalável e altruísta de minha família, que me permitiu ir em busca de minhas aspirações e sonhos sem limites. Foram eles que tornaram isto possível. Meus amigos e mentores que ofereceram orientação, apoio e, muitas vezes, a necessária voz da razão; sou grato por tudo o que vocês fizeram. Foi por minha família, amigos e inúmeros outros, cujos nomes ainda não foram mencionados, que me esforcei por ser um médico melhor e, o mais importante, uma pessoa melhor. Obrigado a todos.

Jonathan G. Hobbs

Adiante, há uma citação de Walden, um livro que trouxe inspiração, promoveu autorreflexão e uma compreensão mais profunda sobre o que minha família e amigos significam para mim, e como desejo lidar com a vida. Espero que essas palavras também lhes digam algo, ainda que a um mínimo, transmitindo-lhes esperança e motivação, nesses tempos sombrios que todos enfrentamos, durante nossa jornada para nos tornarmos a pessoa que desejamos ser.

"Fui aos bosques para viver deliberadamente, defrontar-me apenas com os fatos essenciais da vida, para ver se era capaz de aprender o que ela tinha a me ensinar, para não descobrir, à hora da morte, que não havia vivido. Não queria viver o que não era vida, pois viver me é tão caro; nem queria praticar a renúncia, a não ser que necessária. Queria viver intensamente e sorver toda a essência da vida, viver tão resolutamente quanto um espartano, retirar dela até a última gota e significado, e expulsar tudo o que não fosse vida."

– Henry David Thoreau, *Walden ou A Vida nos Bosques*

Sumário

Prefácio ... x
Agradecimentos ... xii
Agradecimento Especial ... xiii

Parte 1: Anatomia e Fisiologia
1. Anatomias Macroscópica, Craniana e Medular ... 1
2. Anatomia Vascular ... 12
3. Neurofisiologia e Síndromes Cerebrais Regionais ... 18

Parte 2: Geral e Neurologia
4. Neuroanestesia ... 28
5. Homeostase do Sódio e Osmolalidade ... 31
6. Cuidados Neurocríticos Gerais ... 36
7. Sedativos, Paralíticos, Analgésicos ... 38
8. Endocrinologia ... 44
9. Hematologia ... 48
10. Neurologia para Neurocirurgiões ... 53
11. Distúrbios Neurovasculares e Neurotoxicidade ... 64

Parte 3: Exames de Imagem e Diagnóstico
12. Radiologia Simples e Meios de Contraste ... 68
13. Imagens e Angiografia ... 73
14. Eletrodiagnóstico ... 78

Parte 4: Anomalias do Desenvolvimento
15. Anomalias Intracranianas Primárias ... 81
16. Anomalias Primárias da Coluna ... 88
17. Anomalias Craniospinais Primárias ... 95

Parte 5: Coma e Morte Cerebral
18. Coma ... 102
19. Morte Cerebral e Doação de Órgãos ... 108

Parte 6: Infecção
20. Infecções Bacterianas do Parênquima e das Meninges e Infecções Complexas ... 111
21. Infecções do Crânio, da Coluna e Pós-Cirúrgicas ... 121
22. Outras Infecções Não Bacterianas ... 128

Parte 7: Hidrocefalia e Líquido Cerebrospinal (CSF)
23. Líquido Cerebrospinal ... 132
24. Hidrocefalia – Aspectos Gerais ... 138
25. Tratamento da Hidrocefalia ... 146

Parte 8: Convulsões
26. Classificação das Crises Epilépticas e Farmacologia Anticonvulsivante ... 152
27. Tipos Especiais de Crises ... 160

Parte 9: Dor
28 Dor 166

Parte 10: Nervos Periféricos
29 Nervos Periféricos..173
30 Neuropatias por Encarceramento 185
31 Neuropatias Periféricas sem Encarceramento.........................194

Parte 11: Neuroftalmologia e Neurotologia
32 Neuroftalmologia...204
33 Neurotologia...217

Parte 12: Tumores Primários dos Sistemas Nervoso e Relacionados
34 Informações Gerais, Classificação e Marcadores Tumorais 223
35 Síndromes Envolvendo Tumores.......................................230
36 Astrocitomas...234
37 Outros Tumores Astrocíticos 239
38 Tumores Oligodendrogliais e Tumores do Epêndima, Plexo Corioide e outros Tumores Neuroepiteliais..243
39 Tumores Neuronais e Neurogliais Mistos 248
40 Tumores da Região Pineal e Embrionários 251
41 Tumores dos Nervos Cranianos, Espinais e Periféricos 256
42 Meningiomas 266
43 Outros Tumores Relacionados com as Meninges.......................271

Parte 13: Tumores Envolvendo Tecidos de Origem Não Neural
44 Linfomas e Neoplasias Hematopoiéticas..............................275
45 Tumores Hipofisários – Informações Gerais e Classificação..........278
46 Adenomas Hipofisários – Avaliação e Tratamento Não Cirúrgico 284
47 Adenomas Hipofisários – Tratamento Cirúrgico, Resultados e Tratamento de Recorrência . . 289
48 Cistos e Lesões Pseudotumorais 291
49 Pseudotumor Cerebral e Síndrome da Sela Vazia.....................294
50 Tumores e Lesões que se Assemelham a Tumores no Crânio 295
51 Tumores da Coluna Vertebral e Medula Espinal 297
52 Metástase Cerebral...299
53 Metástases Epidurais da Coluna.....................................302

Parte 14: Traumatismo Craniano
54 Informações Gerais, Classificação, Tratamento Inicial 305
55 Concussão, Edema Cerebral de Grande Altitude, Lesões Cerebrovasculares 308
56 Neuromonitorização...314
57 Fraturas do Crânio...320
58 Condições Hemorrágicas Traumáticas.................................324
59 Lesão no Cérebro por Ferimento por Arma de Fogo e sem Penetração de Projétil........332
60 Lesão na Cabeça de Pacientes Pediátricos 334
61 Lesões na Cabeça: Gerenciamento a Longo Prazo, Complicações, Resultados...........337

Parte 15: Traumatismo Medular
62 Informações Gerais, Avaliação Neurológica, Lesões Relacionadas com o Esporte e com o Efeito Chicote, Lesões da Coluna Vertebral em Crianças 340
63 Conduta na Lesão da Medula Espinal 349
64 Lesões Occipitoatlantoaxiais (do Occipital ao C2) 354
65 Lesões/Fraturas Subaxiais (C3 até C7)..............................361
66 Fraturas das Colunas Torácica, Lombar e Sacra 366
67 Lesões Penetrantes na Coluna Vertebral e Conduta/Complicações a Longo Prazo 373

Parte 16: Coluna Vertebral e Medula Espinal
68 Lombalgia e Radiculopatia 376
69 Hérnia Discal Intervertebral/Radiculopatias Lombar e Torácica 383
70 Hérnia de Disco Cervical. 393
71 Doença Degenerativa do Disco Cervical e Mielopatia Cervical. 397
72 Doença Degenerativa dos Discos Torácico e Lombar. 400
73 Deformidade da Coluna Vertebral e Escoliose Degenerativa em Adultos 404
74 Condições Especiais que Afetam a Coluna Vertebral 407
75 Outras Condições Não Medulares com Implicações na Coluna Vertebral 412
76 Condições Especiais que Afetam a Medula Espinal. 415

Parte 17: SAH e Aneurismas
77 Introdução e Informações Gerais, Graduação, Tratamento Médico, Condições Especiais . . 419
78 Cuidados Críticos aos Pacientes com Aneurisma 428
79 SAH por Ruptura de Aneurisma Cerebral 432
80 Tipo de Aneurisma por Localização 438
81 Aneurismas Especiais e SAH Não Aneurismática. 444

Parte 18: Malformações Vasculares
82 Malformações Vasculares 448

Parte 19: Acidente Vascular Cerebral e Doença Cerebrovascular Oclusiva
83 Informações Gerais e Fisiologia do Acidente Vascular Encefálico 454
84 Avaliação e Tratamento de Acidente Vascular Encefálico 457
85 Condições Especiais 462
86 Dissecções Arteriais Cerebrais 468

Parte 20: Hemorragia Intracerebral
87 Hemorragia Intracerebral. 470

Parte 21: Avaliação de Resultados
88 Avaliação de Resultados. 477

Parte 22: Diagnóstico Diferencial
89 Diagnóstico Diferencial por Localização ou Achados Radiográficos – Intracraniano 478
90 Diagnóstico Diferencial por Localização ou Achados Radiográficos – Coluna Espinal 490
91 Diagnóstico Diferencial (DDx) por Sinais e Sintomas – Primariamente Intracraniano. 493
92 Diagnóstico Diferencial (DDx) por Sinais e Sintomas – Primariamente Coluna Espinal e Outros. 498

Parte 23: Procedimentos, Intervenções, Cirurgias
93 Procedimentos, Intervenções, Operações: Informações Gerais. .509
94 Craniotomias Específicas 515
95 Coluna Espinal Cervical. 522
96 Colunas Vertebral, Torácica e Lombar. 527
97 Procedimentos Cirúrgicos Diversos. 531
98 Neurocirurgia Funcional. 534
99 Procedimentos para Dor 542
100 Cirurgia de Epilepsia 546
101 Radioterapia (XRT) 550
102 Neurocirurgia Endovascular. 555

Prefácio

Esta obra é uma fonte de estudo e um auxílio para revisão. Destina-se ao uso em conjunto com o *Manual de Neurocirurgia, Oitava Edição*, de Mark S. Greenberg. Permite ao usuário, após a leitura de uma página, seção ou capítulo do Greenberg, testar a retenção dos detalhes desta parte. Cada pergunta está diretamente relacionada ao texto do Greenberg, no qual as informações de fundo e o contexto estão prontamente disponíveis. Envidaram-se esforços para destacar fatos importantes na prática neurocirúrgica pela proposição de perguntas ao leitor que forcem o envolvimento ativo nos processos de aprendizagem e revisão.

O objetivo deste livro é conscientizar os clínicos sobre a expectativa do que irão conhecer com o uso de um formato de livro de revisão rápida. Ele ajudará os leitores a identificar o que já sabem, assim como o que não sabem, e fornecerá um método para que cada um possa verificar o que de fato aprendeu. O leitor também poderá estar confiante de que tudo o que foi posto em destaque como valioso foi identificado como tal por colegas e por um editor que está envolvido na educação neurocirúrgica como coordenador do Chicago Review Course in Neurological Surgery, desde 1974. Muitas perguntas foram contribuições de participantes do Chicago Review Course in Neurological Surgery e de jovens neurocirurgiões e neurologistas. Em suma, indivíduos de todos os níveis de sofisticação neurocirúrgica e neurológica colaboraram com este livro.

A expectativa é de que o leitor revise o material diversas vezes até ter sucesso em responder às perguntas. Os formatos das perguntas aproveitam as ideias estabelecidas em teoria da aprendizagem:

- temas complexos foram decompostos em pequenas porções
- exercícios para preencher lacunas com sentença e palavras
- retirada progressiva de dicas para forçar o usuário a recordar mais e mais detalhes
- mnemônicos ou sugestões (parte do material foi arranjado em "gráficos de estudo" para ajudar a memorizar as técnicas de ensino)
- humor
- arranjos alternativos do material (os mesmos fatos apresentados em diferentes formatos)
- repetição

Além disso, este guia de estudo é planejado de tal forma que as respostas apareçam diretamente após as perguntas (recomendamos que os usuários tampem as respostas na margem externa da página) para não se perder tempo procurando as respostas corretas na parte posterior do livro. Este formato também deve facilitar uma revisão rápida.

Observe que as referências de literatura e o índice estão presentes no volume de origem, o *Manual de Neurocirurgia, Oitava Edição*.

O conhecimento deste material, demonstrado por respostas corretas às perguntas, pode dar ao leitor a confiança de que dominou grande parte da base científica atual da especialidade de neurocirurgia. A confiança de contar com uma base de conhecimento forte e atualizada será útil ao residente, ao instrutor, ao neurocirurgião e àqueles que estão planejando fazer exames escritos, orais ou de recertificação.

Nota ao Leitor

Chame nossa atenção, por favor, para quaisquer erros identificados. Faça sugestões de quaisquer dispositivos mnemônicos adicionais que possam ajudar outras pessoas no campo da neurocirurgia. Esteja ciente de que o conhecimento médico está sempre mudando e que alguns itens e opiniões transmitidos nestas páginas são controversos.

Leonard I. Kranzler
Jonathan G. Hobbs

Contato com os autores:
KranzlerMD@gmail.com
jonathanhobbs@gmail.com

Agradecimentos

Agradecemos a cooperação e o encorajamento do Dr. Mark S. Greenberg. Nossa geração de neurocirurgiões foi favorecida porque o Dr. Greenberg coligiu a literatura de nossa área e nos presenteou dessa maneira concisa, categórica, bem equilibrada e criteriosa.

Agradecemos, ainda, nossos colaboradores e à equipe da Thieme, que tanto nos auxiliou.

Agradecimento Especial

Foi um prazer trabalhar e contar com a experiência coletiva de nossos colaboradores. Eles foram perspicazes em sua escolha de perguntas, diligentes e eficientes, além de totalmente cooperativos. Agradecemos a cada um de vocês. Para mais detalhes sobre o trabalho específico de nossos colaboradores, entre em contato com jonathanhobbs@gmail.com

Uchenna Ajoku, MD
University of Port Harcourt Teaching Hospital
Port Harcourt, Nigeria

Jason L. Choi, MD
University of Chicago
Chicago, Illinois

Bhargav D. Desai, BS
University of Illinois-Chicago College of Medicine
Chicago, Illinois

J. Palmer Greene, BA
University of Chicago Pritzker School of Medicine
Chicago, Illinois

Dominic A. Harris, MD
University of New Mexico
Albuquerque, New Mexico

Jordan Lebovic, BA
Harvard Medical School
Boston, Massachusetts

Yimo Lin, MD
Oregon Health and Science University
Portland, Oregon

Raisa C. Martinez Martinez, MD
University of Chicago
Chicago, Illinois

Ryan A. McDermott, MD
University of Texas at San Antonio
San Antonio, Texas

Jose M. Morales, MD MSc
University of Chicago
Chicago, Illinois

Ramin A. Morshed, MD
University of California, San Francisco
San Francisco, California

Andrew W. Platt, MD, MBA
University of Chicago
Chicago, Illinois

Sean P. Polster, MD
University of Chicago
Chicago, Illinois

Sophia F. Shakur, MD
University of Chicago
Chicago, Illinois

Jacob S. Young, BS
University of Chicago Pritzker School of Medicine
Chicago, Illinois

Greenberg
Revisão Rápida
Complemento à Oitava Edição

Thieme Revinter

1

Anatomias Macroscópica, Craniana e Medular

■ Anatomia da Superfície Cortical

1. **Caracterize a superfície cortical lateral.**   1.1.1
   a. O sulco pré-central não é _____.   contínuo
   b. O giro frontal médio conecta-se com o giro _____ via um fino _____.   pré-central, istmo
   c. O sulco central é separado do sulco lateral (fissura Silviana) _____% das vezes.   98%
   d. O tecido que os separa é chamado de _____ _____.   giro subcentral
   e. Os lóbulos parietais inferior e superior são separados pelo sulco _____.   intraparietal
   f. O lóbulo parietal inferior é composto
      i. pelo _____ _____   giro supramarginal (SMG)
      ii. e pelo _____ _____.   giro angular
   g. O sulco lateral (fissura Silviana)
      i. termina no _____,   SMG
      ii. que é a área # _____ de Brodmann.   40
   h. O giro temporal superior
      i. termina no _____,   AG
      ii. que é área # _____ de Brodmann.   39

2. **Complete as seguintes afirmações referentes à anatomia de superfície.**   1.1.1
   a. O giro frontal médio geralmente se conecta com o _____ _____.   giro pré-central
   b. O sulco central une-se ao sulco lateral (fissura Silviana) em apenas _____%.   2
   c. O sulco subcentral está presente em _____% dos pacientes.   98%
   d. O sulco lateral (fissura Silviana) termina no _____ _____.   giro supramarginal
   e. O sulco temporal superior é coberto pelo _____ _____.   giro angular

Parte 1: Anatomia e Fisiologia

3. **Associação.** Associe as seguintes áreas corticais de Brodmann e seu significado funcional.
   Significado funcional:
   ① córtex motor primário; ② área de Broca (fala motora); ③ área de Wernicke no hemisfério dominante; ④ área auditiva primária; ⑤ campos oculares frontais; ⑥ área somatossensorial primária; ⑦ área pré-motora; ⑧ córtex visual primário
   Área: (a-h) abaixo
   a. Área 3, 1, 2 — ⑥
   b. Área 41, 42 — ④
   c. Área 4 — ①
   d. Área 6 — ⑦
   e. Área 44 — ②
   f. Área 17 — ⑧
   g. Área 40, 39 — ③
   h. Área 8 — ⑤

4. **Complete as seguintes afirmações referente à *pars* marginal:**
   a. É a parte terminal do sulco ____ ____. — do cíngulo
   b. É visível em vista axial em ____% das CTs e ____% das MRIs. — 95%, 97%
   c. É o ____ ____ dos sulcos da face medial que atingem a linha média. — mais proeminente
   d. Estende-se para dentro dos hemisférios. Na CT axial está localizado exatamente posterior ao ____ ____ mais amplo. — diâmetro biparietal
   e. Curva-se ____ em fatias inferiores. — posteriormente
   f. Curva-se ____ em fatias superiores. — anteriormente

■ Sulco Central na Imagem Axial

5. **Complete as seguintes afirmações referentes ao sulco central.**
   a. É visível em quase ____%. — 95%
   b. Ele alcança a linha média? — não
   c. Termina no ____ ____. — lóbulo paracentral

■ Anatomia da Superfície do Crânio

6. **Verdadeiro ou Falso.** O ptério é uma região onde cada um dos seguintes ossos se une:
   a. frontal — verdadeiro
   b. esfenoide (asa maior) — verdadeiro
   c. parietal — verdadeiro
   d. temporal — verdadeiro
   e. esfenoide (asa menor) — falso

7. **Associação.** Associe os ossos/suturas que formam os pontos craniométricos listados.
   Osso/sutura:
   ① sutura lambdóidea; ② sutura occipitomastóidea; ③ sutura parietomastóidea; ④ frontal; ⑤ parietal; ⑥ temporal; ⑦ asa maior do esfenoide.
   Ponto craniométrico:
   a. astério
   b. ptério

   ①, ②, ③
   ④, ⑤, ⑥, ⑦

   1.3.1

8. **Verdadeiro ou Falso.** O nome da junção das suturas lambdóidea, occipitomastóidea e parietomastóidea é
   a. ptério
   b. astério

   c. lambda
   d. estefânia
   e. glabela
   f. opístio

   falso
   verdadeiro (Astério é a junção das suturas lambdóidea, occipitomastóidea e parietomastóidea.)
   falso
   falso
   falso
   falso

   1.3.1

9. **A junção astério é sobrejacente ao**
   a. seio _____ e ao
   b. seio _____.

   transversal
   sigmoide

   1.3.1

10. **Descreva o ponto de referência visível das linhas de Taylor-Haughton.**
    Osso/sutura:
    ① plano de Frankfurt (ou: linha basal); ② linha auditiva posterior; ③ linha condilar
    a. perpendicular à linha basal através do processo mastoide
    b. perpendicular à linha basal através do côndilo mandibular
    c. margem inferior da órbita → margem superior do meato auditivo externo

    ②

    ③

    ①

    1.3.2

11. **O ponto de referência externo para o sulco lateral (fissura Silviana) é uma linha do canto lateral até um ponto a três quartos do caminho posterior ao longo de um arco que corre sobre a convexidade na linha média desde o _____ até o _____.**

    násio;
    ínio

    1.3.2

Parte 1: Anatomia e Fisiologia

12. Verdadeiro ou Falso. Em relação aos pontos de referência externos, o giro angular está   1.3.2
  a. à largura de um dedo acima do arco zigomático. — falso
  b. logo acima do pavilhão auricular. — verdadeiro (O giro angular está logo acima do pavilhão auricular e importante como parte da área de Wernicke no hemisfério dominante.)
  c. à largura de um dedo atrás do processo do osso zigomático. — falso
  d. na junção das suturas lambdoide e sagital. — falso

13. Verdadeiro ou Falso. A faixa motora do córtex motor situa-se   1.3.2
  a. no nível da sutura coronal. — falso
  b. dentro de 2 cm da sutura coronal. — falso
  c. 3 a 4 cm posteriores à sutura coronal. — falso
  d. 4 a 5,4 cm posteriores à sutura coronal. — verdadeiro
  e. 2 cm posteriores à posição média do arco násio-ínio. — verdadeiro
  f. 5 cm diretamente para cima do meato auditivo externo. — verdadeiro

14. Verdadeiro ou Falso. No adulto não hidrocefálico, os ventrículos laterais situam-se   1.3.3
  a. 2 a 3 cm abaixo da superfície externa do crânio. — falso
  b. 3 a 4 cm abaixo da superfície externa do crânio. — falso
  c. 4 a 5 cm abaixo da superfície externa do crânio. — verdadeiro
  d. 5 a 6 cm abaixo da superfície externa do crânio. — falso

15. Verdadeiro ou Falso. No adulto não hidrocefálico, os cornos anteriores estendem-se   1.3.3
  a. 1 a 2 cm anteriores ao forame interventricular (de Monro). — falso
  b. 2,5 cm anteriores ao forame interventricular (de Monro). — verdadeiro
  c. 3 a 4 cm anteriores ao forame interventricular (de Monro). — falso

16. Verdadeiro ou Falso. O fastígio está localizado em   1.3.3
  a. ponto médio da linha de Twining. — falso
  b. assoalho do quarto ventrículo. — falso
  c. ápice do quarto ventrículo dentro do cerebelo. — verdadeiro (O fastígio é o ápice do quarto ventrículo no cerebelo.)
  d. 1 a 2 cm anteriores à sutura coronal. — falso

Anatomias Macroscópica, Craniana e Medular

17. **Liste os pontos de referência dos seguintes níveis cervicais:**   Tabela 1.4
    a. C3-4 _____ _____   osso hioide
    b. C4-5 _____ _____   cartilagem tireóidea
    c. C5-6 _____ _____   membrana cricotireóidea
    d. C6-7 _____ _____   cartilagem cricóidea

18. **Associação. Associe os seguintes pontos de referência e níveis cervicais.**   1.3.3
    Ponto de referência superficial:
    ① Nível da cartilagem tireóidea;
    ② cartilagem cricóidea; ③ ângulo de mandíbula; ④ membrana cricotireóidea;
    ⑤ tubérculo carotídeo; ⑥ 1 cm acima da cartilagem tireóidea (osso hioide)
    Nível cervical; (a-f) abaixo
    a. C1-2   ③
    b. C3-4   ⑥
    c. C4-5   ①
    d. C5-6   ④
    e. C6   ⑤
    f. C6-7   ②

■ Forames do Crânio e seus Conteúdos

19. **Associação. Associe o forame com os conteúdos (as escolhas podem ser usadas mais de uma vez).**   1.5.1
    Conteúdos:
    ① Nada; ② artéria meníngea média;
    ③ facial VII; ④ V2; ⑤ V3; ⑥ V1; ⑦ IX, X, XI
    Forame: (a-h) abaixo
    a. fissura orbital superior   ⑥
    b. fissura orbital inferior   ④
    c. forame lacerado   ①
    d. forame redondo   ④
    e. forame oval   ⑤
    f. forame espinhoso   ②
    g. forame estilomastóideo   ③
    h. forame jugular   ⑦

20. **Liste os nervos cranianos e os três ramos de um deles encontrado dentro da fissura orbital superior (SOF).**   1.5.1
    a. o_____   III nervo craniano (Cr. N. III) oculomotor
    b. t_____   IV, troclear
    c. n_____   nervo nasociliar
    d. f_____   nervo oftálmico frontal divisão: todos os três ramos
    e. l_____   nervo lacrimal
    f. a_____   VI, nervo abducente

Parte 1: Anatomia e Fisiologia

21. **Liste os outros conteúdos da fissura orbital superior (SOF).**   1.5.1
    a. v_____ o_____ s_____.   veia oftálmica superior
    b. a_____ m_____ r_____.   artéria meníngea recorrente
    c. que surge da artéria l_____.   lacrimal
    d. r_____ o_____ da a_____ m_____ m_____.   ramo orbital da artéria meníngea média
    e. p_____ s_____ da_____.   plexo simpático da artéria carótida interna (ICA)

22. **Outro nome para crista transversa é _____ _____.**   crista falciforme   1.5.2

23. **Outro nome para a crista vertical é _____ _____.**   barra de Bill   1.5.2

24. **Desenhe e coloque os dísticos dos nervos no poro acústico direito.**   1.5.2

    a. Barra de Bill
    b. Crista falciforme, crista transversa
    c. Cr. N. VII
    d. SV – vestibular superior
    e. Cr. N. VIII
    f. IV – vestibular inferior

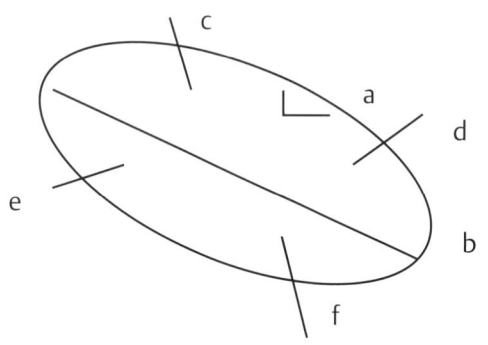

    Fig. 1.1

25. **Coloque os dísticos do diagrama do canal auditivo interno direito.**   1.5.2

    a. Crista transversa
    b. Porção acústica do Cr. N. VIII
    c. Cr. N. VII no canal facial
    d. Nervo vestibular superior
    e. Nervo vestibular inferior
    f. Barra de Bill – crista vertical

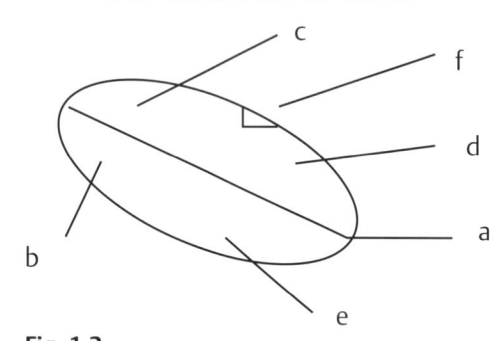

    Fig. 1.2

26. **Associação.** Associe os nervos do IAC com as áreas que eles servem.
    Nervos:
    ① n. facial; ② nervo intermediário; ③ porção acústica do VIII nervo; ④ ramo superior do n. vestibular; ⑤ ramo inferior do n. vestibular
    Áreas servidas: (a-h) abaixo
    a. músculos faciais — ①
    b. folículos capilares — ②
    c. papilas gustativas — ②
    d. audição — ③
    e. utrículo — ④
    f. canal semicircular superior — ④
    g. canal semicircular lateral — ④
    h. sáculo — ⑤

■ Cápsula Interna

27. **Lesões da cápsula mais interna são causadas por _____ ou _____.** — trombose ou hemorragia

28. **Nomeie o suprimento vascular para os seguintes componentes da cápsula interna:**
    a. membro anterior — ramos estriados laterais da artéria cerebral média (MCA)
    b. membro posterior — ramos estriados laterais da MCA
    c. membro posterior ventral — corioide anterior
    d. genu — ramos diretos da ICA
    e. radiações ópticas — corioide anterior

29. **Nomeie quatro pedúnculos talâmicos e onde vão suas radiações.**
    a. l_____ f_____ a_____ — lobo frontal anterior
    b. g_____ p_____ s_____ — giro pós-central superior
    c. a_____ o_____ & p_____ p_____ — áreas occipital & parietal posteriores
    d. a_____ a_____ i_____ — área auditiva inferior

8 Parte 1: Anatomia e Fisiologia

30. Desenhe a cápsula interna e nomeie os vasos sanguíneos que servem as respectivas áreas.
Dica: MIMA

1.6.2

Membro anterior
Ramos estriados laterais da MCA

Genu
Ramos da carótida interna

Ramos estriados laterais da MCA posterior e artéria coriode anterior

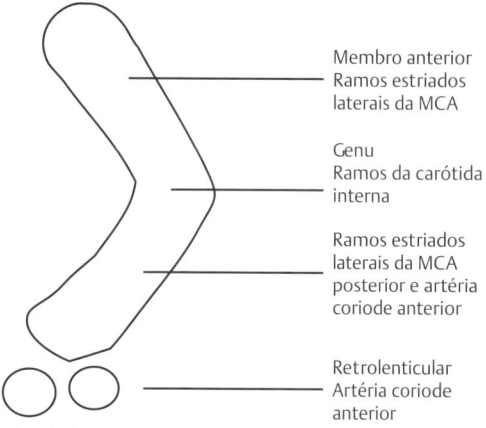

Retrolenticular
Artéria coriode anterior

Fig. 1.3

31. Associação. Associe a área na cápsula interna à sua função.

1.6.2

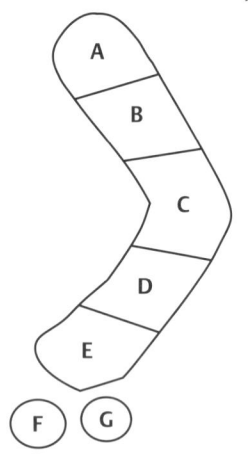

Fig. 1.4

Função (a-d) abaixo
a. Movimento do rosto
b. Movimento do pé
c. Visão
d. Audição

C genu
D membro posterior
F geniculado lateral
G geniculado medial

Anatomias Macroscópica, Craniana e Medular   9

■ Anatomia do Complexo Occipitoatlantoaxial

32. **Associação.** Associe os ligamentos do complexo occipitoatlantoaxial com as afirmações abaixo.   1.8

    Ligamentos:
    ① apical; ② alar; ③ cruzado; ④ porção ascendente; ⑤ porção descendente; ⑥ porção transversa; ⑦ longitudinal posterior; ⑧ tectorial; ⑨ longitudinal anterior; ⑩ atlanto-occipital anterior

    Afirmações (a-k) abaixo:
    a. Une o odontoide (dente do áxis) ao forame magno.   ①
    b. Une o odontoide ao côndilo occipital.   ②
    c. Une o odontoide à massa lateral da C1.   ②
    d. Une a C1 ao clivo e ao C2.   ③
    e. Une o odontoide ao clivo.   ④
    f. Une a C1 à C2.   ⑤
    g. Imobiliza o odontoide contra o atlas.   ⑥
    h. Estende-se na direção cefálica para se tornar tectorial.   ⑦
    i. É a extensão cefálica do ligamento longitudinal posterior (PLL).   ⑧
    j. Estende-se na direção cefálica para se tornar atlanto-occipital anterior.   ⑨
    k. A extensão do ligamento longitudinal anterior em direção cefálica.   ⑩

33. **Os ligamentos espinais mais importantes para a manutenção da estabilidade atlanto-occipital são**   1.8
    a. membrana _____ e os   tectorial
    b. ligamentos _____.   alares

■ Anatomia da Medula Espinal

34. **O ligamento denteado**   1.9.1
    a. separa as raízes _____   dorsais
    b. das raízes _____ nos nervos espinais.   ventrais

35. **Que nervo craniano situa-se dorsalmente ao ligamento denteado?**   Cr. N. XI acessório espinal   1.9.1

36. **Como é organizado, somatotopicamente, o trato espinotalâmico lateral (LST)?**   Fig. 1.13
    a. O cervical é _____.   medial
    b. O sacral é _____.   lateral

37. **Qual trato motor descendente facilita**   Tabela 1.7
    a. o tônus extensor?   trato vestibuloespinal
    b. o tônus flexor?   trato rubrospinal

Parte 1: Anatomia e Fisiologia

38. O maior trato ascendente mais próximo ao ligamento denteado é o _____ _____ _____.

    trato espinotalâmico lateral (LST) (para dor e temperatura do lado oposto do corpo)   Tabela 1.9

39. **Associação.** Associe função e anatomia sensorial.   1.9.2

    Função sensorial:
    ① dor e temperatura: corpo; ② toque fino, pressão profunda e propriocepção: corpo; ③ toque leve: corpo
    Anatomia: (a-i) abaixo
    a. Receptores
        i. Terminação nervosa livre — ①
        ii. Corpúsculos lamelares (de Pacini) e táteis (de Meissner) — ②-③
    b. Neurônios de primeira ordem
        i. Pequenos — ①
        ii. Fortemente mielinizados — ②-③
        iii. Finamente mielinizados — ①
        iv. Grandes — ②
    c. Corpo celular no gânglio da raiz dorsal — ①-②-③
    d. Entra na medula em
        i. zona de Lissauer — ①
        ii. colunas posteriores ipsolaterais — ②-③
    e. Sinapse em
        i. lâmina de Rexed (camada) II — ①
        ii. lâminas de Rexed (camadas) II e III — ②
        iii. lâminas de Rexed (camadas) III e IV — ③
    f. Neurônios de segunda ordem
        i. cruzam obliquamente na comissura anterior branca — ①-③
        ii. formam as fibras arqueadas internas — ②
    g. E entram no
        i. trato espinotalâmico lateral — ①
        ii. lemnisco medial — ②
        iii. trato espinotalâmico anterior — ③
    h. Neurônios de segunda ordem fazem sinapse no núcleo lateral posterior ventral do tálamo. — ①-②-③
    i. Neurônios de terceira ordem passam através do colículo inferior (IC) para o giro pós-central. — ①-②-③

40. **Liste a área corporal com a raiz apropriada.**   Fig. 1.14
    a. Mamilo, raiz: _____   T4
    b. Umbigo, raiz: _____   T10
    c. Dobra inguinal, raiz: _____   T12
    d. Coxa anterior, raiz: _____   L2-L3
    e. Coxa posterior, raiz: _____   S1
    f. Panturrilha lateral, raiz: _____   L5
    g. Panturrilha medial, raiz: _____   L4
    h. Panturrilha posterior, raiz: _____   S1
    i. Hálux, raiz: _____   L5
    j. Dedo mínimo, raiz: _____   S1

k. Sola do pé, raiz: _____   S1
l. Ombro lateral, raiz: _____   C5
m. Antebraço lateral, raiz: _____   C6
n. Polegar, raiz: _____   C6
o. Dedo médio, raiz: _____   C7
p. Dedo mínimo, raiz: _____   C8
q. Antebraço medial, raiz: _____   T1

41. **Complete as seguintes afirmações no que se refere aos dermátomos das extremidades superiores *versus* do tronco. O nível sensorial do tronco é relatado na T3 em um paciente de trauma.**
    a. Este é um pouco _____ da clavícula.   abaixo
    b. Você deve checar os dermátomos do _____.   braço
    c. Dermátomos da _____ a _____ não estão representados no tronco.   C5 a T2

Fig. 1.14

Parte 1: Anatomia e Fisiologia

7. **Complete as seguintes afirmações sobre a artéria corioide anterior.**   2.2.4
   a. Nomeie as 7 estruturas que ela supre
      i. g____ p____ — globo pálido
      ii. t____ o____ — trato óptico
      iii. g____ da c____ i____. — genu; cápsula interna
      iv. r____ o____ — radiações ópticas
      v. u____ — unco
      vi. m____ p____ da c____ i____ — membro posterior; cápsula interna
      vii. c____ g____ l____ — corpo geniculado lateral
   b. A oclusão pode produzir (Dica: 3 Hs) ____, ____ e ____. — hemiplegia, hemi-hipestesia; hemianopsia homônima

8. **Artéria comunicante posterior.**   2.2.4
   a. O segmento ____ entra no recesso supracornual do ____ ____ para suprir o ____ ____. — plexal; corno temporal; plexo corioide
   b. A origem é proximal à artéria ____ ____. — corioide anterior
   c. Maior do que a artéria ____ ____. — corioide anterior
   d. A artéria corioide anterior tem uma protuberância ou ____ ____, quando passa através da ____ ____ para entrar no ____. — ponto plexal; fissura corioide; ventrículo
   e. Desloca-se entre os nervos cranianos ____ e ____. — II; III

9. **Sifão carotídeo.**   2.2.4
   a. Começa na curvatura posterior da ICA ____ e termina na ____ da ICA. — cavernosa; bifurcação
   b. Inclui 3 segmentos: c____, o____ e c____. — cavernoso, oftálmico; comunicante

10. **Artéria carótida externa.**   2.2.4
    a. Situa-se ____ e ____ à ICA. — anterior; lateral
    b. Nomeie seus ramos de proximal a distal.
       i. t____ ____ — tireóideo superior
       ii. f____ ____ — faríngeo ascendente
       iii. l____ — lingual
       iv. f____ — facial
       v. o____ — occipital
       vi. a____ ____ — auricular posterior
       vii. t____ ____ — temporal superficial
       viii. m____ i____ — maxilar interno

Anatomia Vascular 15

11. **Artéria recorrente de Heubner.**   2.2.4
    a. Tipicamente surge na área da junção _____.   A1/2
    b. Supre a c_____ do c_____, o p_____ e a c_____ i_____ a_____.   cabeça; caudado; putâmen; cápsula interna anterior

12. **Circulação posterior.**   2.2.4
    a. _____% de pacientes têm uma circulação _____.   15-35%; fetal
    b. onde a PCA é suprida via _____ _____ em vez do sistema _____.   comunicante posterior (p-comm); vertebrobasilar

13. **Artéria vertebral.**   2.2.4
    a. O primeiro segmento entra no _____ forame transverso.   sexto
    b. O segundo ascende _____ dentro dos forames transversos.   verticalmente
    c. O segundo vira _____ quando sai do áxis.   lateralmente
    d. O terceiro curva-se _____ e _____.   posteriormente; medialmente
    e. O quarto perfura a _____.   dura
    f. As artérias vertebrais direita e esquerda se unem no nível da p_____ i_____ para formar a artéria _____.   ponte inferior; basilar
    g. Nomeie seis ramos
        i. m_____ a_____.   meníngeo anterior
        ii. m_____ p_____.   meníngeo posterior
        iii. m_____.   medular
        iv. e_____ p_____.   espinal posterior
        v. P_____.   PICA
        vi. e_____ a_____.   espinal anterior

14. **PICA (artéria cerebelar posterior inferior).**   2.2.4
    a. Surge _____ distal ao ponto onde a artéria vertebral se torna intradural.   10 mm
    b. Tem origem extradural em _____-_____%.   5-8%
    c. Nomeie os 5 segmentos.
        i. m_____ a_____   medular anterior
        ii. m_____ l_____   medular lateral
        iii. t_____, contém a alça _____   tonsilomedular; caudal
        iv. t_____, contém a alça _____   telovelotonsilar; cranial
        v. s_____ c_____   segmentos corticais
    d. Nomeie seus 3 ramos.
        i. c_____   corioide
        ii. t_____   tonsilo-hemisférico
        iii. v_____ i_____   vermiana inferior

Parte 1: Anatomia e Fisiologia

  e. O ponto corioide na angiografia é onde a artéria _____ entra no _____ _____ para suprir o _____ _____. — corioide; 4º ventrículo; plexo corioide
  g. O ponto copular na angiografia é onde a artéria _____ _____ curva-se _____. — vermiana inferior; inferiormente

15. **Artéria cerebral posterior:**
    a. Nomeie os 3 segmentos.
       i. P1 p_____ — peduncular
       ii. P2 a_____ — ambiente
       iii. P3 q_____ — quadrigeminal
    b. A artéria corioide posterior medial surge do segmento _____ ou _____. — P1, P2
    c. A artéria corioide posterior lateral surge do segmento _____. — P2
    d. A artéria de Percheron é uma _____ variante anatômica na qual um tronco _____ surge de _____ PCA para suprir os tálamos paramedianos _____ e o mesencéfalo rostral. — rara; solitário; uma; bilaterais

16. **Anastomoses fetais persistentes.**
    a. Há _____ tipos. — 4
    b. Elas resultam de uma falha de _____. — involução
    c. Elas incluem artérias t_____, o_____, h_____ e p_____. — trigeminal, ótica, hipoglossa, pró-atlântica
    d. O tipo mais comum é o _____. — trigeminal
    e. O primeiro tipo a involuir é o _____. — ótico

■ Anatomia Venosa Cerebral

17. **Anatomia venosa cerebral.**
    a. Dominância:
       i. A veia jugular interna _____ geralmente é dominante. — direita
       ii. O seio transverso _____ geralmente é dominante. — direito
       iii. A artéria vertebral _____ geralmente é dominante. — esquerda
       iv. A veia cerebral superficial (de Labbé) _____ geralmente é dominante. — esquerda
    b. As principais tributárias da veia cerebral magna (de Galeno) são a c_____ p_____, veia de R_____ e veia c_____ _____. — cerebelar pré-central; Rosenthal (basilar); cerebral interna
    c. A união da veia septal e da veia talamoestriada com a veia cerebral interna forma um ponto de referência angiográfico chamado a_____ v_____ no forame _____. — ângulo venoso; interventricular (de Monro)

Anatomia Vascular   17

18. **Anatomia do seio cavernoso.**
    a. O seio cavernoso é um _____ de _____.   plexo; veias
    b. Desenhe a vista dos seios cavernosos esquerdo e direito. Coloque as seguintes legendas em seu desenho: 1. oculomotor (III); 2. troclear (IV); 3. triângulo de Parkinson; 4. oftálmico (V1); 5. maxilar (V2); 6. abducente (VI); 7. carótida.

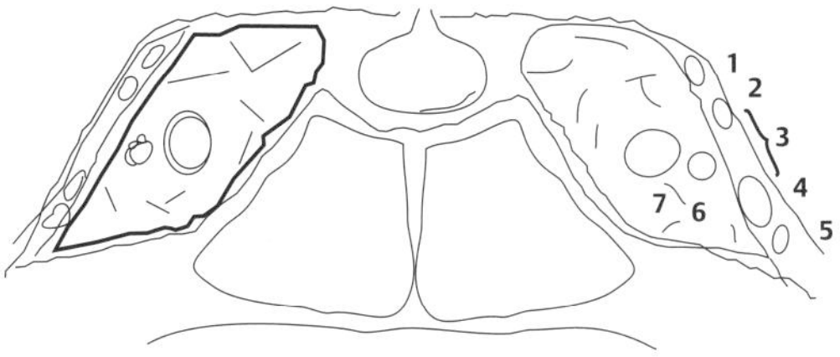

    Fig. 2.1

    c. Nomeie os 6 principais conteúdos do seio cavernoso.   Cr. N. III, Cr. N. IV, Cr. N. V1, Cr. N. V2, Cr. N. VI, ICA
    d. O nervo craniano _____ é o único nervo do seio cavernoso que não sai do crânio através da _____ _____ _____; ele sai através do _____ _____.   V2; fissura orbital superior; forame redondo
    e. O _____ nervo craniano é o único nervo não inserido na parede dural _____.   VI; lateral
    f. O triângulo de Parkinson limita-se superiormente com _____ e _____ e com _____ e _____ inferiormente.   Cr. N. III e IV; Cr. N. V1 e V2

■ Vasculatura da Medula Espinal

19. **Vasculatura da medula espinal.**
    a. Suprimento da medula espinal cervical da artéria _____, p_____ c_____ e t_____ c_____.   vertebral; profunda cervical; tronco costocervical
    b. A artéria de _____ supre a medula espinal a partir da vértebra T8 até o cone.   Adamkiewicz (artéria radicular anterior)
    c. A artéria de _____ localiza-se à esquerda em _____% e surge entre as vértebras 9-L2 em _____%.   Adamkiewicz (artéria radicular anterior); 80%; 85%
    d. A região _____ é considerada uma zona _____ e, portanto, mais _____ a lesões vasculares.   Mediotorácica; de linha divisória; suscetível

3

Neurofisiologia e Síndromes Cerebrais Regionais

■ Neurofisiologia

1. **Responda as seguintes afirmações referentes à barreira hematoencefálica (BBB).**   3.1.1
    a. Que substância química abre a BBB? — Manitol
    b. Que substância química fecha a BBB? — Esteroides
    c. Que locais não possuem BBB? (Dica: hprppta) — Hipófise, pineal, recesso pré-óptico, plexo corioide, túber cinéreo, área postrema
    d. Que patologia lesiona a BBB? (Dica: e h i a v e t t) — Encefalopatia hepática, infecções, acidente vascular encefálico, trauma, tumor

2. **Complete as seguintes afirmações sobre edema cerebral.**   3.1.1
    a. Citotóxico
        i. ocorre na l_____ e_____ — lesão encefálica
        ii. ocorre no h_____ — hematoma
        iii. o formato é c_____ — circular
        iv. ocorre no C_____ — CVA (acidente vascular cerebral)
        v. BBB está _____ — fechada
    b. Vasogênico
        i. o formato é _____ — em V (como dedos de edema de substância branca)
        ii. ocorre com t_____ — tumores
        iii. ocorre com m_____ — metástase
        iv. trate com e_____ — esteroides
        v. com contraste ele se _____ na _____ e _____ — intensifica na CT (tomografia computadorizada) e na MR (ressonância magnética)
        vi. BBB está a_____ — aberta

3. **Associação. Associe o tipo de edema às características.**   3.1.1
    Tipo de edema: ① citotóxico; ② vasogênico
    Dica: citotóxico – letras iniciais; vasogênico – letras finais do alfabeto.
    Características: (a-l) a seguir:
    a. BBB rompida — ②
    b. BBB fechada — ①
    c. Lesão cefálica — ①

d. Tumor ②
e. Intensifica-se ②
f. Não se intensifica ①
g. Uso de esteroides não é apropriado ①
h. Uso de esteroides é apropriado ②
i. Formato circular na MR ①
j. Extensões tipo dedos em V na MR ②
k. Ocorre no hematoma ①
l. Ocorre no CVA ①

4. **Verdadeiro ou Falso. O edema citotóxico tem:**   3.1.1
   a. BBB rompida — falso
   b. expansão do espaço extracelular — falso
   c. intensificação com contraste injetado — falso
   d. nenhum extravasamento de proteína — verdadeiro

5. **Folha de Estudo.**   3.1.1
   a. Citotóxico:
      i. BBB fechada
      ii. Lesão cefálica
      iii. Hematoma
      iv. Esteroides
      v. CVA
      vi. As células incham e depois encolhem
   b. Vasogênico:
      i. BBB rompida
      ii. Tumores
      iii. Metástases
      iv. Esteroides
      v. Extravasa proteína
      vi. Intensifica-se na CT e MRI (imagem por ressonância magnética)
      vii. Espaço extracelular amplo
      viii. Células estáveis

6. **Preencha os espaços em branco para completar o reflexo de Babinski.**   3.1.2
   (Dica: p r r s n l f e)
   a. estimulação lateral _____ — plantar
   b. origina-se como _____ _____ — reflexo cutâneo
   c. e estimula os _____ — receptores
   d. no dermátomo _____ — S1
   e. que se deslocam via _____ _____ — nervo tibial
   f. para os segmentos da medula espinal números _____ (membro _____) — L4-S2; aferente
   g. o membro eferente se desloca via nervo _____ — fibular
   h. para os _____ do _____ — extensores; hálux

7. **Resuma o sinal de Babinski.**   3.1.2
   a. _____ receptor — dermátomo S1
   b. membro aferente _____ — nervo tibial
   c. medula _____ — L4-S2
   d. membro eferente _____ — nervo fibular

Parte 1: Anatomia e Fisiologia

8. Preencha os espaços em branco para completar os detalhes da indução do reflexo plantar. — 3.1.2
   a. Estimula a superfície _____ _____ — plantar lateral
   b. e o _____ _____ — arco transverso
   c. em um movimento _____ — único
   d. que dura de _____ a _____ segundos. — 5 a 6
   e. A resposta consiste em _____ do _____. — extensão; hálux
   f. _____ _____ _____ dos pequenos artelhos — extensão em leque
   g. _____ é clinicamente importante. — não

9. Verdadeiro ou Falso. A manobra de Chaddock é descrita como — 3.1.2
   a. arranhar a lateral do pé — verdadeiro
   b. beliscar o tendão do calcâneo (de Aquiles) — falso
   c. deslizar os nós dos dedos pela parte frontal da perna — falso
   d. comprimir momentaneamente o gastrocnêmio inferior — falso

10. Complete as seguintes afirmações referentes ao sinal de Hoffman:. — 3.1.2
    a. H (de Hoffman) é a _____ letra do alfabeto. — oitava
    b. Se unilateralmente presente, o sinal de Hoffman indica uma lesão acima da _____. — C8

11. Complete as seguintes afirmações sobre a fisiologia da bexiga. — 3.1.3
    a. O centro primário de coordenação da função da bexiga está em
       i. n_____ do l_____ c_____ — núcleo do *locus coeruleus*
       ii. da p_____. — ponte
    b. Este centro coordena
       i. c_____ da _____ (d_____) com — contração da bexiga (detrusor)
       ii. r_____ do e_____ (e_____ e_____). — relaxamento do esfíncter (esfíncter externo)

12. O controle cortical voluntário — 3.1.3
    a. inibe o c_____ p_____ — centro pontino – núcleo *locus coeruleus*
    b. Ele se origina em
       i. l_____ f_____ a_____ — lobos frontais anteromediais
       ii. e g_____ do c_____ c_____ — genu do corpo caloso
    c. desloca-se pelo t_____ p_____ — trato piramidal
    d. para inibir
       i. c_____ do — contração
       ii. d_____ e a contração — detrusor
       iii. do e_____ e_____. — esfíncter externo

Neurofisiologia e Síndromes Cerebrais Regionais   21

13. Imaturidade, infarto ou lesões corticais causam 3.1.3
   a. incapacidade de _____   suprimir
   b. o r_____ de m_____   reflexo de micção
   c. e resulta em i_____.   incontinência

14. Os eferentes para a bexiga 3.1.3
   a. deslocam-se na porção d_____   dorsal
   b. das c_____ l_____.   colunas laterais

15. Controle parassimpático 3.1.3
   a. _____ o detrusor   contrai
   b. o esfíncter interno _____   relaxa
   c. desloca-se via nervos e_____ p_____   esplâncnicos pélvicos

16. Nervo somático 3.1.3
   a. esfíncter externo _____   contrai-se
   b. mantém a c_____   continência
   c. desloca-se via nervo _____   pudendo

17. Nervo simpático 3.1.3
   a. providencia o _____ do colo da bexiga e   fechamento
   b. desloca-se via plexo h_____ i_____.   hipogástrico inferior

18. Verdadeiro ou Falso. O músculo detrusor da bexiga se contrai e o esfíncter interno relaxa sob 3.1.3
   a. estimulação do PNS   verdadeiro (estimulação do sistema nervoso parassimpático)
   b. estimulação do nervo somático   falso
   c. estimulação do sistema nervoso simpático   falso
   d. todas as anteriores   falso

19. Verdadeiro ou Falso. O seguinte pode causar ao detrusor hiper-reflexia do detrusor: 3.1.3
   a. acidente vascular cerebral   verdadeiro
   b. lesão à medula espinal (mielopatia)   verdadeiro
   c. cateterização crônica da bexiga   falso (A hiper-reflexia do detrusor pode resultar em interrupção dos eferentes em qualquer lugar do córtex à medula sacral.)
   d. esclerose múltipla   verdadeiro
   e. doença de Parkinson   verdadeiro
   f. hidrocefalia   verdadeiro
   g. demência   verdadeiro
   h. tumor cerebral   verdadeiro

20. Verdadeiro ou Falso. A interrupção dos eferentes resulta em 3.1.3
   a. bexiga atônica   falso – lesão de raiz
   b. incontinência por fluxo excessivo   falso – lesão de raiz
   c. eliminação urinária descontrolada   verdadeiro
   d. esvaziamento reflexo da bexiga   verdadeiro
   e. eliminação urinária desencadeada por um volume crítico   verdadeiro

Parte 1: Anatomia e Fisiologia

f. produzida por mielopatia	verdadeiro	
g. produzida por lesão cefálica	verdadeiro	
h. produzida por certos medicamentos	falso – arreflexia do detrusor	
i. produzida por diabetes melito	falso – neuropatia automática	
21. A perda de inibição centralmente mediada do r_____ p_____ da m_____ é mediada por lesões supraespinais.	reflexo pontino da micção	3.1.3
22. O c_____ de c_____ v_____ s_____ está localizado no c_____ m_____, e resulta de lesões acima da nível vertebral de _____, o que corresponde aos corpos vertebrais _____.	centro de controle vesical sacral; cone medular; S1; T12/L1	3.1.3
23. Após lesões agudas na medula espinal suprassacral, pode haver c_____ m_____, e como resultado a_____ do d_____.	choque medular; arreflexia do detrusor	3.1.3
24. Quando o choque medular cede, desenvolve-se a maior parte da _____ _____.	hiper-reflexia do detrusor	3.1.3
25. Associe a lesão à etiologia. Lesão: ① suprassacral; ② infrassacral (abaixo do nível S2 da medula espinal) Etiologias: (a-d) abaixo		3.1.3
a. cauda equina	②	
b. lesão ao cone medular	①, ②	
c. mielite transversa	①	
d. lesões ao nervo periférico	②	
26. A interrupção do a_____ r_____ p_____ pode produzir a_____ do d_____.	arco reflexo periférico; arreflexia do detrusor	3.1.3
27. Os sintomas urológicos da estenose do canal vertebral variam (hiperatividade ou subatividade do detrusor) e dependem do nível espinal envolvido e do tipo de envolvimento dependendo se há compressão dos t_____ r_____ i_____ ou m_____; envolvendo o f_____ p_____.	tratos reticuloespinhais inibidores; mielopatia; funículo posterior	3.1.3
28. A síndrome da cauda equina geralmente produz r_____ u_____, embora possa ocorrer i_____ por e_____ de f_____.	retenção urinária; incontinência por excesso de fluxo	3.1.3
29. N_____ p_____ provocam o comprometimento da atividade do detrusor.	Neuropatias periféricas	3.1.3

30.	Os pacientes com d_____ n_____ têm esfíncter arrefléxico da bexiga.	disrafismo neuroespinal	3.1.3
31.	Verdadeiro ou Falso. Os pacientes com esclerose múltipla desenvolvem sintomas de eliminação urinária decorrentes de desmielinização que envolve, primariamente.		3.1.3
a.	colunas posterior e lateral da medula espinal lombar.	falso	
b.	coluna lateral da espinha cervical.	falso	
c.	coluna posterior da espinha lombar.	falso	
d.	coluna lateral da espinha lombar.	falso	
e.	colunas posterior e lateral da medula espinal cervical.	verdadeiro (colunas posterior e lateral da medula espinal cervical)	
32.	Verdadeiro ou Falso. As causas da retenção urinária são		3.1.3
a.	estenose uretral	verdadeiro	
b.	aumento prostático	verdadeiro	
c.	arreflexia do detrusor	verdadeiro	
d.	herpes-zóster	verdadeiro	
33.	A avaliação da função da bexiga geralmente combina c_____ ou v_____ com m_____ do e_____.	cistometrograma; videourodinâmica; mielografia do esfíncter	3.1.3
34.	Os anticolinérgicos sintéticos bloqueiam as s_____ p_____ (a_____ m_____) sem bloquear os gânglios autônomos ou neuromusculares esqueléticos (j_____ n_____).	sinapses pós-ganglionares (ação muscarínica); junções nicotínicas	3.1.3
35.	O anticolinérgico prescrito mais amplamente para hiper-reflexia do detrusor é O_____, embora T_____ seja considerada menos eficaz.	Oxibutinina; Tolterodina	3.1.3
36.	B_____ é indicado para pós-operatório de retenção urinária não obstrutiva e para atonia neurogênica causada por lesão ou disfunção da medula espinal.	Betanecol	3.1.3
37.	Após descompressão de cauda equina aguda, os pacientes podem começar T_____ para aliviar os sintomas de retenção urinária.	Tamsulosin	3.1.3

■ Síndromes Cerebrais Regionais

38. **Associação.** Associe a região ao déficit. 3.2.1
    Região:
    ① lobos pré-frontais; ② lobo frontal;
    ③ lobo parietal – dominante; ④ parietal –
    não dominante; ⑤ lobo occipital;
    ⑥ cerebelo; ⑦ encefálico; ⑧ pineal;
    ⑨ sulco olfatório
    Déficit: (a-l) abaixo
    a. abulia-apatia — ②
    b. pensamentos desorganizados — ①
    c. negligência contralateral — ③ ou ④
    d. distúrbios da linguagem — ③
    e. anosognosia — ④
    f. apraxia do vestir — ④
    g. hemianopsia homônima — ⑤
    h. ataxia troncular — ⑥
    i. ataxia ipsolateral — ⑥
    j. paralisia do olhar para cima — ⑧
    k. mau planejamento — ①
    l. anosmia unilateral — ⑨

39. **Os campos oculares frontais para olhar contralateral estão** 3.2.1
    a. localizados no lobo frontal _____. — posterior
    b. na área de Brodmann _____. — 8
    c. com uma lesão destrutiva, os olhos do paciente olham _____ da lesão. — na direção (Dica: *d*estrutiva = na *d*ireção)
    d. com uma lesão irritativa, os olhos do paciente olham _____ da lesão. — para longe (Dica: irrit*a*tiva = *a*fastados)
    e. geralmente as lesões são _____. — destrutivas

40. **Verdadeiro ou Falso.** A síndrome de Gerstmann inclui 3.2.1
    a. agrafia sem alexia — verdadeiro
    b. confusão esquerda-direita — verdadeiro
    c. agnosia dos dedos — verdadeiro
    d. agnosia tátil — falso
    e. acalculia — verdadeiro

41. **Verdadeiro ou Falso.** Os pacientes com síndrome de Gerstmann podem ler. — verdadeiro 3.2.1

42. **Verdadeiro ou Falso.** Os pacientes com síndrome de Gerstman podem escrever. — falso 3.2.1

43. **Verdadeiro ou Falso.** A síndrome sensorial cortical inclui: 3.2.2
    a. perda da noção de posição — verdadeiro
    b. incapacidade de localizar estímulos táteis — verdadeiro
    c. astereognosia — verdadeiro
    d. perda de sensação de dor e temperatura — falso (As sensações de dor e temperatura, assim como de vibração, estão preservadas.)

44. **Verdadeiro ou Falso. A afasia de Broca inclui:** 3.2.2
   a. disartria — verdadeiro
   b. a lesão está na área 44 — verdadeiro
   c. "apraxia" do sequenciamento motor — verdadeiro
   d. similar à afasia de condução — falso (A afasia de Broca é motora – fala disártrica hesitante. Na afasia de condução a fala é fluente com parafasias.)

45. **Verdadeiro ou Falso. A afasia de Wernicke inclui:** 3.2.2
   a. afasia fluente — verdadeiro
   b. lesão nas áreas de Brodmann 41 e 42 — falso (a lesão está nas áreas 39 e 40)
   c. a fala é desprovida de significado — verdadeiro
   d. entonação normal — verdadeiro

46. **Alexia sem agrafia** 3.2.2
   a. Significa que o paciente pode _____ — escrever
   b. mas não pode _____. — ler
   c. Surpreendentemente, tais pacientes em geral, podem fazer o que com números? — ler e nomeá-los
   d. A lesão está localizada no lobo _____ — parietoccipital
   e. Em que lado? — esquerdo, dominante
   f. Serve para desconectar o _____ _____ e o — giro angular
   g. _____ _____ — lobo occipital
   h. também conhecida como _____ _____ de _____. — cegueira pura de palavras
   i. Isto é contrastado com qual síndrome? — de Gerstmann
   j. na qual o paciente pode _____ — ler
   k. mas não pode _____ — escrever
   l. também conhecida como _____ _____ _____. — agrafia sem alexia

47. **Associação. Associe as síndromes numeradas com as frases dos tópicos com letras.** 3.2.2
   Síndrome:
   ① de Gerstmann; ② cegueira pura de palavras
   Fases: (a-d) abaixo
   a. alexia sem agrafia — ②
   b. agrafia sem alexia — ①
   c. na qual o paciente é capaz de ler — ②
   d. na qual o paciente não é capaz de ler — ①

48. **Verdadeiro ou Falso. A síndrome de Foster-Kennedy:** 3.2.3
   a. geralmente causada por tumor no sulco olfatório ou terço medial da asa do esfenoide — verdadeiro
   b. anosmia contralateral — falso (A anosmia ipsolateral, e não a contralateral, faz parte da tríade clássica.)

c. escotoma central ipsolateral — verdadeiro
  d. papiledema contralateral — verdadeiro
  e. atrofia óptica contralateral — falso (atrofia óptica ipsolateral)
  f. geralmente decorrente de meningioma — verdadeiro

49. Verdadeiro ou Falso. Referente à síndrome de Weber.
  a. A síndrome de Weber inclui paralisia do Cr. N. III com hemiparesia contralateral. — verdadeiro
  b. A síndrome de Weber inclui paralisia do Cr. N. VII com hemiparesia contralateral. — falso
  c. A síndrome de Weber inclui paralisia do Cr. N. III com hemiparesia ipsolateral. — falso
  d. A síndrome de Weber inclui paralisia dos Cr. N.s VI e VII com hemiparesia contralateral. — falso
  e. A síndrome de Weber inclui
   i. paralisia do Cr. N. III — verdadeiro
   ii. hemiparesia contralateral — verdadeiro
   iii. hipercinesia do braço — falso
   iv. ataxia — falso
   v. tremor de intenção — falso

50. Verdadeiro ou Falso. A síndrome de Benedikt se deve à ruptura do
  a. pedículo cerebral — verdadeiro
  b. fibras emitidas pelo Cr. N. III — verdadeiro
  c. núcleo vermelho — verdadeiro

51. Verdadeiro ou Falso. A síndrome de Millard-Gubler se deve à ruptura de
  a. núcleo do VII — verdadeiro
  b. núcleo do VI — verdadeiro
  c. trato corticoespinal — verdadeiro

52. Verdadeiro ou Falso. Referente à síndrome de Parinaud.
  a. A síndrome de Parinaud inclui paralisia do olhar para baixo. — falso
  b. A síndrome de Parinaud inclui retração palpebral. — verdadeiro
  c. A síndrome de Parinaud inclui nistagmo retrátil. — falso
  d. Quando a síndrome de Parinaud é combinada com a paralisia do olhar para baixo é conhecida como síndrome do _____ do _____. — aqueduto do mesencéfalo (de Sylvius)

■ Síndromes do Forame Jugular

53. Verdadeiro ou Falso. Referente às síndromes do forame jugular.
    a. seio transverso — falso
    b. Cr. N. IX, X e XI — verdadeiro
    c. Cr. N. X, XI e XII — falso
    d. seio sigmoide — verdadeiro
    e. seio petroso — verdadeiro
    f. ramos da artéria faríngea ascendente — verdadeiro
    g. ramos da artéria occipital — verdadeiro

54. Associação. Associe as seguintes síndromes numeradas com as lesões em tópicos com letras. Também indicam os nervos envolvidos e os resultados da lesão.
    Síndrome:
    ① Vernet; ② Collet-Sicard; ③ lesão de Villaret
    Lesão: (a-c) abaixo
    a. Qual síndrome do forame jugular mais provavelmente se deve a uma lesão intracraniana? — ① afeta os Cr. N. IX, X, XI do paladar, pregas vocais e SCM (músculo esternocleidomastóideo)
    b. lesão extracraniana? — ② acima desta mais língua e Cr. N. XII
    c. lesão retrofaríngea? — ③ acima desta mais Horner

55. Verdadeiro ou Falso. A síndrome do forame jugular que poupa o Cr. N. IX é
    a. de Vernet — falso
    b. de Collet-Sicard — falso
    c. de Villaret — falso
    d. Tapia (paralisia de) — verdadeiro (pregas vocais e língua, Tapia Cr. N. X, XII)

4

Neuroanestesia

■ Informações Gerais

1. **Forneça informações gerais sobre neuroanestesia.** — 4.1
   a. Nomeie o vasodilatador cerebral mais potente — CO_2 (dióxido de carbono)
   b. Efeito da hiperventilação
      i. $PaCO_2$ (pressão parcial de dióxido de carbono) — reduz-se
      ii. CBV (volume sanguíneo cerebral) — diminui
      iii. CBF (fluxo sanguíneo cerebral) — diminui
      iv. O objetivo é um volume de CO_2 expirado ($ETCO_2$) de _____ mmHg. — 25-30 mmHg
      v. Correlaciona-se com $PaCO_2$ de _____ mmHg. — 30 a 35 mmHg
   c. Para cada _____ grau Celsius de temperatura, — 1
   d. há uma alteração na taxa metabólica cerebral de oxigênio de _____%. — 7%
   e. A hiperglicemia pode _____ os déficits isquêmicos. — agravar
   f. A elevação da cabeceira do leito fará com que
      i. o fluxo sanguíneo arterial — diminua
      ii. a ICP (pressão intracraniana) — reduza
      iii. o fluxo de saída de sangue venoso — diminua

■ Fármacos Usados na Neuroanestesia

2. **Agentes inalados têm os seguintes efeitos sobre:** — 4.2.1
   a. metabolismo cerebral — reduz-se
   b. vasos cerebrais — dilatam-se
   c. volume sanguíneo cerebral — aumenta
   d. ICP — aumenta
   e. reatividade do CO_2 — aumenta

3. **Que fármaco anestésico pode não dar a solução e agravar a pneumocefalia?** — óxido nitroso — 4.2.1

4. **Para reduzir o risco de pneumoencéfalo hipertensivo** — 4.2.1
   a. preencha qualquer espaço com _____ — fluido
   b. e suspenda o _____ — agente
   c. _____ minutos antes de fechar a dura. — 10

5. **Complete referente a barbitúricos:** — 4.2.2
   a. Eles produzem _____ dose-dependente do EEG. — supressão
   b. Podem causar _____ de vaso periférico — dilatação
   c. que pode resultar em _____ — hipotensão
   d. e _____ a CPP (pressão de perfusão cerebral). — reduzir

6. **Qual barbitúrico pode diminuir o limiar de convulsões?** — metoexital — 4.2.2

7. **Verdadeiro ou Falso. Etomidato** — 4.2.2
   a. tem propriedades analgésicas. — falso
   b. pode produzir atividade mioclônica. — verdadeiro
   c. pode comprometer a função renal. — verdadeiro
   d. pode produzir insuficiência suprarrenal. — verdadeiro

8. **Cetamina é um antagonista do receptor de _____.** — NMDA (N-metil-D-aspartato) — 4.2.2

9. **Verdadeiro ou Falso. Morfina** — 4.2.2
   a. cruza significativamente a barreira hematoencefálica (BBB). — falso
   b. libera histamina que — verdadeiro
   c. produz hipotensão — verdadeiro
   d. causa vasodilatação — verdadeiro
   e. aumenta a ICP — verdadeiro
   f. compromete a CPP — verdadeiro

10. **Caracterize os narcóticos sintéticos:** — 4.2.2
    a. Têm a vantagem de não causar l_____ de h_____. — liberação de histamina
    b. Um exemplo é f_____. — fentanila

11. **Benzodiazepínicos são agonitas de _____.** — GABA — 4.2.3

12. **Dexmedetomidina (Precedex) é um agonista do receptor _____.** — alfa-2-adrenérgico — 4.2.3

13. **Qual é o único agente paralítico despolarizante?** — succinilcolina — 4.2.4

Parte 2: Geral e Neurologia

■ Necessidade de Anestésicos na Monitorização dos Potenciais Evocados Intraoperatórios

14. Responda as seguintes perguntas referentes à necessidade de anestésicos na monitorização de potenciais evocados.   4.3
   a. Qual é a técnica preferida?   anestesia IV (intravenosa) total
   b. A segunda melhor é _____.   nitrosa/narcótica
   c. Os relaxantes musculares são permitidos?   sim
15. Como se deve infundir fentanil?   continuamente, e não de maneira intermitente   4.3

■ Hipertermia Maligna

16. Referente à hipertermia maligna.   4.4.1
   a. Causada por bloqueio da reentrada de _____ dentro do retículo sarcoplasmático.   cálcio   4.4.2
   b. O sinal mais precoce possível é _____ de pressão de dióxido de carbono (pCO_2) expirado.   aumento
   c. O tratamento com _____ IV geralmente é eficaz.   dantrolene   4.4.3
   d. Em pacientes em risco, _____ deve ser evitada.   succinilcolina   4.4.4

5

Homeostase do Sódio e Osmolalidade

■ Osmolalidade Sérica e Concentração de Sódio

1. A osmolalidade sérica _____ está associada a risco de insuficiência renal.	> 320	Tabela 5.1

■ Hiponatremia

2. O diagnóstico será hiponatremia se o sódio sérico estiver abaixo de _____ mEq/L.	135	5.2.1
3. Duas etiologias comuns de hiponatremia são		5.2.1
a. S_____	SIADH (síndrome secreção inapropriada de hormônio antidiurético)	
b. C_____	CSW (síndrome perdedora de sal cerebral)	
4. O exame completo mínimo para hiponatremia deve incluir:		5.2.1
a. soro _____	[Na$^+$]	
b. sérica _____	osmolalidade	
c. urinária _____	osmolalidade	
d. avaliação do _____	estado de volume	
e. urina _____	[Na$^+$]	
f. T_____	TSH (hormônio estimulante da tireoide)	
5. A síndrome é SIADH		5.2.1
a. se a osmolalidade sérica for inferior a _____ mOsm/L	275	
b. e a osmolalidade urinária for superior a _____ mOsm/L.	100	
6. Pseudo-hiponatremia ocorre quando solutos _____ ativos extraem _____ das células e _____ a fração de água do plasma e produzem, artificialmente, valores de _____.	osmoticamente; água; reduzem; sódio baixos	5.2.1

Parte 2: Geral e Neurologia

7. **Nomeie osmoticamente os solutos ativos que podem causar pseudo-hiponatremia.** — 5.2.1
   a. g_____   glicose
   b. m_____   manitol
   c. h_____   hiperlipidemia
   d. h_____   hiperproteinemia

8. **Complete a equação para calcular a osmolalidade sérica.** — 5.2.2
   Osmolalidade sérica efetiva = osmolalidade medida – [ureia sanguínea: [BUN](mg/dL)/_____.   2,8

9. **Associação. Associe os sintomas à gravidade da hiponatremia.** — 5.2.3
   Hiponatremia:
   ① leve, < 130 mEq/L; ② grave < 125 mEq/L
   Sintomas: (a-i) abaixo
   a. cefaleia   ①
   b. edema cerebral   ②
   c. anorexia   ①
   d. náusea com vômito   ②
   e. fraqueza muscular   ①
   f. espasmos musculares   ②
   g. convulsões   ②
   h. parada respiratória   ②
   i. dificuldade em se concentrar   ①

10. **SIADH é** — 5.2.5
    a. a liberação de _____   ADH
    b. sem estímulos _____   osmóticos
    c. resultando em
       i. _____ natremia   hipo
       ii. _____ volemia   hiper
       iii. com osmolalidade urinária inadequadamente _____.   alta

11. **Complete as seguintes afirmações referentes ao tratamento de hiponatremia.** — 5.2.5
    a. Evite correção _____.   rápida
    b. Evite a _____ correção.   super
    c. Não exceda _____ mEq/L por hora.   1
    d. Não exceda _____ mEq/L por 24 horas.   8
    e. Não exceda _____ mEq/L por 48 horas.   18

12. **Associação.** O diagnóstico de SIADH depende de três critérios diagnósticos. Associe o valor laboratorial ao teste apropriado.
    Hiponatremia:
    ① Na sérico; ② K sérico; ③ osmolalidade sérica; ④ osmolalidade urinária; ⑤ Na urinário; ⑥ K urinário; ⑦ Nitrogênio ureico sanguíneo; (BUN) e creatinina
    a. baixa   ①, ③
    b. alta   ④, ⑤
    c. normal   ⑥, ⑦

13. Dê o resultado esperado para cada teste no diagnóstico de SIADH.
    a. Na sérico _____   < 134 mEq/L
    b. osmol sérica _____   < 275 mOsm/L
    c. Na urinário _____   > 18 mEq/L
    d. Na urinário pode ser tão alto quanto _____   50-150 mEq/L
    e. BUN sérico abaixo de _____   10
    f. creatinina sérica _____   normal

14. Mielinólise pontina central (CPM) é
    a. ou síndrome de d_____ o_____   desmielinização osmótica
    b. causada por r_____ c_____ da hiponatremia   rápida correção
    c. um distúrbio da s_____ b_____ p_____.   substância branca pontina
    d. seus sintomas são
        i. q_____ f_____   quadriplegia flácida
        ii. alterações do e_____ m_____   estado mental
        iii. anormalidades do n_____ c_____   nervo craniano
        iv. aparência p_____   pseudobulbar

15. As características comuns em pacientes que desenvolvem CPM são
    a. r_____ c_____   rápida correção
    b. s_____   supercorreção
    c. r_____ no d_____ de mais de _____ horas.   retardo no diagnóstico; 48
    d. aumento do Na de mais de _____ mEq/L dentro de _____ horas.   25; 48

16. O tratamento da SIADH inclui:
    a. r_____ de _____   restrição de fluido
    b. s_____   sal

17. A síndrome perdedora de sal cerebral (CSW) é
    a. perda r_____ de _____   renal; Na
    b. como resultado de doença _____   intracraniana
    c. produzindo _____ natremia e uma   hipo
    d. _____ do volume de fluido extracelular.   diminuição

34 Parte 2: Geral e Neurologia

18. **Liste os resultados laboratoriais esperados para o paciente quando comparar SIADH com CSW.** — Tabela 5.5
    a. Água: na SIADH: ____, na CSW: ____ — SIADH: hipervolêmico, CSW: hipovolêmico
    b. Na (sérico): na SIADH: ____, na CSW: ____ — SIADH: baixo, CSW: baixo
    c. osmol. (sérica): na SIADH: ____, na CSW: ____ — SIADH: baixa, CSW: alta
    d. osmol (urina): na SIADH: ____, na CSW: ____ — SIADH: alta, CSW: alta
    e. Na (urina): na SIADH: ____, na CSW: ____ — SIADH: alto, CSW: alto
    f. Hct (hematócrito): na SIADH: ____, na CSW: ____ — SIADH: baixo, CSW: alto

19. **Qual é o tratamento para CSW?** — 5.2.6
    a. Hidratar
        i. com solução ____ ____ a ____ — salina normal; 0,9%
        ii. a ____ mL/h. — 100-125
    b. Usa furosemida (sim ou não?) — não
    c. Evite a ____ correção — rápida

■ Hipernatremia

20. **Em pacientes neurocirúrgicos, a hipernatremia é vista em** — 5.3.1
    a. d____ i____. — diabetes insípido
    b. Defina hipernatremia — Na > 150 mEq/L

21. **Caracterize o diabetes insípido** — 5.3.2
    a. Em razão do baixo nível de ____. — ADH
    b. A eliminação urinária é < ____ mL/h. — 200
    c. A densidade específica da urina é < ____. — 1,005
    d. A osmolaridade sérica está normal ou ____. — alta
    e. O sódio sérico está ____. — alto

22. **No diabetes insípido, o seguinte está alto ou baixo?** — 5.3.2
    a. O ADH está ____. — baixo
    b. A densidade específica da urina está ____. — baixa
    c. A eliminação urinária está ____. — alta
    d. A osmolalidade sérica está ____. — alta
    e. O sódio sérico está ____. — alto

23. **A etiologia do diabetes insípido pode ser** — 5.3.2
    a. Neu____ — neurogênica
    b. Nef____ — nefrogênica

24. **O diagnóstico de diabetes insípido ocorre quando**
    a. a eliminação urinária está acima de _____. 250 mL/h
    b. a osmolalidade da urina está abaixo de _____. 200 mOsm/L
    c. a densidade específica está abaixo de _____. 1.003
    d. a função suprarrenal está _____. normal

    5.3.2

25. **O tratamento do diabetes insípido em um paciente ambulatorial consciente é instruir o paciente a b_____ somente quando _____.** beber; sedento

    5.3.2

26. **O tratamento do diabetes insípido em paciente comatoso.**
    a. O tratamento com fluido intravenoso (IV) com _____ a uma velocidade apropriada (75-100 mL/h). D5 1/2NS + 20 mEq/L
    b. Reponha a _____ acima da base, à velocidade intravenosa (IV), mL por mL, com _____. eliminação urinária; 1/2 NS
    c. Se for incapaz de suprir a perda de fluido, use
        i. v_____ vasopressina
        ii. d_____ desmopressina

    5.3.2

6

Cuidados Neurocríticos Gerais

■ Agentes Parenterais para Hipertensão

1.	**Verdadeiro ou Falso. Nicardipina**		6.1
a.	é um bloqueador de canal de cálcio.	verdadeiro	
b.	não eleva a pressão intracraniana (ICP).	verdadeiro	
c.	diminui a frequência cardíaca.	falso	
2.	**Nitroglicerina pode _____ a ICP.**	elevar	6.1
a.	É um vaso _____.	dilatador	
b.	age nas v_____ mais do que nas a_____	veias, artérias	
c.	que _____ as pressões do ventrículo esquerdo (LV).	diminui	
3.	**O labetalol é um bloqueador _____ seletivo e não um _____ bloqueador.**	alfa-1; beta	6.1
4.	**Liste os efeitos do labetalol sobre o seguinte:**		6.1
a.	ICP	nenhuma alteração	
b.	pulso	diminuição ou nenhuma alteração	
c.	débito cardíaco	nenhuma alteração	
d.	isquemia coronária	nenhuma alteração	
e.	insuficiência renal	nenhuma alteração	

■ Hipotensão (Choque)

5.	**Qual é o primeiro sinal de choque hipovolêmico?**	taquicardia	6.2.1
6.	**O choque séptico com mais frequência se deve à sepse Gram-_____.**	negativa	6.2.1
7.	**Dopamina é, primariamente, um vaso _____.**	constritor	6.2.2
8.	**Caracterize o efeito da dopamina nessas doses**		Tabela 6.1
a.	0,5-2,0 mcg/kg/min	dopaminérgico	
b.	2-10 mcg/kg/min	beta-1	
c.	> 10 mcg/kg/min	alfa, beta, dopaminérgico	

Cuidados Neurocríticos Gerais

9. **Verdadeiro ou Falso. Dobutamina** — 6.2.2
   a. é, primariamente, um vasodilatador beta-1. — verdadeiro
   b. aumenta o débito cardíaco por inotropismo. — verdadeiro
   c. pode exacerbar a isquemia miocárdica. — verdadeiro

10. **Fenilefrina _____ a pressão sanguínea por _____ a SVR (resistência vascular sistêmica), e causa _____ do, reflexo do tônus parassimpático, resultando em _____ do pulso.** — eleva; aumentar; aumento; diminuição — 6.2.2

11. **Para os vasopressores listados, complete as seguintes afirmações para descrever os cuidados necessários.** — 6.2.2
    a. Fenilefrina: evite em caso de l_____ à m_____ e_____ — lesão, medula espinal
    b. Dopamina: pode causar h_____. — hiperglicemia
    c. Dobutamina: pode causar disfunção das p_____. — plaquetas

■ Inibidores de Acidez

12. **Verdadeiro ou Falso. Os fatores de risco extra para o sistema nervoso central (CNS) que aumentam as probabilidades de úlceras por estresse são os seguintes:** — 6.3.1
    a. queimaduras cobrindo mais de 25% da área de superfície corporal — verdadeiro
    b. hipotensão — verdadeiro
    c. insuficiência renal — verdadeiro
    d. coagulopatias — verdadeiro

13. **Quando é o tempo de pico para a produção de ácido e pepsina após lesão cefálica?** — 3-5 dias após a lesão — 6.3.1

14. **O uso profilático de bloqueador H2 deve ocorrer quando são administrados esteroides?** — não – geralmente não são indicados — 6.3.2

15. **O pH gástrico > 4 pode _____ o risco de pneumonia por aspiração.** — aumentar — 6.3.3

16. **Omeprazol pode _____ a eficácia da prednisona e _____ o *clearance* da varfarina e fenitoína em razão da _____ das enzimas hepáticas P-450.** — diminuir; diminuir; inibição — 6.3.5

17. **O sucralfato pode _____ a incidência da pneumonia e a mortalidade mais do que os agentes que afetam o pH gástrico.** — diminuir — 6.3.6

7

Sedativos, Paralíticos, Analgésicos

■ Sedativos e Paralíticos

1. A Escala de Richmond (RASS) quantifica os níveis de _____ e _____.	agitação e sedação	7.1.1
a. Números positivos para _____	agitação	
b. Números negativos para _____	sedação	
2. Verdadeiro ou Falso. Indique se as seguintes afirmações são verdadeiras ou falsas:		7.1.2, 7.1.3
a. Metoexital (Brevital) é mais potente e sua ação é mais rápida que a do tiopental.	verdadeiro	
b. Remifentanil atravessa rapidamente a barreira hematoencefálica (BBB).	verdadeiro	
c. Fentanil causa depressão respiratória dose-dependente.	verdadeiro	
d. Propofol apresenta melhor neuroproteção do que os barbitúricos (durante cirurgia de aneurisma).	falso (barbitúricos são melhores)	
e. Precedex pode ser usado para reduzir tremores.	verdadeiro	
3. Verdadeiro ou Falso. Os seguintes sedativos podem induzir convulsões:		7.1.3
a. Tiopental	falso	
b. Metoexital	verdadeiro	
c. Fentanil	falso	
d. Propofol	falso	
e. Precedex	falso	
4. T_____ pode causar necrose quando injetado por via intra-arterial.	Tiopental	7.1.3
5. Complete as seguintes afirmações sobre a síndrome de infusão de propofol.		7.1.3
a. Caracteriza-se por		
i. _____ calemia	hipercalemia	
ii. _____ megalia	hepatomegalia	
iii. a_____ m_____	acidose metabólica	
iv. r_____	rabdomiólise	
v. i_____ r_____	insuficiência renal	
vi. i_____ m_____	insuficiência miocárdica	
vii. h_____	hipertrigliceridemia	

6. **Complete as seguintes afirmações sobre Precedex.** 7.1.3
   a. Mecanismo de ação — agonista alfa-2-adrenorreceptor
   b. Age em
      i. l____ c____ e — lócus cerúleo
      ii. g____ da r____ d____. — gânglios da raiz dorsal
   c. Tem propriedades s____ e a____. — sedativas e analgésicas
   d. Efeitos colaterais: h____, b____ — hipotensão, bradicardia

7. **Escolha a ordem correta de longa ação a curta ação para os seguintes agentes neuromusculares:** Tabela 7.2
   a. Pancurônio
   b. Succinilcolina
   c. Rocurônio
   d. Vecurônio

   Pancurônio: 60 a 180 minutos
   Vecurônio: 40 a 60 minutos
   Rocurônio: 40 a 60 minutos (porém, início mais rápido)
   Succinilcolina: 20 minutos

■ Paralíticos (Agentes Bloqueadores Neuromusculares)

8. A s____ é sempre necessária em um paciente consciente simultaneamente com o uso de um agente paralítico e quando é estabelecida a ventilação. — sedação 7.2.1

9. **Verdadeiro ou Falso.** Tabela 7.2
   a. Pancurônio tem longa ação. — verdadeiro
   b. Rocurônio tem curta ação. — verdadeiro
   c. Succinilcolina é um bloqueador competitivo e tem curta ação. — falso (Succinilcolina é um bloqueador não competitivo e é considerado o único despolarizante ganglionar. Tem sido ligada à hipertermia maligna.)
   d. A sedação é necessária para pacientes conscientes. — verdadeiro

10. **Qual é o único bloqueador ganglionar despolarizante entre os seguintes agentes paralíticos:** — a. Succinilcolina 7.2.1
    a. Succinilcolina
    b. Rapacurônio
    c. Mivacurônio
    d. Rocurônio

Parte 2: Geral e Neurologia

11. **Complete as seguintes afirmações referentes a possíveis efeitos colaterais da succinilcolina.**
    a. Aumenta o potássio sérico em _____. 0,5 mEq/ mL
    b. Causa hipercalemia grave em pacientes com patologia _____. neuronal ou neuromuscular
    c. É contraindicada na fase aguda de quais lesões? Queimaduras de grande porte, traumas múltiplos
    d. Pode causar disritmias, especialmente _____ _____. bradicardia sinusal

    7.2.1

12. **Qual dos seguintes agentes paralíticos é contraindicado na fase aguda da lesão em razão do risco de hipercalemia?** a. Succinilcolina 7.2.1
    a. Succinilcolina
    b. Metocurina
    c. Doxacúrio
    d. Pancurônio
    e. Vecurônio

13. **Qual desses é o bloqueador não despolarizante de ação mais curta?** c. Vecurônio 7.2.4
    a. Mivacúrio
    b. Rocurônio
    c. Vecurônio
    d. Metocurina
    e. Doxacúrio

14. **Qual agente paralítico não despolarizante não afeta a pressão intracraniana (ICP) ou pressão de perfusão cerebral (CPP)?** a. Vecurônio 7.2.4
    a. Vecurônio
    b. Pancurônio
    c. Succilnilcolina
    d. Rapacurônio
    e. Rocurônio

15. **Qual é a principal diferença entre cisatracúrio e seu isômero atracúrio?** d. Cisatracúrio não libera histamina 7.2.4
    a. Custo
    b. Início de ação
    c. Duração
    d. Cisatracúrio não libera histamina.
    e. Nenhum dos anteriores

16. **Diga se o pancurônio aumenta ou diminui o seguinte:** 7.2.4
    a. débito cardíaco aumenta
    b. velocidade de pulso aumenta
    c. ICP aumenta

Sedativos, Paralíticos, Analgésicos   41

17. **Complete as seguintes afirmações sobre reversão do bloqueio muscular.**   7.2.5
    a. A reversão não é tentada até o paciente ter pelo menos de _____ contração até uma série de _____ estímulos. — 1 contração até uma série de 4
    b. Uma resposta de 1/4 indica _____% de bloqueio muscular. — 90
    c. Que medicação é usada para reversão? — neostigmina (2,5 a 5 mg IV)
    d. Que medicações podem ser adicionadas para prevenir bradicardia?
        i. a_____ — atropina (0,5 mg para cada mg de neostigmina)
        ii. g_____ — glicopirrolato (0,2 mg para cada mg de neostigmina)

■ Analgésicos

18. **A dor do câncer metastático pode ser dessensibilizada por qual desses analgésicos?** — a, b, c   7.3.3
    a. esteroides
    b. aspirina
    c. drogas anti-inflamatórias não esteroides
    d. acetaminofeno

19. **Como agem as drogas anti-inflamatórias não esteroides (NSAIDs)?**   7.3.4
    a. Elas inibem _____. — ciclo-oxigenase
    b. que interfere na síntese de p_____ — prostaglandinas
    c. e t_____. — tromboxanos
    d. Isto inibe a função de _____ — plaquetas
    e. e prolonga o _____ _____ _____. — tempo de sangramento
    f. Elas também podem causar _____. — nefrotoxicidade

20. **Complete as seguintes afirmativas referentes às NSAIDs e à função plaquetária.**   7.3.4
    a. A NSAID que resulta em ligação irreversível é a _____. — aspirina
    b. Qual NSAID resulta em inibição da função plaquetária? — a maioria das NSAIDs
    c. A NSAID que não interfere na função plaquetária é _____. — Relafen (nabumetona)

21. **Liste as doses das seguintes substâncias:**   Tabela 7.4
    a. NSAID a usar
        i. Dose de ataque de Naprosyn: _____ depois _____ a cada _____ a _____ horas. — 500 mg; depois 250 mg; 6 a 8
        ii. Motrin sem dose de ataque: Inicie com a dose de _____ a _____ mg depois _____ vezes ao dia. — 400 a 800; depois 4 vezes ao dia

42 Parte 2: Geral e Neurologia

    b. Opioide a usar (dor moderada a intensa)
        i. Percodan sem dose de ataque: Inicie   1 a 2 pílulas;
com a dose de _____ a _____ pílula(s)   3 a 4 horas
a cada _____ a _____ horas.
        ii. Vicodin sem dose de ataque: Inicie com   1 pílula;
a dose de _____ pílula(s) a cada _____   a cada 6 horas;
horas. Limite a _____ pílulas a cada   8 pílulas;
_____ horas ao dia.   a cada 24 horas
    c. Uso de opioides (dor moderada a intensa)
        i. Dose de ataque de codeína?   sem dose de ataque;
Inicie com a dose de _____ a _____ mg   30 a 60 mg em 3 horas;
em _____ horas, até _____ mg em   60 mg em 3 a 5 horas
_____ a _____ horas

22. Em que medida Tylenol é seguro?   Tabela 7.3
    a. Vem em dosagens de _____ ou _____ mg.   750* ou 1.000 mg
    b. É seguro até _____ mg/dia.   4.000 mg/dia
    c. Tem um efeito de teto a _____ mg/dia.   1.300 mg/dia
    d. Apresenta toxicidade hepática acima de _____ mg/dia.   10.000 mg/dia

23. Um efeito colateral sério do acetaminofeno é a _____.   hepatotoxicidade   Tabela 7.3

24. Complete as seguintes afirmativas referentes ao cetorolaco (Toradol).   7.3.4
    a. Somente NSAID _____ é aprovado para uso nos Estados Unidos.   parenteral
    b. Um efeito _____ é mais potente do que seu efeito _____-_____.   analgésico; anti-inflamatório
    c. A meia-vida é de _____ horas.   6

25. Verdadeiro ou Falso. Referente aos analgésicos opioides.   7.3.5
    a. Eles não têm efeito de teto.   verdadeiro
    b. Com o uso crônico, desenvolve-se tolerância.   verdadeiro
    c. A *overdose* é possível com grave depressão respiratória.   verdadeiro
    d. O tratamento da *overdose* inclui administração de naloxona.   verdadeiro
    e. Flumazenil ajuda no tratamento da *overdose*.   falso (Flumazenil é útil no tratamento da *overdose* de benzodiazepínicos.)

26. Verdadeiro ou Falso. Referente aos narcóticos.   7.3.5
    a. Alguns opioides podem causar convulsões.   verdadeiro
    b. As tolerâncias física e psicológica se desenvolvem com o uso crônico.   verdadeiro
    c. Há um efeito de teto com a dosagem crescente.   verdadeiro
    d. A *overdose* pode causar depressão respiratória.   verdadeiro

---

*Nota do RT: Dose no mercado brasileiro.

27.	Complete o seguinte mnemônico sobre opioides.	7.3.5
a.	o_____	*overdose* é possível
b.	p_____	potencial para depressão respiratória
c.	i_____	incremento da dosagem = aumento do efeito – nenhum efeito de teto
d.	o_____	ocorrem pupilas pequenas – miose
e.	i_____	intoxicação – trate com Narcan
f.	d_____	desenvolve-se tolerância com o uso crônico
28.	A qual subtipo de receptor opioide o tramadol (Ultram) se liga?	receptor μ-opioide	7.3.5
29.	Ultram tem ação central para inibir a recaptação de		7.3.5
a.	n_____ e	norepinefrina
b.	s_____	serotonina
30.	Verdadeiro ou Falso. Comprimidos de Contin nunca devem ser esmagados, divididos ou mastigados.	verdadeiro	Tabela 7.6
31.	Qual é a relação de potência intramuscular: via oral (IM:PO) da morfina?		Tabela 7.7
a.	dose única	1:6
b.	doses crônicas	1:2 a 3
32.	Indique as ações características das seguintes medicações adjuvantes:		7.3.6
a.	Tricíclicos	bloqueia a captação de serotonina
b.	Triptofano	precursor da serotonina
c.	Anti-histamínicos	ansiolítico
d.	Fenotiazina	tranquilizante
33.	Quais síndromes de dor craniofacial são responsivas à carbamazepina?		7.3.6
a.	n_____ t_____	neuralgia do trigêmeo
b.	n_____ g_____	neuralgia glossofaríngea
c.	n_____ p_____-_____	neuralgia pós-herpética
34.	O uso crônico de triptofano pode causar _____.	depleção de Vitamina B6	7.3.6

8

Endocrinologia

■ Corticosteroides

1. **Cortisol é liberado pelas _____ _____ e é estimulado pelo hormônio adrenocorticotrófico (ACTH) da _____, que, por sua vez, é estimulado pelo (CRH) do _____.**	glândulas suprarrenais; hipófise; hipotálamo	8.1.1
2. **Verdadeiro ou Falso. Os seguintes têm de ser repostos na insuficiência suprarrenal.**		8.1.2
a. Mineralocorticoides	verdadeiro	
b. Glicocorticoides	verdadeiro	
3. **Verdadeiro ou Falso. Os seguintes têm de ser repostos na insuficiência hipofisária.**		8.1.2
a. Mineralocorticoides	falso	
b. Glicocorticoides	verdadeiro	
4. **Verdadeiro ou Falso. As seguintes medicações têm potência de mineralocorticoide.**		Tabela 8.1
a. Cortisona	verdadeiro	
b. Cortisol	verdadeiro	
c. Solu-Cortef	verdadeiro	
d. Prednisona	verdadeiro	
e. Metilprednisolona	falso	
f. Dexametasona	falso	
5. **Pode ocorrer supressão hipotalâmico-hipofisário-suprarrenal (HPA), se uma dose**		8.1.3
a. de 40 mg de prednisona for administrada por _____ dias.	> 7	
b. for administrada por 7 a 14 dias durante _____.	1-2 semanas	
c. Após um mês de esteroides, o eixo HPA pode ficar deprimido por tanto tempo quanto _____.	1 ano	

Endocrinologia 45

6.	**Quando se desenvolvem problemas de abstinência**	8.1.3
a.	a diminuição gradual do esteroide conservador inclui pequenos decrementos equivalentes a _____ mg de prednisona	2,5-5
b.	a cada _____ dias.	3-7
7.	**Liste os possíveis efeitos deletérios de esteroides em ordem alfabética.**	8.1.4
a.	a	*a*lcalose, *a*menorreia, necrose *a*vascular (quadril)
b.	b *(do inglês)*	perda óssea (*b*one, em inglês)
c.	c	características *c*ushingoides cataratas, *c*ompressão fraturas, reativação de *c*atapora
d.	d	perfuração *d*iverticular, *d*iabetes
e.	e	lipomatose *e*pidural
f.	f	infecção *f*úngica, hipoplasia suprarrenal *f*etal
g.	g *(do inglês)*	supressão do crescimento (*g*rowth, em inglês) em crianças, sangramento *g*astrointestinal (GI), *g*laucoma
h.	h	*h*ipertensão, *h*ipocalemia, *h*ipercoagulopatia, soluços (*h*iccups, em inglês), *h*irsutismo, *h*iperlipidemia
i.	i	*i*munossupressão
j.	j	
k.	k	
l.	l	*l*ipomatose
m.	m	agitação *m*ental, fraqueza *m*uscular
n.	n	coma *n*ão cetótico, distúrbio do metabolismo do *n*itrogênio
o.	o	*o*besidade
p.	p	leucoencefalopatia multifocal *p*rogressiva (PML), *p*seudotumor encefálico, *p*ancreatite
q.	q	
r.	r	*r*eativação de tuberculose (TB)
s.	s *(do inglês)*	retenção de *s*ódio, psicose por esteroide (*s*teroid, em inglês)
t.	t	inibição do ativador do plasminogênio *t*ecidual
u.	u	
v.	v	
w.	w *(do inglês)*	retenção de água (*w*ater, em inglês)
8.	**Qual é a melhor maneira de testar para hipocortisolismo?**	nível de cortisol às 8 horas da manhã	8.1.5

Parte 2: Geral e Neurologia

9. Quais são os sintomas da crise Addisoniana?
   (Dica: CLAW)
   a. C_____ — Confusão
   b. L_____ — Letargia
   c. A_____ — Agitação
   d. W (do inglês) _____ — Fraqueza (Weakness, em inglês)

   8.1.5

10. Quais são os sinais de uma crise Addisoniana?
    Inicie suas respostas com hipo ou hiper
    a. pressão sanguínea — hipotensão
    b. glicose — hipoglicemia
    c. sódio — hiponatremia
    d. temperatura — hipertermia
    e. potássio — hipercalemia

    8.1.5

■ Hipotireoidismo

11. Levotiroxina é quase _____ pura e não contém T3 porque T3 é produzida _____ a partir de T4. — T4; perifericamente

    8.2.3

12. Os sinais de coma por mixedema incluem
    a. h_____ — hipotensão
    b. h_____ — hiponatremia
    c. h_____ — hipoglicemia
    d. h_____ — hipoventilação
    e. b_____ — bradicardia
    f. c_____ — convulsões

    8.2.3

■ Embriologia da Hipófise e Neuroendocrinologia

13. A hipófise posterior da evaginação inferior das _____ _____ _____ a partir do assoalho do _____ _____. — células da crista neural; terceiro ventrículo

    8.3.1

14. A hipófise anterior desenvolve-se a partir da evaginação do _____ _____, que também é chamado de _____ _____ _____. — ectoderma epitelial, bolsa de Rathke

    8.3.1

15. A hipófise é funcionalmente _____ à barreira hematoencefálica (BBB). — externa

    8.3.1

16. A hipófise libera _____ hormônios, _____ da hipófise anterior e _____ da posterior. — 8; 6; 2

    8.3.2

Endocrinologia 47

17. **Associe o hormônio e a porção da hipófise onde ele é produzido.**
    ① anterior ② posterior
    a. Hormônio liberador de tireotrofina — ①
    b. Hormônio liberador de corticotrofina — ①
    c. Oxitocina — ②
    d. Hormônio antidiurético — ②
    e. Somatostatina — ①
    f. Fator inibidor da liberação de prolactina — ①
    g. Hormônio liberador de gonadotrofina — ①

    Fig. 8.1

18. **A prolactina é o único hormônio hipofisário predominantemente sob controle _____ do hipotálamo.** — inibidor

    8.3.2

19. **Descreve os efeitos colaterais do hormônio antidiurético (ADH)**
    a. _____ a permeabilidade dos túbulos distais. — aumenta
    b. _____ a reabsorção de água. — aumenta
    c. _____ o sangue circulante. — dilui
    d. Produz urina _____. — concentrada

    8.3.2

20. **Qual é o mais poderoso estímulo fisiológico para liberação de ADH?** — osmolalidade sérica

    8.3.2

9

Hematologia

■ Terapia de Hemocomponentes

1. Para um adulto, 1 unidade de concentrado de hemácias (PRBCs) deve elevar o hematócrito em _____ %.	3-4%	9.2.2
2. Complete as seguintes afirmativas no que se refere a plaquetas:		9.2.3
a. Contagem normal de plaqueta é de _____ a _____.	150, 400 k/mm³	
b. Referente à transfusão de plaquetas:		
i. Faça a transfusão se a cirurgia for _____ ou	urgente	
ii. se o paciente estiver sob _____ ou _____ e não puder esperar _____ a _____ dias.	ácido acetilsalicílico (ASA) ou Plavix; 5 a 7	
iii. A transfusão usual é de _____ plaquetas.	um pacote de oito (= 6-10 U)	
iv. Uma unidade eleva as plaquetas em _____.	10 k	
v. A contagem de plaquetas pode ser verificada em _____ horas.	2	
vi. A retransfusão será necessária em _____ dias.	3-5	
3. Complete as seguintes afirmativas referentes ao plasma fresco congelado (PFC).		9.2.4
a. Uma bolsa equivale a _____ mL.	200-250	
b. Risco de síndrome da imunodeficiência adquirida (AIDS) ou hepatite é o mesmo de _____.	uma unidade de sangue	
c. Use para reverter Coumadin:		
i. Tempo de protrombina maior que _____ _____.	18 segundos	
ii. Razão normalizada internacional (INR) maior que _____.	1,6	
iii. Doença de von Willebrand não responsiva a _____.	DDAVP (desmopressina)	
iv. Múltiplas disfunções da coagulação como em:		
d_____ h_____	disfunção hepática	
d_____ de _____ _____	deficiência de vitamina K	
D_____.	DIC (coagulação intravascular disseminada)	

Hematologia

4. **Verdadeiro ou Falso. Referente ao concentrado complexo de protrombina (PCC).** 9.2.4
   a. Contém os fatores de coagulação II, VII, IX, X. — verdadeiro
   b. Contém proteína C & S. — verdadeiro
   c. A indicação primária é sua administração para reversão da varfarina. — verdadeiro
   d. Requer maior volume de plasma fresco congelado (FFP) para funcionar. — falso (volume menor)

5. **No que se refere ao uso de anticoagulação em um paciente que apresenta** 9.2.5
   a. um aneurisma não roto com menos de 4 mm, a anticoagulação está _____. — liberada
   b. um *stent* cardíaco farmacológico – continue com _____. — Plavix
   c. no início de uma hemorragia subaracnóidea (SAH) por aneurisma, nós _____ a anticoagulação. — reverteríamos
   d. Anticoagulação pós-operatória pode começar de _____ a _____ dias após a cirurgia. — 3 a 5

6. **No que se refere à anticoagulação e preparo pré-operatório. Se o paciente tiver:** 9.2.5
   a. valva cardíaca mecânica
      i. pare a varfarina _____ dias antes da cirurgia — 3
      ii. e inicie a _____. — enoxaparina
   b. fibrilação atrial crônica
      i. pare a varfarina _____ a _____ dias antes da cirurgia. — 4 a 5

7. **Complete as seguintes afirmações referentes à anticoagulação.** 9.2.5
   a. Pode retomar a anticoagulação _____ a _____ dias após a craniotomia. — 3 a 5
   b. O risco anual de complicações enquanto não anticoagulado para um paciente com
      i. valva cardíaca mecânica é _____% ao ano. — 6%
      ii. fibrilação atrial crônica é _____% ao ano. — 4-6%

8. **Complete as seguintes afirmações no que se refere a procedimentos neurocirúrgicos.** 9.2.5
   a. O PT deve estar abaixo de _____ segundos. — 13,5
   b. O INR não deve estar acima de _____. — 1,4
   c. Para emergências administre _____ — 2 U de FFP
   d. e _____. — vitamina K

9. **Tanto Plavix quanto ASA inibem função plaquetária por quanto tempo?** — permanentemente 9.2.5

10. **Plavix é um fármaco mais perigoso que ASA porque permanece** 9.2.5
    a. _____ por até — ativo
    b. _____ _____ após a última dose e — vários dias
    c. pode inibir até mesmo _____ _____ de tratamento administrado. — plaquetas transfundidas

Parte 2: Geral e Neurologia

11. **Nomeie os produtos fitoterápicos geralmente usados que podem afetar a agregação plaquetária.**
    a. a_____ — alho
    b. g_____ — ginkgo
    c. g_____ — ginseng
    d. o_____ de _____ — óleo de peixe

12. **Complete as seguintes afirmações referentes à varfarina (Coumadin).**
    a. Não inicie Coumadin até que um _____ de _____ _____ _____ tenha sido alcançado com a heparina — tempo de tromboplastina parcial (PTT) terapêutico
    b. para reduzir o risco de _____ por _____. — necrose por Coumadin
    c. Durante os primeiros 3 dias da terapia com Coumadin são realmente _____; — hipercoaguláveis
    d. portanto, deve ser feita a _____ dos pacientes com _____ ou _____. — "ponte"; enoxaparina ou heparina

13. **Os possíveis efeitos colaterais da heparina incluem**
    a. t_____ — trombose
    b. t_____ — trombocitopenia
    c. Esses efeitos colaterais se devem a
        i. _____ de heparina que induziu trombose ou — consumo
        ii. _____ formados contra a heparina plaquetária. — anticorpos

14. **Heparinas de baixo peso molecular devem**
    a. ter menos complicações _____. — hemorrágicas
    b. ter níveis _____ mais previsíveis. — plasmáticos
    c. eliminar a necessidade de _____ a atividade biológica. — monitorar
    d. ter meia-_____ mais longa. — vida
    e. necessitar de _____ doses ao dia. — menos
    f. ter menor incidência de _____. — trombocitopenia
    g. ser mais efetivas na profilaxia de _____ do que a varfarina. — DVT (trombose venosa profunda)

15. **Um efeito colateral sério pode ser _____ _____ espinal.** — hematoma epidural

16. **Referente à dabigatrana (Pradaxa).**
    a. É um _____ _____ de _____. — inibidor direto de trombina
    b. Pode ser revertida com _____. — Idarucizumab

17. **Referente a fondaparineux (Arixtra)**
    a. Ele _____ a inibição do fator Xa — aumenta
    b. sem afetar o fator _____. — IIa (trombina)
    c. Ao contrário da heparina, não causa t_____ i_____ por h_____. — trombocitopenia induzida por heparina

18. **Complete as seguintes afirmações referentes à coagulopatia:**
    a. Para reverter a anticoagulação por Coumadin que está no nível terapêutico adequado, use _____.   2 a 3 unidades de FFP
    b. Para coagulação gravemente prolongada, use _____.   6 unidades de FFP
    c. Para reverter o tempo de protrombina (PT) pelo uso de Coumadin
        i. _____ _____ _____.   vitamina K AquaMephyton
        ii. Administrada por qual via?   IM (intramuscular)
        iii. A administração pode ser fatal se administrada por via _____   IV (intravenosa)
        iv. Por quê?
            h_____   hipotensão
            a_____   anafilaxia

19. **Associação. Use os números dos termos listados para completar as seguintes afirmações.**
    ① concentrado complexo de protrombina;
    ② sulfato de protamina; ③ vitamina K;
    ④ AquaMephyton
    a. Coumadin é revertido por
        i. _____ _____ _____   ①
        ii. _____ _____   ③
    b. A heparina é revertida por _____.   ④

20. **Referente a sulfato de protamina.**
    a. 1 mg de protamina reverte _____ de heparina.   100 U
    b. _____% de enoxaparina pode ser revertido com 1 mg de protamina para cada mg de enoxaparina dentro das últimas _____ horas.   60%;
    8

21. **O PTT pré-operatório significativamente elevado em razão de**
    a. d_____ de f_____   deficiência de fator
    b. a_____ l_____   anticoagulante lúpico

22. **Complete as seguintes afirmações referentes a tromboembolismo.**
    a. O risco de embolia por trombose de veia profunda da panturrilha é de _____%.   1%
    b. Estende-se para as veias profundas proximais em _____ a _____%.   30 a 50%
    c. Embolia de veias da coxa é de _____ a _____%.   40 a 50%
    d. A mortalidade por DVT em pernas é de _____ a _____%.   9 a 50%
    e. DVT em pacientes neurocirúrgicos ocorre em _____ a _____%.   19 a 50%

23. **Condições que tornam os pacientes neurocirúrgicos propensos a DVTs são**
    a. h_____ c_____   hemoconcentração concomitante
    b. i_____ p_____   imobilidade prolongada
    c. d_____/s_____ c_____   desidratação/sala cirúrgica
    d. l_____ de _____   liberação de tromboplastina

Parte 2: Geral e Neurologia

24. As melhores profilaxias para DVT são
    a. PCB, que é a abreviação de _____ .
    b. _____ de baixo _____ .

    botas de compressão pneumática
    heparina de baixo peso molecular (5.000 unidades internacionais [IU] subcutâneas a cada 8 a 12 horas no primeiro dia de pós-operatório)

25. Associação. Pode-se diagnosticar DVT pelos seguintes testes. Associe o achado ao seu valor diagnóstico apropriado.
    ① padrão-ouro; ② associado à embolia pulmonar (PE) e DVT; ③ somente 50% de acurácia; ④ 99% de especificidade
    a. Panturrilha com inchaço sensível e quente com sinal de Homan positivo — ③
    b. Venografia com contraste — ①
    c. Ultrassonografia com Doppler — ④
    d. Dímero D — ②

26. Qual é o tratamento de DVT?
    a. r_____ no l_____   repouso no leito
    b. e_____ da p_____ a_____   elevação da perna afetada
    c. h_____ ou e_____   heparina; enoxaparina
    d. C_____   Coumadin
    e. Considere f_____ de G_____ filtro de Greenfield
    f. d_____   deambulação
    g. após _____ a _____ dias   7 a 10
    h. uso de m_____ a_____   meias antiembólicas
    i. Por quanto tempo? _____   indefinidamente

27. Referente à embolia pulmonar.
    a. Geralmente ocorre em _____ a _____ dias após a cirurgia.   10 a 14
    b. Os achados comuns incluem
        i. t_____   taquipneia
        ii. t_____   taquicardia
        iii. f_____   febre
        iv. h_____   hipotensão
    c. O achado clássico no eletrocardiograma (EKG) é _____ _____   padrão S1Q3T3
    d. O teste de escolha é a t_____ c_____ de t_____ com c_____   tomografia computadorizada (CT) de tórax com contraste

■ Hematopoiese Extramedular

28. A hematopoiese extramedular pode resultar em
    a. radiografia anormal de crânio chamada de _____ _____   sinal do cabelo
    b. compressão da medula espinal causada por _____ _____ _____ _____   espessamento do corpo vertebral

29. A hematopoiese extramedular pode ser tratada com
    a. r_____ e/ou   radioterapia
    b. c_____   cirurgia

10

Neurologia para Neurocirurgiões

■ Demência

1.	**Qual é a definição de demência?**	10.1
a.	Perda das capacidades _____	intelectuais
b.	grave o suficiente para interferir no funcionamento _____ ou _____	social; ocupacional
c.	A característica fundamental é o d_____ de m_____.	déficit de memória
d.	Além de pelo menos um _____ adicional	comprometimento
e.	afeta _____ a _____% com mais de 65 anos.	3 a 11%
2.	**Verdadeiro ou Falso. Os seguintes são fatores de riscos para demência:**	10.1
a.	Idade avançada	verdadeiro
b.	História familiar	verdadeiro
c.	Apolipoproteína E2	falso (apolipoproteína E4)
3.	**Verdadeiro ou Falso. Referente a demência *vs.* delírio:**	10.1
a.	Pacientes com demência têm maior risco de desenvolver delírio.	verdadeiro
b.	Cinquenta por cento dos pacientes com delírio morrem em 2 anos.	verdadeiro
c.	Ao contrário da demência, o delírio tem início agudo.	verdadeiro

■ Cefaleia

4.	**Referente à cefaleia unilateral. Se persistir**	10.2.1
a.	por mais de 1 ano, uma _____ é recomendada	MRI (imagem por ressonância magnética)
b.	porque isto é _____ para enxaqueca	atípico
c.	e pode ser um indício de _____ _____ subjacente	malformação arteriovenosa (AVM)

Parte 2: Geral e Neurologia

5. **Associação.** Associe os sintomas à categoria de enxaqueca. 10.2.2
   Sintomas:
   ① cefaleia (H/A) episódica; ② N/V (náusea e vômito); ③ fotofobia; ④ aura; ⑤ déficit neurológico focal; (a) que se resolve em 24 horas; (b) progressão lenta do déficit; (c) que se resolve em 30 dias; ⑥ sem cefaleia; ⑦ vistos, principalmente, em crianças; ⑧ hemiplegia; ⑨ vista principalmente em adolescentes; ⑩ vertigo, ataxia, disartria, H/A grave
   Categoria de enxaqueca: (a-f) abaixo
   a. Enxaqueca comum — ①-②-③
   b. Enxaqueca clássica — ①-②-③-④-⑤-⑤a-⑤b
   c. Enxaqueca complicada — ⑤-⑤c-⑥
   d. Enxaqueca equivalente — ②-⑥-⑦
   e. Enxaqueca hemiplégica — ①-⑧
   f. Enxaqueca da artéria basilar — ⑨-⑩

6. **Verdadeiro ou Falso.** Déficits neurológicos vistos na enxaqueca clássica tipicamente se resolvem dentro de 10.2.2
   a. 1 hora — falso
   b. 1 dia — verdadeiro
   c. 1 semana — falso
   d. 1 mês — falso
   e. eles são permanentes — falso

7. **Verdadeiro ou Falso.** Referente à cefaleia em salvas: 10.2.2
   a. Pode incluir a síndrome de Horner e sintomas autonômicas (ptose, miose, laceração), nariz entupido. — verdadeiro
   b. São mais comuns em mulheres. — falso (5 homens para 1 mulher)
   c. Ocorrem quase diariamente. — verdadeiro
   d. Dura de 30 a 90 minutos. — verdadeiro
   e. Continua por um período de 6 a 9 meses. — falso (1 a 3 meses)

8. **O tratamento das crises agudas de cefaleia em salvas inclui:** 10.2.2
   a. o_____ — oxigênio a 100% por máscara facial
   b. e_____ — ergotamina
   c. s_____ — sumatriptano subcutâneo
   d. e_____ — esteroides

9. **Verdadeiro ou Falso.** Enxaquecas da artéria basilar se restringem essencialmente a 10.2.2
   a. pacientes geriátricos — falso
   b. mulheres na pós-menopausa — falso
   c. adolescentes — verdadeiro
   d. homens — falso

10. **Verdadeiro ou Falso.** Pacientes que sofrem de enxaqueca de artéria basilar geralmente têm história familiar de enxaqueca. — verdadeiro (História familiar de enxaqueca está presente em 86%.) 10.2.2

■ Parkinsonismo

11. Associação. Associe os sintomas de parkinsonismo.
Sintomas:
① início gradual de bradicinesia; ② tremor assimétrico; ③ responde bem à levodopa; ④ rápida progressão dos sintomas; ⑤ resposta equívoca à levodopa; ⑥ sintomas precoces de linha média (i.e., ataxia, marcha, equilíbrio); ⑦ demência precoce; ⑧ hipotensão ortostática; ⑨ anormalidades do movimento extraocular.
Tipos de parkinsonismo: (a-b) abaixo

a. Paralisia agitante idiopática primária   ①-②-③
b. Parkinsonismo secundário   ④-⑤-⑥-⑦-⑧-⑨

12. No parkinsonismo, a degeneração das células da substância negra (parte compacta) resulta em

a. _____ dos receptores D2 de dopamina que se projetam para o globo pálido interno (Gpi).   diminuição
b. _____ dos receptores D1 que se projetam para o globo pálido externo (GPe) e núcleo subtalâmico (STN).   aumento

13. Os efeitos notados na questão 12 resultam em maior atividade por

a. causar _____   GPi (globo pálido interno)
b. _____ do tálamo, que então suprime a atividade no   inibição
c. _____ _____ _____.   córtex motor suplementar

14. Os efeitos notados na questão 13 aumentam a atividade por

a. degeneração dos neurônios _____   dopaminérgicos
b. da parte compacta da _____ _____.   substância negra
c. Isto reduz os níveis de _____ no   dopamina
d. *striatum*; que é o:
    i. c_____   caudado
    ii. p_____   putâmen
    iii. g_____ p_____   globo pálido
e. Isto reduz os receptores D2 dos inibidores para _____   GPi
f. e causa a perda de receptores D1 dos inibidores para _____   GPe (globo pálido externo)
g. e o n_____ s_____.   núcleo subtalâmico
h. O resultado líquido é um _____ da atividade   aumento
i. do _____.   GPi
j. O GPi tem projeções inibidoras para o t_____.   tálamo
k. A inibição do tálamo também suprime o c_____ m_____ s_____.   córtex motor suplementar

56 Parte 2: Geral e Neurologia

15. **Uma característica da doença de Parkinson**   10.3.2
    a. são _____ de _____,   corpos de Lewy
    b. que são
        i. i_____ i_____   inclusões intraneuronais
        ii. e_____ h_____   eosinofílicas hialinas

16. **Liste exemplos de parkinsonismo secundário**   10.3.3
    a. a   antieméticos fenotiazínicos
    b. p   paralisia supranuclear progressiva (PSP)
    c. e   envenenamento por monóxido de carbono (CO), manganês
    d. c   complexo demência-parkinsonismo de Guam
    e. n   degeneração nigroestriatal, síndrome de Shy-Drager
    f. p   parkinsonismo pós-encefálico
    g. C   Compazine
    h. d   degeneração olivopontocerebelar
    i. n   neoplasias próximas à substância negra
    j. d   demência pugilística
    k. d   drogas antipsicóticas
    l. R   Reglan, Reserpina
    m. d   doença de Huntington (jovens)

17. **Atrofia multissistêmica (i.e., síndrome de Shy-Drager) é parkinsonismo somado à**   10.3.3
    a. disfunção do _____ _____ _____   sistema nervoso autônomo
    b. mais hipotensão _____.   ortostática
    c. A maioria não responde à _____.   farmacoterapia

18. **Liste as características distintivas da tríade da paralisia supranuclear progressiva**   10.3.3
    a. _____ (olhar vertical)   oftalmoplegia
    b. distonia _____   axial
    c. paralisia _____   pseudobulbar

19. **As características do estágio inicial da paralisia supranuclear progressiva (PSP) incluem:**   10.3.3
    a. Queda em decorrência de paralisia do _____ _____ _____ (não consegue ver o chão).   olhar para baixo
    b. Dificuldade em se alimentar em razão de paralisia do olhar _____ _____ e _____ (não consegue ver o prato).   para baixo e vertical

Neurologia para Neurocirurgiões

20. **No que se refere ao tratamento cirúrgico da doença de Parkinson.**
    a. O local-alvo era o _____ _____. — núcleo ventrolateral
    b. Verdadeiro ou falso. A cirurgia funcionou melhor para
        i. bradicinesia — falso
        ii. tremor — verdadeiro
    c. Verdadeiro ou falso. O sintoma mais incapacitante é
        i. bradicinesia — verdadeiro
        ii. tremor — falso
    d. O procedimento não pode ser efetuado bilateralmente por causa do risco de _____ da _____. — transtorno da fala
    e. O local para tratamento atual é o _____ _____. — pálido posteroventral

■ Esclerose Múltipla

21. **Prevalência de esclerose múltipla (MS) por 100.000 é variável.**
    a. Próximo ao equador ela é _____ por 100.000. — < 1
    b. No Canadá e no norte dos Estados Unidos ela é _____ por 100.000. — 30-80

22. **Esclerose múltipla. Gráfico de estudo**
    a. m — (des)mielinizante
    b. s — sintomas urinários
    c. l — latitudes (latitude norte afetada)
    d. t — tempo e espaço (disseminação para)
    e. o — oftalmoplegia internuclear (INO)
    f. p — parestesias, placas periventricular
    g. l — linfócitos
    h. l — lesões intensificam-se na MRI
    i. c — cicatrizes da glia
    j. t — tratos corticoespinais envolvidos
    k. L — *La belle indifference* (euforia)
    l. e — equador poupado
    m. r — remissões
    n. a — atrofia óptica
    o. p — perda sensorial
    p. r — resposta inflamatória, IgG
    q. t — teste do chuveiro (quente causa exacerbação)

23. A categoria mais comum é r_____-r_____. — recidiva-remissão

58 Parte 2: Geral e Neurologia

24. **Nomeie as categorias clínicas de MS que correspondem à sua definição.**   Tabela 10.2
    a. r_____-r_____ (episódios agudos com recuperação)   recidiva-remissão
    b. s_____-p_____ (deterioração gradual)   secundária-progressiva
    c. p_____-p_____ (deterioração contínua)   primária-progressiva
    d. p_____-r_____ (deterioração gradual com recidivas sobrepostas)   progressiva-recidiva
    e. Déficits persistirão se permanecerem por _____.   > 6 meses   10.4.3

25. **Associação. Associe os sinais de esclerose múltipla e sintomas com locação anatômica.**   10.4.4
    Sintomas:
    ① acuidade visual; ② diplopia; ③ fraqueza da extremidade; ④ quadriplegia; ⑤ espasticidade; ⑥ fala escandida; ⑦ perda de propriocepção
    Localização anatômica: (a-f) ver abaixo
    a. nervo óptico   ①
    b. região retrobulbar   ①
    c. fascículo longitudinal medial (MLF).   ②
    d. trato piramidal   ③-④-⑤
    e. cerebelo   ⑥
    f. colunas posteriores   ⑦

26. **Associação. Associe localização anatômica com sinais e sintomas de esclerose múltipla.**   10.4.4
    Localização anatômica:
    ① nervo óptico; ② região retrobulbar; ③ MLF; ④ trato piramidal; ⑤ cerebelo; ⑥ colunas posteriores
    Localização anatômica: (a-g) abaixo
    a. acuidade visual   ①-②
    b. diplopia   ③
    c. fraqueza da extremidade   ④
    d. quadriplegia   ④
    e. espasticidade   ④
    f. fala escandida   ⑤
    g. perda de propriocepção   ⑥

27. **Forneça a frequência dos sinais e sintomas da esclerose múltipla.**   10.4.4
    a. Os sintomas visuais estão entre os sintomas de apresentação de esclerose múltipla em _____%.   15%
    b. Ocorrem em pacientes com esclerose múltipla durante o curso da doença em aproximadamente _____%.   50%
    c. Além disso, os reflexos cutâneos abdominais se perdem em _____%.   70 a 80%

28. Uma placa de esclerose múltipla no fascículo longitudinal medial (MLF) causará		10.4.4
a. ____ ____, que resultará em	oftalmoplegia internuclear (INO)	
b. ____.	diplopia	
c. Isto é importante porque a ____ raramente ocorre em outras doenças. Raramente ocorre em outras doenças.	INO	
29. Indique a presença ou ausência dos seguintes reflexos na MS.		10.4.4
a. reflexos de estiramento muscular hiperativo	presente	
b. Babinski	presente	
c. reflexos cutâneos abdominais	ausente	
30. As condições encontradas no diagnóstico diferencial da esclerose múltipla incluem:		10.4.5
a. ____ ____ ____, geralmente monofásica e	encefalomielite disseminada aguda (ADEM)	
b. ____ do sistema nervoso central (CNS).	linfoma	
31. Verdadeiro ou Falso. Na esclerose múltipla, quanto mais lesões, maior a probabilidade de um diagnóstico de MS.	verdadeiro (a MRI é muito específica para placas de MS; a especificidade é de 94%.)	10.4.6
32. Forneça os critérios de MRI para MS.		10.4.6
a. Gadolínio: lesões agudas ____ ____	se intensificam	
b. Tamanho: no mínimo um diâmetro de ____	3 mm	
c. Anormalidades da substância branca: ____%	80%	
d. Imagem ponderada em T2: ____ com ____	lesões com hipersinal	
e. Lesões periventriculares mais bem vistas em ____ de ____	densidade de prótons	
f. O critério para a disseminação é uma ____	nova lesão intensificada com contraste	
g. ou uma ____ ____ ____ em ____	nova lesão ponderada em T2	
33. Verdadeiro ou Falso. As lesões tumefativas desmielinizantes (TDL) focais podem ser confundidas com neoplasias porque		10.4.6
a. intensificam-se com contraste	verdadeiro	
b. mostram edema perilesional	verdadeiro	
c. podem ser solitárias	verdadeiro	
d. ocorrem em pacientes com MS	verdadeiro	
e. podem ser distinguidas de MS	falso	
f. pode ser necessário fazer uma biópsia	verdadeiro	
g. os resultados da biópsia podem ser confusos	verdadeiro	
34. No que se refere à análise do líquido cefalorraquidiano (CSF)		10.4.6
a. deve incluir testes de I____ q____.	IgG qualitativa	
b. em 90% dos pacientes com MS a ____ no CSF é alta.	IgG	

■ Encefalomielite Disseminada Aguda

35. **Verdadeiro ou Falso. No que se refere à encefalomielite disseminada aguda (ADEM).**   10.5
   a. Associada à história recente de vacinação.   verdadeiro
   b. Pode demonstrar bandas oligoclonais no CSF.   verdadeiro
   c. Geralmente é monofásica.   verdadeiro
   d. Tem boa resposta a corticosteroides intravenosos (IV) em alta dose.   verdadeiro

■ Doenças Neuronais Motoras

36. **Complete as seguintes afirmações referentes à esclerose lateral amiotrófica.**   10.6.2
   a. Também conhecida como doença do n_____ m_____.   neurônio motor
   b. Também conhecida como doença de L_____ G_____.   Lou Gehrig
   c. _____ e _____ mistas.   superior e inferior
   d. Doença do n_____ m_____.   neurônio motor
   e. Degeneração de células do _____ _____.   corno anterior
   f. T_____ c_____ no coluna cervical e medula.   tratos corticospinais

37. **Verdadeiro ou Falso. Referente às características clínicas de esclerose lateral amiotrófica (ALS).**   10.6.2
   a. Não há disfunção cognitiva, sensorial ou autonômica.   verdadeiro
   b. Poupa músculos oculares voluntários e esfíncter urinário.   verdadeiro
   c. Apresenta-se, inicialmente, com fraqueza e atrofia das mãos, espasticidade e hiper-reflexia.   verdadeiro

38. **A condição comum que deve ser distinguida de ALS é _____ _____.**   mielopatia cervical   10.6.2

39. **R_____ inibe a liberação pré-sináptica de g_____, e aumenta a sobrevida livre de traqueostomia em _____ e _____ meses.**   Riluzole; glutamato; 9 e 12 meses   10.6.2

■ Síndrome de Guillain-Barré

40. **Referente à síndrome de Guillain-Barré (GBS).** — 10.7.1
    a. Envolve o início _____ de neuropatia periférica com — agudo
    b. fraqueza muscular p_____ com _____. — progressiva; arreflexia
    c. Alcança um máximo em _____ a _____ semanas. — 3 dias a 3 semanas
    d. Pouco ou nenhum envolvimento _____. — sensorial (mas as parestesias não são incomuns)

41. **O que é dissociação proteíno-citológica?** — proteína elevada no CSF sem pleocitose — 10.7.1

42. **Qual organismo infeccioso geralmente está envolvido?** — *Campylobacter jejuni* — 10.7.1

43. **Características que lançam dúvida sobre o diagnóstico** — 10.7.1
    a. assimetria da _____ — fraqueza
    b. disfunção da _____ — bexiga
    c. mais de 50 _____ no CSF — monócitos
    d. quaisquer _____ no CSF — polimorfonucleares (PMNs)
    e. nível _____ ativo. — sensorial

44. **Complete sobre a variante Miller-Fisher da GBS.** — 10.7.3
    a. Descreva a tríade
        i. a_____ — ataxia
        ii. a_____ — arreflexia
        iii. o_____ — oftalmoplegia
        iv. biomarcador sérico: anticorpos anti-_____ — GQ1b

45. **Complete as seguintes afirmações sobre CIDP.** — 10.7.4
    a. Significa p_____ d_____ i_____ c_____. — polirradiculoneuropatia desmielinizante imune crônica
    b. Os sintomas devem estar presentes por mais de _____ _____. — 2 meses
    c. Nervos cranianos geralmente _____. — poupados
    d. Dificuldades de equilíbrio são _____. — comuns
    e. Achados eletrodiagnósticos e de biópsia de nervo são indicativos de _____. — desmielinização
    f. Os achados do CSF são similares aos de _____. — GBS
    g. A maioria responde à _____ e _____. — prednisona e plasmaférese

■ Mielite

46. Verdadeiro ou Falso. Referente à Mielite Transversa Aguda (ATM). — 10.8.3
  a. O nível sensorial mais comum na mielite transversa aguda é torácico. — verdadeiro (nível sensorial torácico de 68% na ATM)
  b. ATM progride rapidamente. — verdadeiro (66% atingem um déficit máximo em 24 horas)
  c. O CSF pode estar normal na fase aguda. — verdadeiro (38%, o restante pode ter proteína elevada ou pleocitose, ou ambos)
  d. Uma MRI de emergência é o primeiro teste de escolha. — verdadeiro (se um mielograma não estiver disponível com tomografia computadorizada – CT para acompanhar)

47. Verdadeiro ou Falso. Referente ao tratamento da ATM. — 10.8.5
  a. Nenhum tratamento foi estudado por estudo controlado randomizado. — verdadeiro
  b. Metilprednisolona IV em alta dose por 3-5 dias pode ser administrada. — verdadeiro
  c. A troca de plasma pode ser realizada para aqueles que não respondem aos esteroides. — verdadeiro

48. Verdadeiro ou Falso. Referente ao prognóstico de ATM. — 10.8.6
  a. Há mortalidade de 15%. — verdadeiro
  b. 62% dos sobreviventes são deambulatórios. — verdadeiro
  c. A recuperação ocorre entre 1 mês e 2 anos. — falso (1 a 3 meses)
  d. Não ocorre melhora após 3 meses. — verdadeiro

■ Neurossarcoidose

49. Referente à sarcoidose. Complete as seguintes afirmações. — 10.9.1
  a. A manifestação mais comum é _____ _____. — diabetes insípido
  b. Trate com _____. — corticosteroides

50. A sarcoidose do CNS envolve as _____. — leptomeninges — 10.9.1
  a. m_____ também pode ocorrer como — meningoencefalite
  b. m_____ b_____. — meningite basal
  c. T_____ ventrículo e h_____ também podem estar envolvidos. — Terceiro; hipotálamo

51. **Complete as seguintes afirmações sobre neurossarcoidose.**   10.9.2, 10.9.4
    a. Microscopicamente vemos características de g_____ n_____ c_____.   granulomas não caseosos
    b. Os achados clínicos incluem
        i. p_____ do n_____ c_____   paralisias de nervo craniano
        ii. n_____ p_____   neuropatia periférica
        iii. m_____   miopatia
        iv. h_____   hidrocefalia
    c. Diabetes insípido causado por envolvimento do _____.   hipotálamo

52. **Referente aos achados laboratoriais na neurossarcoidose.**   10.9.5
    a. Teste sérico que é positivo em 83% dos casos é _____ de _____ da _____.   enzima de conversão da angiotensina (ACE)
    b. Teste de CSF que é útil é _____.   ACE
    c. Com que frequência é positivo?   55%
    d. O CSF sugere _____.   meningite
    e. ACE significa _____ de _____ da _____.   enzima de conversão da angiotensina

53. **Liste o teste realizado com os resultados no caso de sarcoidose.**   10.9.6
    a. Radiografia de tórax
        i. A_____ h_____   adenopatia hilar
        ii. L_____ m_____   linfonodos mediastinais
    b. MRI
        i. Intensificação das _____   leptomeninges
        ii. Intensificação do n_____ o_____   nervo óptico
        iii. Mais bem visto na sequência _____   FLAIR
    c. Varredura com gálio (medicina nuclear). Útil em neurocirurgia para:
        i. s_____   sarcoidose
        ii. o_____ v_____ c_____   osteomielite vertebral crônica

11

Distúrbios Neurovasculares e Neurotoxicidade

■ Síndrome da Encefalopatia Posterior Reversível (PRES)

1. **PRES:**
   a. PRES significa (*do inglês*) _____ da _____ _____ _____. — síndrome da encefalopatia posterior reversível — 11.1.1
   b. Caracterizada por e_____ c_____ v_____ na CT ou MRI com alguma predominância nas regiões _____ e _____. — edema cerebral vasogênico; parietal; occipital
   c. As condições associadas incluem h_____, e_____, s_____, d_____ a_____ e t_____. — hipertensão, eclâmpsia, sepse, doença autoimune, transplante — 11.1.2
   d. O tratamento envolve o controle da _____ _____ e da causa subjacente. — pressão sanguínea — 11.1.3

■ Vasculite e Vasculopatia

2. **Arterite de células gigantes.** — 11.3.2
   a. Também conhecida como _____ _____. — arterite temporal
   b. Envolve ramos da artéria _____ _____. — carótida externa
   c. Vista quase exclusivamente em _____ com mais de _____ anos, com uma relação mulher: homem de _____. — caucasianos; 50; 2:1
   d. O sintoma de apresentação mais comum é _____. — cefaleia
   e. A consequência mais séria é a _____, que ocorre em _____% e não é _____. — cegueira; 7%; reversível
   f. O sintoma de aviso que precede a perda visual permanente é a_____, que ocorre em _____%. — amaurose fugaz; 44%
   g. A arterite de células gigantes está associada a_____ _____ _____, que têm probabilidade de _____ vezes nesta doença. — aneurismas aórticos torácicos; 17 vezes
   h. A velocidade de hemossedimentação (ESR) > _____ mm/h é suspeita. — 40

i.	ESR > _____ mm/h é altamente sugestiva.	80
j.	ESR pode estar normal em _____% com arterite de células gigantes.	22,5%
k.	Diagnosticada via biópsia de _____ _____ _____.	artéria temporal superficial
l.	O comprimento ideal da biópsia da artéria temporal superficial (STA) é _____ cm.	4-6 cm
m.	Poupe o _____ _____ e o ramo _____ da STA durante a biópsia.	tronco principal; parietal
n.	Trate com _____ por _____ meses.	esteroides: 6-24 meses

3. A síndrome de Behçet consiste no seguinte.   11.3.6

a.	B_____	Behçet
b.	l_____ _____	lesões oculares
c.	c_____	cefaleia
d.	s_____ _____; p_____ do _____ _____	sinais cerebelares; pleocitose do líquido cerebrospinal (CSF)
e.	e_____ da _____ e _____	erosões da boca e genitália
f.	t_____, t_____ dos _____ _____	tromboflebite, trombose dos seios durais
g.	l_____ _____; c_____	lesões cutâneas, convulsões

4. Displasia fibromuscular (FMD).   11.3.9

a.	O vaso mais comum envolvido é a artéria r_____, _____%.	renal, 85%
b.	O segundo vaso mais comum envolvido é a artéria c_____.	carótida
c.	A incidência de aneurisma com FMD é _____%.	20-50%
d.	Os sintomas de apresentação incluem:	
	i. c_____ em _____%	cefaleia; 78%
	ii. u_____	unilateralidade
	iii. pode ser confundida com e_____ t_____.	enxaqueca típica
	iv. S_____ em _____%	síncope; 33%
	v. em razão do envolvimento do s_____ c_____.	seio carotídeo
	vi. Alterações na _____ em _____%	onda T; 33%
	vii. em razão do envolvimento das _____ _____.	artérias coronárias
	viii. Síndrome de H_____ em _____%.	Horner; 8%
	ix. A _____; ou i_____ em até _____%.	TIA (ataque isquêmico transitório); infarto; 50%
e.	O padrão ouro para o diagnóstico é a _____ de _____ _____, em que o achado mais comum tem a aparência de "_____".	angiografia de subtração digital (DSA); "colar de pérolas"
f.	O tratamento recomendado é com _____.	aspirina

Parte 2: Geral e Neurologia

5. **CADASIL.**
   a. CADASIL significa ____ ____ ____ ____ com ____ ____ e ____. — Arteriopatia cerebral autossômica dominante com infartos sucorticais e; leucoencefalopatia autossômico dominante;
   b. Padrão de herança ____ ____ mapeado para o cromossomo ____. — 19
   c. Os achados da MRI incluem similares aos infartos subcorticais múltiplos da hipertensão, exceto quando não há evidência de ____. — hipertensão

■ Neurotoxicologia

6. **Toxicidade por etanol.**
   a. O efeito primário do etanol no CNS é a depressão da e____ n____, c____ de ____ e da l____ do n____. — excitabilidade neuronal, condução de impulso, liberação do neurotransmissor
   b. Efeito de Mellanby: a gravidade da intoxicação é maior quando o nível de álcool no sangue está se ____. — elevando
   c. Um nível de álcool sanguíneo de 25 mg/dL causa ____ ____. — intoxicação leve
   d. Um nível de álcool sanguíneo de 100 mg/dL causa ____ ____. — disfunção cerebelar
   e. Um nível de álcool sanguíneo de 500 mg/dL causa ____ ____. — depressão respiratória
   f. Intoxicação legal na maioria das jurisdições é um nível sanguíneo de álcool de ____. — 100 mg/dL
   g. Quando o nível alcoólico cai, ____ pode ocorrer como compensação da ____ do ____ pelos efeitos do uso crônico de álcool. — hiperatividade; depressão do CSN
   h. O fundamento do tratamento da síndrome de abstinência de álcool são os ____. — benzodiazepínicos
   i. Eles reduzem a h____ a____ e podem prevenir as c____ e/ou ____ ____. — hiperatividade autonômica; convulsões; *delirium tremens*
   j. No caso de abstinência de álcool use também a ____ por ____ dias e ____ para convulsões. — Tiamina; 3 dias; fenitoína
   k. O *delirium tremens* ocorre dentro de ____ dias da abstinência de álcool. — 4
   l. Os sintomas incluem a____; c____ e i____ a____. — agitação, confusão, instabilidade autonômica
   m. A mortalidade é de ____%, se não tratado. — 5-10%
   n. O tratamento inclui ____. — benzodiazepínicos
   o. A tríade clássica da encefalopatia de Wernicke é e____, o____ e a ____. — encefalopatia, oftalmoplegia, ataxia

p.	Em razão da deficiência de _____.	tiamina
q.	Sinais oculares ocorrem em _____%.	96%
r.	Distúrbios da marcha ocorrem em _____%.	87%
s.	Distúrbio da memória é chamado de síndrome de _____. Ocorre em _____%.	Korsakoff; 80%
t.	A atrofia dos _____ _____ pode ser vista na MRI.	corpos mamilares
u.	É uma emergência médica e deve ser tratada com _____, _____ mg diariamente por _____ dias.	tiamina, 100 mg; 5 dias
v.	A administração de tiamina melhora os _____ _____, mas não a síndrome de _____.	sinais oculares; Korsakoff

7. **Toxicidade por opioide.**   11.4.2
   a. Os opioides incluem h_____ e _____ de fármacos. — heroína; prescrição
   b. Provocam pupilas _____. — pequenas
   c. Reversão da toxicidade é alcançada com _____. — naloxona

8. **Cocaína.**   11.4.3
   a. Impede a recaptação do neurotransmissor _____. — norepinefrina
   b. Provoca pupilas _____. — grandes
   c. Pode estar associada a _____ _____ _____. — acidente vascular cerebral

9. **Anfetaminas.**   11.4.4
   a. A toxicidade é similar à da _____. — cocaína
   b. Seu uso pode resultar em acidente vascular encefálico causado por _____. — vasculite

10. **Envenenamento por dióxido de carbono.**   11.4.5
    a. A maior causa de morte por envenenamento nos EUA é por _____ de _____. — monóxido de carbono
    b. Ele envenena por meio de ligação à _____ e, portanto, deslocando o _____. — hemoglobina; oxigênio
    c. A cor "_____-_____" do sangue ocorre em _____%. — vermelho-cereja; 6%
    d. Em casos graves, uma imagem de CT pode mostrar b_____ a_____ no g_____ p_____. — baixa atenuação; globo pálido
    e. _____% morrem. — 40%
    f. _____% têm sequelas persistentes. — 10-30%
    g. _____% têm completa recuperação. — 30-40%

12

Radiologia Simples e Meios de Contraste

■ Radiografia de Coluna Cervical

1.	**Radiografia lateral da coluna cervical tem quatro linhas de contorno:**	12.1.1
a.	ao longo da superfície anterior dos corpos vertebrais: l____ m____ a____	linha marginal anterior
b.	ao longo da superfície dorsal dos corpos vertebrais: l____ m____ p____	linha marginal posterior
c.	ao longo da margem posterior do processo espinhoso: l____ e____	linha espinolaminar
d.	ao longo da linha marginal posterior do processo espinhoso: l____ e____ p____	linha espinhal posterior
2.	**Complete as seguintes afirmações sobre radiografias de coluna cervical.**	12.1.4
a.	O diâmetro normal do canal medular da coluna cervical é: ____ mm.	17 +/- 5 mm
b.	A estenose está presente quando o diâmetro anteroposterior for inferior a ____ mm.	12 mm
3.	**Complete as seguintes afirmações sobre o tecido mole pré-vertebral normal.**	12.1.4
a.	C1 anterior ____ mm.	10
b.	C2, C3, C4 anteriores ____ mm.	7
c.	C5-C6 anteriores ____ mm.	22
4.	**Distâncias entre processos espinhosos.**	12.1.4
a.	São anormais, se estiverem aumentadas, ____ vez acima do encontrado no nível adjacente na radiografia anteroposterior (AP).	1,5
b.	Verdadeiro ou falso. Se presentes, eles representam:	
	i. fratura	verdadeiro
	ii. deslocamento	verdadeiro
	iii. ruptura de ligamento	verdadeiro
c.	Isto é chamado de ____ ____ na radiografia lateral.	abertura em leque (*fanning*)
5.	**C1 tem quantos centros de ossificação?**	3	12.1.5
6.	**C2 tem quantos centros de ossificação?**	4	12.1.5

■ Radiografias de Coluna Lombossacral (LS)

7. **Complete as seguintes afirmações referentes a radiografias de coluna lombossacral.** 12.2
   a. O espaço discal com a maior altura está em _____. L4-5
   b. Vista AP. Procure por "olhos de coruja".
      i. Estes correspondem aos _____. pedículos
      ii. Podem sofrer erosão na doença _____. metastática
   c. Vistas oblíquas. Procure pelo "cão escocês".
      i. Ele corresponde à _____ _____. parte interarticular
      ii. Ocorre descontinuidade em uma _____. fratura

■ Radiografias de Crânio

8. **Associação. Associe os seguintes achados em radiografia de crânio com suas características.** 12.3.1
   ① aumento da sela; ② sela em formato de J; ③ balonamento simétrico; ④ erosão dos clinoides posteriores
   a. craniofaringioma   ④
   b. adenoma hipofisário   ①
   c. glioma óptico   ②
   d. sela vazia   ③

9. **Verdadeiro ou Falso. Em uma radiografia de crânio, a erosão dos clinoides posteriores seria vista com mais frequência no quadro de** 12.3.1
   a. craniofaringioma   verdadeiro
   b. sela vazia   falso
   c. adenoma hipofisário   falso
   d. síndrome de Hurler   falso
   e. glioma óptico   falso

10. **Verdadeiro ou Falso. A anomalia congênita mais comum da junção craniocervical é:** 12.3.1
    a. malformação de Chiari   falso
    b. impressão basilar   verdadeiro
    c. dente do áxis (*os odontoideum*) falso
    d. arco da C1 incompleto   falso
    e. subluxação de C1-C2   falso

11. **Quais são os tipos de invaginação basilar?** 12.3.2
    a. Tipo I: _____   invaginação basilar (BI) sem malformação de Chiari
    b. Tipo II: _____   invaginação basilar (BI) com malformação de Chiari

12. **Referente à invaginação basilar:** 12.3.2
    a. No Tipo I, _____% podem ser reduzidas com a tração. 85%
    b. No Tipo II, a d_____ do f_____ m_____ é apropriada. descompressão forame magno

Parte 3: Exames de Imagem e Diagnóstico

13. Verdadeiro ou Falso. Na avaliação da invaginação basilar, no paciente normal nenhuma parte do dente do áxis deve estar acima da linha de McRae. — verdadeiro — 12.3.2

14. Verdadeiro ou Falso. A linha usada na avaliação da junção craniocervical é — 12.3.2
    a. linha de McRae — verdadeiro
    b. linha de Chamberlain — verdadeiro
    c. linha de Wackenheim — verdadeiro
    d. linha Maginot — falso
    e. linha de Fischgold — verdadeiro

15. Verdadeiro ou Falso. A invaginação basilar — 12.3.2
    a. hipoparatireoidismo — falso
    b. doença de Paget — verdadeiro
    c. osteogênese imperfeita — verdadeiro
    d. osteomalacia — verdadeiro
    e. hiperparatireoidismo — verdadeiro

■ Meios de Contraste na Neurorradiologia

16. Características dos meios de contraste iodados — 12.4.1
    a. pode retardar a excreção de _____, — metformina
    b. que é um agente _____ _____ _____ — oral hipoglicêmico
    c. usado em _____ _____ _____ — diabetes tipo 2
    d. e pode ser associado à a_____ l_____ — acidose láctica
    e. e i_____ r_____. — insuficiência renal
    f. Deve ser suspenso por _____ horas antes e após a administração de um agente de contraste. — 48

17. O agente primário aprovado para uso intratecal é _____, nome comercial _____. — iohexol; Omnipaque — 12.4.1

18. Use Omnipaque cuidadosamente em pacientes que têm — 12.4.1
    a. h_____ de c_____ — histórico de convulsões
    b. d_____ c_____ — doença cardiovascular
    c. a_____ c_____ — alcoolismo crônico
    d. e_____ m_____ — esclerose múltipla
    e. e pare as medicações _____ pelo menos _____ horas antes do procedimento. — neurolépticas; 48

Radiologia Simples e Meios de Contraste

19. Complete referente à alergia aos contrastes iodados.		12.4.1
a. Prednisona		
i. Programa de pré-teste em horas	20 a 24 horas, 8 a 12 horas, 2 horas	
ii. Dose em mg	50	
iii. Via	PO (via oral)	
b. Benadryl		
i. Programa de pré-teste em horas	1	
ii. Dose em mg	50	
iii. Via	IM (intramuscular)	
c. Cimetidina		
i. Programa de pré-teste em horas	1	
ii. Dose em mg	300	
iii. Via	PO ou IV (intravenosa)	
20. ____ podem aumentar o risco de reações aos meios de contraste	Betabloqueadores	12.4.2
a. e podem mascarar as manifestações das reações ____.	anafilactoides	
21. Descreva algumas reações idiossincráticas aos meios de contraste.		12.4.2
a. Reação anafilactoide		
i. h____	hipertensão	
ii. t____	taquicardia	
b. Reação vasovagal		
i. h____	hipotensão	
ii. b____	bradicardia	
c. Angiodema facial ou laríngeo		
i. Trata com ____.	epinefrina (0,3–0,5 mL de 1:1.000 SQ [subcutânea])	
ii. Se houver desconforto respiratório ____.	intube	

■ Segurança Radiológica para Neurocirurgiões

22. Caracterize a segurança de radiação.		12.5.2
a. 'Rem' é a dose absorvida em rad multiplicada por ____.	Q	
b. Q é o "fator de qualidade": o Q dos raios-X é ____.	1	
c. 1 rem provoca ____ casos de câncer a cada 1 milhão de pessoas.	300	12.5.3
d. As radiografias da coluna cervical com oblíquas é de ____ rem.	5	
e. O angiograma cerebral é ____ rem.	10 a 20	
f. A embolização cerebral é ____ rem.	34	
23. Complete as seguintes afirmações referentes à exposição ocupacional:		12.5.4
a. É recomendável mantê-la abaixo de ____ rem ao ano,	2	
b. em média por um período anual de ____ rem.	5	

24. Forneça as precauções recomendadas. 12.5.4
   a. Aumente a _____ da fonte de radiação. — distância
   b. A exposição é proporcional ao _____ _____ da distância. — inverso do quadrado
   c. Permaneça a, pelo menos, _____ metros de distância, de preferência a _____ metros de distância. — 1,8; 3
   d. Dobre a distância e receba _____ de radiação inicial. — 1/4
   e. O que é melhor: "portas" de chumbo ou "aventais" de chumbo? — portas

13

Imagens e Angiografia

■ CAT (conhecida como CT)

1. **Para a mensuração de uma imagem de CT** 13.1.1
   a. Dê as unidades Hounsfield para
      i. ar — 1.000
      ii. água — 0
      iii. osso — + 1.000
      iv. coágulo sanguíneo — 75-80
      v. cálcio — 100-300
      vi. material discal — 55-70
      vii. saco tecal — 20-30
   b. O efeito da anemia sobre um hematoma subdural agudo (SDH) em um paciente com Hct inferior a 23% terá a aparência _____. — isodensa

2. **Indicações para CT sem contraste *vs.* com contraste intravenoso.** 13.1.2
   a. Sem contraste:
      i. Sobressai-se em demonstrar s_____ a_____, f_____, c_____ e_____, p_____ e h_____ — sangue agudo, fraturas, corpos estranhos, pneumocefalia e hidrocefalia
      ii. Fraco em demonstrar C_____ a_____, tem má qualidade de sinal na f_____ p_____. — CVA agudo; fossa posterior
   b. Com contraste: Sobressai-se em demonstrar n_____ e m_____ v_____ — neoplasias e malformações vasculares

3. **Anormalidades que podem ser demonstradas por perfusão por CT (do inglês, CTP).** 13.1.4
   a. e_____ s_____ do f_____ — estenose significativa do fluxo
      i. diminuição do C_____ e do C_____ — diminuição do CBV (volume sanguíneo cerebral) e do CBF (fluxo sanguíneo cerebral)
      ii. aumento de M_____ e de T_____ — MTT (tempo médio de trânsito) e TTP (tempo para o pico)
   b. r_____ após d_____ com A_____, — roubo: após desafio com ACZ (acetazolamida)
      i. diminuição de C_____ & C_____ — diminuição de CBV & CBF
      ii. aumento de t_____ c_____ c_____ & M_____ — aumento de território contralateral correspondente & MTT

■ Imagem por Ressonância Magnética (MRI)

4. **Associação.** Associe a melhor conclusão para cada um dos seguintes.
   ① tempo de *eco* (TE) curto; tempo de repetição (TR) curto; ② TE curto, TR longo; ③ TE longo, TR curto; ④ TE longo, TR longo
   a. MRI ponderada em T1 _____, _____   ①
   b. Imagem ponderada em T2 tem _____, _____   ④

   13.2.1

5. **Complete sobre imagem por ressonância magnética (MRI).**
   a. Liste os quatro materiais que aparecem brancos nas MRIs ponderadas em T1 (T1WI).   gordura, melanina e sangue subagudo (3-14 dias)
   b. De que cor é a patologia em T1WI?   o sinal baixo do ônix em T1 (escuro)
   c. De que cor é a patologia em T2WI?   sinal alto em T2 (branco)

   13.2.2

6. **Associação.** Associe as frases com o sinal apropriado.
   ① alto sinal (brilhante); ② baixo sinal (escuro); ③ sinal intermediário
   a. Gordura em T1 é _____   ①
   b. Gordura em T2 é _____   ②
   c. Sangue velho com 7 a 14 dias em MRI ponderada em T2 é _____   ①
   d. O sangue velho, com 7 a 14 dias, na MRI ponderada em T1 é _____   ① Em T1, tanto a gordura como o sangue velho com 7 a 14 dias têm alto sinal (branco). Em T2, há queda no sinal de gordura (i.e., é escura); o sangue permanece branco.

   13.2.2, 13.2.3

7. **Complete as seguintes afirmações sobre MRI.**
   a. A melhor sequência para acidente vascular cerebral (CVA) é _____ que significa _____.   FLAIR; imagem com inversão da recuperação e atenuação de fluidos
   b. Líquido cerebrospinal (CSF) é _____.   preto
   c. A maioria das lesões aparece _____ nesta sequência.   brilhantes
   d. A maioria das lesões é mais _____.   evidente

   13.2.5

8. **A melhor sequência de MRI para**
   a. hemorragia subaracnóidea (SAH) _____.   FLAIR   13.2.5
   b. sangue velho é _____ _____.   gradiente eco   13.2.7

9. **Gradiente eco:**
   a. também conhecida como _____   T2 star
   b. ou _____   *grass*
   c. CSF e o fluxo de sangue aparecem _____.   brancos
   d. A coluna cervical produz um efeito _____.   mielográfico
   e. Melhora o delineamento dos _____ _____.   esporões ósseos
   f. Também mostra pequenas _____ velhas.   hemorragias
   g. É a sequência de MRI mais sensível para s_____ i_____.   sangue intraparenquimal

   13.2.7

Imagens e Angiografia 75

10. **Complete as seguintes afirmações sobre MRI:**   13.2.8
   a. Uma sequência de MRI que soma os sinais T1 e T2 e faz com que a gordura seja suprimida é chamada de sequência _____. — STIR
   b. Do inglês, STIR significa _____ _____ com _____ da _____. — T1 rápida com inversão da recuperação (do inglês, *short T1 inverse recovery*)
   c. Use-a para ver os tecidos que se _____ nas áreas de gordura. — intensificam

11. **Cite duas contraindicações à MRI.**   13.2.9
   a. Pacientes que contêm _____ ou _____ — metais ferromagnéticos, com ferro ou cobalto (i.e., marca-passo cardíaco, neuroestimuladores implantados, implantes cocleares, clipes ferromagnéticos de aneurisma, corpos estranhos com um grande componente de ferro ou cobalto, fragmentos metálicos no olho, colocação de *stent*, espiral ou filtro nas últimas 6 semanas)
   b. Uma contraindicação relativa à MRI é a _____ — claustrofobia

12. **Complete no que se refere a valvas programáveis e MRI.**   13.2.9
   a. Esses pacientes possuem estudos por MRI? — sim
   b. Pode ser necessário checar o _____ de _____ após a MRI. — ajuste de pressão

13. **Hemorragia na MRI. Relacionada com o tempo. T1.**   13.2.10
   a. c_____ aguda — cinza
   b. b_____ subaguda — branca
   c. p_____ crônica — preto

14. **Hemorragia na MRI. Relacionada com o tempo. T2.**   13.2.10
   Dica: as camadas de um biscoito Oreo
   a. p_____ aguda — preta
   b. b_____ subaguda — branca
   c. p_____ crônica — preta

15. **Hemorragia na MRI. Relacionada com o tempo.**   13.2.10
   a. hiperaguda
      i. T1: i_____ — isodensa
      ii. T2: b_____ — brilhante
   b. aguda
      i. T1: i_____ — isodensa
      ii. T2: e_____ — escura
   c. subaguda inicialmente
      i. T1: b_____ — brilhante
      ii. T2: e_____ — escura

d. subaguda tardia
   i. T1: b_____   brilhante
   ii. T2: b_____   brilhante
e. Crônica
   i. T1: e_____   escura
   ii. T2: e_____   escura

16. **Idade da hemorragia**   13.2.10
    a. hiperaguda: < 24 horas
    b. aguda: 1 a 3 dias
    c. subaguda inicialmente: 3 a 7 dias
    d. subaguda tardia: 7 a 14 dias
    e. crônica: > 14 dias

17. **Se o contraste da MRI for administrado a**   fibrose sistêmica nefrogênica   13.2.11
    pacientes com insuficiência renal grave,
    uma condição rara chamada f____ s____
    n____ pode ocorrer.

18. **Complete as seguintes afirmações**   13.2.13
    referentes às imagens ponderadas por
    difusão (do inglês, DWI).
    a. Seu uso primário é para detectar
       i. _____   isquemia
       ii. e p_____ de esclerose múltipla (MS) _____.   placas; ativa
    b. Ela gera, primeiramente, em mapa, _____.   ADC (do inglês, coeficiente de
                                                    difusão aparente)
    c. Na DWI, a água livremente difusível é _____. escura
    d. A difusão restrita é _____.   brilhante
    e. O que é anormal?   difusão restrita

19. **Caracterize a DWI.**   13.2.13
    a. A perfusão restrita geralmente indica _____   morte celular
       _____.
    b. A DWI estará anormalmente presente por   1 mês
       _____.
    c. Anormalidades da DWI podem-se iluminar   minutos
       dentro de _____ de isquemia.

20. **O estudo mais sensível para isquemia do**   PWI   13.2.13
    encéfalo é a _____.

21. **A discordância DWI e PWI (do inglês,**   13.2.13
    ***perfusion-weight image*) identifica penumbra.**
    Dica: morte da DWI penumbra em PWI
    a. Que modalidade mostra lesão celular   DWI
       irreversível (morte)?
    b. Que modalidade mostra lesão celular   PWI
       irreversível (penumbra)?

22. **Os picos importantes em MRS**   13.2.14
    (espectroscopia por MR) são:
    Dica: li-la-Na-crea-col
    a. li_____   lipídio
    b. la_____   lactate
    c. N-a_____   N-acetil aspartato
    d. crea_____   creatina
    e. col_____   colina

Imagens e Angiografia 77

23.	O significado de picos importantes na MRS são	13.2.14
a.	hipóxia	lactato
b.	um par de picos	lactato
c.	nervo e axônios	NAA (nervos e axônios)
d.	uma referência para colina	creatinina
e.	síntese da membrana	colina
f.	aumentados no tumor	colina
g.	aumentada no encéfalo em desenvolvimento	colina
h.	reduzida na CVA	colina
24.	O teste que pode ajudar a distinguir hemangiopericitoma	13.2.14
a.	de meningioma é a _____;	MRS
b.	especificamente a presença de um grande pico de _____.	inositol
25.	O teste que pode ajudar um cirurgião a evitar os tratos de substância branca crítica	13.2.15
a.	durante a cirurgia encefálica é a _____,	DTI
b.	que significa i_____ por t_____ de d_____.	imagem por tensor de difusão

■ Mielografia

26.	Verdadeiro ou Falso. O risco de cefaleia pós-punção lombar é maior com	13.4
a.	contraste hidrossolúvel.	falso
b.	contraste não hidrossolúvel.	verdadeiro
27.	Associação. Associe cada uma das seguintes afirmações com as respostas ①, ②, ③ ou ④ ① 10%; ② 35%; ③ 65%; ④ 90%	13.4
a.	Na doença discal lombar, qual porcentagem de fragmentos livres se move inferiormente?	②
b.	Na doença discal lombar, qual porcentagem de fragmentos livres se move superiormente?	③

■ Imagem Cintilográfica

28.	Aplicações para cintilografias ósseas incluem:	13.5.1
a.	i_____	infecção
b.	t_____	tumor
c.	d_____ e_____ m_____ o_____ a_____	doenças envolvendo metabolismo ósseo anormal
d.	c_____	craniossinostose
e.	f_____ da c_____ ou c_____	fraturas da coluna ou crânio
f.	"p_____ da c_____ l_____"	"problemas da coluna lombar"
29.	As aplicações das cintilografias com Gálio são	13.5.2
a.	s_____	sarcoidose
b.	o_____ v_____ c_____	osteomielite vertebral crônica

14

Eletrodiagnóstico

■ Eletroencefalograma (EEG)

1. **Verdadeiro ou Falso.** Descargas epileptiformes periódicas (PLEDs) podem ser produzidas por   14.1.1
   a. encefalite por herpes simples — verdadeiro
   b. abscesso cerebral — verdadeiro
   c. infarto embólico — verdadeiro
   d. tumor encefálico — verdadeiro
   e. qualquer insulto cerebral agudo — verdadeiro

2. **Associação.** Associe os seguintes padrões de eletroencefalograma (EEG) e suas prováveis patologias de diagnóstico.   14.1.1
   ① doença de Creutzfeldt-Jakob;
   ② encefalopatia hepática; pós-anoxia e hiponatremia; ③ panencefalite esclerosante subaguda (SSPE)
   a. ondas trifásicas — ②
   b. movimentos mioclônicos, maior periodicidade de alta voltagem com separação de 4-15 segundos; nenhuma alteração com dor — ③
   c. movimentos mioclônicos, ondas agudas bilaterais, 1,5-2s, reagem ao estímulo doloroso — ①

3. Qual é a frequência dos seguintes ritmos do EEG?   Tabela 14.1
   a. Delta — 0-3 Hz
   b. Teta — 4-7 Hz
   c. Alfa — 8-13 Hz
   d. Beta — > 13 Hz

■ Potenciais Evocados

4. Complete as seguintes afirmações sobre potenciais evocados.   14.2.3
   a. Potenciais evocados oferecem utilidade limitada na prevenção de lesões intraoperatórias _____ porque eles são _____. — agudas; retardados

Eletrodiagnóstico

b. Critérios para significado:
   i. Aumento de frequência de _____%.   10%
   ii. Diminuição de amplitude de _____%.   50%

5. **SSEP intraoperatórios podem localizar o córtex sensorial primários por _____ de _____ potencial através do sulco central.**   reversão de fase   14.2.3

6. **Ao testar as respostas auditivas evocadas do tronco encefálico (BAER):**   Tabela 14.5
   a. Prolongamento nos picos I-III sugere lesão entre p_____ e c_____ i_____.   ponte e colículo inferior
   b. O prolongamento nos picos III-V sugere lesão entre p_____ i_____ e m_____.   ponte inferior e mesencéfalo

7. **Potenciais evocados durante cirurgia de espinha:**   14.2.3
   a. Podem permanecer imutáveis por lesão à medula _____   anterior
   b. mas são sensíveis às colunas _____ da medula _____.   posteriores, dorsal

8. **Verdadeiro ou Falso. Referente aos potenciais transcranianos (i.e., motores evocados).**   14.2.3
   a. Muito dolorosos para realizar com o paciente acordado.   verdadeiro
   b. O *feedback* é rápido, quase imediato.   verdadeiro
   c. Não podem ser registrados continuamente por causa das contrações musculares.   verdadeiro
   d. Útil para cirurgia da coluna cervical.   verdadeiro
   e. Útil para cirurgia da coluna torácica.   verdadeiro
   f. Útil para cirurgia da coluna lombar.   falso
   g. Tem mais requisitos anestésicos especiais.   verdadeiro

9. **Forneça o plano de deterioração de SSEP.**   14.2.4
   a. R_____   remover as ferramentas
   b. R_____   reposicionar o paciente
   c. L_____   liberar a retração
   d. S_____   sessenta Hz
   e. E_____   esteroides
   f. I_____   interromper cirurgia
   g. T_____   temperatura
   h. A_____   anemia
   i. H_____   hipotensão
   j. C_____   contato do eletrodo

■ NCS/EMG

10. **Nomeie as partes do exame de EMG.**   14.3.2
    a. A_____ i_____   atividade insercional
    b. A_____ e_____   atividade espontânea
    c. A_____ v_____   atividade volitiva

Desenvolvimento Craniofacial

4. **Complete as seguintes afirmações sobre desenvolvimento craniofacial.**
   a. A fontanela anterior fecha-se com a idade de _____. — 2,5 anos
   b. A cabeça tem 90% do tamanho do adulto com a idade de _____. — 1 ano
   c. A cabeça para de aumentar com a idade de _____. — 7 anos
   d. O crânio é _____ ao nascimento. — unilaminar
   e. A díploe aparece no _____ ano e — 4º
   f. Alcança um máximo com a idade de _____. — 35 anos
   g. As veias diploicas se formam na idade de _____. — 35 anos
   h. Células aéreas ocorrem no mastoide no _____ ano. — 6º

5. **Verdadeiro ou Falso. Craniossinostose**
   a. tem sido provado que ocorre após colocação de derivação. — falso
   b. com uma sutura, não causa aumento da ICP. — falso (11% têm pressão intracraniana alta – ICP)

6. **Complete sobre desenvolvimento craniofacial.**
   a. A craniossinostose mais comum é _____. — sagital
   b. A razão homem:mulher é de _____. — 80:20
   c. O formato craniano resultante é _____. — dolicocefálico/escafocefálico/em forma de barco
   d. A cirurgia deve ser realizada na faixa etária de _____. — 3 a 6 meses
   e. A craniectomia em faixa deve ter _____ de largura. — 3 cm

7. **Complete referente à sinostose coronal.**
   a. A incidência de pacientes com craniossinostose que têm sinostose coronal é de _____%. — 18%
   b. É mais comum em homens ou em mulheres? — mulheres

8. **Complete as seguintes afirmações referentes à sinostose da sutura coronal (CSS).**
   a. Mais sindactilia é chamada de síndrome de _____. — Apert
   b. A CSS unilateral é chamada de _____. — plagiocefalia
   c. CSS com hipoplasia facial é chamada de doença de _____. — doença de Crouzon
   d. Plagiocefalia
      i. A testa, no lado afetado, é _____ ou _____. — achatada; côncava
      ii. A crista supraorbital tem margem _____ _____. — mais alta

Anomalias Intracranianas Primárias 83

9. **No que se refere ao sinal do "olho de arlequim"** 15.2.2
   a. Ocorre no fechamento da sutura c_____ u_____ — coronal unilateral
   b. vista na _____ _____ _____. — radiografia craniana anteroposterior
   c. A estrutura óssea anormal é a _____ _____, — margem supraorbital
   d. que está _____ _____ no lado normal. — mais alta

10. **Complete sobre o desenvolvimento craniofacial.** 15.2.2
    a. Que sutura está fechada para produzir trigonocefalia? — metópica
    b. Geralmente está associada a uma anormalidade do cromossomo _____. — 19 p

11. **Caracterize a sinostose lambdoide.** 15.2.2
    a. A razão homem:mulher é _____. — 4:1
    b. O lado envolvido com mais frequência é _____. — do lado direito
    c. A frequência do envolvimento é de _____ no lado direito. — 70%
    d. Possui uma crista ou uma endentação para palpação? — endentação (Sem crista como a sinostose sagital ou coronal.)

12. **Considerando a sinostose lambdoide:** 15.2.2
    a. Diferencie do achatamento posicional olhando as orelhas a partir do _____. — topo da cabeça
    b. Na sinostose lambdoide você verá que a orelha ipsolateral _____ para _____. — fica para trás
    c. No achatamento posicional você verá que a orelha ipsolateral está _____ para _____. — empurrada para a frente (se o lado achatado do osso occipital for do mesmo lado da orelha posicionada posteriormente, é um caso de sinostose lambdoide; senão, será um caso de achatamento posicional)

13. **Responda referente ao tratamento da sinostose lambdoide:** 15.2.2
    a. Verdadeiro ou Falso. Todos necessitam de cirurgia. — falso (15% não responderão ao reposicionamento.)
    b. Verdadeiro ou Falso. A cirurgia é indicada precocemente (*i.e.*, em 3 a 6 meses). — falso (pode-se observar por 3 a 6 meses para detecção de melhora)
    c. A idade ideal para a cirurgia é de _____ a _____ meses. — 6 a 18 meses
    d. A cirurgia precoce é indicada para d_____ g_____ e p_____ i_____ e_____. — desfiguramento grave e pressão intracraniana elevada

14. **Complete as seguintes afirmações sobre encefalocele:** 15.2.3
    a. A incidência da forma basal da encefalocele é _____%. — 1,5%
    b. Pode sair do crânio via um defeito em

Parte 4: Anomalias do Desenvolvimento

i. p_____ c_____ — placa cribriforme
ii. f_____ c_____ — forame cego
iii. f_____ o_____ s_____ — fissura orbital superior

■ Malformação de Dandy Walker

15. Para diferenciar malformação de Dandy-Walker (DWM) de cisto aracnoide retrocerebelar observe
   a. a_____ v_____ — agenesia do verme
   b. o cisto abre-se dentro do q_____ v_____ — quarto ventrículo
   c. aumento da f_____ p_____ — fossa posterior
   d. elevação da t_____ de H_____ — torcula de Herófilo (confluência dos seios da dura-máter)

15.3.2

16. Qual é a patogênese de DWM?
   a. D — dilatação do quarto ventrículo
   b. A — agenesia do verme
   c. N (M) — membrana do quarto ventrículo
   d. D (G) — defeitos na embriogênese
   e. Y (H) — hidrocefalia

15.3.3

17. Complete o seguinte referente à DWM:
   a. É causada por a_____ dos f_____ de M_____ e L_____. — atresia dos forames; Magendie e Luschka (a teoria antiga)
   b. Resulta em
      i. agenesia do _____ — verme
      ii. grande _____ da _____ _____ que se comunica com o — cisto; fossa posterior
      iii. _____ _____, que se torna _____. — quarto ventrículo; aumentado

15.3.5

15.3.3

18. Qual é a patogênese da DWM?
   a. Hidrocefalia está presente em _____% e — 70 a 90%
   b. _____% dos pacientes com hidrocefalia têm DWM. — 2 a 4%
   c. Uma anormalidade associada comum é
      i. a_____ do c_____ c_____ — agenesia do corpo caloso
      ii. em _____%. — 17%
   d. e a_____ c_____. — anormalidades cardíacas
   e. Se o tratamento for necessário, você deve fazer a derivação do ventrículo, do cisto, ou ambos? — cisto
   f. Se houver estenose do aqueduto você também deve fazer a derivação do _____. — ventrículo
   g. Porém, fazer a derivação do ventrículo lateral sozinho
      i. é _____ — contraindicado
      ii. porque pode causar _____ _____. — herniação superior
   h. Para evitar herniação _____, — superior
      i. não se deve fazer a derivação do _____ somente. — ventrículo

15.3.3

15.3.5

15.3.6

19. Qual é o prognóstico de DWM?		15.3.7
a. Ocorrem convulsões em _____%.	15%	
b. Ocorre mortalidade de _____ a _____%.	12 a 50%	
c. O IQ normal é _____%.	50%	

■ Estenose do Aqueduto

20. Verdadeiro ou Falso. A estenose do aqueduto é vista apenas em crianças.	falso (Adultos também podem apresentar sintomas.)	15.4.1
21. Quais são as causas da estenose do aqueduto?		15.4.2
a. A	astrocitoma do encéfalo	
b. M	massa da placa quadrigeminal	
c. I	infecção, inflamação	
d. A	atresia congênita	
e. T	tumor	
f. C	cisto aracnoide	
g. L	lipoma	
22. Complete as seguintes afirmações referentes à estenose do aqueduto.		15.4.3
a. Está associada à hidrocefalia congênita em _____%.	70%	15.4.4
b. A imagem por ressonância magnética (MRI) mostra		
i. a_____ de f_____ n_____ no	ausência de fluxo normal	
ii. a_____ de S_____	aqueduto de Sylvius	
c. A MRI com contraste deve ser usada para descartar _____.	tumor	
d. O acompanhamento deve ser por, no mínimo, _____ anos.	2 anos	
e. A fim de descartar _____.	tumor	
23. Verdadeiro ou Falso. Um paciente com estenose do aqueduto da idade adulta pode ter os seguintes sintomas:		15.4.4
a. Cefaleia	verdadeiro	
b. Distúrbios visuais	verdadeiro	
c. Declínio da função mental	verdadeiro	
d. Distúrbio da marcha	verdadeiro	
e. Papiledema (sinal)	verdadeiro	
f. Ataxia	verdadeiro	
g. Incontinência urinária	verdadeiro	
24. Quais são as opções de tratamento da estenose do aqueduto?		15.4.4
a. _____ _____ ventriculoperitoneal	derivação do CSF	
b. d_____ de T_____ em _____	derivação de Torkildsen em adultos	
c. ETV = _____ _____	terceiro ventriculostomia	

■ Agenesia do Corpo Caloso

25. Agenesia do corpo caloso se desenvolve com a idade de _____ após a concepção e se forma a partir do r_____ para o e_____.	2 semanas; rostro; esplênio	15.5.1

Parte 4: Anomalias do Desenvolvimento

26. Complete as seguintes afirmações referentes aos feixes de Probst.
    a. Eles são os inícios abortados do _____ _____ — corpo caloso
    b. abaulando-se para dentro dos _____ _____. — ventrículos laterais

27. Complete referente à agenesia do corpo caloso:
    a. Ela sempre tem significado clínico? — Não, pode ser um achado casual
    b. A causa subjacente pode ser uma anormalidade de um _____. — cromossomo

■ Ausência do Septo Pelúcido

28. Uma possível causa de septo pelúcido é
    a. d_____ s_____-o_____ — displasia septo-óptica
    b. ou _____ de _____, — síndrome de Morsier
    c. que produz h_____ do n_____ o_____ — hipoplasia do nervo óptico
    d. e do q_____ o_____ assim como — quiasma óptico
    e. i_____ h_____. — infundíbulo hipofisário

■ Lipomas Intracranianos

29. Os lipomas intracranianos
    a. geralmente são encontrados no _____ _____ — plano mesossagital
    b. especialmente no _____ _____. — corpo caloso
    c. São frequentemente associados à _____ — agenesia
    d. do _____ _____. — corpo caloso
    e. Com menos frequência podem envolver o
       i. t_____ c_____ — túber cinéreo
       ii. e a _____ _____. — placa quadrigeminal

30. Verdadeiro ou Falso. As características dos lipomas intracranianos incluem
    a. associação com anormalidades _____ — congênitas
    b. na tomografia computadorizada (CT) têm _____ densidade. — baixa
    c. Diagnóstico diferencial é
       i. c_____ d_____ — cisto dermoide
       ii. t_____ — teratoma
       iii. g_____ — germinoma
    d. Na MRI eles têm _____ intensidade em T1. — alta
    e. Na MRI eles têm _____ intensidade em T2. — baixa

31. Os lipomas intracranianos podem-se apresentar clinicamente com   15.7.4
   a. c_____   convulsões
   b. d_____ h_____   disfunção hipotalâmica
   c. h_____   hidrocefalia
   d. r_____ m_____   retardo mental

■ Hamartomas Hipotalâmicos

32. Os hamartomas hipotalâmicos   15.8.1
   a. são frequentes ou raros?   raros
   b. são neoplásicos ou não neoplásicos? não neoplásicos
   c. consistem em massa de _____ _____   tecidos neuronais
   d. que surge do
      i. h_____ i_____ ou do   hipotálamo inferior
      ii. t_____ c_____   túber cinéreo

33. Os hamartomas hipotalâmicos clinicamente   15.8.2
   a. podem apresentar um tipo especial de convulsão chamada _____, que significa convulsões com _____.   gelástica; risos
   b. também podem ter crises de _____.   raiva
   c. também podem-se apresentar com p _____ p _____   puberdade precoce
   d. em razão da l_____ do h_____ g_____   liberação do hormômio gonadotrofina
   e. formado dentro das células do _____.   hamartoma

16

Anomalias Primárias da Coluna

■ Disrafismo Espinal (Espinha Bífida)

1. **Folha de estudo. Espinha bífida oculta**   16.2.2
   a. B   bífida
   b. I   incidental
   c. D   deformidade podal
   d. I   inócua
   e. D   diastematomielia
   f. A   atrofia da perna
   g. O   ocorre em 20 a 30%
   h. E   estigma cutâneo
   i. N   nenhuma importância clínica
   j. I   incontinência urinária
   k. F   fraqueza na perna por lipoma
   l. M   medula presa
   m. P   processo espinhoso ausente

2. **Complete as seguintes afirmações referentes à mielomeningocele (MM).**   16.2.3
   a. O neuroporo anterior fecha-se na idade gestacional de _____ dias.   25
   b. O neuroporo posterior fecha-se na idade gestacional de _____ dias.   28

3. **Complete as seguintes afirmações referentes à mielomeningocele (MM).**   16.2.3
   a. Incidência, se nenhum filho anterior teve MM, equivale a: _____% ou _____ por 1.000.   0,2%; 2
   b. Um filho anterior com MM: _____% ou _____ por 1.000.   2%, 20
   c. Dois filhos anteriores com MM: _____% ou _____ por 1.000.   6%, 60
   d. Hidrocefalia associada: incidência de _____%.   80%
   e. Chiari II associada ocorre na _____ das crianças com MM.   maioria

Anomalias Primárias da Coluna

4. **Responda o seguinte sobre mielomeningocele:**
   a. Qual é a incidência da meningocele ou mielomeningocele? — 1 a 2/1.000 nascimentos vivos (0,2%)
   b. O risco aumenta em famílias com um filho afetado? — sim (O risco aumenta para 2 a 3% em famílias com um filho anterior com mielomeningocele.)
   c. O risco aumenta em famílias com dois filhos afetados? — sim (Aumenta para 6 a 8% em famílias com dois filhos anteriores afetados.)

5. **Verdadeiro ou Falso. Todas as crianças nascidas com mielomeningocele têm malformação de Chiari II associada.** — falso (Nem todas, mas a maioria tem Chiari II.)

6. **Verdadeiro ou Falso. O fechamento da mielomeningocele pode resultar na necessidade de colocação de *derivação* do líquido cerebrospinal (CSF).** — verdadeiro

7. **Os pacientes com mielomeningocele desenvolvem alergia a ____.** — látex

8. **Verdadeiro ou Falso ou Incerto. O fechamento intrauterino do defeito MM reduz**
   a. defeito Chiari II — verdadeiro
   b. hidrocefalia — incerto
   c. disfunção neurológica — falso

9. **Complete referente à mielomeningocele:**
   a. Se estiver rota, inicie ____ (n____ e g____). — antibióticos (nafcilina e gentamicina
   b. Realize cirurgia dentro de ____ horas. — 24 a 36 horas
   c. Melhor resultado funcional ocorre se as crianças tiverem ____ espontâneo das ____ ____. — movimento; extremidades inferiores
   d. Múltiplas anomalias ocorrem na mielomeningocele? — sim (em média 2 a 2,5% de anomalias adicionais na mielomeningocele)

10. **Responda sobre mielomeningocele e fechamento precoce.**
    a. Verdadeiro ou Falso. Resulta em melhora das funções neurológicas. — falso
    b. Verdadeiro ou Falso. Resulta em taxa mais baixa de infecção. — verdadeiro
    c. A mielomeningocele deve ser fechada dentro de 12, 24 ou 36 horas? — 24 horas

Parte 4: Anomalias do Desenvolvimento

11. **Considerando os problemas tardios do reparo da mielomeningocele. Os possíveis problemas incluem:** — 16.2.3
    a. cérebro: — hidrocefalia – mau funcionamento do *shunt*
    b. junção bulbomedular: — Chiari II comprimindo o bulbo
    c. medula: — siringomielia
    d. cauda: — medula presa

12. **Caracterize o resultado da mielomeningocele com e sem tratamento.** — 16.2.3
    a. Sobrevivem na infância sem tratamento _____-_____%; com tratamento: _____%. — 15-30%; 85%
    b. IQ (coeficiente de inteligência) normal sem tratamento: _____%; com tratamento: _____% — 70%; 80%
    c. Deambulatório sem tratamento: _____%; com tratamento: _____% — 50%; 40 a 85%
    d. Continência sem tratamento: _____; com tratamento: _____%. — rara; 3 a 10%

13. **Para cada um dos seguintes, quais são os fatos a saber sobre lipomeningocele?** — 16.2.4
    a. idade para a cirurgia — aos 2 meses é apropriado
    b. banda — banda fibrovascular espessa
    c. cone — é dividido
    d. dura — é deiscente
    e. gordura epidural *versus* _____ — lipoma (é diferente de gordura epidural)
    f. placódio — anexado ao placódio neural
    g. exame neurológico — é normal em 50%
    h. perda sensorial — anormalidade neurológica mais comum
    i. estigmas — cutâneos
    j. exame urológico — deve ser realizado no pré-operatório

14. **Verdadeiro ou Falso. A lipomielomeningocele está associada à medula presa.** — verdadeiro — 16.2.4

15. **Plano de Estudo. Lipomeningocele:** — 16.2.4
    a. Etapas no tratamento cirúrgico (Cortesia do Dr. David Frim):
    1. Solte a medula usando aspirador ultrassônico e lcom monitorização do esfíncter anal.
    2. Solte os lados da inserção na dura.
    3. Reduza o volume de gordura usando aspirador ultrassônico na linha média.
    4. Amarre a dura aberta nos lados.
    5. Coloque enxerto de pericárdio bovino como substituto da dura.

16.	**Verdadeiro ou Falso.** A localização mais comum de um trato sinusal dérmico é:	16.2.5
a.	região occipital	falso
b.	região cervical	falso
c.	região torácica	falso
d.	região lombossacra	verdadeiro
17.	**Qual é a causa mais provável do seio dérmico?**	16.2.5
a.	falha do ectoderma _____	cutâneo
b.	em se _____	separar
c.	do neuro _____	ectoderma
d.	no momento do _____	fechamento
e.	do _____ _____.	tubo neural
18.	**Os fatos a saber sobre o seio dérmico incluem:**	16.2.5
a.	Localiza-se com mais frequência na área _____.	lombossacra
b.	Resulta de _____ na _____ do _____ _____	falha na separação do ectoderma cutâneo
c.	do _____ _____.	ectoderma neural
d.	Aparece como uma _____:	fóvea
i.	Pelos?	Com ou sem
ii.	Linha média?	Próximo à linha média
iii.	Estigmas na pele?	Sim
e.	A primeira manifestação é _____.	disfunção da bexiga
f.	O trato sempre segue _____ a partir da área lombossacra.	cranial
19.	**Verdadeiro ou Falso.** Um cisto epidermoide contém folículos pilosos e glândulas sudoríparas.	falso	16.2.5
20.	**Qual é a principal diferença entre cisto epidermoide e cisto dermoide?**	16.2.5
a.	Cisto epidermoide é	
i.	revestido com e_____ e_____ e_____	epitélio escamoso estratificado
ii.	e contém somente _____	queratina
b.	O cisto dermoide é	
i.	revestido com _____	derme
ii.	e contém _____ _____ como	apêndices cutâneos
iii.	folículos pilosos?	sim
iv.	glândulas sebáceas?	sim
21.	**Verdadeiro ou Falso.** Um trato sinusal dérmico é uma via em potencial para infecção como meningite ou abscesso.	verdadeiro	16.2.5
22.	**Avaliação radiológica do seio dérmico.**	16.2.5
a.	Se visto ao nascimento, faça uma _____.	ultrassonografia
b.	Se visto posteriormente, faça _____.	MRI (imagem por ressonância magnética)

Parte 4: Anomalias do Desenvolvimento

23. **Em razão do mencionado anteriormente, indique se o trato sinusal dérmico deve ser excisado em determinadas localizações.** — 16.2.5
    a. lombar — sim
    b. sacral — sim
    c. coccígeo — não

24. **Complete as seguintes afirmações referentes ao seio dérmico cranial:** — 16.2.5
    a. O trajeto estende-se _____ — caudalmente
    b. Se o trato sinusal dérmico entrar no crânio, isto ocorrerá _____ à torcula. — caudal

■ Síndrome de Klippel-Feil

25. **Verdadeiro ou Falso. A síndrome de Klippel-Feil resulta da falha de** — 16.3.1
    a. neurulação primária — falso
    b. neuralação secundária — falso
    c. disfunção — falso
    d. segmentação — verdadeiro

26. **A síndrome de Klippel-Feil** — 16.3.1
    a. Resulta de falha da _____ dos _____ _____ na idade gestacional de — segmentação dos somitos cervicais
    b. _____ a _____ semanas. — 3 a 8 semanas
    c. A tríade clínica — 16.3.2
        i. A linha do cabelo é _____. — baixa
        ii. O pescoço é _____. — curto
        iii. O movimento é _____. — limitado
    d. A limitação da amplitude de movimento do pescoço ocorre apenas se mais de _____ segmentos se fundirem. — 3
    e. Verdadeiro ou Falso. Outras anormalidades congênitas também podem estar presentes. — verdadeiro
    f. Verdadeiro ou Falso. Klipple-Feil causa sintomas relacionados com vértebras fundidas. — falso

27. **Verdadeiro ou Falso. As anomalias observadas associadas a Klippel-Feil incluem** — 16.3.2
    a. deformidade Sprengel — verdadeiro
    b. pescoço alado — verdadeiro
    c. impressão basilar — verdadeiro
    d. ausência unilateral do rim — verdadeiro

28. **Possíveis anormalidades sistêmicas congênitas incluem** — 16.3.2
    a. g_____ — geniturinário – ausência de um rim
    b. c_____ — cardiopulmonar

Síndrome da Medula Presa

29. Liste os seis sinais e sintomas de apresentação da síndrome da medula presa.
    Tabela 16.2
    a. c_____   cutâneo (54%)
    b. e_____   escoliose (29%)
    c. b_____   bexiga (40%)
    d. s_____   sensibilidade (70%)
    e. m_____   marcha (93%)
    f. d_____   dor (37%)

30. Verdadeiro ou Falso. Referente à medula presa.   16.4.4
    a. Escoliose progressiva não é vista em conjunto com a síndrome da medula presa.   falso
    b. A liberação precoce pode resultar em melhora da escoliose.   verdadeiro

31. Verdadeiro ou Falso. O seguinte está associado à síndrome da medula presa em adultos: 16.4.5
    a. Deformidades podais   falso
    b. Dor   verdadeiro
    c. Fraqueza nas pernas   verdadeiro
    d. Sintomas urológicos   verdadeiro

32. Verdadeiro ou Falso. Sintomas urológicos não são comuns na síndrome da medula presa do adulto.   falso   16.4.5

33. Verdadeiro ou Falso. Um cone medular preso situa-se distal à vértebra L2 verdadeira na avaliação radiográfica.   verdadeiro   16.4.5

34. Complete as seguintes afirmações referentes à síndrome da medula presa.   16.4.5
    a. Denomine dois critérios.
        i. Cone medular abaixo do nível da _____   L2
        ii. Filo grosso com mais de _____   2 mm de diâmetro
    b. Um teste pré-operatório fortemente recomendado é _____.   urodinâmica   16.4.6

35. Indique as características usadas para identificar o filo.   16.4.6
    a. O vaso de superfície é _____.   irregular
    b. A cor do filo é _____ _____ do que a das raízes nervosas.   mais branca

36. Complete os seguintes resultados da medula presa.   16.4.6
    a. Na meningomielocele, geralmente é _____ _____ permanentemente.   impossível soltá-la
    b. A liberação repetida é aconselhável até o paciente parar de _____.   crescer

Parte 4: Anomalias do Desenvolvimento

37. Os sintomas de liberação são especialmente prováveis durante um _____ de _____ do _____.	estirão de crescimento do adolescente	16.4.6
38. A liberação cirúrgica em um adulto é a. boa para _____ da _____ e b. não é boa para o retorno da _____ da _____.	alívio da dor função da bexiga	16.4.6

■ Malformação de Medula Dividida

39. Verdadeiro ou Falso. A diastematomielia está associada ao septo ósseo não rígido que separa duas hemimedulas não revestidas por dura.	Falso (o septo é rígido)	16.5.2
40. Complete referente à diastematomielia. a. Estigmas cutâneos são tufos de p_____ ou hipertricose. b. Verdadeiro ou Falso. Há anormalidades podais, c. especificamente p_____ a_____ a_____ n_____.	pelos verdadeiro pé altamente arqueado neurogênico	16.5.2

17

Anomalias Craniospinais Primárias

■ Malformações de Chiari

1. **Compare Chiari tipos I e II.** — Tabela 17.1
    a. deslocamento caudal do bulbo — Chiari I, não; Chiari II, sim
    b. dentro do canal cervical — Chiari I, tonsilas; Chiari II, verme, bulbo, quarto ventrículo
    c. mielomeningocele — Chiari I, não; Chiari II, sim
    d. hidrocefalia — Chiari I, não; Chiari II, sim
    e. edenteação bulbar — Chiari I, não; Chiari II 55%
    f. nervos cervicais — Chiari I, normal; Chiari II, para cima
    g. idade de apresentação — Chiari I, adulto; Chiari II, infância
    h. sintomas — Chiari I, dor no pescoço Chiari II, hidrocefalia, desconforto respiratório

2. **Complete sobre a malformação de Chiari.** — 17.1.2
    a. Chiari tem quantas anormalidades? — 1 – com muitos nomes
    b. Liste quatro nomes pelos quais esta anormalidade é chamada.
        i. h_____ t_____ — herniação tonsilar
        ii. d_____ c_____ do c_____ — deslocamento caudal do cerebelo
        iii. a_____ c_____ da t_____ — alongamento cilíndrico da tonsila
        iv. e_____ c_____ — ectopia cerebelar

3. **Chiari I** — 17.1.2
    a. tem quantas deformidades? — 1
    b. é conhecido pelos seguintes nomes
        i. e_____ — ectopia
        ii. a_____ — alongamento
        iii. d_____ — deslocamento
        iv. h_____ — herniação

96   Parte 4: Anomalias do Desenvolvimento

c. sintomas
   i. c_____ o_____ — cefaleia occipital
   ii. d_____ c_____ — dor cervical

4. **Qual é o sinal ocular particular associado a Chiari I?** — nistagmo para baixo é considerado uma característica desta condição em 47%, mas também pode ocorrer em Chiari II. *17.1.2*

5. **Qual é a porcentagem de pacientes com Chiari I que têm hidrossiringomielia?** — 20 a 30% dos Chiari I pacientes têm siringomielia. *17.1.2*

6. **Caracterize a localização das tonsilas e Chiari I.** *Tabela 17.4*
   a. Variação normal relacionada com o forame magno
      i. alta — 8 mm acima
      ii. baixa — 5 mm abaixo
      iii. média — 1 mm acima
   b. A variação em Chiari I é
      i. alta — 3 mm abaixo
      ii. baixa — 29 mm abaixo
      iii. média — 13 mm abaixo
   c. Os sintomas podem ocorrer com as tonsilas _____ mm abaixo. — 2
   d. O nível usual considerado de corte para o diagnóstico é _____ mm abaixo. — 5

7. **Possível melhor correlação com sintomas de herniação tonsilar é o grau de compressão do tronco encefálico** *17.1.2*
   a. no _____ _____ — forame magno
   b. como é visto em MRI _____ — axial
   c. ponderada por T _____ — 2
   d. Melhores resultados cirúrgicos ocorrerão se tratada dentro de _____ anos do início. — 2

8. **Complete o seguinte referente à Chiari I:** *17.1.2*
   a. A complicação pós-operatória mais comum é a _____ _____ em _____%. — depressão respiratória em 15%
   b. Ocorre dentro de quantos dias da cirurgia? — 5
   c. Ocorre, principalmente, em qual período do dia? — à noite
   d. A morte pode ocorrer por a_____ do s_____. — apneia do sono
   e. Outros riscos da cirurgia incluem
      i. e_____ do l_____ c_____ — extravasamento do líquido cerebrospinal
      ii. Lesão à a_____ c_____ i_____ p_____ — artéria cerebelar inferior posterior (PICA)
      iii. h_____ dos h_____ c_____ — herniação dos hemisférios cerebelares

9. **Complete referente à Chiari I.**
   a. Resultados operatórios
      i. O principal benefício pode ser p____ a p____.   parar a progressão
      ii. Os melhores resultados em pacientes com síndrome ____   cerebelar
      iii. que consiste em
         a____ t____   ataxia axial
         a____ de m____   ataxia de membro
         n____   nistagmo
         d____   disartria
   b. O que responde melhor: dor ou a fraqueza?   dor

10. **Os fatores que se correlacionam com um resultado pior são**
    a. a____   atrofia
    b. e____   escoliose
    c. sintomas que duram mais de ____   2 anos

11. **Que malformação de Chiari está associada à mielomeningocele?**   Chiari II

12. **Plano de Estudo. Anormalidades anatômicas Chiari II: de A a Z (do inglês).**   assimilação do atlas, distorção do tecto do mesencéfalo, anormalidades ósseas, folículo cerebelar pobremente mielinizada, compressão da junção bulbo cervical, craniolacunia, agenesia do corpo caloso, núcleos dos nervo cranianos (Cr. N.) inferiores degenerados, massa intermediária aumentada, hipoplasia da foice, quarto ventrículo isolado, fusão das vértebras cervicais, giros miniaturizados, hidrocefalia, heterotopia, hidromielia, deformidade de Klippel-Feil, baixa inserção do tentório, massa intermediária aumentada, curvatura em "z" do bulbo, microgiria, núcleos do Cr. N. inferiores degenerados, platibasia, tonsilas cerebelares cilíndricas, septo pelúcido ausente, siringomielia, distorção do teto, baixa inserção do tentório, curvatura em Z da bulbo (A a Z em inglês – a*tlas assimilation,* b*eaking of tectum,* b*ony abnormalities cerebellar folia poorly myelinated, cervical medullary junction compression, c*raniolacunia, *corpus callosum agenesis* degenerated lower CN nuclei *enlarged massa intermedia* falx hypoplasia, *fourth ventricle trapped, fusion of cervical vertebrae* gyri *miniaturized* hydrocephalus, *heterotopia, hydromyelia Klippel-Feil deformity low attachment of tentorium* m*assa intermedia enlarged* m*edulla oblongata "z" bend* microgyria *nuclei of lower CN degenerated* platybasia*, peg of cerebellar tonsils septum pellucidum absent, syringomyelia tectum beaking, tentorium low attachment Z-shaped bend of medulla*)

Parte 4: Anomalias do Desenvolvimento

13. **Achado de Chiari II à apresentação.**
    a. n_____ — nistagmo – para baixo
    b. r_____ n_____ — regurgitação nasal
    c. c_____ — cianose
    d. r_____ — rouquidão
    e. i_____ v_____ c_____ — impulso ventilatório comprometido
    f. c_____ a_____, _____ — crises apneicas, aspiração
    g. r_____, _____ _____ — regurgitação, parada respiratória
    h. e_____ i_____ — estridor inspiratório
    i. p_____ da c_____ v_____ do d_____ n_____ — paralisia da corda vocal do décimo nervo (vago)
    j. b_____ f_____-c_____ f_____ — braço fraco-choro fraco
    k. o_____ — opistótono

14. **Complete as seguintes afirmações referentes a Chiari II.**
    a. A causa mais comum de mortalidade é a _____ _____. — parada respiratória
    b. A mortalidade em acompanhamento de 6 anos é _____%. — 40%
    c. Variação da mortalidade
       i. Bebês em má condição (*i.e.*, parada cardiopulmonar, paralisia da corda vocal e/ou mortalidade por fraqueza do braço) é de _____%. — 71%
    d. Se ocorre com início gradual dos sintomas, a mortalidade será de _____%. — 23%
    e. O pior fator prognóstico para resposta à cirurgia é a p_____ b_____ das c_____ v_____. — paralisia bilateral das cordas vocais

■ Defeitos do Tubo Neural

15. **Para os defeitos do tubo neural, há sistemas de classificação. Dê exemplos de**
    a. Defeitos de neurulação
       i. a_____ — anencefalia
       ii. m_____ — mielomeningocele
    b. defeitos pós-neurulação
       i. m_____ — microcefalia
       ii. h_____ — hidranencefalia
       iii. h_____ — holoprosencefalia
       iv. l_____ — lisencefalia
       v. e_____ — esquizencefalia
    c. defeitos espinais
       i. d_____ — diastematomielia
       ii. s_____ — siringomielia

Anomalias Craniospinais Primárias 99

16. Complete as seguintes frases referentes aos defeitos do tubo neural. — 17.2.1
   a. A falha na fusão do neuroporo anterior resulta em _____. — anencefalia
   b. A falha na fusão do neuroporo posterior resulta em _____. — mielomeningocele
   c. A definição de microcefalia é _____ _____-_____ abaixo da média da circunferência da cabeça. — 2 desvios-padrão
   d. Na hidranencefalia, o córtex é substituído por _____. — CSF
   e. Falha na clivagem pode resultar em _____. — holoprosencefalia

17. Complete sobre os defeitos do tubo neural. — 17.2.1
   a. Dê exemplos de defeitos de neurulação.
      i. a_____ — anencefalia
      ii. c_____ — craniorraquisquise
      iii. m_____ — mielomeningocele
   b. Esses defeitos se devem ao _____ _____ do tubo neural. — não fechamento

18. Complete sobre os defeitos do tubo neural. — 17.2.1
   a. Nomeie os defeitos do tubo neural:
      i. h_____ — hidranencefalia
      ii. l_____ — lisencefalia (mais grave)
      iii. h_____ — holoprosencefalia
      iv. a_____ do c_____ c_____ — agenesia do corpo caloso
      v. d_____ — diastematomielia
   b. Qual é o mais grave? — lisencefalia

19. Complete as seguintes afirmações referentes à lisencefalia. — 17.2.1
   a. É um exemplo de anormalidade da _____ neuronal. — migração
   b. Resulta em uma anormalidade das _____ _____ — circunvoluções corticais
   c. chamada _____ — agiria

20. Nomeie as características-chave da esquizencefalia. — 17.2.1
   a. _____ que se comunica com o _____ — fenda; ventrículo
   b. revestida por _____ — substância cinzenta
   c. São dois tipos
      i. l_____ a_____ — lábio aberto
      ii. l_____ f_____ — lábio fechado

21. Complete as seguintes afirmações sobre defeitos do tubo neural. — 17.2.1
   a. Na esquizencefalia, a parede da fenda é revestida por _____ _____ cortical. — substância cinzenta
   b. Na porencefalia, a lesão cística é revestida por tecido _____ ou _____. — conjuntivo ou glial

Parte 4: Anomalias do Desenvolvimento

22. **Hidranencefalia** 17.2.2
    a. é um defeito ____-____. pós-neurulação
    b. O crânio é preenchido com ____. CSF
    c. Cabeça grande ou pequena? grande (macrocrania)
    d. A etiologia mais comum são os ____ ____ de ____. infartos bilaterais de ICA (artéria carótida interna)
    e. Angiografia
        i. da circulação anterior mostra ____ de ____. ausência de fluxo
        ii. da circulação posterior mostra ____ ____. fluxo normal

23. **Complete sobre os defeitos do tubo neural:** 17.2.2
    a. Quais são os três tipos de holoprosencefalia? Por favor, liste em ordem de gravidade.
        i. a____ alobar (ventrículo único, mais grave)
        ii. s____ semilobar
        iii. l____ lobar (menos grave)
    b. Ocorrem por causa
        i. da falha de ____ clivagem
        ii. da ____ ____. vesícula telencefálica

24. **Liste os fatores de risco para defeitos do tubo neural.** 17.2.3
    a. d____ de B____ deficiência de B12
    b. c____ cocaína – uso materno
    c. D____ Depakene – uso durante a gravidez
    d. d____ de a____ f____ deficiência de ácido fólico
    e. f____ febre no primeiro trimestre
    f. e____ ao c____ exposição ao calor – banheira quente da mãe, sauna
    g. o____ obesidade antes e durante a gravidez
    h. u____ de a____ v____ uso de ácido valproico durante a gravidez
    i. v____ vitaminas – ausência pré-natal de ácido fólico e B12

25. **Quais são os testes pré-natais para detecção dos defeitos de tubo neural?** 17.2.4
    a. ____ sérica. alfafetoproteína (se elevada em 15 a 20 semanas suspeite de defeitos do tubo neural)
    b. u____. ultrassonografia
    c. que pode detectar casos de espinha bífida em qual porcentagem? 90%
    d. a____ amniocentese

Anomalias Craniospinais Primárias

26. **No que se refere à detecção pré-natal dos defeitos do tubo neural.**
    a. Teste o soro da mãe para _____, — alfafetoproteína
    b. que tem uma taxa de sensibilidade para espinha bífida de _____% e para anencefalia de _____%. — 91%; 100%
    c. O disrafismo espinal fechado _____ _____ _____. — pode ser omitido
    d. Uma superestimativa de idade gestacional nos fará pensar que um nível alto de alfafetoproteína é _____. — normal
    e. Imagens em tempo real por _____. — ultrassonografia
    f. Identificam _____% dos casos de e_____ b_____. — 90%; espinha bífida
    g. A obtenção de fluido do útero é chamada de _____. — amniocentese
    h. Ela acarreta em risco de perda fetal de _____%. — 6%

■ Cisto Neuroentérico

27. **Complete as seguintes afirmações sobre os cistos neuroentéricos:**
    a. Um cisto neuroentérico é um cisto do Sistema nervoso central (CNS) revestido com _____ — endotélio
    b. Assemelha-se ao trato _____ ou _____. — gastrointestinal ou respiratório
    c. As regiões afetadas geralmente são as áreas _____ ou _____. — cervical ou torácica
    d. Histologicamente, o cisto é revestido com e_____ c_____-c_____ — epitélio cuboide-colunar
    e. com c_____ c_____ s_____ de m_____. — células caliciformes secretoras de mucina

18 Coma

■ Informações Gerais

1. **Discorra sobre a Escala de Coma de Glasgow (GCS) e indique o escore atribuído a cada ponto da escala.**
   a. Abertura ocular (olho)
      i. o _____   4 espontânea
      ii. l _____   3 à fala
      iii. h _____   2 à dor
      iv. o _____   1 nenhuma
   b. Resposta Verbal
      i. v _____   5 orientada
      ii. o _____   4 confusa
      iii. i _____   3 não apropriada
      iv. c _____   2 incompreensível
      v. e _____   1 nenhuma
   c. Resposta motora
      i. m _____   6 obedece
      ii. o _____   5 localiza
      iii. t _____   4 retirada
      iv. o _____   3 decorticação
      v. r _____   2 decerebração
      vi. a _____   1 nenhuma

2. **Verdadeiro ou Falso. Um paciente com pontuação da GCS, E2 V1 M2 (GCS 5) está em coma.**
   falso (Embora 90% dos pacientes com GCS < 8 estejam em coma, o coma é definido como a incapacidade de obedecer comandos, falar, abrir os olhos e até responder à dor.)

3. **Defina o coma.**
   Um GCS abaixo de 8 é uma definição operacional geralmente aceita de coma.

4. **Liste as três localizações cerebrais que produzem coma.**
   a. p_____ a_____ e m_____   ponte alta e mesencéfalo
   b. d_____   diencéfalo
   c. h_____ c_____ b_____   hemisfério cerebral bilateral

■ Postura

5. Desinibição pela remoção dos trajetos corticospinais decorticados (flexão) acima do mesencéfalo resulta tipicamente em postura de _____ (f_____). — decorticação (flexão) — 18.2.2

6. Desinibição pela remoção do trato vestibulospinal (extensão) e formação reticular medular resulta, tipicamente, em _____ (e_____). — decerebração (extensão) — 18.2.3

7. Complete as seguintes afirmações sobre o coma em geral: — — 18.2.3
   a. em uma postura decorticada
      i. as extremidades superiores estão em _____. — flexão
      ii. as extremidades inferiores estão em _____. — extensão
   b. Na postura decerebrada
      i. as extremidades superiores estão em _____. — extensão
      ii. as extremidades inferiores estão em _____. — extensão

■ Etiologias do Coma

8. Um paciente é trazido para a sala de emergência por ser encontrado no chão. As pupilas estão iguais e reativas. O estímulo doloroso desencadeia movimento. Estudos mostram cloreto de sódio (Na) 130, potássio (K) 4,9. C 1-100, bicarbonato (HCO_3) 2-15, ureia (BUN) 30, creatinina (Cr) 1,2, Glicose (Glu) 440. A causa provável de coma é _____. — cetoacidose diabética — 18.3.1

9. Indique o efeito de desvio da linha média no nível de consciência. — — Tabela 18.3
   a. 0 a 3 mm: — alerta
   b. 3 a 4 mm: — sonolento
   c. 6 a 8,5 mm: — em estupor
   d. 8 a 13 mm: — comatoso

10. As três categorias de distúrbios no diagnóstico diferencial de pseudocoma são: — — 18.3.3
    a. s_____ do t_____ e i_____ p_____ v_____ — síndrome do travamento; infarto pontino ventral
    b. t_____ p_____, c_____ e r_____ de c_____ — transtornos psiquiátricos, catatonia; reação de conversão
    c. f_____ n_____ e m_____ g_____, s_____ de G_____-B_____ — fraqueza neuronal; miastenia grave; síndrome de Guillain-Barré

Parte 5: Coma e Morte Cerebral

11. **Um paciente apresenta-se com coma. Primeiramente, você o movimenta para avaliar e assegurar a ___ ___.**   via aérea

12. **Complete o seguinte sobre a abordagem ao paciente comatoso:**
    a. Qual é a porcentagem de pacientes com encefalopatia de Wernicke que se apresentam com coma?   3%
    b. Inicialmente, você pode tratar esses pacientes com ___.   Tiamina

13. **Associação. Associe o padrão respiratório à localização da lesão.**
    ① medular; ② pontina; ③ hemisfério cerebral bilateral; ④ medula alta ou ponte baixa
    a. Cheyne-Stokes   ③
    b. hiperventilação   ②
    c. respiração em salvas   ④
    d. apnêustica   ②
    e. atáxica   ①

14. **Qual é o significado de pupilas iguais, reativas, em um paciente comatoso?**   Indica causa tóxico-metabólica.

15. **Qual é o sinal mais útil para distinguir o coma metabólico do estrutural?**   o reflexo luminoso

16. **As únicas causas metabólicas de pupilas fixas/dilatadas são**
    a. e___ a___   encefalopatia anóxica
    b. t___ g___   toxicidade glutetimida
    c. u___ a___   uso anticolinérgico (i.e., atropina)
    d. e___ por t___ b___   envenenamento por toxina botulínica

17. **Na paralisia do terceiro nervo**
    a. a pupila está ___   dilatada
    b. e o olho parece olhar para ___ e para ___.   para baixo e para fora

18. **Verdadeiro ou Falso. O seguinte achado ocular em um paciente comatose com lesões pontinas:**
    a. pupilas pontilhadas   verdadeiro
    b. olhar alternado periódico   falso (geralmente indica disfunção cerebral bilateral)
    c. movimento ocular vertical espontâneo anormal   verdadeiro
    d. desvio bilateral conjugado ao frio e ao calor   falso

19.	Nas lesões do lobo frontal o paciente olha	18.3.4
a.	_____ do lado das lesões destrutivas que estão _____ da hemiparesia.	na direção; longe
b.	_____ do lado das lesões irritativas (convulsões) que estão _____ do lado em movimento clônico.	longe; na direção
20.	Em uma lesão pontina, os olhos se desviam na direção do lado _____.	hemiparético	18.3.4
21.	Nomeie as três causas de desvio do olhar para baixo.		18.3.4
a.	l_____ t_____	lesão talâmica
b.	p_____ m_____	pré-tectal mesencefálica
c.	b_____	barbitúricos
22.	Complete as seguintes afirmações referentes à oftalmoplegia internuclear.		18.3.4
a.	Deve-se a uma lesão no _____ _____ _____.	fascículo longitudinal medial
b.	As fibras que vão para o _____ _____ do _____ _____ estão interrompidas.	o núcleo contralateral do 3º nervo
c.	Resulta em	
i.	perda da _____	adução
ii.	do olho _____	ipsolateral
iii.	no _____ _____ _____	movimento ocular espontâneo
iv.	ou em resposta ao _____ _____.	movimento reflexo (olhos de boneca, estimulação calórica)
v.	e a convergência não está _____.	comprometida
23.	Complete o seguinte referente ao reflexo oculovestibular:		18.3.4
a.	Um paciente comatoso com um tronco encefálico intacto terá olho conjugado _____ na _____ do lado do estímulo a frio,	tônico; na direção
b.	que ser atrasado em até _____ minuto.	1
c.	Haverá um nistagmo?	Não
24.	No reflexo clioespinal normal, a pupila _____ com estímulo cutâneo nocivo.	dilata-se	18.3.4
25.	Verdadeiro ou Falso. O reflexo cilioespinal é indicativo de		18.3.4
a.	trajetos parassimpáticos	falso
b.	trajetos espinotalâmicos	falso
c.	integridade da substância cinzenta periaquedutal	falso
d.	trajeto simpático	verdadeiro

Síndromes de Herniação

26. **Verdadeiro ou Falso. A herniação subfalcina é preocupante porque:** — 18.4.2
    a. Podem ocorrer infartos no território da artéria cerebral anterior. — verdadeiro
    b. Pode ocorrer herniação transtentorial. — verdadeiro
    c. Não há preocupação óbvia. — falso

27. **Verdadeiro ou Falso. Ocorre diminuição da consciência precocemente na herniação uncal.** — falso (Ela ocorre tardiamente na herniação uncal e precocemente na herniação central.) — 18.4.2

28. **Verdadeiro ou Falso. A herniação uncal raramente dá origem à postura descorticada.** — verdadeiro — 18.4.2

29. **A herniação cerebelar em direção superior** — 18.4.3
    a. pode ocluir a _____, — SCA (artéria cerebelar superior)
    b. Resultando em infarto _____ — cerebelar

30. **Herniação tonsilar** — 18.4.3
    a. pode comprimir a _____, — medula
    b. Resultando em _____. — parada respiratória

31. **Herniação central** — 18.4.4
    a. pode ocluir a _____, — PCA (artéria cerebral posterior)
    b. resultando em _____ _____. — cegueira cortical
    c. Pode seccionar as _____ da artéria basilar e causar hemorragias de D _____. — perfurantes; Duret

32. **Verdadeiro ou Falso. Este estágio da herniação central é reversível.** — 18.4.4
    a. estágio medular — falso
    b. estágio diencefálico — verdadeiro
    c. ponte inferior — falso
    d. ponte superior — falso

33. **Liste as características distintivas das pupilas e frequência respiratória nas seguintes lesões.** — 18.4.4
    a. Lesão no diencéfalo:
        i. Pupilas _____ à _____ — reagem à luz
        ii. O padrão respiratório é _____. — Cheyne-Stokes
    b. A lesão no mesencéfalo:
        i. As pupilas estão _____. — mediofixas
        ii. O padrão respiratório é de _____. — hiperventilação
    c. A lesão na ponte:
        i. As pupilas estão _____. — contraídas (mióticas)
        ii. O padrão respiratório é _____. — apnêustico

34. **Verdadeiro ou Falso. A oftalmoplegia internuclear é proeminente na "ponte inferior" em estágio de herniação central.** — falso (na ponte superior — 18.4.4

35. Por que a lesão à ponte resulta em pupilas pontilhadas?	perda dos simpáticos	18.4.4
36. Por que a lesão de herniação do mesencéfalo resulta em pupilas fixas, dilatadas?	perda dos simpáticos e parassimpáticos	18.4.4
37. Qual é a porcentagem de pacientes com sintomas de herniação central tiveram		18.4.4
a. bom resultado?	9%	
b. resultado funcional?	18%	
c. morreram?	60%	
38. Verdadeiro ou Falso. Referente à herniação uncal:		18.4.4
a. O sinal consistente mais precoce é		
i. comprometimento da consciência	falso	
ii. pupila dilatada unilateral	verdadeiro	
39. Qual é o formato da cisterna suprasselar?	pentagonal	18.4.4
40. Durante a herniação uncal, ocorre o fenômeno de Kernohan		18.4.4
a. quando o pedúnculo cerebral _____	contralateral	
b. é comprimido contra a _____ _____	borda tentorial	
c. causando hemiplegia _____.	ipsolateral	
d. O fenômeno de Kernohan é designado como um sinal localizador _____.	falso	

■ Coma Hipóxico

41. No que se refere às células mais vulneráveis na encefalopatia anóxica.		18.5
a. Córtex		
i. _____ camada cortical	3ª	
ii. corno de _____	Ammon	
b. Gânglios da base (núcleos da base)		
i. g_____ p_____	globo pálido	
ii. c_____	caudado	
iii. p_____	putâmen	
c. Cerebelo		
i. células de P_____	Purkinje	
ii. núcleo d_____	denteado	
iii. o_____ i_____	olivar inferior	
d. Qual tecido é mais sensível à anoxia, substância cinzenta ou branca?	cinzenta (requer maior O_2)	
e. Os esteroides são úteis após parada cardíaca?	não	

19

Morte Cerebral e Doação de Órgãos

■ Morte Cerebral em Adultos

1. **Verdadeiro ou Falso. De acordo com a lei Americana Death Act de 1980, um indivíduo está morto se ocorrer de maneira contínua**
   19.1
   a. cessação irreversível das funções circulatórias e respiratórias genuínas. — verdadeiro
   b. cessação irreversível de todas as genuínas funções cerebrais, incluindo o tronco encefálico. — verdadeiro

■ Critérios de Morte Cerebral

2. **Os requisitos básicos e os achados clínicos que podem ser usados na determinação de morte cerebral incluem:**
   Tabela 19.1
   a. Temperatura central _____. — > 36 C (96,8F)
   b. Pressão sanguínea sistólica de _____. — > 100 mmHg
   c. Nível de álcool no sangue _____. — < 0,08%
   d. Ausência de r_____ do t_____ e_____. — reflexos do tronco encefálico
   e. Nenhuma resposta à d_____ c_____ p_____. — dor central profunda
   f. Falha ao d_____ de a_____. — desafio de apneia

3. **Ao testar o reflexo oculovestibular, deve-se**
   19.2.3
   a. instilar _____-_____ mL de água gelada em uma orelha — 60-100
   b. com cabeceira do leito a _____, — 30 graus
   c. espere _____ minuto para a resposta e — 1
   d. > _____ minutos antes de testar o lado oposto. — 5

4. **O teste de apneia:**
   19.2.3
   a. Avalia a f_____ do b_____ — função do bulbo
   b. para validar o teste para morte encefálica, a $PaCO_2$ deve alcançar _____ sem quaisquer respirações. — > 60 mmHg
   c. Isto geralmente leva _____ minutos. — 6

5. **Verdadeiro ou Falso. O teste de apneia deve ser abortado se:**		19.2.3
a. o paciente tiver movimento torácico ou abdominal.	verdadeiro	
b. pressão sanguínea sistólica (SBP) < 90 mmHg	verdadeiro	
c. A saturação de oxigênio (SaO$_2$) cai para < 80% por > 30 segundos.	verdadeiro	
6. Postura decerebrada ou decorticada genuína ou convulsões são _____ com o diagnóstico de morte encefálica.	incompatíveis	19.2.3
7. Os movimentos reflexos mediados pela medula espinal são _____ com o diagnóstico de morte encefálica.	compatíveis	19.2.3
8. **Nomeie cinco complicações que não devem estar presentes ao se declarar morte encefálica em um adulto.**		19.2.3
a. h_____	hipotermia: temperatura central < 32,2C (90F)	
b. i_____	intoxicação (i.e. agentes paralíticos, barbitúricos, benzodiazepínicos)	
c. p_____	pós-ressuscitação (i.e., pode estar em choque, ou pode-se usar atropina na ressuscitação, causando a dilação fixa das pupilas)	
d. p_____	pentobarbital (> 10 ug/mL)	
e. c_____	choque (SBP < 90 mmHg)	
9. A angiografia cerebral é compatível com morte encefálica quando há _____ do fluxo intracraniano no nível da b _____ da c _____ ou do p _____.	ausência; bifurcação da carótida; polígono de Willis	19.2.5
10. **Verdadeiro ou Falso. Referente ao uso de eletroencefalograma (EEG) como teste auxiliar confirmatório.**		19.2.5
a. É capaz de detectar a atividade do tronco encefálico.	falso	
b. Não exclui a possibilidade de coma reversível.	verdadeiro	
c. requer silêncio eletrocerebral.	verdadeiro (nenhuma atividade elétrica > 2 mcV)	
11. Ao realizar um angiograma cerebral por radionuclídeos para confirmação de morte encefálica, o achado de nenhuma captação no parênquima cerebral também é chamado de f_____ do c_____ o_____.	fenômeno do crânio oco	19.2.5

■ Morte Cerebral em Crianças

12. As atuais orientações para o diagnóstico de morte cerebral em crianças não são indicadas para bebês com _____ semanas de idade gestacional em razão de dados insuficientes. < 37 19.3.1

13. Períodos recomendados de observação para declarar morte cerebral em crianças: 19.3.2
    a. Recém-nascido a termo – 30 dias de idade   24 horas
    b. Bebês e crianças   12 horas

■ Doação de Órgãos e de Tecidos

14. A morte cerebral pode resultar das seguintes aberrações fisiológicas: 19.4.3
    a. h_____   hipotensão
    b. h_____   hipotermia
    c. d_____ _____   diabetes insípido

15. Verdadeiro ou Falso. Candidatos à doação de órgão por morte cardíaca. 19.4.5
    a. São dependentes de ventilador.   verdadeiro
    b. Sua família decidiu retirar o suporte.   verdadeiro
    c. Outros tratamentos poderiam melhorar o resultado.   falso (seria inútil)

20

Infecções Bacterianas do Parênquima e das Meninges e Infecções Complexas

■ Meningite

1. **Verdadeiro ou falso. Sobre a meningite.** — 20.1.1
   a. A meningite infecciosa da comunidade geralmente é mais fulminante do que a meningite que ocorre após um procedimento neurocirúrgico ou trauma. — verdadeiro
   b. Sinais neurológicos focais são comuns na meningite aguda. — falso

2. **Qual síndrome descreve extensas hemorragias em petéquias na pele e nas membranas mucosas, febre, choque séptico, insuficiência suprarrenal e doença intravascular disseminada em crianças com infecção meningocócica disseminada?** — síndrome de Waterhouse-Friderichsen — 20.1.1

3. **Sobre o tratamento da meningite.** — 20.1.2
   a. Qual é a cobertura antibiótica empírica para a meningite pós-procedimento neurocirúrgico? — vancomicina (com cobertura contra *Staphylococcus aureus* resistente à meticilina, MRSA), 15 mg/kg a cada 8–12 horas até atingir a concentração mínima de 15–20 mg/dL + cefepima, 2 g por IV a cada 8 horas
   b. Caso o paciente apresente alergia grave à penicilina, quais antibióticos podem ser usados? — Aztreonam, 2g VI a cada 6–8 horas ou Ciprofloxacina, 400 mg IV a cada 8 horas
   c. Quais são as três fases de tratamento antifúngico da meningite criptocócica? — Terapia de indução: anfotericina B lipossomal, 3-4 mg/kg IV por dia + flucitosina, 25 mg/kg PO a cada 8 horas por pelo menos 2 semanas, seguida por terapia de consolidação: fluconazol, 400 mg PO por dia por pelo menos 8 semanas, seguida por terapia de manutenção crônica: fluconazol, 200 mg PO por dia

Parte 6: Infecção

4. **Quais são os agentes etiológicos mais comuns da meningite pós-procedimento neurocirúrgico?**   20.1.2
   a. S_____ c_____-n_____   *Staphylococcus* coagulase-negativo
   b. S_____ a_____   *Staphylococcus aureus*
   c. E_____   *Enterobacteriaceae*
   d. P_____ sp.   *Pseudomonas* sp.
   e. P_____   *Pneumococcus* (geralmente em fraturas da base do crânio e cirurgias otorrinológicas)

5. **Em pacientes imunocomprometidos, quais outros microrganismos devem ser considerados no diagnóstico diferencial?**   20.1.2
   a. C_____ n_____   *Cryptococcus neoformans*
   b. M_____ t_____   *Mycobacterium tuberculosis*
   c. M_____ a_____ por H_____   Meningite asséptica por vírus da imunodeficiência humana (HIV)
   d. L_____ m_____   *Listeria monocytogenes*

6. **Verdadeiro ou Falso. Sobre a meningite pós-traumática.**   20.1.3
   a. Na maioria dos casos, há fratura da base do crânio.   verdadeiro
   b. A maioria dos pacientes apresenta rinorreia óbvia de líquor.   verdadeiro
   c. A maioria das infecções é causada por microrganismos que colonizam a cavidade nasal.   verdadeiro
   d. O tratamento cirúrgico é preferível ao tratamento conservador.   falso
   e. A Ciprofloxacina ou o Imipenem é o tratamento de escolha para microrganismos Gram-negativos.   verdadeiro
   f. A penicilina é o tratamento de escolha para os microrganismos Gram-positivos.   falso
   g. Os antibióticos devem ser continuados por 1 semana após a esterilização do líquor.   verdadeiro

7. **Os pacientes com meningite recorrente devem ser avaliados quanto à presença das seguintes etiologias de uma comunicação anormal entre o meio ambiente e o compartimento intramedular/intracraniano.**   20.1.4
   a. s_____ d_____   seio dermoide
   b. f_____ l_____   fístula liquórica
   c. c_____ n_____   cisto neuroentérico

8. **Diagnósticos diferenciais da meningite crônica:**   20.1.5
   a. t_____   tuberculose
   b. i_____ f_____   infecção fúngica
   c. n_____   neurocisticercose
   d. s_____   sarcoidose
   e. c_____ m_____   carcinomatose meníngea

Infecções Bacterianas do Parênquima e das Meninges e Infecções Complexas

9. Liste os melhores antibióticos para cada um dos seguintes microrganismos:
   a. *Streptococcus pneumoniae* — penicilina G
   b. *Neisseria meningitidis* — penicilina G
   c. *Haemophilus influenza* — ampicilina (cepa beta-lactamase negativa) ou ceftriaxona (cepa beta-lactamase positiva)
   d. Estreptococos do grupo B — ampicilina
   e. *Listeria monocytogenes* — ampicilina gentamicina VI
   f. *Staphylococcus aureus* — oxacilina (*S. aureus* sensível à meticilina, MSSA) ou vancomicina ± rifampina (*S. aureus* resistente à meticilina, MRSA
   g. bacilos aeróbicos Gram-negativos — ceftriaxona
   h. *Pseudomonas aeruginosa* — ceftazidima ou cefepima
   i. *Candida* spp. — anfotericina B lipossomal + flucitosina

■ Abscesso Cerebral

10. Verdadeiro ou falso. Sobre o abscesso cerebral.
    a. Mais comumente, são polimicrobianos. — verdadeiro
    b. O *Staphylococcus* é o microrganismo mais comumente isolado. — falso
    c. A concentração de proteína C reativa geralmente é normal. — falso
    d. Os sintomas são similares aos de outras lesões em massa, mas progridem de forma rápida. — verdadeiro

11. A incidência de abscessos cerebrais é _____ em países em desenvolvimento. — maior

12. Quais são os fatores de risco para o desenvolvimento de um abscesso cerebral?
    a. a_____ p_____ — anomalias pulmonares
    b. c_____ c_____ c_____ — cardiopatia cianótica congênita
    c. e_____ b_____ — endocardite bacteriana
    d. t_____ c_____ p_____ — trauma cefálico penetrante
    e. s_____ c_____ — sinusite crônica
    f. o_____ m_____ — otite média
    g. h_____ i_____ — hospedeiro imunocomprometido

13. Sobre a origem dos abscessos cerebrais, responda:
    a. Em qual porcentagem dos abscessos cerebrais não há origem identificada? — 25% dos casos
    b. Qual é a origem mais comum da disseminação hematogênica? — tórax
    c. A sinusite etmoidal e frontal gera um abscesso em qual lobo? — lobo frontal
    d. Por que os bebês são mais propensos ao desenvolvimento de um abscesso cerebral após uma sinusite purulenta? — ausência de seios aerados e células aéreas
    e. Após um trauma penetrante, o desbridamento cirúrgico aberto é necessário para _____ _____. — remoção do material estranho e do tecido desvitalizado.

Parte 6: Infecção

14. **Sobre os agentes etiológicos dos abscessos cerebrais, responda.**
    a. Em qual porcentagem dos abscessos cerebrais não há crescimento de microrganismos à cultura? — 25%
    b. O microrganismo mais comum é _____. — *Streptococcus*
    c. Os microrganismos mais comumente encontrados na sinusite frontal-etmoidal são _____ _____ e _____ _____. — *Streptococcus milleri* e *Streptococcus anginosus*
    d. O microrganismo mais comum em casos traumáticos é _____ _____. — *Staphylococcus aureus*
    e. Os microrganismos mais comuns em pacientes transplantados são _____. — fungos
    f. Os microrganismos mais comuns após procedimentos neurocirúrgicos são _____ _____ e _____ _____. — *Staphylococcus epidermidis* e *Staphylococcus aureus*
    g. O tipo de microrganismo mais comum em bebês é _____-_____. — Gram-negativo
    h. O microrganismo mais comum de origem odontológica é _____. — *Actinomyces*
    i. Os microrganismos mais comuns em pacientes com síndrome de imunodeficiência adquirida (AIDS) são _____ e _____. — *Toxoplasma* e *Nocardia*

15. **Os sintomas de um abscesso cerebral em adultos são, em grande parte, decorrentes de quê?** — edema ao redor da lesão, que causa aumento da pressão intracraniana (cefaleia, náusea/vômitos, letargia) e progressão rápida dos sintomas

16. **Descreva os quatro estágios de um abscesso cerebral.**
    a. Estágios
        i. estágio 1 c_____ i_____ — cerebrite inicial
        ii. estágio 2 c_____ t_____ — cerebrite tardia
        iii. estágio 3 c_____ i_____ — cápsula inicial
        iv. estágio 4 c_____ t_____ — cápsula tardia
    b. Número de dias
        i. estágio 1 — 1 a 3
        ii. estágio 2 — 4 a 9
        iii. estágio 3 — 10 a 13
        iv. estágio 4 — > 14
    c. Características histológicas
        i. estágio 1 — inflamação
        ii. estágio 2 — desenvolvimento de centro necrótico
        iii. estágio 3 — neovascularização, rede reticular
        iv. estágio 4 — gliose ao redor da cápsula de colágeno
    d. Resistência à aspiração com agulha
        i. estágio 1 — resistência intermediária
        ii. estágio 2 — ausência de resistência
        iii. estágio 3 — ausência de resistência
        iv. estágio 4 — resistência firme

Infecções Bacterianas do Parênquima e das Meninges e Infecções Complexas 115

17. Indique o valor dos seguintes exames no diagnóstico de um abscesso cerebral.		20.2.8
a. exames de sangue	o número de leucócitos circulantes pode ser normal ou discretamente elevado; hemoculturas devem ser solicitadas, mas geralmente são negativas; a taxa de sedimentação de eritrócitos pode ser normal ou elevada; a concentração de proteína C reativa normalmente está elevada	
b. punção lombar (LP)	muito dúbia e não realizada de forma rotineira – pode causar herniação	
c. tomografia computadorizada (CT)	excelente (sensibilidade de aproximadamente 100%)	
d. imagem de ressonância magnética (MRI)	boa no estadiamento dos abscessos cerebrais	
e. espectroscopia por ressonância magnética (MRS)	a presença de aminoácidos e acetato ou lactato é diagnóstico de abscessos	
f. análise diferencial de leucócitos (citometria de fluxo)	excelente, embora pouco utilizada	
g. efeitos de corticosteroides	os exames ficam menos positivos e podem ser enganosos	
18. Por quanto tempo os antibióticos devem ser administrados no tratamento dos abscessos cerebrais?	de modo geral, por 6 a 8 semanas por IV e, a seguir, por 4 a 8 semanas por PO, embora a duração da terapia deva ser guiada pela resposta clínica e radiográfica (observação: os achados com CT podem ser tardios em comparação à melhora clínica (em razão da persistência da neovascularidade); assim, é possível interromper a administração de antibióticos mesmo que ainda haja anomalias na tomografia)	20.2.9
19. A terapia medicamentosa isolada é mais eficaz no tratamento dos abscessos se:		20.2.9
a. a doença estiver no estágio de _____.	cerebrite (antes da encapsulação completa)	
b. o abscesso tiver menos de _____ cm de diâmetro.	3	
c. a duração dos sintomas for inferior a _____ semanas.	2	
20. Quais antibióticos são usados em pacientes com AIDS e *Toxoplasma gondii*?	sulfadiazina + pirimetamina + leucovirin	20.2.9
21. O tratamento geral dos abscessos cerebrais inclui:		20.2.9
a. h_____	hemoculturas	
b. a_____ e_____	antibioticoterapia empírica	
c. a_____	anticonvulsionantes (opcionais)	
d. c_____	corticosteroides (controversos)	

Parte 6: Infecção

22. O pilar cirúrgico do tratamento de um abscesso cerebral é a____ ____ ____. — aspiração com agulha — 20.2.9

23. Sobre os desfechos de pacientes com abscessos cerebrais, qual é a porcentagem de: — 20.2.10
    a. mortalidade (na era da CT)? — 0 – 10%
    b. deficiência neurológica? — 45%
    c. convulsões focais tardias ou generalizadas? — 27%
    d. hemiparesia? — 29%
    e. mortalidade em pacientes transplantados com abscessos fúngicos? — quase 100%

■ Empiema Subdural

24. Por que o empiema subdural normalmente é mais emergencial do que um abscesso cerebral? — não há barreira anatômica à disseminação de um empiema subdural, não há reação tecidual adjacente para conter a infecção e a penetração do antibiótico no espaço é baixa — 20.3.1

25. Qual é a principal localização do empiema subdural? — 70-80% estão na convexidade e 10-20% são parafalcinos — 20.3.2

26. Liste as etiologias mais comuns do empiema subdural. — 20.3.3
    a. s____ p____ (principalmente ____) — sinusite paranasal (principalmente frontal)
    b. o____ (geralmente o____ m____ c____) — otite (geralmente otite média crônica)
    c. p____-____ (neurológica ou otorrinolaringológica) — pós-cirúrgica
    d. t____ — trauma

27. Agentes etiológicos do empiema subdural: — 20.3.4
    a. Associado à sinusite? e____ a____ e a____ — estreptococos aeróbicos e anaeróbicos
    b. Após traumas e procedimentos? S____ e G____-n____ — Staphylococcus e Gram-negativos
    c. Culturas estéreis são mais comuns após ____. — exposição prévia a antibióticos

28. Os achados neurológicos associados ao empiema subdural incluem: — 20.3.5
    a. f____ — febre
    b. c____ — cefaleia
    c. m____ — meningismo
    d. h____ — hemiparesia
    e. a____ da c____ — alteração da consciência
    f. c____ — convulsões (geralmente são tardias)
    g. s____ dos s____ da ____ — sensibilidade dos seios da face
    h. n____/v____ — náusea/vômitos
    i. h____ h____ — hemianopsia homônima

29. Verdadeiro ou Falso. A avaliação do empiema subdural com a punção lombar pode ser perigosa e raramente é positiva.	verdadeiro	20.3.6
30. Verdadeiro ou Falso. O tratamento com orifícios de trépano é mais eficiente no início do desenvolvimento do empiema subdural, quando o pus tende a ser mais fluido e há menos loculações.	verdadeiro	20.3.7
31. Os casos fatais de empiema subdural são associados ao i____ v____ do c____.	infarto venoso do cérebro	20.3.8

■ Envolvimento Neurológico em HIV/AIDS

32. Sobre pacientes com AIDS.		20.4.1
a. Qual porcentagem de pacientes inicialmente apresenta uma queixa neurológica?	33%	
b. Quantos pacientes que morrem com AIDS apresentam cérebro normal à necrópsia?	5%	
33. As doenças mais comuns que produzem lesões focais no sistema nervoso central (CNS) na AIDS são:		20.4.1
a. t____	toxoplasmose	
b. l____ p____ do C____	linfoma primário do CNS	
c. l____ m____ p____	leucoencefalopatia multifocal primária	
d. C____	*Cryptococcus*	
e. t____	tuberculoma (tuberculose)	
34. A infecção pelo HIV em si pode ser associada ao acometimento neurológico direto, como:		20.4.1
a. e____ associada à A____	encefalopatia associada à AIDS (mais comum)	
b. d____ associada à A____	demência associada à AIDS	
c. m____ a____	meningite asséptica	
d. n____ c____	neuropatias cranianas (por exemplo, paralisia de Bell)	
e. m____ relacionada com a A____	mielopatia relacionada com a AIDS	
f. n____ p____	neuropatia periférica	
35. Sobre as doenças do CNS na AIDS, responda.		20.4.1
a. A toxoplasmose do CNS ocorre nas fases iniciais ou tardias da infecção pelo HIV?	tardias (geralmente quando a contagem de células CD4+ é < 200 células/mm^3)	
b. O que causa a leucoencefalopatia multifocal primária?	vírus John Cunningham (JC)	
c. Qual é o vírus associado ao linfoma primário do CNS?	vírus de Epstein-Barr (EBV)	
d. Com qual rapidez os pacientes com AIDS desenvolvem neurossífilis?	até 4 meses após a infecção	

Parte 6: Infecção

36. **Complete a lista abaixo com os achados à tomografia computadorizada e à ressonância magnética.** 20.4.2
    a. Toxoplasmose
        i. número — > 5 lesões
        ii. contraste — em anel
        iii. localização — gânglios da base e junção entre a substância branca e a substância cinzenta
        iv. efeito de massa — brando a moderado
        v. outros achados — lesão cercada por edema
    b. PCNSL
        i. número — < 5 lesões
        ii. contraste — homogêneo
        iii. localização — subependimal
        iv. efeito de massa — brando
        v. outros achados — pode atravessar o corpo caloso
    c. PML
        i. número — as lesões podem ser múltiplas
        ii. contraste — ausente
        iii. localização — substância branca
        iv. efeito de massa — mínimo a ausente
        v. outros achados — sinal alto em imagens ponderadas em T2WI e sinal baixo em imagens ponderadas em T1W1

37. **Sobre o tratamento das lesões intracerebrais relacionadas com a AIDS, responda.** 20.4.3
    a. Tratamento da toxoplasmose
        i. p_____ — pirimetamina
        ii. s_____ — sulfadiazina
        iii. l_____ — leucovirin
    b. Em quanto tempo a melhora clínica e radiológica deve ser observada? — 2 a 3 semanas
    c. Em caso de eficácia, por quanto tempo o tratamento contra a toxoplasmose deve ser mantido? — O paciente precisa ser tratado por toda a vida
    d. A realização de biópsia deve ser considerada em caso de ausência de resposta em _____. — 3 semanas
    e. Verdadeiro ou Falso. A toxoplasmose não pode ser radiologicamente diferenciada de
        i. PCNSL — verdadeiro
        ii. PML — geralmente
    f. Verifique para o diagnóstico de:
        i. toxoplasmose — os títulos séricos de anticorpos específicos
        ii. linfoma — pressão osmótica e citologia à punção lombar; amplificação por reação em cadeia da polimerase (PCR) do ácido desoxirribonucleico (DNA) do EBV

Infecções Bacterianas do Parênquima e das Meninges e Infecções Complexas   119

38. Quais são as considerações para realização de biópsia de uma lesão cerebral em um paciente HIV positivo?   20.4.3
   a. Se os títulos de toxoplasmose forem _____.   negativos
   b. Em caso de ausência de resposta à medicação contra toxoplasmose em _____.   3 semanas
   c. Verdadeiro ou Falso. A biópsia tem o mesmo valor em lesões contrastadas ou não.   falso (é mais valiosa em lesões contrastadas para diferenciação entre a toxoplasmose e o linfoma)
   d. Técnica para biópsia: esterotática
   e. As amostras devem ser obtidas de quais duas áreas?   borda contrastada e centro
   f. A biópsia positiva pode ser esperada em _____% dos casos.   96

39. Indique os tempos de sobrevida de pacientes com AIDS com as seguintes doenças: 20.4.4
   a. toxoplasmose do CNS _____   15 meses
   b. leucoencefalopatia multifocal primária _____   15 meses
   c. linfoma _____   3 meses (1 mês sem tratamento)
   d. linfoma em pacientes não imunocomprometidos _____   13,5 meses

■ Doença de Lyme – Manifestações Neurológicas

40. A doença de Lyme é causada por _____ e transmitida pelo carrapato _____.   espiroquetas do gênero *Borrelia*; *Ixodes*   20.5.1

41. Sobre os achados clínicos da doença de Lyme.   20.5.2
   a. erupção cutânea clássica e e_____ c_____ m_____   eritema crônico migratório (lesão em alvo)
   b. tríade clínica de manifestações neurológicas
      0 i. n_____ c_____   neurite craniana ("paralisia de Bell" bilateral)
      ii. m_____   meningite
      iii. r_____   radiculopatia
   c. os achados neurológicos frequentemente m_____   migram
   d. d_____ de c_____ cardíaca e m_____   defeitos de condução; miopericardite
   e. no estágio final: a_____ e s_____ n_____ c_____   artrite; síndromes neurológicas crônicas

42. Verdadeiro ou falso. Sobre o diagnóstico da doença de Lyme.   20.5.3
   a. Nenhum exame indica a infecção ativa.   verdadeiro
   b. Os anticorpos podem ser detectados à sorologia imediatamente após a primeira infecção.   falso (normalmente, 2-3 semanas são necessárias para que os anticorpos sejam detectados em pacientes não tratados)
   c. A análise do líquor pode ser compatível com meningite asséptica ou esclerose múltipla.   verdadeiro (bandas oligoclonais podem ser observadas)

■ Abcesso Cerebral por *Nocardia*

43. **Sobre a *Nocardia*, responda.**   20.6.1
    a. É originária do _____.   solo
    b. É uma _____.   bactéria (e não um fungo)
    c. É observada em pacientes com d_____ d_____ c_____.   doenças debilitantes crônicas

44. **A nocardiose geralmente é diagnosticada por meio de b_____ c_____.**   biópsia cerebral   20.6.2

45. **O esquema de tratamento da nocardiose é:**   20.6.3
    a. T_____-S_____   TMP-SMX (trimetoprima-sulfametoxazol)
    b. I_____   imipenem
    c. Duração?   mais de um ano ou vitalícia

21

Infecções do Crânio, da Coluna e Pós-Cirúrgicas

■ Infecções de Derivação

1. **Sobre as infecções de derivação.** — 21.1.1
   a. Qual a taxa aceitável de infecção? — < 5-7%
   b. Qual o risco de infecção logo após a cirurgia? — 7%
   c. ____% das infecções por *Staphylococcus* ocorrem em 2 meses. — 70% (> 50% nas primeiras 2 semanas)
   d. A origem mais comum é a _____ do _____. — pele do paciente

2. **A mortalidade após a infecção da derivação varia de _____ a _____% em crianças.** — 10 a 15% — 21.1.2

3. **Fatores de risco para infecção da derivação:** — 21.1.3
   a. b_____ i_____ do p_____ — baixa idade do paciente
   b. d_____ do p_____ — duração do procedimento
   c. d_____ a_____ do t_____ n_____ — defeito aberto do tubo neural

4. **Agentes etiológicos das infecções da derivação:** — 21.1.4
   a. Infecção precoce
      i. S_____ e_____ — *Staphylococcus epidermidis*
      ii. S_____ a_____ — *Staphylococcus aureus*
      iii. b_____ G_____-n_____ — bacilos Gram-negativos
      iv. em neonatos: E_____ c_____ e S_____ h_____ — *Escherichia coli* e *Streptococcus haemolyticus*
   b. Infecção tardia (> 6 meses após o procedimento)
      i. risco? — 2,7-31% (geralmente 6%)
      ii. microrganismo mais comum? — *Staphylococcus epidermidis*
   c. Infecções fúngicas
      i. mais comum: C_____ spp. — *Candida*

5. **Quais são as características comuns da nefrite por derivação?** — 21.1.5
   a. derivação v_____ — ventriculoatrial
   b. infecção c_____ em b_____ n_____ — crônica em baixo nível
   c. deposição de i_____ em g_____ — imunocomplexos; glomérulos
   d. p_____ e h_____ — proteinúria e hematúria

122   Parte 6: Infecção

6. **Infecção da derivação por bacilos Gram-negativos (GNB) em comparação a bacilos Gram-positivos (GPB):**   21.1.5
   a. morbidade — maior com GNB
   b. Após a derivação com punção lombar
      i. coloração de Gram — mais de 90%+ de manchas de gram (em comparação a apenas 50% de GPB)
      ii. proteína — maior em GNB
      iii. glicose — menor em GNB
      iv. neutrófilos — maior em GNB

7. **Verdadeiro ou Falso. Sobre o tratamento das infecções das derivações.**   21.1.5
   a. Remoção da derivação. — verdadeiro
   b. O tratamento com antibióticos sem remoção da derivação é apenas recomendado em pacientes em estado terminal, com mau risco anestésico ou que apresentam ventrículos de difícil cateterismo. — verdadeiro
   c. Colocação de dreno ventricular externo (EVD). — verdadeiro
   d. A injeção intraventricular de antibióticos sem conservantes além da terapia intravenosa (IV) nunca é indicada. — falso
   e. A administração de antibióticos deve ser mantida por 7 dias após a esterilização do CSF. — falso (10-14 dias)
   f. Os pacientes com peritonite e derivação ventriculoperitoneal tendem a apresentar infecção ascendente no sistema nervoso central (CNS). — falso
   g. As derivações ventriculoperitoneais devem ser imediatamente removidas em caso de peritonite. — falso

■ Infecção Relacionada com Dreno Ventricular Externo (EVD)

8. **O diagnóstico de infecção relacionada com EVD é sugerido por:**   21.2.1
   a. h_____ — hipoglicorraquia (concentração de glicose no CSF/sangue < 0,2)
   b. a_____ do í_____ c_____ — aumento do índice celular
   c. p_____ do C_____ > _____ — pleiocitose do CSF > 1.000
   d. na presença de c_____ p_____ no C_____ — culturas positivas no CSF

9. **Qual é a fórmula para cálculo do índice celular?**   21.2.2

   Índice celular = $\dfrac{\text{Leucócitos (CSF)} \,/\, \text{Eritrócitos (CSF)}}{\text{Leucócitos (Sangue)} \,/\, \text{Eritrócitos (Sangue)}}$

10. **A contaminação no contexto da infecção relacionada com o EVD é caracterizada por:**   21.2.2
    a. c_____ e/ou g_____ p_____ no C_____. — cultura e/ou Gram-positivo no CSF
    b. s_____ e s_____ não específicos. — sinais e sintomas não específicos

Infecções do Crânio, da Coluna e Pós-Cirúrgicas

11. **Fatores de risco para as infecções relacionadas com EVD:** — 21.2.3
    a. d_____ da EVD — duração
    b. l_____ de e_____ — local de extravasamento
    c. s_____ no CSF (hemorragia intraventricular ou hemorragia subaracnoide) — sangue
    d. i_____ e l_____ — irrigação e lavagem

12. **Os agentes etiológicos comuns das infecções relacionadas com EVD são** — 21.2.4
    a. f_____ c_____ — flora cutânea (*Staphylococcus* coagulase-negativa, *Propionibacterium acnes*)
    b. presentes no a_____ h_____ — ambiente hospitalar
    c. Podem formar um b_____ que aumenta a resistência a antimicrobianos. — biofilme

13. **Tratamento de uma infecção relacionada com EVD:** — 21.2.7
    a. antibioticoterapia empírica: — 21.
        i. v_____ + — vancomicina
        ii. c_____ ou c_____ — ceftazidima ou cefepima
    b. r_____ do cateter — remoção
    c. adição de a_____ i_____ — antibióticos intratecais
    d. com fechamento do _____ por _____ minutos — EVD; 15-60 minutos
    e. esperar pelo menos _____ dias após a esterilização do CSF antes do implante de uma nova derivação — 7-10 dias

14. **Prevenção das infecções relacionadas com EVD.** — 21.2.7
    a. tunelamento a _____ do orifício feito com a broca — > 5 cm
    b. c_____ r_____ com a_____ — cateteres revestidos com antibióticos (rifamipin + minocliclina)
    c. NÃO
        i. t_____ o cateter no 5º dia — troque
        ii. faça a_____ p_____ p_____ — antibioticoterapia profilática prolongada

■ Infecções de Feridas Operatórias

15. **Tratamento da infecção de ferida da laminectomia superficial:** — 21.3.1
    (Dica: b c d e f g h)
    a. b_____ — **b**acitracina (meia potência) seguida por cultura em soro fisiológico
    b. c_____ — **c**ultura
    c. d_____ da f_____ — **d**esbridamento da ferida
    d. e_____, use v_____ + c_____ — **e**mpiricamente; vancomicina + cefepima
    e. f (do inglês) _____ _____ — Preencha (*fill*) com iodofórmio
    f. g_____ — **g**radualmente, remova 1,2 a 2,5 cm do curativo a cada troca
    g. h_____ — troca a cada 8 horas em pacientes **h**ospitalizados e 2 vezes ao dia em pacientes em casa

Parte 6: Infecção

16. **Sobre a discite pós-operatória.** — 21.3.1
    a. _____ _____ é o patógeno mais comum. — *Staphylococcus aureus*
    b. presente em _____% dos casos 3 semanas após o procedimento — 80%
    c. _____ nas _____ no local da cirurgia é o sintoma mais comum. — dor nas costas
    d. O tratamento inclui:
        i. a_____ + r_____ m_____ — analgésicos + relaxantes musculares
        ii. a_____ — antibióticos
        iii. r_____ de a_____ — restrição de atividade
        iv. c_____ em caso de radiografias suspeitas — cultura

■ Osteomielite do Crânio

17. **Sobre o tumor edematoso de Pott, responda.** — 21.4.4
    a. Tratamento
        i. r_____ do r_____ c_____ — remoção do retalho cutâneo
        ii. d_____ — desbridamento
        iii. antibióticos por _____ a _____ semanas, _____ na primeira semana — 6 a 12; IV
        iv. espere aproximadamente _____ meses para realização da cranioplastia — 6
    b. O microrganismo mais comum é _____ _____. — *Staphylococcus aureus* — 21.4.2

■ Infecções da Coluna

18. **Quais são as principais categorias de infecções de coluna?** — 21.5
    a. o_____ v_____ — osteomielite vertebral
    b. d_____ — discite
    c. a_____ e_____ e_____ — abscesso espinhal epidural
    d. e_____ s_____ e_____ — empiema subdural espinhal
    e. m_____ — meningite
    f. a_____ do c_____ m_____ — abscesso do cordão medular

19. **Descreva o abscesso espinhal epidural.** — 21.5.1
    a. O local mais comum de abscesso espinhal epidural é no n_____ t_____, com _____% dos casos — nível torácico; 50%
    b. O segundo local mais comum é na região _____, com _____% e o terceiro, _____, com _____% — lombar; 35%; cervical; 15%
    c. Sintomas
        i. s_____ na c_____ — sensibilidade na coluna
        ii. f_____ — febre
        iii. d_____ nas c_____ — dor nas costas
    d. Comorbidades
        i. d_____ m_____ — diabetes melito
        ii. a_____ de d_____ I_____ — abuso de drogas IV
        iii. a_____ — alcoolismo
        iv. i_____ r_____ c_____ — insuficiência renal crônica
        v. c_____ i_____ — comprometimento imunológico

e. _____ _____ é o microrganismo mais comumente cultivado. — *Staphylococcus aureus*

f. A r_____ m_____ é a técnica de diagnóstico por imagem de escolha. — ressonância magnética

g. O tratamento é composto por _____ _____ + _____ — evacuação cirúrgica + antibióticos

20. **Descreva a fisiopatologia da disfunção medular.** 21.5.1
    a. Compressão por
        i. m_____ do a_____ — massa do abscesso
        ii. o_____, por c_____ do c_____ v_____ o_____ — osso, por colapso do corpo vertebral osteomielítico
    b. Infarto por t_____ v_____ — tromboflebite venosa
    c. A disseminação direta para o cordão pode causar m_____. — mielite

21. **Sobre as causas do abscesso espinhal epidural, responda.** 21.5.1
    a. Hematogênico – mais comumente por
        i. f_____ — furúnculo
        ii. a_____ de d_____ I_____ — abuso de drogas IV
    b. e_____ d_____ — extensão direta (por exemplo, abscesso no psoas)
    c. Procedimentos na coluna
        i. d_____ — discectomia (a incidência de abscesso espinhal epidural é de 0,67%)
        ii. a_____ — agulhas (cateteres)

22. **As culturas de pacientes com abscesso espinhal epidural geralmente apresentam:** 21.5.1
    a. *Staphylococcus aureus*: _____% — 50 – o microrganismo mais comum
    b. ausência de crescimento: _____ a _____% — 30 a 50%
    c. *Streptococcus* (frequência) — segundo microrganismo mais comum
    d. tuberculose associada à doença de _____: _____% — Pott; 25%
    e. múltiplos microrganismos: _____% — 10%

23. **Sobre o abscesso espinhal epidural (SEA), responda.** 21.5.1
    a. Em caso de presença de pus durante a punção lombar, o que fazer? — Interromper o avanço da agulha e solicitar a cultura do pus.
    b. Antibióticos empíricos para tratamento do SEA:
        i. c_____ — ceftriaxona ou cefepima (em caso de suspeita de *Pseudomonas*)
        ii. v_____ — vancomicina (até que a presença de *S. aureus* resistente à meticilina [MRSA] seja descartada)
        iii. m_____ — metronidazol
        iv. ±r_____ — rifampicina por via oral
    c. A administração IV de antibióticos para tratamento do SEA deve ocorrer por no mínimo _____. — 6 semanas, com imobilização
    d. A mortalidade é de _____ a _____% — 4 a 31%
    e. A recuperação do déficit neurológico grave é _____ _____. — muito rara
    f. Uma exceção a esta regra é a _____ de _____ _____% dos pacientes apresentam melhora neurológica. — doença de Pott; 50%

Parte 6: Infecção

24. Sobre a osteomielite vertebral.   21.5.2
  a. Fatores de risco
   i. a_____ de d_____ — abuso de drogas
   ii. d_____ m_____ — diabetes melito
   iii. h_____ — hemodiálise
   iv. i_____ a_____ — idade avançada
  b. Qual doença pode mimetizar a infecção em pacientes renais submetidos à ressonância magnética? — espondiloartropatia destrutiva
  c. As fontes de infecção nunca são encontradas em _____% dos casos. — 37% (considere a infecção do trato urinário [fonte mais comum], do trato respiratório e odontológica)
  d. Os déficits neurológicos ocorrem em _____ a _____ % dos pacientes com doença de Pott — 10 a 47%
  e. Quanto tempo leva até que as alterações sejam perceptíveis em radiografias simples? — 2 a 8 semanas
  f. Qual é a melhor técnica de diagnóstico por imagem? — ressonância magnética com e sem contraste

25. Verdadeiro ou Falso. Sobre o tratamento da osteomielite vertebral.   21.5.2
  a. A fusão com instrumentação é contraindicada. — falso
  b. É permitido mesmo em infecções piogênicas. — verdadeiro
  c. 90% dos casos podem ser tratados com métodos não cirúrgicos de forma eficaz. — verdadeiro
  d. A órtese toracolombar não é utilizada no tratamento não cirúrgico. — falso

26. Como diferenciar a destruição medular de   21.5.3
  a. infecções: a_____ do d_____ — acometimento do disco
  b. metástases: n_____ a_____ do d_____ — não acometimento do disco, mas sim do corpo vertebral

27. Qual é a tríade vista na MRI na discite infecciosa?   21.5.3
  a. p_____ do â_____ p_____ — porção do ânulo posterior
  b. m_____ o_____ — medula óssea
  c. e_____ d_____ — espaço discal

28. Com tomografia computadorizada, qual a tríade de infecção nos casos de discite?   21.5.3
  a. f_____ da p_____ t_____ — fragmentação da placa terminal
  b. a_____ de v_____ p_____ — aumento de volume paravertebral
  c. a_____ p_____ — abscesso paravertebral

29. Sobre a discite, responda: 21.5.3
  a. As culturas são positivas
   i. do espaço discal em _____%. — 60%
   ii. do sangue em _____%. — 50%
  b. O patógeno mais comum é _____. — *Staphylococcus aureus*
  c. Uma coloração especial é necessária para a detecção de _____ e deve ser feita em _____ os casos. — tuberculose; todos

30. **Sobre a discite, responda:**
    a. Em crianças, a discite se manifesta pela recusa em _____, _____ _____ ou _____. — andar, ficar parado ou sentar — 21.5.3
    b. O diagnóstico de discite pós-operatória é sugerido quando — 21.3.1
        i. a taxa de sedimentação eritrocitária aumenta para _____ e não abaixa. — 20 mm/h
        ii. o nível de proteína C reativa é superior a _____ mg/L às _____ semanas após a cirurgia. — 10; 2
    c. O intervalo entre a cirurgia e as alterações radiológicas na discite é de:
        i. radiografias simples: _____ semanas — 12 (de 1 a 8 meses)
        ii. politomografia: _____ semanas — 3 a 8 semanas
31. **Sobre o tratamento da discite.** — 21.5.3
    a. a_____ — antibióticos
    b. i_____ — imobilização
    c. Abordagens cirúrgicas (necessárias somente em 25% dos casos)
        i. a_____ nas regiões cervical e torácica — anterior
        ii. l_____ p_____ na região lombar — laminectomia posterior
32. **Sobre o abscesso no psoas, responda:** — 21.5.4
    a. O psoas se estende do _____ ao _____. — corpo vertebral da 12ª vértebra torácica (CV T12) ao corpo vertebral da 5ª vértebra lombar (CV L5)
    b. O psoas é o principal _____ do quadril — flexor
    c. É inervado por _____. — L2-4
    d. Dor à _____ do quadril. — flexão
    e. A tomografia computadorizada mostra o _____ da sombra do psoas. — aumento
    f. no interior da crista _____. — ilíaca

22

Outras Infecções Não Bacterianas

■ Encefalite Viral

1. **Sobre o herpes simples, responda:**   22.1.1
   a. HSE significa _____ por _____ _____.   encefalite por herpes simples
   b. Tem predileção pelos _____ _____ e _____   lobos temporal e orbitofrontais e
      e pelo s_____ l_____.   sistema límbico
   c. O diagnóstico definitivo requer _____ de   biópsia de cérebro e isolamento
      _____ e _____ do _____.   do vírus
   d. Tratamento imediato com _____.   Aciclovir

2. **A HSE tem as seguintes características:**   22.1.1
   a. CSF: _____-_____.   leucocitose-monocitose
   b. Eletroencefalografia (EEG): descargas   epileptiformes periódicas
      e_____ p_____ l_____ no EEG   lateralizadas
   c. Tomografia computadorizada: _____ nos   edema nos lobos temporais
      _____ _____
   d. Hemorragia na _____ indica _____ _____.   CT; mau prognóstico
   e. A ressonância magnética mostra _____   sinal transilviano
      _____.
   f. Significado: se bilateral, é altamente   HSE
      sugestivo de _____.

3. **O sinal transilviano**   22.1.1
   a. indica e_____ do lobo temporal   edema
   b. que se estende pelo s_____ l_____.   sulco lateral (fissura Silviana)

4. **O tratamento geral da elevação da**   22.1.1
   pressão intracraniana (ICP) envolve o
   seguinte:
   a. e_____ da_____ do_____   elevação da cabeceira do leito
   b. m_____   manitol
   c. h_____   hiperventilação

5. Sobre o tratamento com aciclovir, responda: 22.1.1
   a. A dose é de _____ — 30 mg/kg/dia (dividida em administrações a cada 8 horas)
   b. pelo período de _____ dias. — 14 a 21
   c. A identificação de HSE antes da queda da pontuação na escala de coma de Glasgow _____ a _____. — limita a mortalidade

6. Qual corpo de inclusão identifica o vírus VZV na biópsia de cérebro? — Cowdry tipo A 22.1.2
   a. VZV significa v_____ v_____-z_____ — vírus varicela-zóster

■ Doença de Creutzfeld-Jakob

7. Sobre a doença de Creutzfeld-Jakob, responda: 22.2.1
   a. CJD significa _____ de _____-_____. — doença de Creutzfeld-Jakob
   b. O prognóstico é _____ _____. — invariavelmente fatal
   c. O EEG mostra: _____. — ondas agudas bilaterais características de 0,5 a 2 por segundo
   d. Príon significa _____ _____ _____. — partículas infecciosas proteináceas
   e. Tríade histológica clássica: 22.2.8
      i. p_____ de _____ — perda de neurônios
      ii. p_____ de a_____ — proliferação de astrócitos
      iii. e_____ e_____ — estado espongioso
   f. Tríade diagnóstica 22.2.10
      i. d_____ — demência
      ii. E_____ — EEG
      iii. m_____ — mioclonia

8. A detecção da proteína _____ no CSF tem _____% de sensibilidade e especificidade para a CJD entre pacientes com demência. — 14-3-3; 96% 22.2.10

9. Qual é o procedimento de biópsia em caso de suspeita de CJD? 22.2.10
   a. Use uma serra craniana _____ — manual
   b. para evitar a _____ da infecção. — aerossolização
   c. Evite seccionar a _____-_____ com a serra. — dura-máter
   d. _____ claramente os recipientes. — Identifique
   e. Fixe em formalina fenolizada a _____%. — 15%

130 Parte 6: Infecção

■ Infecções Parasitárias do CNS

10. **Sobre a cisticercose.**   22.3.2
    a. É causada por qual microrganismo? — *Taenia sollium*
    b. Em qual estágio de seu ciclo de vida? — estágio larval
    c. Os estágios do ciclo de vida (4) são os seguintes:
        i. e_____ — embrião
        ii. a_____ — adulto
        iii. o_____ — ovos
        iv. l_____ — larva
    d. Atualmente, o melhor exame é o _____ de _____ _____ à _____. — *blot* de imunoeletrotransferência ligado à enzima

11. **Complete as seguintes afirmações sobre as infecções parasitárias do CNS:**
    a. A cisticercose é causada por   22.3.2
        i. _____ _____ — tênia suína
        ii. T_____ s_____ — *Taenia sollium*
    b. A equinococose é causada por   22.3.3
        i. t_____ c_____ — tênia canina
        ii. E_____ g_____ — *Echinococcus granulosum*
    c. O que é areia hidática? — escoleces parasitárias germinativas
    d. Deve-se ter cuidado durante a remoção para não _____. — romper o cisto de *Echinococcus* e contaminar os tecidos adjacentes

12. **Descreva o ciclo de vida na cisticercose.**   22.3.2
    a. A carne suína apresenta _____ _____. — embriões encistados
    b. Os humanos consomem a _____ _____ malcozida contendo _____. — carne suína; embriões
    c. Os embriões amadurecem e formam _____. — adultos
    d. O _____ produz ovos. — adulto
    e. Os ovos são liberados nas _____ humanas. — fezes
    f. A mesma pessoa ou outro indivíduo _____ os _____. — ingere os ovos (dos dedos contaminados, vegetais ou água contaminada)
    g. Neste hospedeiro, os ovos liberam _____ — larvas
    h. que perfuram a _____ do _____ _____ até a _____. — a parede do intestino delgado até a circulação
    i. A larva se fixa e desenvolve na _____ do _____ — parede do cisto
    j. e se transforma em um _____ _____ — embrião encistado
    k. em _____ meses. — 4

13. **Sobre a neurocisticercose, responda.**   22.3.2
    a. Quais são os hospedeiros definitivos da tênia adulta? — seres humanos
    b. Quais são os hospedeiros intermediários? — seres humanos ou animais (suínos)

Outras Infecções Não Bacterianas

14. **Sobre a neurocisticercose, responda.**
    a. À tomografia computadorizada, qual é o significado do achado de
        i. cistos de baixa densidade com pontos excêntricos de alta densidade em um anel realçado? — cisticercos vivos
        ii. o acima, mais edema? — cisticercos morrendo
        iii. calcificações puntiformes intraparenquimatosas? — parasitas mortos
    b. O que a radiografia de tecidos moles pode mostrar? — calcificações nas coxas ou nos ombros
    c. O que a ressonância magnética pode mostrar? — cistos intraventriculares ou nas cisternas

    22.3.2

15. **Sobre a tomografia computadorizada na cisticercose.**
    a. Os cistos com realce anular sugerem a presença de _____ _____. — cisticercos vivos
    b. As calcificações puntiformes intraparenquimatosas sugerem a presença de _____ _____. — parasitas mortos
    c. O cisto com realce anular e edema sugere a presença de
        i. p_____ r_____ m_____ ou m_____ — parasitas recentemente mortos ou morrendo
        ii. r_____ i_____ — reação inflamatória

    22.3.2

■ Infecções Fúngicas do CNS

16. Qual microrganismo pode causar abscesso cerebral em um paciente submetido a transplante de órgão? — *Aspergillus fumigatus* — 22.4.1

17. **Qual a infecção fúngica mais comum no CNS diagnosticada em pacientes vivos?** — criptococose — 22.4.2
    a. A punção lombar geralmente apresenta _____ pressão de abertura em _____% dos pacientes. — maior, 75%
    b. A concentração sérica de antígeno criptocóccico é _____ em caso de acometimento do CNS. — elevada

■ Infecções Amebianas do CNS

18. **Descreva as amebíases no CNS.** — 22.5.1
    a. A única ameba conhecida como agente etiológico de infecção é _____ _____. — *Naegleria fowleri*
    b. A infecção ocorre 5 dias após a exposição a _____ _____ morna. — água fresca
    c. A ameba entra no CNS através da m _____ o _____. — mucosa olfativa
    d. 95% dos casos são fatais em _____ — 1 semana
    e. em razão do _____. — aumento da pressão intracraniana
    f. Tratamento com _____ _____. — anfotericina B

23

Líquido Cerebrospinal

■ Informações Gerais

1. O volume (mL) de CSF em		Tabela 23.1
a. neonatos é _____.	5	
b. adultos é _____.	150	
2. Qual é a razão intracraniana:medular da distribuição do CSF em adultos?	50:50	Tabela 23.1

■ Produção

3. Qual porcentagem de CSF é produzida nos ventrículos laterais?	80%	23.2.1
4. Além do plexo coroide, onde o CSF é produzido?		23.2.1
a. e_____ i_____	espaço intersticial	
b. r_____ e_____ dos v_____	revestimento ependimário dos ventrículos	
c. b_____ d_____ das r_____ dos n_____ da c_____	bainha dural das raízes dos nervos da coluna	
5. A quantidade de CSF produzido por dia em		23.2.2
a. adultos é de _____.	450 a 750 mL/dia	
b. neonatos é de _____.	25 mL/dia	
6. Qual é a taxa de formação de CSF, em ml/minuto, em adultos?	0,3 a 0,5	23.2.2
7. Qual é a pressão do CSF em um paciente em decúbito lateral nas seguintes faixas etárias?		Tabela 23.1
a. neonatos	9 a 12 cm H_2O	
b. 1 a 10 anos de idade	< 15	
c. adultos jovens	< 18 a 20	
d. adultos	< 18 (7 a 15)	
8. Sobre o CSF, responda.		23.2.2
a. Qual a taxa de produção de CSF?	0,3 a 0,5 mL/minuto	
b. Isso equivale a quantos mL por dia?	450 a 750	

c. O CSF normal apresenta
   i. _____ linfócitos   0 a 5
   ii. _____ leucócitos polimorfonucleares   0
   iii. _____ hemácias   0
d. O número de leucócitos acima de _____ é   5 a 10
   suspeito.
e. O número de leucócitos acima de _____ é   10 leucócitos por mm cúbico
   definitivamente suspeito.
f. Subtraia _____ leucócito para cada _____   1; 700
   hemácias.
g. Subtraia _____ mg de proteína para cada   1; 1.000
   _____ hemácias.

9. **A pressão intracraniana (ICP) influencia a formação de CSF?** não (A taxa de formação é *independente* da pressão do CSF, exceto quando a ICP é tão alta que *reduz* o fluxo sanguíneo cerebral.)   23.2.2

■ Absorção

10. Sobre o CSF, responda.   23.3
    a. Verdadeiro ou Falso. A Absorção de CSF é   verdadeiro
       um fenômeno dependente da pressão.
    b. Onde ocorre?
       i. v_____ a_____   vilos aracnoides → seios venosos durais
       ii. p_____ c_____   plexos coroides
       iii. v_____ l_____   vasos linfáticos

■ Constituintes do CSF

11. **Verdadeiro ou Falso. A composição do CSF**   falso (é ligeiramente diferente)   23.4.1
    é exatamente a mesma nos ventrículos e
    no espaço subaracnoide lombar.

12. **Verdadeiro ou Falso. As seguintes células**   23.4.1
    são normalmente encontradas no CSF.
    a. linfócitos   verdadeiro
    b. células mononucleares   verdadeiro
    c. leucócitos polimorfonucleares   falso
    d. hemácias   falso

13. **Verdadeiro ou Falso. A osmolaridade do**   23.4.2
    CSF e a osmolaridade do plasma são iguais,
    em uma razão de 1:1. Dentre os seguintes,
    qual componente também é igual?
    a. Na   verdadeiro
    b. K^+ falso
    c. Cl^- falso
    d. IgG   falso

134 Parte 7: Hidrocefalia e Líquido Cerebrospinal (CSF)

14. Verdadeiro ou Falso. A concentração de proteínas do CSF — 23.4.4
    a. é igual em adultos e crianças. — falso (30 mg/dL em adultos e 20 mg/dL em crianças)
    b. em prematuros, é de aproximadamente 60 mg/dL. — falso (150 mg/dL)
    nc. em neonatos, é de aproximadamente 40 mg/dL. — falso (aproximadamente 80 mg/dl)
    d. normalmente aumenta em cerca de 1 mg/dL/ano de idade em adultos. — verdadeiro

15. Como diferenciar a leucocitose verdadeira da contagem normal de leucócitos incluída na punção lombar traumática? — Tabela 23.4
    a. razão entre _____ e _____ — hemácias e leucócitos
    b. o normal é _____ — 700:1
    c. ou subtraia 1 leucócito para cada _____ _____ — 700 hemácias

16. O que afeta a razão entre leucócitos e hemácias de 1:700? — Tabela 23.4
    a. a_____ — anemia
    b. l_____ p_____ — leucocitose periférica

17. Como estimar a concentração correta de proteína no CSF em uma punção lombar traumática? — Tabela 23.4
    a. Subtraia _____ mg de proteína — 1
    b. para cada _____ hemácias/mm^3. — 1.000

18. Sobre a hemorragia subaracnoide, responda. — Tabela 23.4
    a. Quanto tempo leva até o desaparecimento das hemácias? — 2 semanas
    b. Quanto tempo leva até o desaparecimento da xantocromia? — muitas semanas

■ Fístula Craniana de CSF

19. A fossa de Rosenmüller está localizada imediatamente _____ ao _____ _____. — inferior ao seio cavernoso (a fossa de Rosenmüller está localizada imediatamente inferior ao seio cavernoso, exposto após drilagem da clinoide anterior em um aneurisma paraclinoide. Recesso faríngeo lateral superior. Limitada acima pelo osso esfenoide e pelo osso occipital e se comunica com as cavidades nasais.) — 23.5.2

20. Verdadeiro ou Falso. São características da fístula liquórica traumática: — 23.5.3
    a. Ocorrem em 2 a 3% de todos os pacientes com trauma cefálico. — verdadeiro
    b. 60% dos casos são observados dias após o trauma. — verdadeiro
    c. 95% dos casos ocorrem 3 meses após o trauma. — verdadeiro

d. < 5% dos casos de rinorreia liquórica se resolvem em 1 semana. — falso (70% dos casos se resolvem em uma semana.)
e. A razão entre adultos e crianças é de 1:10. — falso (a razão entre adultos e crianças é de 10:1)
f. A ocorrência é comum antes dos 2 anos de idade. — falso (a ocorrência é incomum antes dos 2 anos de idade)
g. A anosmia é comum. — verdadeiro (78% dos pacientes apresentam anosmia.)
h. A maioria dos casos de otorreia liquórica se resolve em 5 a 10 dias. — verdadeiro

21. **Sobre a fístula liquórica pós-traumática, responda.** 23.5.3
    a. A rinorreia se resolve em _____ semana(s) em _____% dos casos. — 1; 70%
    b. A otorreia se resolve em _____ dias em _____% dos casos. — 5 a 10; 80 a 85%

22. **Verdadeiro ou falso. Sobre as fístulas liquóricas pós-traumáticas.** 23.5.3
    a. A anosmia é comum em fístulas traumáticas. — verdadeiro (78% em fístulas traumáticas)
    b. A anosmia é comum em fístulas espontâneas. — falso (é rara em fístulas espontâneas; aproximadamente 5%)

23. **Tabela para Estudo** 23.5.3
    a. Sobre a fístula liquórica espontânea:
    olfato preservado
    o pneumocéfalo não é comum
    otite média
    rigidez cervical
    tumor, meninigioma hipofisário
    rinite alérgica
    meningite
    síndrome da sela vazia
    a otite média pode causar fístula de CSF
    subdesenvolvimento do assoalho da fossa anterior
    olfato preservado
    sinusite por agenesia da placa cribiforme (sinusite paranasal)
    deiscência da placa inferior do estribo – o CSF passa para o canal facial da tuba auditiva
    a fístula na orelha média é insidiosa,
    ICP alta
    efusão serosa intermitente
    consequência da cirurgia transfenoidal
    perda de audição por displasia de Mundini
    anomalias do labirinto
    adenoma de hipófise
    hidrocefalia

Meningite em Fístula de CSF

24. A taxa de infecção de   23.7
  a. lesões penetrantes e fístulas liquóricas é de _____%.   50%
  b. lesões penetrantes na ausência de fístulas liquóricas é de _____%.   4,6%

25. Sobre a meningite associada às fístulas liquóricas, responda.   23.7
  a. A incidência de meningite em caso de fístula pós-traumática de CSF é de _____ a _____%.   5 a 10%
  b. Em caso de fístula de CSF após cirurgias, a incidência de meningite é maior ou menor?   maior
  c. Se o local de fístula não for identificado antes da cirurgia, a taxa de insucesso da resolução é de _____%.   30% (recidiva do fístula pós-operatória)
  d. O patógeno mais comum é _____, em _____% dos casos.   *Pneumococcus*; 83%

Avaliação do Paciente com Fístula de CSF

26. Quais são as características do CSF que sugerem a presença de rinorreia ou otorreia decorrente de uma fístula liquórica?   23.8.1
  a. O fluido liquórico é _____.   transparente como a água (a não ser que haja infecção ou presença de sangue).
  b. Verdadeiro ou Falso. O fluido causa escoriações.   falso (O fluido não causa escoriação das narinas.)
  c. O fluido tem sabor _____.   salgado (na rinorreia)
  d. A concentração de glicose é superior a _____ mg %.   concentração normal de glicose no CSF > 30 mg %.
  e. Contém uma substância especial chamada _____. β_2-transferrina (presente no CSF)
  f. Apresenta um sinal especial ao cair sobre o lençol, chamado _____.   sinal em anel (Um sinal antigo, mas pouco confiável. É descrito como um anel de sangue cercado por um anel concêntrico maior de fluido transparente [que sugere a presença de CSF] observado ao gotejar o fluido tingido com sangue sobre um pedaço de tecido [lençol ou fronha]).

27. Escreva cinco características do fluido que sugerem a presença de uma fístula liquórica.   23.8.1
  a. β_____ β_2-transferrina
  b. t_____   transparente
  c. s_____   sabor salgado
  d. f_____   fluido não causa escoriação
  e. g_____   glicose

■ Tratamento da Fístula de CSF

28. Verdadeiro ou Falso. O procedimento de escolha para localização da fístula de CSF é
   a. ressonância magnética — falso
   b. cisternografia com iohexol — verdadeiro
   c. tomografia computadorizada com administração intravenosa de contraste — falso
   d. radiografias simples — falso

23.9.2

■ Hipotensão Intracraniana (Espontânea)

29. A hipotensão intracraniana espontânea é caracterizada por
   a. c_____ o_____ — cefaleia ortostática
   b. b_____ p_____ l_____ — baixa pressão liquórica
   c. r_____ p_____ d_____ — realce paquimeníngeo difuso

23.10.1

30. As características à imagem que sugerem hipotensão intracraniana são:
   a. d_____ c_____ — deslocamento do cérebro
   b. r_____ — realce (paquimeníngeo)
   c. i_____ v_____ — ingurgitamento venoso
   d. h_____ h_____ — hiperemia hipofisária
   e. f_____ s_____ — fluido subdural

23.10.1

31. Verdadeiro ou Falso. O tampão sanguíneo (*blood patch*) epidural provoca alívio na maioria dos pacientes. — verdadeiro

23.10.1

32. O tratamento conservador da hipotensão intracraniana inclui:
   a. r_____ em l_____ — repouso em leito
   b. h_____ — hidratação
   c. a_____ — analgésicos
   d. c_____ — cafeína
   e. f_____ a_____ — faixa abdominal

23.10.1

24

Hidrocefalia – Aspectos Gerais

■ Etiologias da Hidrocefalia

1. **Complete as seguintes afirmações referentes à hidrocefalia:** — 24.3.1
   a. A incidência da hidrocefalia congênita é de _____%. — 0,2%
   b. É causada pela reabsorção _____ de CSF ou — subnormal
   c. _____ de CSF. — superprodução

2. **Verdadeiro ou Falso. Indique se as seguintes hidrocefalias são consideradas hidrocefalias "verdadeiras".** — 24.3.1
   a. hidrocefalia *ex vacuo* — falso
   b. hidrocefalia obstrutiva — verdadeiro
   c. hidrocefalia comunicante — verdadeiro

3. **Acerca das características etiológicas da hidrocefalia.** — 24.3.2
   a. Verdadeiro ou Falso. Há excesso de produção de CSF. — verdadeiro
   b. Verdadeiro ou Falso. Há alteração da absorção de CSF. — verdadeiro
   c. Verdadeiro ou Falso. É congênita na ausência de hidrocele. — verdadeiro
   d. A forma congênita com mielomeningocele geralmente ocorre na _____ de _____. — malformação de Chiari II
   e. A malformação de Chiari do tipo I, se for a causa, provoca _____ da _____ do _____ _____. — obstrução da saída do quarto ventrículo
   f. A estenose de aqueduto causa sintomas na _____. — infância
   g. A estenose secundária do aqueduto é causada por _____ _____, _____ ou _____. — infecção intrauterina, hemorragia ou tumor
   h. A atresia dos forames de Luschka e Magendie é chamada _____ de _____-_____. — síndrome de Dandy-Walker

Hidrocefalia – Aspectos Gerais

4. **Sobre as etiologias da hidrocefalia, responda:**
   a. _____% dos pacientes pediátricos com tumor de fossa apresentam hidrocefalia e precisam de uma derivação (*shunt*) após a ressecção da neoplasia. — 20%
   b. Isto pode acontecer depois de _____. — 1 ano
   c. A malformação de Dandy-Walker ocorre em qual porcentagem de pacientes com hidrocefalia? — 2,4%

■ Sinais e Sintomas da HCP

5. **Liste os sinais e sintomas da hidrocefalia adulta em crianças mais velhas/adultos com caixa craniana rígida.**
   a. c_____ — cefaleia
   b. n_____ — náusea
   c. v_____ — vômitos
   d. alterações de m_____ e c_____ da b_____ — marcha; controle da bexiga
   e. p_____ — papiledema
   f. p_____ do o_____ para _____ — paralisia do olhar para cima

6. **Liste os sinais e sintomas da hidrocefalia ativa em crianças pequenas.**
   a. h_____ — hidrocefalia (crianças) pequenas
   b. p_____ — diplopia (no olhar lateral; paralisia do músculo abducente)
   c. d_____
   d. r_____ — (padrão) respiratório (irregular)
   e. e_____ — (protrusão) externa da fontanela
   f. s_____ — som oco à percussão (sinal de Macewen)
   g. a_____ — aumento de volume do crânio
   h. m_____ — mau controle da cabeça
   i. h_____ — (reflexos) hiperativos
   j. a_____ — (episódios de) apneia, paralisia do nervo abducente
   k. c_____ — cabeça com volume maior
   l. p_____ — paralisia do olhar para cima (Síndrome de Parinaud)
   m. c_____ — (proeminência das veias do) crânio cabeludo
   n. f_____ — fenômeno ocular do sol poente
   o. s_____ — suturas cranianas oblíquas (observadas às radiografias simples do crânio)

7. **A circunferência fronto-occipital (OFC) em crianças normais deve ser igual à distância da região frontal até a _____ _____ _____.** — região occipital (nuca)

Hidrocefalia Externa (Também Conhecida como Hidrocefalia Externa Benigna)

14. Sobre a hidrocefalia externa, responda.   24.8.1
    a. É maligna ou benigna?   benigna
    b. Aumento de volume dos espaços s____ sobre os   subaracnoides
    c. polos f____ no   frontais
    d. p____ ano de vida.   primeiro
    e. Resolve-se aos ____ anos de idade.   2

15. A hidrocefalia externa pode ser diferenciada do hematoma subdural pela presença do s____ da v____ c____.   sinal da veia cortical   24.8.1

16. O sinal da veia cortical mostra as ____ que se estendem do cérebro até a l____ i____ do crânio na CT ou na MRI.   veias; lâmina interna   24.8.1

Hidrocefalia Ligada ao X

17. A hidrocefalia ligada ao X
    a. é um tipo de h____ c____ que   hidrocefalia congênita   24.9.1
    b. ocorre em ____% dos pacientes com hidrocefalia.   2%
    c. O gene está localizado em ____,   Xq28
    d. causa anomalias no r____ de m____ e em ____ e   receptor de membrana e L1CAM (molécula de adesão celular L1)   24.9.2
    e. produz síndromes clássicas   24.9.3
        i. h____ do c____ c____   hipoplasia do corpo caloso
        ii. r____ m____   retardo mental
        iii. a____ dos p____   adução dos polegares
        iv. p____ e____   paralisia espástica
        v. h____.   hidrocefalia

18. Sobre os achados radiográficos na síndrome L1, responda.
    a. Apresentam aumento de volume: 24.9.3
        i. c____ p____   corno posterior
        ii. m____ i____   massa intermediária
        iii. p____ q____   placa quadrigêmea
    b. Apresentam volume menor (hipoplasia):
        i. c____ c____   corpo caloso
        ii. v____ c____   vérmis cerebelar
    c. Apresenta ondulações:
        i. p____ v____   parede ventricular
    d. Qual característica é patognomônica?
        i. o____ da p____ v____   ondulação da parede ventricular
    e. Há tratamento para o retardo mental?   não

Hidrocefalia – Aspectos Gerais

■ "Hidrocefalia Presa"

19. **Verdadeiro ou Falso. Em relação à hidrocefalia presa.** — 24.10.1
   a. É intercambiável com o termo "hidrocefalia descompensada". — falso
   b. A hidrocefalia presa satisfaz os seguintes critérios na ausência de derivação liquórica:
      i. ventriculomegalia não progressiva — verdadeiro
      ii. curva de crescimento normal da cabeça — verdadeiro
      ii. desenvolvimento psicomotor contínuo — verdadeiro

20. **Verdadeiro ou Falso. Quando considerada "presa", a hidrocefalia não precisa ser acompanhada.** — falso (ainda pode haver deterioração) — 24.10.2

21. **Verdadeiro ou Falso. A dependência da derivação é provável na hidrocefalia em razão de** — 24.10.2
   a. estenose de aqueduto — verdadeiro
   b. espinha bífida — verdadeiro
   c. hidrocefalia comunicante (por exemplo, secundária a aderências da aracnoide) — falso (a independência da derivação é mais provável)

22. **Verdadeiro ou Falso. Em relação a uma derivação com sistema desconectado ou não funcionante.** — 24.10.3
   a. A derivação com sistema desconectado pode continuar a funcionar por meio do fluxo de CSF por um trato fibroso subcutâneo. — verdadeiro
   b. Na dúvida, é melhor acompanhar o paciente do que submetê-lo à derivação. — falso
   c. Os pacientes com derivação não funcionante não devem ser acompanhados por meio de tomografias computadorizadas, seriadas, mas sim por avaliações neuropsicológicas seriadas. — falso

■ Encarceramento do Quarto Ventrículo

23. **Sobre o encarceramento do quarto ventrículo, responda.**
   a. Geralmente está associado à d_____ c_____ dos v_____ l_____. — derivação crônica dos ventrículos laterais — 24.11.1
   b. Possivelmente em decorrência de a _____. — aderências
   c. Ocorre em _____ a _____% dos pacientes com derivações. — 2 a 3%
   d. Verdadeiro ou Falso. Pode ser tratado por meio de uma derivação ventriculoperitoneal distinta ou pela associação a uma derivação existente. — verdadeiro — 24.11.3

Parte 7: Hidrocefalia e Líquido Cerebrospinal (CSF)

■ Hidrocefalia com Pressão Normal (NPH)

24. Quais são os sintomas da hidrocefalia com pressão normal? 24.12.1
    (Dica: did)
    a. d_____   demência (maluco)
    b. i_____   incontinência urinária (molhado)
    c. d_____   distúrbio de marcha (manco)

25. Qual é a etiologia? 24.12.1
    a. m_____   meningite
    b. i_____   idiopática
    c. h_____   hemorragia subaracnoide
    d. t_____   trauma
    e. e_____   estenose de aqueduto
    f. c_____   cirurgia na fossa posterior
    g. d_____   doença de Alzheimer

26. Na tríade clínica, qual sintoma precede os demais?   distúrbio de marcha   24.12.3

27. Indique se as características clínicas da NPH são esperadas (+) ou inesperadas (-).   Tabela 24.3
    a. marcha com base ampla   +
    b. passos arrastados   +
    c. desequilíbrio ao se virar   +
    d. dificuldade de iniciar a caminhada   +
    e. sentir-se preso ao chão   +
    f. ataxia dos membros   –
    g. lentidão de pensamento   +
    h. incontinência urinária acidental   –
    i. papedema   –
    j. convulsões   –
    k. cefaleias   –

28. Qual o limite superior da pressão de abertura sugerido para definição da NPH?   24 cm H_2O 24.12.5

29. O que é *tap test*?   punção lombar com retirada de CSF e avaliação da resposta.   24.12.5
    a. Qual o volume de CSF retirado?   40 a 50 mL de CSF

30. Qual é o procedimento de escolha para tratamento da NPH?   derivação ventriculoperitoneal   24.12.8
    a. As taxas de complicação podem ser de até _____%.   35%
    b. As complicações incluem:
        i. h_____ s_____ ou h_____   hematoma subdural ou higroma
        ii. i_____ da d_____   infecção da derivação
        iii. h_____ i_____   hemorragia intracerebral
        iv. c_____   convulsões

Hidrocefalia – Aspectos Gerais

31. **Na NPH, qual a sequência de melhora dos sintomas após a derivação?**
    Dica: imd
    a. i_____   incontinência
    b. m_____   marcha
    c. d_____   demência

■ Hidrocefalia e Gravidez

32. **Pacientes com derivação para tratamento da hidrocefalia devem, antes de engravidar,**
    a. ser submetidas a uma _____ ou _____.   CT ou MRI
    b. ser avaliadas quanto a quaisquer m_____ em _____.   medicamentos em uso
    c. Caso a hidrocefalia da futura mãe seja acompanhada por um defeito do tubo neural (NTD), há _____ a _____% de chance de seu filho nascer com NTD.   2 a 3%
    d. ser submetidas ao a_____ genético.   aconselhamento
    e. começar a tomar v_____.   vitaminas
    f. evitar o c_____ excessivo.   calor

33. **Em caso de mau funcionamento das derivações durante a gestação, sua revisão é realizada**
    a. nos dois primeiros trimestres, por meio da _____   revisão da derivação ventriculoperitoneal
    b. no terceiro trimestre, com uso de derivação _____ ou _____.   ventriculoatrial ou ventriculopleural

34. **Durante o parto**
    a. faça a a_____ p_____.   antibioticoterapia profilática
    b. Se a paciente for assintomática, o parto _____ deve ser realizado.   vaginal
    c. Se a paciente for sintomática, o parto deve ser _____.   cesáreo
    d. Na presença de elevação da pressão intracraniana, evite a anestesia _____.   epidural

25

Tratamento da Hidrocefalia

■ Tratamento Médico da Hidrocefalia

1. **Sobre o tratamento da hidrocefalia, responda:**

   a. Verdadeiro ou Falso. A hidrocefalia é uma doença que pode ser tratada com medicamentos.
   falso (o tratamento é, principalmente, cirúrgico) — 25.1

   b. A terapia diurética pode incluir a_____ e f_____.
   acetazolamida e furosemida — 25.1.1

   c. Preste atenção ao desenvolvimento de complicação por _____ _____.
   desequilíbrios eletrolíticos

   d. Na hidrocefalia, o objetivo das punções lombares é _____.
   retardar (A hidrocefalia após a hemorragia intraventricular pode ser apenas transiente e as punções seriadas [ventriculares ou lombares] podem retardar o desenvolvimento da doença até o reinício da reabsorção; as punções lombares, porém, somente podem ser realizadas em casos de hidrocefalia comunicante.) — 25.2

   e. O nível crítico de proteínas no CSF é de _____.
   100 mg/dL (Se a reabsorção não for reiniciada quando o teor de proteína no CSF for < 100 mg/dL, é improvável que ocorra de forma espontânea e, de modo geral, a derivação será necessária.)

■ Retirada de CSF da Espinha

2. **Sobre a retirada de CSF da espinha e a hidrocefalia, responda.** — 25.2

   a. Se o teor de proteína for acima de _____, o CSF não será absorvido.
   100 mg/dL

   b. Se o teor de proteína for abaixo de _____, o CSF pode ser absorvido.
   100 mg/dL

■ Ventriculostomia Endoscópica do Terceiro Ventrículo

3. **Sobre a cirurgia e a hidrocefalia, responda.**
   a. Durante a ventriculostomia do terceiro ventrículo, olhando para ele:
      i. Onde está a veia talamoestriada? parede lateral
      ii. Onde está a veia septal? parede medial
      iii. Onde está o plexo coroide? entra pelo forame de Monro
   b. Onde deve ocorrer a punção do terceiro ventrículo? anterior aos corpos mamilares
   c. Até a _____ cisterna interpeduncular
   d. Cuidado com a _____. artéria basilar
   e. A taxa de sucesso é de _____% nos casos de e _____ do a _____, aproximadamente 56%; estenose do aqueduto
   f. mas de apenas 20% na presença de p_____ p_____. patologia preexistente

25.4.3

25.4.5

■ *Shunts*

4. **Sobre os *shunts* e a hidrocefalia, quantos *shunts* você conhece?**
   a. v_____ ventriculoperitoneal
   b. v_____ ventriculoatrial
   c. l_____ lomboperitoneal
   d. o_____ s_____ outros *shunts* – ventriculoperitoneais
   e. d_____ de T_____ derivação de Torkildsen (ventrículo-cisterna magna)

5. **Qual é a prioridade de uso dos *shunts*?**
   a. Usada com maior frequência: _____ _____ *shunt* ventriculoperitoneal
   b. Anomalia abdominal: _____ _____ _____ *shunt* ventriculoatrial; cirurgia; peritonite; obesidade mórbida
   c. Pseudotumor cerebral: _____ _____ *shunt* lomboperitoneal – pequenos ventrículos
   d. Alternativas: _____ _____ outros *shunts*
   e. Hidrocefalia obstrutiva adquirida: _____ de _____ *shunt* de Torkildsen

25.5.1

25.5.1

Parte 7: Hidrocefalia e Líquido Cerebrospinal (CSF)

6. Quais são os outros *shunts*?   25.5.1
   a. v____b____ (*shunts* do ventrículo à) vesícula biliar
   b. u____ (*shunt* do ventrículo ao) ureter ou à bexiga
   c. p____ (*shunt* ventrículo) pleural
   d. c____ (*shunt* de) cisto (cisto aracnoide ou cavidade subdural do higroma até o peritônio)

7. Nomeie seis possíveis complicações do *shunt*.   25.5.2
   a. o____ obstrução
   b. d____ desconexão de partes do *shunt*
   c. e____ erosão pela pele
   d. c____ convulsões (5,5% no primeiro ano, 1,1% depois de 3 anos)
   e. m____ metástases de células tumorais
   f. a____ alergia a silicone

8. Quais são as complicações do *shunt* ventriculoperitoneal?   25.5.2
   Dica: h²aeo²emvph
   a. h____ hérnia – inguinal em 17%
   b. h____ hidrocele
   c. a____ ascite liquórica
   d. e____ estiramento do cateter com o crescimento (passível de prevenção)
   e. o____ obstrução pelo omento ou por fragmentos teciduais, cisto peritoneal (infecção ou talco das luvas cirúrgicas), aderências peritoneais graves, mau posicionamento da ponta do cateter, colapso da parede ventricular, coroide
   f. o____ obstrução ou estrangulamento intestinal
   g. e____ excesso de derivação
   h. m____ migração da ponta para: escroto, perfuração de estômago, bexiga, diafragma
   i. v____ vólvulo
   j. p____ peritonite
   k. h____ hematoma subdural

Tratamento da Hidrocefalia

9. Quais são as complicações do *shunt* ventriculoatrial? 25.5.2
   a. e_____   estiramento em crianças
   b. i_____   infecção
   c. p_____   perfuração vascular microembolia por tromboflebite pulmonar
   d. e_____   embolia da derivação
   e. f_____   fluxo sanguíneo retrógrado
   f. o_____   obstrução da veia cava superior
   g. h_____   hematoma subdural
   h. h_____   hipertensão pulmonar

10. Quais são as complicações do *shunt* lomboperitoneal? 25.5.2
    (Dica: mare^3)
    a. m_____   malformação de Chiari de tipo I (70% de piora)
    b. a_____   aracnoidite e aderências
    c. r_____   radiculopatia (pela dificuldade de controle da sonda)
    d. e_____   excesso de derivação (disfunção do sexto e do sétimo nervo craniano)
    e. e_____   extravasamento de CSF
    f. e_____   escoliose causada pela laminectomia (14% em crianças)

■ Problemas com os *Shunts*

11. Quais são os dois problemas mais comuns associados ao *shunt*? 25.6.1
    a. s_____ _____   *shunt* insuficiente
    b. i_____   infecção

12. Verdadeiro ou Falso. 25.6.3
    a. A avaliação radiográfica do *shunt* é feita com radiografias simples.   verdadeiro (avaliação radiográfica seriada do *shunt*)
    b. A avaliação radiográfica do *shunt* é usada para descartar a desconexão ou migração da ponta do cateter.   verdadeiro
    c. A angiografia é usada caso o funcionamento do *shunt* não possa ser avaliado de forma confiável em outras técnicas de diagnóstico por imagem.   verdadeiro

13. Quando realizar a punção do *shunt*? 25.6.3
    a. Para avaliar o CSF quanto a
       i. i_____   infecção
       ii. c_____   citologia
       iii. s_____   sangue
    b. Para avaliação da função:
       i. aferição de p_____   pressão
       ii. instilação de c_____   contraste
       iii. injeção de m_____   medicamentos

Parte 7: Hidrocefalia e Líquido Cerebrospinal (CSF)

14. Ao realizar a punção do *shunt*, qual é a pressão normal do CSF no ventrículo?	menos de 15 cm de CSF em decúbito, com o paciente relaxado	Tabela 25.2
15. Quais são os sintomas agudos da insuficiência do *shunt*?		25.6.3
a. c_____	convulsões	
b. a_____	ataxia	
c. l_____	letargia	
d. v_____	vômito	
e. a_____	apneia	
f. d_____	diplopia	
g. i_____	irritabilidade	
h. b_____	bradicardia	
i. c_____	cefaleia	
16. Quais são os sinais de aumento agudo da pressão intracraniana?		25.6.3
a. p_____	(síndrome de) Parinaud	
b. p_____	paralisia do músculo abducente	
c. p_____	papiledema	
d. p_____	proeminência das veias do couro cabeludo	
e. c_____	cegueira ou diminuição do campo visual	
f. a_____	aumento de volume da fontanela	
17. Quais são as complicações do excesso de *shunts*?		25.6.6
a. v_____	ventrículos em fenda, 12%	
b. s_____	(hematoma/higroma) subdural	
c. s_____	(oclusão do aqueduto de) Sylvius	
d. a_____	alterações do crânio – craniossinostose ou microcefalia	
e. h_____	hipotensão intracraniana	
18. Sobre a hipotensão intracraniana.		25.6.6
a. Com o paciente em posição ereta, a coluna de CSF produz e_____ em s_____.	efeito; sifão	
b. Estabeleça o diagnóstico por meio da documentação da queda da pressão intracraniana quando o paciente passa da posição _____ para _____.	supina para ereta	
19. Ventrículos em fenda podem ser diagnosticados pela razão de _____ entre o corno frontal e o corno occipital inferior.	0,2	25.6.6
20. Quais são as categorias de pacientes com ventrículos em fenda?		25.6.6
a. p_____	pseudotumor cerebral	
b. v_____	ventrículos em fenda assintomático	
c. h_____	hipotensão intracraniana	
d. e_____	enxaqueca	
e. s_____	síndrome dos ventrículos em fenda	

Tratamento da Hidrocefalia   151

21. **Sobre a hidrocefalia e os hematomas subdurais (SDs), responda.**
    a. Uma causa de SDs em pacientes com *shunts* é o _____ do cérebro e a _____ _____ _____ _____   colapso; laceração de veias em ponte   25.6.8
    b. Fatores de risco
        i. a_____ c_____   atrofia cerebral
        ii. h_____ p_____   hidrocefalia prolongada
        iii. p_____ v_____ n_____   pressão ventricular negativa

22. **O SD que se desenvolve como complicação do *shunts* está localizado:**   25.6.8
    a. do mesmo lado do *shunts* em _____%.   32%
    b. do lado oposto ao *shunt* em _____%.   21%
    c. bilateralmente em _____%.   47%

23. **O tratamento do HS decorrente do *shunt* realizado em razão de hidrocefalia pode incluir:**   25.6.8
    a. o_____   orifícios de trépano
    b. c_____   craniotomia
    c. d_____   drenagem – *shunt* subdural-peritoneal
    d. m_____   maior pressão do *shunt*
    e. o_____   oclusão do *shunt* com sutura

■ Instruções aos Pacientes

24. **Verdadeiro ou Falso.** No *shunt* ventriculoperitoneal e na cirurgia laparoscópica, a insuflação abdominal pode aumentar a pressão intracraniana.   verdadeiro   25.9

25. **Com qual frequência os pacientes devem acionar a bomba de *shunt*?**   o paciente nunca deve tocar a bomba, a não ser que seja instruído a fazê-lo.   25.9

26

Classificação das Crises Epilépticas e Farmacologia Anticonvulsivante

■ Classificação das Crises

1. A crise convulsiva pode ser classificada por   26.1.1
   a. t_____   tipo
   b. e_____   etiologia
   c. s_____ e_____   síndrome epiléptica

2. Quais são os principais tipos de crises convulsivas primariamente generalizadas.   26.1.1
   a. m_____   mioclônica
   b. a_____   atônica ("desmaio")
   c. g_____   generalizada (grande mal)
   d. c_____   clônica
   e. a_____   ausência (pequeno mal)
   f. t_____   tônica

3. Quais são as principais diferenças entre as crises convulsivas primariamente generalizadas e as crises convulsivas parciais?   26.1.1
   a. Primariamente generalizadas
      i. áreas acometidas   bilaterais e simétricas
      ii. porcentagem de crises convulsivas   40% de todas as crises convulsivas
      iii. consciência   perda de consciência ao início da convulsão
      iv. importância   não sugere lesão estrutural
   b. Parciais
      i. áreas acometidas   um hemisfério
      ii. porcentagem de crises convulsivas   57% de todas as crises convulsivas
      iii. consciência   não há perda de consciência
      iv. importância   sugere lesão estrutural

Classificação das Crises Epilépticas e Farmacologia Anticonvulsivante 153

4. **Combine.** Combine o tipo de crise convulsiva com sua(s) característica(s) listada(s). Cada tipo de crises convulsivas pode ter mais de uma característica.
   Características:
   ① 3% das crises convulsivas; ② 40% das crises convulsivas; ③ 57% das crises convulsivas; ④ perda de consciência ao início da convulsão; ⑤ atividade motora tônica-clônica; ⑥ acometimento de ambos os hemisférios; ⑦ ausência de confusão pós-ictal; ⑧ 3 ondas agudas por segundo; ⑨ representa uma lesão estrutural
   a. generalizada — ②, ④, ⑤, ⑥
   b. parcial — ③, ⑨
   c. não classificada — ①
   d. ausência — ⑦, ⑧

5. **A principal diferença é que nas crises convulsivas parciais simples**
   a. ____ ____ ____ de ____ e, nas crises convulsivas parciais complexas — não há perda de consciência
   b. ____ ____ de ____. — há perda de consciência

6. **Descreva resumidamente as seguintes características da crise do tipo ausência**
   a. acometimento motor — ausente
   b. estado pós-ictal — ausente
   c. perda de consciência — ausente
   d. padrão característico ao eletroencefalograma (EEG) — 3 ondas agudas por segundo
   e. efeito da hiperventilação — indução da crise

7. **Descreva resumidamente as seguintes características da crise do tipo uncinado.**
   a. É originária do ____ do ____. — úncus do hipocampo
   b. Produz alucinações desencadeadas por ____. — odor
   c. A cacosmia é a percepção de um ____ ____ na sua ausência. — odor ruim

8. **Sobre as crises convulsivas, responda.**
   a. Qual é a causa mais comum da epilepsia intratável do lobo temporal? — esclerose temporal mesial
   b. causada por ____ — perda celular no hipocampo
   c. é tratada com ____ — medicação e cirurgia, caso refratária

9. **Verdadeiro ou Falso.** Os pacientes com epilepsia do lobo temporal mesial apresentam maior incidência de crises convulsivas febris complicantes do que aqueles com outros tipos de epilepsia. — verdadeiro

156   Parte 8: Convulsões

    d. taxa de administração intravenosa: _____   não mais do que 50 mg/minuto
    e. solução permitida: _____ _____   soro fisiológico
    f. Quantos dias até atingir o estado estável?   7 a 21 dias

24. **Efeitos colaterais da fenitoína**   26.2.4
    a. a   ataxia
    b. a   (diminuição da eficácia dos) anticoncepcionais orais
    c. c   (disfunção) cognitiva
    d. i   interações medicamentosas, fluoxetina (Prozac)
    e. e   (necrólise) epidérmica
    f. g   (hiperplasia) gengival
    g. h   hirsutismo
    h. g   granuloma hepático
    i. m   (anemia) megaloblástica
    j. n   (hemorragia) neonatal
    k. o   osteomalacia
    l. p   (erupção cutânea) papular
    m. r   raquitismo
    n. s   síndrome de Steven-Johnson/ lúpus eritematoso sistêmico
    o. t   teratogênico
    p. v   (antagonismo da) vitamina D

25. **Descreva a carbamazepina**   26.2.4
    a. Indicação
      i. c_____ p_____   crises parciais
      ii. n_____ do t_____   neuralgia do trigêmeo
    b. Níveis terapêuticos _____   6 a 12 mcg/mL
    c. Efeitos colaterais
      i. a   ataxia
      ii. a   anemia aplástica
      iii. a   agranulocitose
      iv. d   discrasias sanguíneas
      v. c   cimetidina
      vi. s   sonolência
      vii. d   diplopia
      viii. D   Darvon (propoxifeno)
      ix. e   eritromicina
      x. h   hepatite fatal
      xi. g   (distúrbio) gastrointestinal
      xii. i   isoniazida
      xiii. s   síndrome de Steven-Johnson
      xiv. s   síndrome de secreção inadequada do hormônio antidiurético (SIADH)

26. **Descreva a carbamazepina.**   26.2.4
    a. Também conhecida como _____   Tegretol
    b. Solicite h_____ c_____, c_____ de p_____ e n_____ s_____ de f_____   hemograma completo, contagem de plaquetas, nível sérico de ferro
    c. Solicite os exames conforme este cronograma
      i. _____ vez(es) por semana por _____ _____   1; 3 meses
      ii. _____ vez(es) por mês por _____ _____   1; 3 anos

Classificação das Crises Epilépticas e Farmacologia Anticonvulsivante   157

    d. O tratamento deve ser interrompido se os níveis dos seguintes componentes sanguíneos ficarem abaixo de qual nível?

i. leucócitos totais	4.000	
ii. hemácias	3.000.000	
Iii. hematócrito	32	
iv. plaquetas	100.000	
v. reticulócitos	0,3%	
vi. aumento da concentração sérica de ferro	acima de 150 mcg%	

    e. Aumente a dose da seguinte forma: _____ comprimido por _____ por _____.   1 comprimido; por dia; por semana

27. **Verdadeiro ou Falso. Quando usada no tratamento da neuralgia do trigêmeo ou das crises parciais com ou sem generalização, a carbamazepina apresenta**   26.2.4
    a. absorção oral errática, embora a suspensão oral seja absorvida com maior rapidez.   verdadeiro
    b. elevação dramática dos níveis em decorrência de interações medicamentosas com cimetidina, isoniazida, eritromicina e Darvon (propoxifeno).   verdadeiro

28. **Verdadeiro ou Falso. Sobre a oxcarbamazepina.**   26.2.4
    a. Diferentemente da carbamazepina, não há autoindução.   verdadeiro
    b. Há toxicidade hepática.   falso
    c. Não há toxicidade hematológica.   verdadeiro
    d. A administração é feita duas vezes ao dia.   verdadeiro

29. **Descreva o ácido valproico.**   26.2.4
    a. Também conhecido como _____ _____.   valproato sódico (Depakote)
    b. Indicação   crises tônico-clônicas generalizadas
    c. O nível terapêutico é de _____ a _____.   50 a 100 mcg/mL
    d. Efeitos colaterais (liste pelo menos 5)   confusão, sonolência, alopecia, insuficiência hepática, defeitos do tubo neural, hiperamonemia, disfunção plaquetária, teratogenicidade, tremor, ganho de peso

30. **Verdadeiro ou Falso. O ácido acetilsalicílico desloca o ácido valproico das proteínas séricas.**   verdadeiro   26.2.4

31. **Verdadeiro ou Falso. O ácido valproico provoca defeitos do tubo neural em 1 a 2% dos pacientes.**   verdadeiro   26.2.4

158 Parte 8: Convulsões

32. **Descreva o fenobarbital.** — 26.2.4
   a. Indicação — crises tônico-clônicas generalizadas
   b. O nível terapêutico é de _____ a _____. — 15 a 30 mcg/mL
   c. A meia-vida é de _____; o estado estável é atingido em _____. — 5 dias; 30 dias
   d. Efeitos colaterais
      i. d_____ c_____ — disfunção cognitiva
      ii. s_____ — sonolência
      iii. h_____ p_____ — hiperatividade paroxística
      iv. h_____ em n_____ — hemorragia em neonatos de mães tratadas com fenobarbital

33. **Verdadeiro ou Falso. Indique se as afirmações a seguir sobre as drogas antiepilépticas são verdadeiras ou falsas:** — 26.2.4
   a. O fenobarbital é um potente indutor de enzimas hepáticas que metabolizam outras drogas antiepilépticas. — verdadeiro
   b. A disfunção cognitiva pode ser sutil e perdurar por vários meses após a interrupção do tratamento. — verdadeiro
   c. Os neonatos de mães tratadas com fenobarbital podem apresentar hemorragia. — verdadeiro

34. **Deve-se ter cuidado durante o tratamento com felbamato em razão da incidência inaceitavelmente alta de _____ _____, um grave efeito colateral.** — anemia aplásica — 26.2.4
   a. Pode ser usado como droga de primeira linha? — Não

35. **Descreva o levacetiram.** — 26.2.4
   a. Indicação — crises mioclônicas, tônico-clônicas, parciais com generalização secundária
   b. Interações medicamentosas? — não há
   c. Efeitos colaterais — sonolência, vertigem

36. **Descreva o topiramato.** — 26.2.4
   a. Indicação — medicamento adjunto para crises parciais refratárias
   b. Efeitos colaterais — disfunção cognitiva, perda de peso, parestesias, cálculo renal
   c. Em crianças, pode causar o_____. — oligoidrose

37. **Qual é o mecanismo de ação da lacosamida?** — 26.2.4
   a. Aumenta a inativação lenta dos _____. — canais de sódio acionados por voltagem

38. **Verdadeiro ou Falso. São características da acetazolamida (Diamox).** — 26.2.4
   a. Reduz a produção de CSF. — verdadeiro
   b. Pode ter efeito antiepiléptico por discreta acidose do sistema nervoso central ou inibição direta da anidrase carbônica do sistema nervoso central. — verdadeiro

Classificação das Crises Epilépticas e Farmacologia Anticonvulsivante

39. **Descreva a interrupção do tratamento com drogas antiepilépticas.**
    a. Reduza a dose em _____ — 1 unidade a cada 2 semanas
    b. Qual é o papel do EEG? — se o EEG mostrar a ocorrência de atividades epileptiformes, desencoraje a interrupção do tratamento
    c. A taxa de recidiva é de _____%. — 35%
    d. por quanto tempo? — 8 meses

40. **Verdadeiro ou Falso. São fatores importantes para prever a ausência de recidiva após a interrupção do tratamento com drogas antiepilépticas:**
    a. maior período sem crises convulsivas — verdadeiro
    b. uso de apenas uma droga antiepiléptica — verdadeiro
    c. crises tônico-clônicas — falso (crises que não tônico-clônicas)

41. **Sobre as drogas antiepilépticas, responda:**
    a. Qual o efeito das drogas antiepilépticas sobre os contraceptivos orais? — aumentam a taxa de insucesso em 4 vezes
    b. Por quê?
        i. as drogas antiepilépticas induzem o _____ _____ _____ no fígado, — citocromo P450 microssomal
        ii. que degrada o _____. — anticoncepcional

42. **Verdadeiro ou Falso. Sobre as complicações da gestação.**
    a. Mulheres com epilepsia apresentam mais complicações. — verdadeiro
    b. O desfecho é favorável em mais de 90% das gestações. — verdadeiro
    c. As crises prolongadas (*status epilepticus*) são um grave risco para a mãe e o feto. — verdadeiro

43. **Considerando as crises, as drogas antiepilépticas e os defeitos congênitos, descreva o seguinte:**
    a. O efeito do histórico convulsivo sobre a incidência de malformações fetais. — a incidência dobra, passando para 4 a 5%
    b. Fenobarbital e malformações — a pior droga, com 9,1%, a maior taxa de malformações
    c. Propriedades teratogênicas de
        i. Fenitoína — síndrome fetal de hidantoína, baixo quociente intelectual
        ii. Carbamazepina — defeitos do tubo neural – raros
        iii. Ácido valproico — defeitos do tubo neural – 1-2%
    d. Portanto, durante a gestação,
        i. a primeira escolha é _____ — carbamazepina (menor dose possível)
        ii. a segunda escolha é _____ — ácido valproico
        iii. prescreva também _____ — folato
        iv. use a _____ — monoterapia

27

Tipos Especiais de Crises

■ Primeira Crise

1. A incidência de primeira crise por 100.000 pessoas-anos é _____. — 44 — 27.1.1
2. As lesões neurológicas decorrentes da primeira crise incluem: — 27.1.2
   a. d_____ — derrame
   b. t_____ e_____ — trauma encefálico
   c. i_____ do s_____ n_____ c_____ — infecção do sistema nervoso central
   d. f_____ — febre
   e. a_____ ao n_____ — asfixia ao nascimento
3. Em pacientes com derrame, _____% apresentaram uma crise nos primeiros _____ dias após o derrame. — 4,2%; 14 — 27.1.2
4. Quais distúrbios metabólicos podem causar a primeira crise? — 27.1.2
   a. u_____ — uremia
   b. _____ natremia — hipo
   c. _____ glicemia — hipo
5. Em pacientes pediátricos, a etiologia mais comum da primeira crise é a _____. — crise febril — 27.1.2
6. Em pacientes com crises de início recente e sem desencadeante, — 27.1.2
   a. _____% apresentam crises recorrentes durante o acompanhamento. — 27%
   b. Em caso de ausência de crises por 3 anos, _____ apresenta recidiva. — nenhum
7. Na crise de início recente em adultos, o que deve ser feito? — 27.1.3
   a. e_____ s_____ — exames sistêmicos
   b. t_____ c_____ — tomografia computadorizada
   c. r_____ m_____ — ressonância magnética
   d. e_____ — eletroencefalograma (EEG)
      i. Se todos os exames foram negativos, repita-os em _____. — 6 e 12 (e, talvez, 24) meses
      ii. Se dois EEG forem normais, a taxa de recidiva em 2 anos é de _____%. — 12%

■ Crises Pós-Traumáticas

8. Quais são as duas categorias de crises pós-traumáticas?		27.2.1
a. _____, em _____ dias após o trauma.	Precoce, em 7 dias após o trauma	
b. _____, em mais de _____ dias após o trauma.	Tardia, em mais de 7 dias após o trauma	
9. Verdadeiro ou Falso. Sobre as crises pós-traumáticas.		27.2.1
a. As drogas antiepilépticas podem ser usadas na prevenção das crises pós-traumáticas precoces em pacientes de alto risco.	verdadeiro	
b. A profilaxia com drogas antiepilépticas reduz a frequência das crises pós-traumáticas tardias.	falso	
c. O tratamento com drogas antiepilépticas pode ser interrompido após 1 semana.	verdadeiro	
10. A incidência de crises no período pós-traumático inicial (1 a 7 dias) é de		27.2.2
a. _____% em traumas encefálicos graves e	30%	
b. _____% em traumas encefálicos de brandos a moderados.	1%	
11. A incidência de crises tardias (> 7 dias) é de _____ a _____% em um período de 2 anos.	10 a 13%	27.2.3
12. A incidência de crises pós-traumáticas é maior em lesões encefálicas _____ do que em lesões encefálicas _____.	penetrantes; fechadas	27.2.4
a. Ocorrem em _____% dos casos de trauma penetrante acompanhados por 15 anos.	50%	
13. Verdadeiro ou Falso. Os critérios de alto risco para a ocorrência de crises pós-traumáticas incluem:		Tabela 27.1
a. hematoma subdural, hemorragia epidural ou hemorragia intracraniana aguda	verdadeiro	
b. crise em até 24 horas após a lesão	verdadeiro	
c. escala de coma de Glasgow (GCS) > 10	falso (GCS < 10)	
d. abuso de álcool	verdadeiro	
e. lesão penetrante	verdadeiro	
14. A fenitoína tem _____ _____ adversos quando utilizada a longo prazo na profilaxia das crises pós-traumáticas.	efeitos cognitivos	27.2.5
15. O uso de drogas antiepilépticas após traumas encefálicos pode levar a uma redução de _____% das crises pós-traumáticas precoces.	73%	27.2.5
16. Nos pacientes apropriados, a dose de drogas antiepilépticas deve ser reduzida após _____, exceto em casos de:	1 semana	27.2.5
a. l_____ c_____ p_____	lesão cerebral penetrante	
b. c_____ p_____-t_____	crise pós-traumática tardia	
c. h_____ de c_____	histórico de crises	
d. c_____	craniotomia	

28
Dor

■ Informações Gerais

1. **Sobre a dor, responda.**
   a. Os três tipos de dor são
      i. n_____ — nociceptiva
      ii. d_____ — deaferentação
      iii. m_____ por vias s_____ — mediada por vias simpáticas
   b. Os dois tipos de dor nociceptiva são:
      i. s_____ — somática
      ii. v_____ — visceral

28.1

■ Síndromes de Dores Neuropáticas

2. **Sobre o uso de antidepressivos tricíclicos no tratamento da dor neuropática, responda.**
   a. O uso é limitado por efeitos _____ e _____ e pelo _____ _____ da _____. — anticolinérgicos; centrais; alívio limitado da dor
   b. Quais são mais eficazes: os bloqueadores da recaptação de serotonina ou os bloqueadores da recaptação de noradrenalina? — bloqueadores da recaptação de serotonina

28.2.2

■ Síndromes de Dores Craniofaciais

3. **Sobre as síndromes de dores craniofaciais, responda.**
   a. O tique convulsivo corresponde à neuralgia do g_____ com espasmo h_____. — geniculado; hemifacial
   b. A síndrome de Ramsay Hunt é a n_____ do g_____ p_____-_____. — neuralgia do geniculado pós-herpética
   c. A síndrome de Tolosa-Hunt é a i_____ da f_____ o_____ s_____. — inflamação da fissura orbital superior
   d. A neuralgia de Raeder é a n_____ p_____. — neuralgia paratrigeminal

28.3.1

4. **Caracterize a síndrome de dor craniofacial conhecida como SUNCT.**   28.3.1
   a. c_____ d_____   curta duração
   b. u_____   unilateral
   c. c_____ n_____   cefaleia neuralgiforme
   d. i_____ c_____   injeção conjuntival
   e. l_____   lacrimejamento
   f. breve – cerca de _____   2 minutos
   g. próxima ao _____   olho
   h. ocorre _____ _____ ao dia   várias vezes
   i. afeta _____   homens

5. **Sobre a otalgia primária, responda.**   28.3.2
   a. Pode ser originária de quais nervos?   quinto, sétimo, nono e décimo par de nervos cranianos e nervos occipitais
   b. A cocainização da faringe, produzindo alívio da dor, sugere o diagnóstico de _____ _____ em vez de otalgia primária.   neuralgia glossofaríngea
   c. O tratamento inclui:
      i. Medicamentos: T_____, D_____ e b_____   Tegretol (carbamazepina), Dilatin (fenitoína) e baclofen
      ii. Procedimentos cirúrgicos: de d_____ m_____ ou secção do n_____ i_____, do _____ nervo craniano ou das duas fibras superiores do _____ nervo craniano.   descompressão microvascular (MVD); nervo intermediário; nono; décimo

6. **Caracterize a neuralgia do trigêmeo (TGN).**   28.3.3
   a. A incidência é de _____, mas é maior (2%) em pacientes com _____.   4/100.000; esclerose múltipla
   b. É fisiopatologicamente causada pelo quê?   transmissão efática de grandes fibras mielinizadas A para fibras pouco mielinizadas, A delta e C.
   c. A patogênese pode ser decorrente da compressão vascular de quais artérias?   artéria cerebelar superior, persistência da artéria trigêmea primitiva ou da artéria basilar dolicoectática
   d. O exame neurológico em um paciente com neuralgia do trigêmeo deve ser _____.   totalmente normal ou com perda sensorial muito discreta

7. **Sobre o tratamento da neuralgia do trigêmeo, responda.**   28.3.3
   a. O Tegretol (carbamazepina) reduz a dor em _____% dos casos.   69%
   b. E se o Tegretol não for eficaz?   O diagnóstico de neuralgia do trigêmeo é suspeito.
   c. Qual é a segunda droga de escolha para tratamento da neuralgia do trigêmeo?   baclofen (Lioresal)
   d. As duas precauções especiais durante o uso desta medicação são as seguintes:
      i. Pode ser _____.   teratogênica
      ii. Não _____ _____.   interromper abruptamente

Parte 9: Dor

8. Os medicamentos usados no tratamento da neuralgia do trigêmeo incluem os seguintes:
   a. a_____ (E_____®) — amitriptilina; Elavil®
   b. b_____ (L_____®) — baclofen; Lioresal®
   c. t_____ (B_____®) — toxina botulínica; Botox®
   d. c_____ (Z_____®) — capsaicina; Zostrix®
   e. c_____ (T_____®) — carbamazepina; Tegretol®
   f. c_____ (K_____®) — clonazepam; Klonopin®
   g. g_____ (N_____®) — gabapentina; Neurontin®
   h. l_____ (L_____®) — lamotrigina; Lamictal®
   i. f_____ (D_____®) — fenitoína; Dilantin®
   j. o_____ (T_____®) — oxcarbazepina; Trileptal®

9. A base do tratamento da neuralgia do trigêmeo pela rizotomia percutânea do trigêmeo é a destruição de fibras _____ com preservação de fibras _____. — nociceptivas (fibras A delta e C); fibras táteis (A alfa e A beta)

10. No tratamento da neuralgia do trigêmeo, a rizotomia percutânea do trigêmeo (PTR) é recomendada a quais pacientes?
    a. Pacientes com b_____ r_____ à anestesia geral. — baixo risco
    b. Pacientes que querem evitar uma c_____ de g_____ p_____, — cirurgia de grande porte
    c. que apresentam t_____ i_____ n_____ p_____ de r_____, — tumores intracranianos não passíveis de ressecção
    d. e_____ m_____, — esclerose múltipla
    e. p_____ de a_____ c_____, — perda de audição contralateral
    f. ou b_____ e_____ de v_____. — baixa expectativa de vida

11. Quais são as considerações durante a escolha entre a rizotomia por radiofrequência (RFR) e a rizólise percutânea por microcompressão (PMC) no tratamento da neuralgia do trigêmeo?
    a. As taxas de recidiva e a incidência de disestesias são _____ entre as diversas técnicas de lesão. — comparáveis
    b. A ocorrência de hipertensão intraoperatória é _____ com a PMC do que com a radiofrequência. — menor
    c. A bradicardia ocorre com regularidade na _____. — PMC
    d. A _____ requer que o paciente seja colaborativo; a _____ pode ser realizada com o paciente inconsciente. — RFR; PMC
    e. A paralisia da raiz motora trigêmea ipsolateral é mais comum com a _____. — PMC

12. Sobre a neuralgia do trigêmeo (TGN) e a descompressão microvascular (MVD), responda:
    a. Verdadeiro ou Falso. É adequada em pacientes com < 5 anos de expectativa de vida. — falso

b.	Verdadeiro ou Falso. Pode produzir anestesia dolorosa.	falso
c.	Sua taxa de mortalidade é _____.	< 1%
d.	Está associada à morbidade neurológica maior de _____ a _____%.	1 a 10%
e.	A taxa de insucesso é de _____ a _____%.	20 a 25%
f.	Verdadeiro ou Falso. É o procedimento de escolha em pacientes com esclerose múltipla.	falso (os pacientes com esclerose múltipla não respondem à MVD e devem ser submetidos à PTR.)

13. Sobre a TGN e os benefícios da radiocirurgia estereotática (SRS). — 28.3.3

a.	O alívio completo da dor é obtido em _____% dos casos.	65%
b.	Há redução significativa da dor em mais de _____ a _____% dos casos.	15 a 31% (80 a 96% do total)
c.	A anticoagulação deve ser revertida para realização da SRS?	Não

14. Liste algumas das complicações da rizotomia percutânea do nervo trigêmeo por radiofrequência. — 28.3.3

a.	a_____ d_____	anestesia dolorosa
b.	b_____	bradicardia
c.	d_____	disestesias
d.	p_____ de a_____	perda de audição
e.	h_____ s_____	herpes simples
f.	h_____	hipotensão
g.	s_____ i_____	sangramento intracraniano
h.	c_____	ceratite
i.	a_____ do l_____	alterações do lacrimejamento
j.	f_____ do m_____	fraqueza do masseter
k.	m_____	meningite
l.	m_____	mortalidade
m.	p_____ o_____	paresia oculomotora
n.	a_____ da s_____	alterações da salivação

15. Descreva as complicações da descompressão microvascular (MVD). — 28.3.3

a.	mortalidade de _____ a _____%	0,22 a 2%
b.	meningite: asséptica _____%, bacteriana _____%	asséptica 2%, bacteriana 0,9%
c.	Surdez _____%	1%
d.	perda sensorial discreta na face _____%	25%
e.	taxa de sucesso _____ a _____%	75 a 80%

16. Sobre os nervos supraorbitais e supratrocleares, responda. — 28.3.4

a.	São originários do nervo _____.	frontal
b.	O maior dos dois é o nervo _____.	supraorbital
c.	O nervo supraorbital sai da órbita pela incisura _____, geralmente localizada no terço _____ do assoalho orbital.	supraorbital; medial
d.	Qual nervo é mais medial?	supratroclear

Parte 9: Dor

17. Sobre o diagnóstico diferencial do acometimento do nervo supraorbital (SON) ou do nervo supratroclear (STN), responda.

a. Quais são as características típicas do acometimento do SON que não são observadas na TGN?
   No acometimento do SON, não há os desencadeantes característicos ou a dor similar a choques elétricos

b. Em caso de suspeita de acometimento do SON, mas na presença de atividade autonômica, quais doenças devem ser consideradas?
   cefaleia em salvas ou SUNCT (cefaleia de curta duração, unilateral, neuralgiforme com hiperemia conjuntival e lacrimejamento)

c. A dor na porção medial superior da órbita é exacerbada pela supradução do olho e a palpação da tróclea pode levar à suspeita de _____.
   trocleíte

18. Caracterize a neuralgia glossofaríngea.

a. A dor é localizada
   i. na base da l_____ e — *língua*
   ii. na g_____ — *garganta*

b. Outros sintomas, além da dor, são:
   i. h_____ — *hipotensão*
   ii. s_____ — *síncope*
   iii. p_____ c_____ — *parada cardíaca*

19. Descreva a neuralgia glossofaríngea.

a. A incidência é de _____, igual à da neuralgia do trigêmeo. — *1/70*

b. A dor ocorre na g_____, na b_____ da l_____, na o_____ e no p_____. — *garganta, base da língua, orelha e pescoço*

c. O tratamento inclui:
   i. médico: _____ — *cocainização*
   ii. cirúrgico: _____ _____ — *descompressão microvascular*
   iii. divisão nervosa: secção do _____ _____ e do _____ superior do _____ _____ _____ — *nono nervo craniano e terço superior do décimo nervo craniano*

20. Sobre a neuralgia do geniculado, responda.

a. A dor está localizada _____. — *na área profunda da orelha, nos olhos e nas bochechas*

b. Na presença de lesões herpéticas, é chamada s_____ de R_____ H_____. — *síndrome de Ramsay Hunt (RHS)*

c. Se combinada ao espasmo hemifacial, é chamada t_____ c_____. — *tique convulsivo*

d. Tratamento:
   i. medicamentoso: casos brandos podem responder à c_____, às vezes combinada à _____ — *carbamazepina; fenitoína*
   ii. cirúrgico: d_____ m_____ associada à divisão do n_____ i_____ — *descompressão microvascular; nervo intermediário*
   iii. Qual é o vaso mais comumente acometido? — *artéria cerebelar inferior anterior – comprime as raízes sensoriais e motoras do sétimo nervo craniano*

■ Nevralgia Pós-Herpética

21. **Sobre o herpes-zóster, responda.**   28.4.1
    a. O agente etiológico é o _____ da _____-_____.   vírus da varicela-zóster
    b. Acomete o olho em _____% dos casos.   10%
    c. A dor geralmente se resolve depois de _____ a _____.   2 a 4 semanas
    d. A nevralgia pós-herpética ocorre em _____% dos casos de herpes-zóster.   10%
    e. As vesículas e a dor acompanham
        i. a distribuição do d_____,   dermátomo
        ii. não o n_____ p_____.   nervo periférico

22. **Sobre a nevralgia pós-herpética, responda.**
    a. Um ataque agudo de herpes-zóster pode ser tratado com uma i_____ e_____ ou i_____.   injeção epidural ou intercostal   28.4.5
    b. No tratamento agudo, use:
        i. a_____   aciclovir
        ii. v_____ ou   valaciclovir
        iii. f_____   fanciclovir
    c. O tratamento medicamentoso da nevralgia pós-herpética é feito com   Tabela 28.5
        i. a_____ t_____   antidepressivos tricíclicos
        ii. a_____ de l_____   adesivo (*patch*) de lidocaína
        iii. c_____ + l_____ i_____   corticosteroides + lidocaína intratecal
        iv. g_____   gabapentina
        v. o_____   oxicodona
        vi. a c_____ também pode ser usada como tratamento tópico.   capsaicina
    d. Comece o tratamento com a_____ de l_____, que é mais bem tolerado por pacientes i_____.   adesivos de lidocaína; idosos   28.4.5

■ Síndrome de Dor Regional Complexa (CRPS)

23. **Sobre a síndrome da dor regional Complexa (CRPS), responda.**
    a. Antigamente chamada _____   causalgia   28.5.1
    b. Tríade diagnóstica:
        i. d_____ a_____   disfunção autonômica
        ii. d_____ com q_____   dor com queimação
        iii. a_____ t_____   alterações tróficas
    c. Qual é a causa da CRPS de Tipo II (também chamada causalgia maior)?   dano nervoso decorrente de lesão causada por projétil em alta velocidade ou outro tipo de trauma penetrante

Parte 9: Dor

d. Sinais de CRPS:
   i. _____ afunilados — dedos — 28.5.5
   ii. a_____ v_____ — alterações vasculares (vasodilatação ou vasoconstrição)
   iii. O toque causa dor induzida por estímulos não nocivos, chamada _____. — alodinia — 28.5.4
   iv. as mãos são _____ e _____. — frias e úmidas

24. **Sobre os tratamentos da CRPS, responda.** — 28.5.7
    a. Verdadeiro ou Falso. A terapia medicamentosa geralmente é eficaz. — falso
    b. O tratamento medicamentoso da CRPS emprega _____ _____. — antidepressivos tricíclicos
    c. Um agente comum usado como injeção intravenosa no tratamento da causalgia é a _____. — guanetidina
    d. A simpatectomia cirúrgica pode reduzir a dor da CRPS em _____% dos casos. — 90%

29
Nervos Periféricos

■ Informações Gerais

1. **Sobre a classificação motora e sensorial dos nervos, responda.**
   29.1.1
   a. Qual classificação motora e sensorial apresenta a maior velocidade de condução? — A-alfa
   b. As fibras nervosas autônomas pós-ganglionares são todas de qual tipo? — C
   c. Quais tipos de informações sensoriais são carreados por fibras A-delta? — toque suave, pressão, dor e temperatura
   d. Qual a localização dos nervos de tipo B? — fibras autônomas pré-ganglionares

2. **Sobre a graduação da força muscular e dos reflexos musculares, responda.**
   29.1.2
   a. Um músculo com traços de contração tem qual pontuação na escala do *Medical Research Council* (MRC)? — 1
   b. Qual o significado da pontuação MRC 4-? — movimento ativo contra resistência branda
   c. Qual é a pontuação normal de um músculo com reflexo de estiramento? — 2+

3. **Verdadeiro ou Falso. A paralisia do neurônio motor superior inclui**
   29.1.3
   a. clônus — verdadeiro
   b. reflexos hiperativos — verdadeiro
   c. espasmos musculares — verdadeiro
   d. atrofia — falso
   e. fasciculações — falso (Os itens d e e são características da paralisia de neurônios motores inferiores)

■ Inervação Muscular

4. **Liste os nervos, as raízes e a ação dos 11 músculos do ombro.**
   Tabela 29.5
   a. trapézio
      i. nervo, e____ a____ — espinhal acessório (XI nervo craniano)
      ii. raízes, ____ — C3, 4
      iii. ação, ____ — elevação dos ombros, adução do braço > 90 graus

b. serrátil anterior
   i. nervo, t_____ l_____ — torácico longo
   ii. raízes, _____ — C5, 6, 7
   iii. ação, _____ — impulsão do ombro para frente
c. supraespinhoso
   i. nervo, s_____ — supraescapular
   ii. raízes, _____ — C4, 5, 6
   iii. ação, _____ — abdução do braço, 15-30 graus
d. infraespinhoso
   i. nervo, s_____ — supraescapular
   ii. raízes, _____ — C5, 6
   iii. ação, _____ — rotação lateral da cabeça do úmero (movimento de *backhand* no jogo de tênis)
e. romboide
   i. nervo, e_____ d_____ — escapular dorsal
   ii. raízes, _____ — C4, 5
   iii. ação, _____ — adução e elevação da escápula
f. pronador redondo
   i. nervo, m_____ — mediano
   ii. raízes, _____ — C6, 7
   iii. ação, _____ — pronação do antebraço
g. peitoral maior
   i. nervo, p_____ — torácico anterior lateral e torácico anterior medial (também chamado peitoral)
   ii. raízes, _____ — C5, 6, 7, 8
   iii. ação, _____ — adução do braço e movimento do braço para frente
h. grande dorsal
   i. nervo, t_____ — toracodorsal
   ii. raízes, _____ — C5, 6, 7, 8
   iii. ação, _____ — adução do braço (escalada)
i. deltoide
   i. nervo, a_____ — axilar
   ii. raízes, _____ — C5, 6
   iii. ação, _____ — adução do braço, 30-90 graus
j. braquial
   i. nervo, m_____ — musculocutâneo
   ii. raízes, _____ — C5, 6
   iii. ação, _____ — flexão do antebraço
k. bíceps braquial
   i. nervo, m_____ — musculocutâneo
   ii. raízes, _____ — C5, 6
   iii. ação, _____ — flexão e supinação do antebraço

Tabela 29.5

5. O nervo supraescapular inerva dois de quais seguintes músculos? — infraespinhoso e supraespinhoso (o redondo maior é inervado pelo nervo subescapular; o redondo menor é inervado pelo nervo axilar)
   a. redondo maior
   b. redondo menor
   c. infraespinhoso
   d. supraespinhoso

Nervos Periféricos

6. **Descreva o músculo grande dorsal.** 29.2.1
   a. função: _____ — adutor – junto com o músculo peitoral
   b. nervo: _____ — toracodorsal
   c. raízes: _____ — C5, 6, 7, 8

7. **Verdadeiro ou Falso. O músculo deltoide** 29.2.1
   a. faz a abdução do braço em 30 a 90 graus. — verdadeiro
   b. faz a abdução do braço a mais de 90 graus. — falso
   c. é inervado pelo nervo axilar. — verdadeiro
   d. faz a rotação do braço para fora. — falso (músculo infraespinhoso)

8. **Verdadeiro ou Falso. O músculo abdutor longo do hálux** 29.2.1
   a. é inervado pelo nervo mediano. — falso
   b. é inervado pelo nervo interósseo posterior. — verdadeiro
   c. é inervado pelo nervo ulnar. — falso
   d. é inervado pelo nervo radial. — verdadeiro (O nervo interósseo posterior é uma continuação do nervo radial no antebraço.)

9. **Verdadeiro ou Falso. O nervo mediano é responsável pelos seguintes movimentos do hálux:** 29.2.2
   a. adução — falso (ulnar)
   b. abdução — verdadeiro
   c. extensão — falso (radial)
   d. flexão — verdadeiro
   e. oposição — verdadeiro

10. **Sobre os movimentos do hálux, responda.** 29.2.2
    a. Plano de movimento do hálux
       i. extensão: _____ — plano da palma
       ii. flexão: _____ — plano da palma
       iii. adução: _____ — perpendicular à palma
       iv. abdução: _____ — perpendicular a partir da palma
       v. oposição: _____ — atravessando a palma
    b. Ação dos nervos sobre o hálux
       i. nervo mediano, Dica: FAO
          F – ação, f_____ — flexão;
          músculo f_____ c_____ do h_____ — flexor curto do hálux;
          raiz, _____ — C8, T1;
          A – ação, a_____ — abdução;
          músculo a_____ c_____ do h_____ — adutor curto do hálux;
          raiz, _____ — C8, T1;
          O – ação, o_____ — oposição;
          músculo o_____ do h_____ — opositor do hálux
          raiz, _____ — C8, T1;

Parte 10: Nervos Periféricos

    ii. nervo ulnar
        ação, a_____   adução;
        músculo a_____ do h_____   adutor do hálux;
        raiz, _____   C8, T1;
    iii. nervo radial
        ação, e_____   extensão;
        músculo e_____ c_____ e l_____   extensor curto e longo do hálux;
        do h_____
        raiz, _____   C7, 8

11. **Complete a lista dos nervos periféricos dos membros inferiores:**   29.2.3
   a. f_____   femoral
   b. o_____   obturador
   c. g_____   glúteo superior
   d. g_____   glúteo inferior
   e. c_____   ciático (tronco)
   f. f_____   fibular (tronco)
   g. f_____   fibular profundo
   h. f_____   fibular superficial
   i. t_____   tibial
   j. p_____   pudendo

12. **Agora, liste os nervos dos membros inferiores e as raízes que os formam:**   29.2.3
   a. f_____   femoral, L2, 3, 4
   b. o_____   obturador, L2, 3, 4
   c. g_____   glúteo superior, L4, 5, S1
   d. g_____   glúteo inferior, L5, S1, 2
   e. c_____   ciático, L5, S1, 2
   f. f_____   fibular profundo, L4, 5, S1
   g. f_____   fibular superficial, L5, S1
   h. t_____   tibial, L4, 5, S1, 2, 3
   i. p_____   pudendo, S2, 3, 4

13. **Por fim, liste os nervos dos membros inferiores, os músculos e sua função.**   29.2.3
   a. nervo, f_____   femoral
      i. músculo, i_____, q_____ f_____, s_____   iliopsoas, quadríceps femoral, sartório
      ii. função, _____   flexão do quadril e extensão da perna (quadríceps femoral)
   b. nervo, o_____   obturador
      i. músculo, a_____, g_____, o_____ e_____   adutor, grácil, obturador externo
      ii. função, _____   adução da coxa (total) e rotação lateral (obturador externo)

Nervos Periféricos

c. nervo, g____ s____ — glúteo superior
   i. músculo, g____ m____, t____ da f____ l____, p____ — glúteo médio/mínimo, tensor da fáscia lata, piriforme
   ii. função, ____ — abdução da coxa (glúteo), flexão da coxa (tensor da fáscia lata), rotação lateral da coxa (piriforme)

d. nervo, g____ i____ — glúteo inferior
   i. músculo, g____ m____ — glúteo máximo
   ii. função, ____ — abdução da coxa

e. nervo, t____ c____ — tronco ciático
   i. músculo, b____ f____, s____, s____ — bíceps femoral, semitendinoso, semimembranoso
   ii. função, ____ — flexão da perna (e auxílio à extensão da coxa)

f. nervo, f____ p____ — fibular profundo
   i. músculo, t____ a____, e____ d____ l____, e____ l____ do h____, e____ d____ c____ — tibial anterior, extensor digital longo, extensor longo do hálux, extensor digital curto
   ii. função, ____ — dorsiflexão do pé (todos, exceto o extensor digital curto), supinação do pé (tibial anterior), extensão do 2º ao 5º dedo (extensor digital longo, extensor digital curto), extensão do hálux (extensor longo do hálux)

g. nervo, f____ s____ — fibular superficial
   i. músculo, f____ l____ e c____ — fibular longo e curto
   ii. função, ____ — flexão plantar com o pé em pronação e eversão

h. nervo, t____ — tibial
   i. músculo, t____ p____, g____, p____, s____, f____ l____ do h____, f____ d____ l____, f____ d____ c____, f____ c____ do h____ — tibial posterior, gastrocnêmio, plantar, sóleo, flexor longo do hálux, flexor digital longo, flexor digital curto, flexor curto do hálux
   ii. função, ____ — flexão plantar do pé em supinação (tibial posterior, flexor digital curto, flexor curto do hálux), flexão plantar do tornozelo (gastrocnêmio, plantar, sóleo), inversão (tibial posterior), flexão da falange terminal do 2º ao 5º dedo (flexor digital longo), flexão da falange terminal do hálux (flexor longo do hálux), flexão da falange medial do 2º ao 5º dedo (flexor digital curto), flexão da falange proximal do hálux (flexor longo do hálux), flexão do joelho (gastrocnêmio, plantar)

i. nervo, p____ — pudendo
   i. músculo, p____, e____ — perineal, esfíncteres
   ii. função, ____ — contração voluntária do assoalho pélvico

Parte 10: Nervos Periféricos

14. **Verdadeiro ou Falso. O músculo glúteo máximo** — 29.2.3
    a. faz a abdução da coxa — verdadeiro (abdução da coxa em decúbito ventral)
    b. faz a adução da coxa — falso (obturador externo e pectíneo)
    c. faz a rotação medial da coxa — falso (glúteo médio e glúteo mínimo)
    d. faz a rotação lateral da coxa — falso (obturador externo)
    e. é inervado pelo nervo glúteo superior — falso (nervo glúteo inferior)

15. **Verdadeiro ou Falso. O músculo tibial anterior é responsável pela ... do pé** — 29.2.3
    a. flexão dorsal — verdadeiro
    b. flexão plantar — falso (sóleo, gastrocnêmio)
    c. eversão — falso (fibular longo e curto)
    d. supinação — verdadeiro

16. **Sobre a função dos nervos periféricos, responda:** — 29.2.3
    a. A função de extensão do hálux é realizada por
        i. músculo, e____ l____ do h____ e e____ d____ c____ — extensor longo do hálux e extensor digital curto
        ii. raiz, ____ — L5, S1
    b. A função de flexão dorsal do pé é realizada por
        i. músculo, t____ a____, e____ d____ l____ e e____ l____ do h____ — tibial anterior, extensor digital longo e extensor longo do hálux
        ii. raiz, ____ — L4, 5 (tibial anterior), L4, 5, S1 (extensor digital longo e extensor longo do hálux)
    c. Qual é o melhor músculo L5 a ser clinicamente avaliado (Dica: "E" é a quinta letra do alfabeto) — extensor longo do hálux

17. **Verdadeiro ou Falso. O músculo extensor longo do hálux** — 29.2.3
    a. estende o hálux — verdadeiro
    b. faz a flexão dorsal do pé — verdadeiro
    c. é inervado pelo nervo fibular profundo — verdadeiro

■ Lesão/Cirurgia de Nervos Periféricos

18. **Sobre o momento de realização do reparo cirúrgico dos nervos, responda.** — 29.3.3
    a. Se o nervo deve ser regenerar por uma distância longa, o reparo deve ser feito ____. — rapidamente
    b. Após ____ meses de desnervação, pode não haver recuperação da maioria dos músculos. — 24

Nervos Periféricos   179

19. **Verdadeiro ou Falso. O plexo braquial é formado pelos ramos dorsais de C5-T1.** falso (É formado pelos ramos ventrais de C5-T1. Os ramos dorsais inervam os músculos paraespinais.)   29.3.4

20 **Desenhe um diagrama do plexo braquial.**   29.3.4

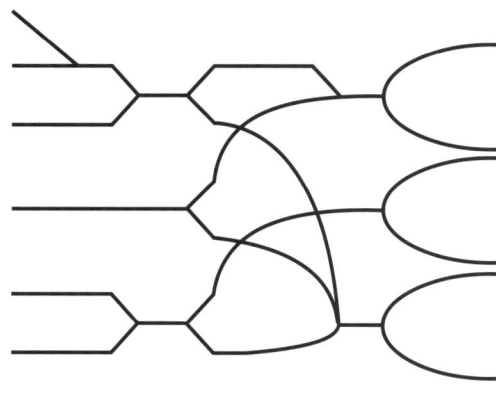

Fig. 29.1

21. **Em seu diagrama do plexo braquial, indique o seguinte:**
    ① raízes C4-T1; ② organização RTDCN (raízes, troncos, divisões, cordões, nervos); ③ nomes dos troncos – S, M, I (superior, médio, inferior); ④ nomes dos cordões – L, M, P (lateral, medial, posterior)   29.3.4

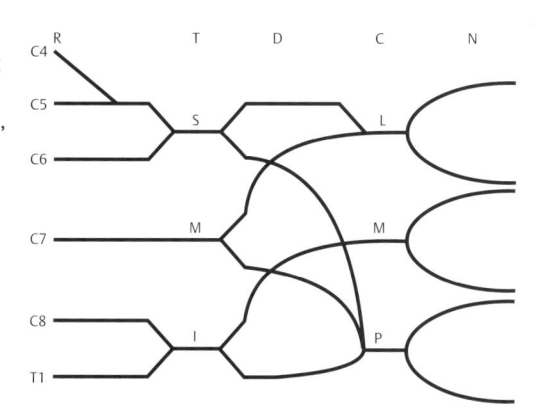

Fig. 29.2

22. **Em seu diagrama do plexo braquial, coloque os nervos.**   29.3.4

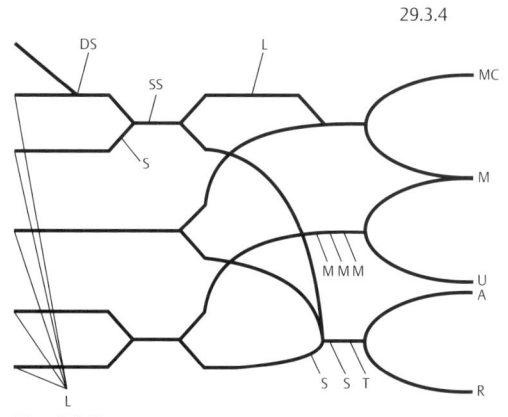

Fig. 29.3

180   Parte 10: Nervos Periféricos

23. **Faça um diagrama do plexo braquial esquerdo.**

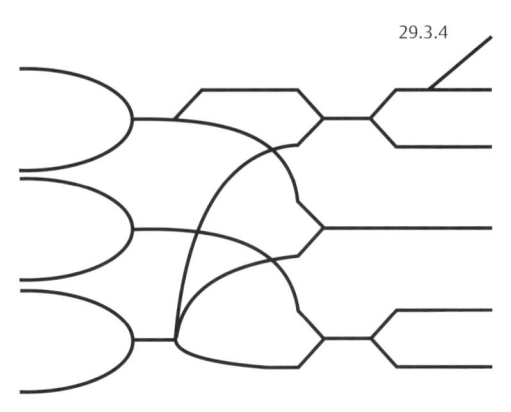

   Fig. 29.4

24. **Sobre o plexo braquial, responda.**
   a. Quais são as raízes (6)? — C4, 5, 6, 7, 8, T1
   b. Quais são os segmentos (5)? — raízes, troncos, divisões, cordões, nervos
   c. Quais são os nervos (16)? — escapular dorsal; supraescapular; subclávio; peitoral lateral; musculocutâneo; mediano; ulnar; axilar; radial; toracodorsal; subescapular superior; subescapular inferior; torácico longo; peitoral medial; cutâneo braquial medial; cutâneo antebraquial medial
   d. Quais são os troncos? (3) — superior, médio, inferior
   e. Quais são os cordões? (3) — lateral, medial, posterior

25. **Rastreie, usando o diagrama do plexo braquial, a possível contribuição teórica da raiz a cada nervo e, então, compare-a à contribuição real da raiz a cada nervo.** (Sem memorização, isto trará respostas precisas em 83% das vezes. Apenas 8 das 49 contribuições teóricas da raiz não são reais.)

   a. nervo, e_____ d_____ — escapular dorsal
      i. teórica, _____ — C4, 5
      ii. real, _____ — C4, 5
   b. nervo, s_____ — subescapular
      i. teórica, _____ — C4, 5, 6
      ii. real, _____ — C4, 5, 6
   c. nervo, s_____ — subclávio
      i. teórica, _____ — C6
      ii. real, _____ — C6

d. nervo, p_____ l_____ — peitoral lateral
      i. teórica, _____ — C4, 5, 6, 7
      ii. real, _____ — C4, 5, 6, 7
   e. nervo, m_____ — musculocutâneo
      i. teórica, _____ — C5, 6, 7
      ii. real, _____ — C5, 6, 7
   f. nervo, m_____ — mediano
      i. teórica, _____ — C5, 6, 7, T1
      ii. real, _____ — C5, 6, 7, T1
   g. nervo, u_____ — ulnar
      i. teórica, _____ — C8, T1
      ii. real, _____ — C7, 8, T1
   h. nervo, a_____ — axilar
      i. teórica, _____ — C4, 5, 6, 7, 8, T1
      ii. real, _____ — C4, 5, 6, 7, 8, T1
   i. nervo, r_____ — radial
      i. teórica, _____ — C4, 5, 6, 7, 8, T1
      ii. real, _____ — C4, 5, 6
   j. nervo, t_____ — toracodorsal
      i. teórica, _____ — C5, 6, 7, 8, T1
      ii. real, _____ — C6, 7, 8
   k. nervo, s_____ s_____ — subescapular superior
      i. teórica, _____ — C5, 6, 7, 8, T1
      ii. real, _____ — C5, 6, 7
   l. nervo, s_____ i_____ — subescapular inferior
      i. teórica, _____ — C5, 6, 7, 8, T1
      ii. real, _____ — C5, 6, 7
   m. nervo, t_____ l_____ — torácico longo
      i. teórica, _____ — C5, 6, 7
      ii. real, _____ — C5, 6, 7
   n. nervo, t_____ m_____ — torácico medial (peitoral)
      i. teórica, _____ — C8, T1
      ii. real, _____ — não listada
   o. nervo, b_____ m_____ — braquial medial
      i. teórica, _____ — C8, T1
      ii. real, _____ — não listada
   p. nervo, a_____ m_____ — antebraquial medial
      i. teórica, _____ — C8, T1
      ii. real, _____ — não listada

26. **Liste os nervos do plexo braquial (à exceção dos nervos mediano, ulnar e radial), os músculos que inervam e a ação destes músculos.** 29.3.4
   a. nervo, e_____ d_____ — escapular dorsal
      i. músculo 1, e_____ da e_____ — elevador da escápula
      ii. ação, _____ — elevação da escápula
      iii. músculo 2, r_____ — romboide
      iv. ação, _____ — adução e elevação da escápula
   b. nervo, s_____ — supraescapular
      i. músculo 1, s_____ — supraespinhoso
      ii. ação, _____ — adução do braço em 15 a 30 graus
      iii. músculo 2, i_____ — infraespinhoso
      iv. ação, _____ — rotação lateral da cabeça do úmero

Parte 10: Nervos Periféricos

    c. nervo, m_____ — musculocutâneo
        i. músculo 1, b_____ b_____ — bíceps braquial
        ii. ação, _____ — flexão e supinação do antebraço
        iii. músculo 2, c_____ — coracobraquial
        iv. ação, _____ — flexão do úmero no ombro
        v. músculo 3, b_____ — braquial
        vi. ação, _____ — flexão do antebraço
    d. nervo, a_____ — axilar
        i. músculo 1, d_____ — deltoide
        ii. ação, _____ — abdução do braço em 30 a 90 graus
        iii. músculo 2, r_____ m_____ — redondo maior
        iv. ação, _____ — adução do braço
    e. nervo, s_____ — subescapular
        i. músculo 1, r_____ m_____ — redondo maior
        ii. ação, _____ — adução do braço
        iii. músculo 2, s_____ — subescapular
        iv. ação, _____ — adução do braço
    f. nervo, t_____ — toracodorsal
        i. músculo, g_____ d_____ — grande dorsal
        ii. ação, _____ — adução do braço
    g. nervo, t_____ l_____ — torácico longo
        i. músculo, s_____ a_____ — serrátil anterior
        ii. ação, _____ — impulsão do ombro para frente

27. Liste os ramos da cascata do nervo radial de forma sequencial.   29.3.4

    a. r_____ — radial
    b. e_____ — extensor
    c. t_____ — tríceps
    d. b_____ — braquiorradial
    e. e_____ r_____ do c_____ — extensor radial do carpo
    f. s_____ — supinador
    g. i_____ p_____ — interósseo posterior
    h. e_____ u_____ do c_____ — extensor ulnar do carpo
    i. e_____ d_____ c_____ — extensor digital comum
    j. e_____ d_____ m_____ — extensor digital mínimo
    k. e_____ c_____ do p_____ — extensor curto do polegar
    l. e_____ l_____ do p_____ — extensor longo do polegar
    m. e_____ do i_____ — extensor do indicador
    n. e_____ c_____ do p_____ — extensor curto do polegar
    o. a_____ l_____ do p_____ — adutor longo do polegar
    p. e_____ do i_____ — extensor do indicar

28. Verdadeiro ou Falso. O nervo radial   29.3.4

    a. é formado por C5-8. — verdadeiro
    b. inerva o tríceps. — verdadeiro
    c. inerva o supinador. — verdadeiro
    d. inerva o braquiorradial. — verdadeiro
    e. continua no antebraço como o nervo interósseo posterior. — verdadeiro

29.	Quais músculos são inervados pelo nervo axilar?	redondo menor e deltoide	29.3.4
30.	Liste os ramos da cascata do nervo mediano.		29.3.4
	a. p_____ r_____	pronador redondo	
	b. f_____ r_____ do c_____	flexor radial do carpo	
	c. p_____ l_____	palmar longo	
	d. f_____ d_____ s_____	flexor digital superficial	
	e. f_____ d_____ p_____	flexor digital profundo I e II	
	f. f_____ l_____ do p_____	flexor longo do polegar	
	g. p_____ q_____	pronador quadrado	
	h. f_____ c_____ do p_____	flexor curto do polegar	
	i. a_____ c_____ do p_____	abdutor curto do polegar	
	j. o_____ do p_____	opositor do polegar	
	k. l_____	lumbricais 1 e 2	
31.	Agora, liste a função dos músculos da cascata do nervo mediano:		29.3.4
	a. pronador redondo: função _____	pronação do antebraço	
	b. flexor radial do carpo: função _____	flexão radial da mão	
	c. palmar longo: função _____	flexão do pulso	
	d. flexor digital superficial: função _____	flexão das falanges mediais do 2º ao 5º dedo, flexão do pulso	
	e. flexor digital profundo I e II: função _____	flexão das falanges distais do 2º ao 3º dedo, flexão do pulso	
	f. flexor longo do polegar: função _____	flexão da falange distal do polegar	
	g. flexor curto do polegar: função _____	flexão da falange proximal do polegar	
	h. abdutor curto do polegar: função _____	abdução do metacarpo do polegar e extensão radial do pulso	
	i. opositor do polegar: função _____	oposição do metacarpo do polegar	
	j. lumbricais I e II: função _____	flexão da falange proximal e extensão das 2 falanges distais do 2º ao 3º dedo	
32.	Quais músculos da mão são inervados pelo nervo mediano?		29.3.4
	a. l_____	lumbricais 1 e 2	
	b. o_____ do p_____	opositor do polegar	
	c. a_____ c_____ do p_____	abdutor curto do polegar	
	d. f_____ c_____ do p_____	flexor curto do polegar	

Parte 10: Nervos Periféricos

33. **Liste os músculos servidos pela cascata do nervo ulnar de forma sequencial e a função dos músculos.** 29.3.4
    a.
      i. f_____ u_____ do c_____ — flexor ulnar do carpo
      ii. função: _____ — flexão ulnar da mão
    b.
      i. f_____ d_____ p_____ — flexor digital profundo
      ii. função: _____ — flexão das falanges distais do 4º e 5º dedos
    c.
      i. a_____ do p_____ — adutor do polegar
      ii. função: _____ — adução do polegar
    d.
      i. porção profunda do f_____ c_____ do p_____ — flexor curto do polegar
      ii. função: _____ — flexão da falange proximal do polegar
    e.
      i. i_____ — interósseos
      ii. função (dorsal): _____ — abdução
      iii. função (palmar): _____ — adução, flexão das falanges proximais nas articulações metacarpofalangeanas
    f.
      i. l_____ — lumbricais 3 e 4
      ii. função: _____ — extensão das duas falanges distais dos 3º e 4º dedos nas articulações interfalangeanas
    g. músculos hipotênares
      i. a_____ d_____ m_____ — abdutor digital mínimo
      ii. função: _____ — abdução do dedo mínimo
      iii. f_____ d_____ m_____ — flexor digital mínimo
      iv. função: _____ — flexão do dedo mínimo
      v. o_____ d_____ m_____ — opositor digital mínimo
      vi. função: _____ — oposição do 5º dedo
    h. p_____ c_____ — palmar curto

34. **Sobre as variantes anatômicas com a anastomose de Martin-Gruber, responda.** 29.3.4
    a. Conexões entre os nervos _____ e _____ — mediano; ulnar
    b. no _____ — antebraço
    c. encontradas em _____% dos cadáveres. — 23

30

Neuropatias por Encarceramento

■ Informações Gerais

1. **Liste as etiologias médicas das neuropatias por encarceramento.** 30.1
   a. d_____ m_____ — diabetes melito
   b. h_____ — hipotireoidismo
   c. a_____ — acromegalia
   d. a_____ — amiloidose (primária ou secundária)
   e. c_____ — carcinomatose
   f. p_____ r_____ — polimialgia reumática
   g. a_____ r_____ — artrite reumatoide
   h. g_____ — gota

■ Mecanismo de Lesão

2. **Uma breve compressão afeta, primariamente, as fibras mielinizadas, as desmielinizadas, ou ambas?** — as mielinizadas 30.2

■ Encarceramento do Nervo Occipital

3. **Verdadeiro ou Falso. O encarceramento do nervo occipital** 30.3.1
   a. é provocado por compressão de um ramo sensorial da C3. — falso (ramo sensorial da C2)
   b. apresenta dor no occipúcio, com o ponto de desencadeamento próximo à linha superior da nuca. — verdadeiro
   c. é mais comum em homens. — falso

4. **A respeito do tratamento não cirúrgico do encarceramento do nervo occipital, responda.** 30.3.4
   a. Um bloqueio do nervo occipital maior, pode proporcionar alívio durante ? _____. — um mês
   b. Injetar no _____. — ponto de desencadeamento

186   Parte 10: Nervos Periféricos

c.	Se o caso é incapacitante e a dor não responde à medicação, o que mais pode ser tentado?	cirurgia, neurólise por álcool
d.	O colar cervical é indicado?	não

5. A respeito do tratamento cirúrgico do encarceramento do nervo occipital, responda o seguinte: 30.3.4

a.	descompressão da raiz nervosa de _____	C2
b.	A neurectomia occipital pode consistir na avulsão do nervo occipital maior, porque ele está situado entre _____ e o músculo _____ _____.	o processo transverso de C2; oblíquo inferior
c.	Outra opção é liberar o nervo no músculo _____.	trapézio
	i. alívio em _____%	46
	ii. melhora em _____%	36

■ Encarceramento do Nervo Mediano

6. O nome das duas síndromes mais comuns por encarceramento do nervo mediano. 30.4.1

a.	s_____ t_____ c_____	síndrome do túnel do carpo
b.	s_____ p_____ t_____	síndrome *pronator teres*

7. Quanto ao curso do nervo mediano, complete o seguinte: 30.4.2

a.	O nervo mediano passa sob o _____ _____ do _____.	ligamento transverso do carpo
b.	O ramo motor pode passar _____ ou _____ o ligamento	sob; transpassar
c.	e atende os músculos _____,	LOAF
d.	que são:	
	i. _____	lumbricais 1 e 2
	ii. _____	oponente do polegar
	iii. _____	abdutor do polegar
	iv. _____.	flexor curto do polegar

8. A respeito do nervo mediano, complete. 30.4.2

a.	Descreva a distribuição sensória do nervo mediano.	
	i. polegar: aspecto _____	palmar
	ii. dedos: _____, _____ e _____	indicador, médio, anular
	iii. eminência _____ e adjacente	tenar
	iv. palma _____	radial
b.	O ramo palmar cutâneo (PCB) atravessa _____ do ligamento carpal transverso	por cima

9. A respeito do ligamento transverso do carpo (TCL), responda. 30.4.2

a.	A que distância o TCL se estende para além da crista distal do pulso?	3 cm

b. Qual o nome do nervo sensorial que é poupado na síndrome do túnel do carpo? — ramo cutâneo palmar
c. Esse nervo emerge, proximalmente, a _____ cm do pulso, — 5,5
d. passa _____ do ligamento transverso do carpo — acima
e. e serve à sensibilidade da _____ _____. — eminência tenar

10. **Descreva a compressão do tronco principal do nervo mediano.** 30.4.3
    a. acima do cotovelo, provocada pelo _____ — ligamento de Struther
    b. no cotovelo
        i. l_____ f_____ — lacerto fibroso (aponeurose bicipital)
        ii. p_____ r_____ — pronator redondo
        iii. p_____ s_____ — pontes superficial
    c. A "paralisia da lua de mel" é causada por _____ — pressão externa
    d. A "mão de abençoar" é ocasionada por fraqueza em qual músculo? — nos flexores profundos dos dedos I e II

11. **Caracterize a síndrome do pronator redondo (PTS)** 30.4.3
    a. Ela comprime o nervo _____ — mediano
    b. no qual mergulha entre as duas cabeças do _____ _____. — pronator redondo
    c. Sintomas:
        i. A dor na _____ a distingue da síndrome do túnel do carpo — palma
        ii. por causa da excitação do ramo _____ _____ _____, antes do TCL. — cutâneo palmar mediano
        iii. Também se apresenta como fraqueza no _____ e como — agarrar
        iv. parestesias no _____ e no _____. — polegar e no indicador
        v. A exacerbação noturna está _____. — ausente

12. **Quais são as características-chave da neuropatia intraóssea anterior?** 30.4.3
    a. Apresenta
        i. perda da _____ — flexão
        ii. nas f_____ d_____ — falanges distais
        lii. do _____ — polegar
        iv. e do _____ — indicador
    b. por causa de
        i. fraqueza do f_____ _____ _____ e do — flexor digital profundo
        ii. f_____ l_____ do _____. — flexor longo do polegar
    c. Não há perda de _____. — sensibilidade
    d. O paciente não consegue _____ — fazer o sinal de "OK"
    e. tratamento
        i. t_____ de _____ — tratamento de expectativa de 8-12 semanas
        ii. e_____ c_____ — exploração cirúrgica (se não houver melhora)

13. **Descreva a síndrome do túnel do carpo.** 30.4.4
    a. É a _____ _____ das neuropatias por aprisionamento do nervo mediano. — mais comum
    b. É causada pela _____. — compressão do nervo mediano
    c. Onde? — na crista distal do pulso
    d. Em que população ocorre geralmente? — em pacientes de meia-idade
    e. Relação masculino/feminino: _____ — 4:1
    f. É bilateral em _____% dos casos — > 50
    g. É pior na _____ — mão dominante
    h. O sinal de Phalen é realizado por _____ do pulso — flexão forçada
    i. e é positivo em _____. — 80% dos casos

14. **A respeito da síndrome do túnel do carpo, responda.** 30.4.4
    a. Qual é o teste eletrodiagnóstico mais sensível para a síndrome do túnel do carpo? — velocidade de condução de nervo sensorial latente (NCV)
    b. Qual velocidade de condução sensória deve ser mais rápida: a do mediano ou a do ulnar? — a velocidade de condução sensória do mediano
    c. Em que quantidade? — em 4 m/s

15. **A respeito da síndrome do túnel do carpo, complete.** 30.4.4
    a. Descreva o tratamento.
        i. ta_____ — tala
        ii. es_____ — esteroides
        iii. ci_____ — cirurgia
    b. A incisão deve ser ligeiramente para o lado _____ da crista intertenar — ulnar
    c. para evitar
        i. o r_____ c_____ p_____ e/ou — o ramo cutâneo palmar
        ii. um r_____ a_____ r_____ do m_____ t_____. — um ramo anômalo, recorrente, do motor tenar

■ Encarceramento do Nervo Ulnar

16. **A respeito do nervo ulnar, complete.** 30.5.1
    a. Nomeie as raízes. — C7, C8, T1
    b. Os achados motores do encarceramento são:
        i. desgaste de _____ — interósseos
        ii. sinal de W_____ — Wartenberg
        iii. sinal de F_____ — Froment
        iv. deformidade da mão em _____ — garra
    c.
        i. sensação de que algo está errado no _____ — dedo mínimo
        ii. e _____ — na metade ulnar do anular

17. **Descreva o sinal de Wartenberg.**   30.5.1
    a. Ele afeta o _____, — dedo mínimo
    b. que permanece em _____ — abdução
    c. em razão da fraqueza do m_____ do t_____ i_____ p_____. — músculo do terceiro interósseo palmar
    d. Qual é o nervo envolvido? — ulnar

18. **Descreva o sinal de Froment.**   30.5.1
    a. Para testar, solicite ao paciente que a_____ — agarre uma folha de papel
    b. usando seus d_____ p_____ e i_____. — dedos polegar e indicador
    c. Se o nervo u_____ é fraco, — ulnar
    d. o polegar d_____ p_____ t_____, — dobra para trás
    e. porque o a_____ do p_____, inervado pelo ulnar, está fraco; — adutor do polegar
    f. por isso, o corpo o substitui pelo _____ _____ do _____, que é mais forte, — flexor longo do polegar
    g. e que é inervado pelo ramo _____ _____ do nervo _____. — interósseo anterior; mediano

19. **Descreva a lesão no nervo ulnar acima do cotovelo.**   30.5.2
    a. Pode ser provocada por uma lesão no cordão _____ do plexo braquial. — mediano
    b. A torção pode ser causada pela a _____ de _____, — arcada de Struthers
    c. que é uma _____ de _____, fina e achatada. — faixa de aponeurose

20. **A respeito do encarceramento do nervo ulnar no cotovelo, responda.**   30.5.3
    a. Pode se apresentar como uma p_____ u_____ t_____. — paralisia ulnar tardia
    b. A NCV é menor do que _____ m/s — 50
    c. ou ocorre uma queda superior a _____ m/s entre os segmentos AE e BE. — 10
    d. Os sintomas iniciais podem ser meramente _____. — motores

21. **Quais são as opções cirúrgicas para o tratamento da compressão ulnar no cotovelo?**   30.5.3
    a. d_____ do nervo sem t_____ — descompressão, transposição
    b. d_____ do nervo com t_____ — descompressão, transposição
    c. e_____ m_____ — epicondilectomia medial
    d. Às vezes, podem ser necessários a e _____ de um n _____ e, possivelmente, um e _____ de s _____. — excisão de um neuroma; enxerto de salto
    e. A transposição pode ser para o _____ _____, no _____ _____ do _____, ou em uma _____ _____. — tecido subcutâneo; no flexor ulnar do carpo; posição submuscular

Parte 10: Nervos Periféricos

22. **Descreva os limites do canal de Guyon.**   30.5.5
    a. teto
        i. f_____ p_____   fáscia palmar
        ii. p_____ b_____   palmar breve
    b. assoalho
        i. r_____ f_____ da p_____   retináculo flexor da palma
        ii. l_____ p_____   ligamento de piso-hamato
    c. Abaixo do assoalho fica o l_____ c_____ t_____   ligamento carpal transverso
    d. Contém apenas o _____ _____ e a _____ _____   o nervo ulnar e a artéria ulnar

23. **Descreva os tipos de lesões no nervo ulnar, no canal de Guyon.**   30.5.5
    a. Tipo I
        i. localização da compressão   bem próxima ao canal de Guyon, ou dentro dele
        ii. fraqueza   em todos os músculos intrínsecos da mão inervados pelo nervo ulnar
        iii. déficit sensorial   distribuição palmar ulnar
    b. Tipo II
        i. localização da compressão   ao longo do ramo profundo
        ii. fraqueza   músculos inervados pelo ramo profundo
        Iii. déficit sensorial   nenhum
    c. Tipo III
        i. localização da compressão   extremidade distal do canal de Guyon
        ii. fraqueza   nenhuma
        iii. déficit sensorial   distribuição palmar ulnar

■ Lesões do Nervo Radial

24. **Considerando as lesões do nervo radial, complete.**   30.6.3
    a. Uma sensação de perda na prega interdigital do polegar indica uma lesão na _____.   mão
    b. Dor no epicôndilo lateral indica compressão do _____.   túnel supinador no cotovelo
    c. Punho caído indica lesão na _____ onde o nervo se encontra em uma _____ no úmero.   metade superior do braço; fenda espiral
    d. Fraqueza do tríceps e de todos os músculos distais indica lesão na _____.   axila
    e. Fraqueza dos músculos acima citados e, ainda, do deltoide e do latíssimo do dorso indica lesão no _____ _____.   tronco posterior

Neuropatias por Encarceramento

25. **Descreva a compressão do nervo radial na metade superior do braço e no antebraço.**
    30.6.3
    a. A compressão do nervo radial na metade superior do braço produz
        i. f_____ (d_____ do p_____)   fraqueza (dobradura do pulso)
        ii. e_____ no p_____   entorpecimento no pulso
        iii. porque comprime o _____ e o n_____ r_____ s_____.   PIN e o nervo radial superficial
    b. A lesão do nervo interósseo posterior (PIN) produz _____ nos dedos.   fraqueza
    c. A lesão no túnel do supinador produz _____, mas sem _____.   dor; fraqueza

26. **A respeito da anatomia do nervo radial, complete.**
    30.6.3
    a. PIN corresponde a _____ _____ _____,   nervo interósseo posterior
    b. uma continuação do nervo _____,   radial
    c. que atende
        i. os _____ dos dedos   extensores
        ii. e o a_____ l_____ do p_____.   abdutor longo do polegar

27. **Descreva o tratamento da lesão no nervo radial.**
    30.6.3
    a. síndrome do interósseo posterior
        i. e_____   exploração (se o caso não responder a uma espera de 4-8 semanas)
        ii. l_____ das c_____   lise das constrições (inclusive da arcada de Frohse)
    b. síndrome do túnel do supinador   raramente é necessária cirurgia, mas responde à descompressão do nervo
    c. lesão na mão
        i. O achado clínico é _____ _____ em uma _____ _____ do d_____ da p_____ i_____ do polegar   perda sensória em uma pequena área do dorso da prega interdigital
        ii. frequentemente causada por _____ no _____.   aperto no pulso

■ Lesões do Nervo Axilar

28. **Liste possíveis etiologias da neuropatia do nervo axilar.**
    30.7
    a. d_____ de o_____   deslocamento de ombro
    b. dormir em posição _____, com os braços _____ _____ da _____   de pronação; abduzidos acima da cabeça
    c. compressão no _____ por uma _____   tórax, faixa apertada
    d. l_____ por i_____   lesão por injeção
    e. aprisionamento no _____ _____   espaço quadrilateral

■ Nervo Supraescapular

29. Descreva a lesão no nervo supraescapular. — 30.8
   a. O nervo se forma das raízes _____. — C5, 6
   b. Encarcerado na f_____ s_____, abaixo do _____ _____ _____. — fenda supraescapular, abaixo do ligamento transverso escapular
   c. Sintomas sensoriais: _____. — dor profunda no ombro, difícil de localizar (referida)
   d. Sintomas motores: fraqueza e atrofia do _____ e do _____. — supraespinhado e do infraespinhado
   e. Pode ser difícil de distinguir de uma lesão por _____ _____. — por entorse do pulso
   f. Diferencia-se da radiculopatia cervical da C5 e da lesão do plexo braquial superior ao testar o _____ e o _____. — romboide e deltoide

■ Meralgia Parestésica

30. Defina meralgia parestésica. — 30.9.2
   a. Também conhecida como _____ de _____ — síndrome de Bernhardt-Roth
   b. ou _____. — ou "swashbuckler's disease [doença do espadachim]"
   c. Hiperpatia localizada na face l_____ s_____ da c_____. — lateral superior da coxa (dor queimante)
   d. Aprisionamento do nervo c_____ f_____ l_____. — cutâneo femoral lateral
   e. Verdadeiro ou Falso. Envolve tanto as fibras motoras quanto as sensórias. — falso (só as sensórias)

31. Considerando o diagnóstico diferencial da meralgia parestésica, responda. — 30.9.4
   a. Na neuropatia femoral, as mudanças sensoriais tendem a ser mais _____. — anteromediais
   b. Em radiculopatia de L2 ou L3: procure por _____ _____. — fraqueza motora (à flexão da coxa ou à extensão do joelho)
   c. Suspeita-se de compressão de um nervo por um tumor abdominal ou pélvico quando há _____. — concomitância de sintomas GI ou GU

32. Descreva as opções de tratamento para a meralgia parestésica. — 30.9.5
   a. Medidas não cirúrgicas proporcionam alívio em ~ _____% dos casos. — 91
   b. Verdadeiro ou Falso. Frequentemente, os medicamentos de ação central contra a dor são eficazes. — falso
   c. A neurectomia pode ser _____ (mais/menos) eficaz do que a descompressão, mas tem riscos de _____ por _____. — mais; dor por desnervação
   d. Se uma neurectomia for escolhida em lugar de uma neurólise, o que deve ser feito antes do seccionamento? — estimulação elétrica para descartar um componente motor

Neuropatias por Encarceramento 193

■ Paralisia do Nervo Fibular Comum

33. **A respeito da paralisia do nervo fibular comum, complete.**   30.12.1
    a. Verdadeiro ou Falso. O nervo fibular é o nervo que mais frequentemente desenvolve paralisia por compressão aguda. — verdadeiro
    b. Em que localização? — na cabeça da fíbula

34. **Descreva os achados clínicos na paralisia do nervo fibular.**   30.12.3
    a. Verdadeiro ou Falso. O músculo tibial anterior é o músculo mais frequentemente envolvido na paralisia do nervo fibular. — falso (é o EHL [extensor longo do hálux])
    b. Resulta em anormalidades na:
        i. função motora: _____ — pé solto, eversão fraca do pé
        ii. perda sensória em: _____ — no dorso do pé e na lateral da panturrilha
    c. O fibular longo e o curto, são inervados pelo ramo _____ _____ do nervo fibular comum. — fibular superficial
    d. O ramo fibular profundo inerva os músculos _____, _____ _____ e _____. — EHL, tibial anterior e EDL (extensor digital longo)

35. **Se a estimulação EMG estiver ausente tanto acima quanto abaixo da cabeça da fíbula, o prognóstico é _____.** — ruim   30.12.4

■ Túnel do Tarso

36. **Verdadeiro ou Falso. O nervo tibial posterior pode ser**   30.13.1
    a. encontrado no túnel do tarso. — verdadeiro
    b. encontrado posterior e inferiormente ao maléolo medial. — verdadeiro
    c. aprisionado no ligamento retinacular. — verdadeiro
    d. classicamente, é responsável por dor noturna e parestesia no calcanhar. — falso (o calcanhar não é envolvido)

37. **A respeito dos achados clínicos no encarceramento do nervo tibial posterior, responda.**   30.13.2
    a. A percussão do nervo no _____ _____ produz parestesias que se irradiam _____. — maléolo medial; distalmente
    b. É exacerbada por _____. — eversão máxima e inversão do pé
    c. Teste de dorsiflexão-eversão: O examinador everte e dorsiflexiona o tornozelo ao máximo, por 5-10 segundos, enquanto _____. — dorsiflexiona os pododáctilos e as articulações MTP

30

31

Neuropatias Periféricas sem Encarceramento

■ Definições

1. **Defina:**
   a. neuropatia periférica — lesões difusas nos nervos periféricos, produzindo fraqueza, transtornos sensitivos e/ou mudanças nos reflexos
   b. mononeuropatia — transtorno em um único nervo, frequentemente por traumatismo ou encarceramento
   c. mononeuropatia multiplex — envolvimento de dois ou mais nervos, geralmente em razão de uma anormalidade sistêmica

■ Etiologias da Neuropatia Periférica

2. **Liste as etiologias das neuropatias periféricas não compressivas.**
   (Dica: Grand Therapist [grande terapeuta])
   a. G_____ — Guillain-Barré
   b. R_____ — Renal (neuropatia urêmica)
   c. A_____ — Alcoolismo
   d. N_____ — Nutricional
   e. D_____ — Diabetes
   f. T_____ — Traumática
   g. H_____ — Hereditária
   h. E_____ ou E_____ — Endócrina ou Encarceramento
   i. R_____ — Radiação
   j. A_____ ou A_____ — Amiloide ou AIDS
   k. P_____ ou P_____ ou P_____ — Psiquiátrica ou Paraneoplásica ou Pseudoneuropatia
   l. I_____ — Infecciosa
   m. S_____ — Sarcoidose
   n. T_____ — Toxinas

■ Classificação

3. Quanto às neuropatias periféricas, complete.   31.3
a. A neuropatia periférica hereditária mais comum é C_____-M_____-T_____.   Charcot-Marie-Tooth
b. Doenças psicogênicas, somatomorfas e malemolentes, com sintomas de dores, parestesias, hiperalgesia, fraqueza e até mudanças de temperatura, estão associadas à p_____.   pseudoneuropatia

■ Clínica

4. Quanto às neuropatias periféricas.
a. Os sintomas de neuropatias periféricas incluem: 31.4.1
  i. p_____ s_____   perda sensitiva
  ii. d_____   dor
  iii. f_____   fraqueza
  iv. i_____   incoordenação
  v. d_____ de _____   dificuldades de ambulação
b. A investigação inclui: 31.4.2
  i. h_____-A_____   Hgb-A1C
  ii. T_____   TSH
  iii. E_____   ESR
  iv. V_____ B_____   Vitamina B12
  v. E_____   EMG

■ Síndromes de Neuropatia Periférica

5. Verdadeiro ou Falso. Quanto às polineuropatias do paciente crítico (CIP).   31.5.1
a. Mais frequentemente, afetam os músculos proximais.   falso (os músculos distais)
b. Ocorrem em presença de sepse ou de falência múltipla de órgãos.   verdadeiro
c. A EMG é anormal.   verdadeiro
d. A CPK sérica pode estar normal.   verdadeiro
e. O tratamento é de suporte.   verdadeiro
f. Raramente ocorre recuperação completa.   falso (ocorre em 50% dos pacientes)

6. Qual a síndrome que está associada a uma neuropatia sensitiva pura?   a síndrome paraneoplásica (também associada à terapia com piridoxina)   31.5.2

7. Verdadeiro ou Falso. A neuropatia por álcool inclui: 31.5.3
a. neuropatia motora   falso
b. neuropatia sensitiva   verdadeiro
c. ausência do reflexo de Aquiles   verdadeiro
d. dor intensa   falso

Parte 10: Nervos Periféricos

8. **Neurite braquial:**   31.5.4
   a. também é conhecida como síndrome de P_____-T_____ — Parsonage-Turner
   b. também é conhecida como neuropatia i_____ do plexo braquial — idiopática
   c. Etiologia: _____ — a esclarecer
   d. Prognóstico: _____ — bom
   e. Sintoma predominante: _____ — dor
   f. Acompanhada por: _____ em _____ % — fraqueza em 96%
   g. Confinada à cintura escapular em _____ % — 50%

9. **Verdadeiro ou Falso. O exame mais importante para o diagnóstico da neuropatia do plexo lombossacral**   31.5.5
   a. MRI — falso
   b. CT — falso
   c. EMG — verdadeiro (EMG da neuropatia lombossacral – descarta a neuropatia diabética)
   d. ESR — falso

10. **Em neuropatia lombossacral, o que o EMG apresenta quanto a:**   31.5.5
    a. Valores dos potenciais de fibrilação _____. — diminuídos
    b. Valores dos potenciais da unidade motora _____. — diminuídos
    c. Amplitudes dos potenciais da unidade motora _____. — aumentadas
    d. Duração dos potenciais da unidade motora _____. — aumentada
    e. Os potenciais das unidades motoras são _____. — polifásicos
    f. Mudanças envolvendo pelo menos _____ segmentos. — dois
    g. A _____ dos músculos paraespinhais é altamente _____. — preservação; diagnóstica

11. **Quanto à neuropatia diabética, complete.**   31.5.6
    a. Dos pacientes diabéticos, _____% apresentam alterações na EMG. — 50%
    b. O primeiro sintoma do diabetes pode ser _____. — neuropatia
    c. A neuropatia pode ser reduzida por meio do controle de _____ no sangue. — açúcar

12. **Quanto a neuropatias induzidas por drogas, complete.**   31.5.7
    a. D_____ — Drogas quimioterápicas
    b. D_____ — Dilantin (fenitoína)
    c. E_____ — Elavil (amitriptilina)
    d. F_____ — Flagyl (metronidazol)

Neuropatias Periféricas sem Encarceramento 197

13. **Verdadeiro ou Falso. A neuropatia femoral inclui:**   31.5.8
    a. fraqueza do quadríceps e do iliopsoas — verdadeiro
    b. reflexo patelar reduzido — verdadeiro
    c. teste de alongamento femoral positivo — verdadeiro
    d. sensibilidade reduzida na lateral da panturrilha — falso (A neuropatia femoral inclui ↓ da sensibilidade na face anterior da coxa e na face medial da panturrilha.)

14. **Quanto à neuropatia femoral, responda.**   31.5.8
    a. Nome do músculo responsável por
        i. extensão do joelho — quadríceps femoral
        ii. flexão do quadril — iliopsoas
    b. Na distinção entre a radiculopatia de L4 e a neuropatia femoral da neuropatia femoral, a radiculopatia do L4 não envolve _____. — o iliopsoas
    c. A neuropatia femoral é causada por
        i. d_____ — diabetes
        ii. c_____ — compressão

15. **Verdadeiro ou Falso. A causa mais frequente da neuropatia femoral é**   31.5.8
    a. tumor intra-abdominal — falso
    b. hematoma retroperitoneal — falso
    c. diabetes — verdadeiro (Todas as demais opções podem causar neuropatia peritoneal.)
    d. encarceramento causado por hérnia inguinal — falso
    e. traumatismo — falso

16. **Verdadeiro ou Falso. Quanto à neuropatia por AIDS.**   31.5.9
    a. Geralmente ela se apresenta como uma polineuropatia proximal simétrica. — falso (polineuropatia distal simétrica)
    b. Pacientes apenas HIV+ não a desenvolvem. — verdadeiro
    c. Ela nunca inclui elementos sensitivos. — falso (geralmente ela inclui dormência e formigamento)
    d. Ela tem uma etiologia infecciosa. — verdadeiro
    e. Ela pode ser causada por invasão linfomatosa das meninges dos nervos. — verdadeiro
    f. As drogas usadas para tratar HIV, mais frequentemente as NRTIs e os inibidores de proteases, também podem causar neuropatias. — verdadeiro

Parte 10: Nervos Periféricos

17. **Quanto às gamoglobulinopatias monoclonais, complete.**
    a. Elas incluem entidades tais como
        i. m_____ — mieloma
        ii. m_____ de Waldenstrom — macroglobulinemia
        iii. M_____ — MGUS
    b. São responsáveis por _____% das neuropatias. — 10%
    c. Os fatores de risco de um paciente ter uma neuropatia ulnar relacionada à anestesia incluem:
        i. s_____ m_____ — sexo masculino
        ii. o_____ — obesidade (BMI > 38)
        iii. pós-operatório com longo tempo de a_____ — acamamento

18. **Quanto às neuropatias ulnares perioperatórias, complete.**
    a. Evite flexionar o cotovelo mais do que _____ graus. — 110
    b. Ela comprime o retináculo do _____ _____. — túnel cubital

19. **Quanto a neuropatias de extremidades inferiores, complete.**
    a.
        i. fibular comum em _____% — 81%
        ii. na _____, o risco é a posição — litotomia
    b. Na neuropatia femoral ocorre hemorragia no músculo _____. — psoas
    c. A meralgia parestésica
        i. tende a ocorrer _____, — bilateralmente
        ii. em jovens esguios do _____ _____ — sexo masculino
        iii. posicionados em _____ — pronação
        iv. para operações com duração de _____ horas com — 6 a 10
        v. recuperação em cerca de _____. — 6 meses

20. **Qual a conduta em neuropatia de extremidade inferior?**
    a. Se não melhorar em _____ dias, chame um neurologista. — 5
    b. Não faça EMG antes de _____ semanas. — 3

21. **Quanto à neuropatia amiloide e à neuropatia urêmica, complete.**
    a. Neuropatia amiloide
        i. O amiloide pode ser depositado nos _____ _____. — nervos periféricos
        ii. Ele produz uma neuropatia _____. — sensitiva
        iii. Ele pode pressionar os nervos, ou seja, o _____ do _____. — túnel do carpo
    b. A neuropatia urêmica
        i. ocorre em pacientes com _____ _____ _____. — insuficiência renal crônica
        ii. os sintomas incluem _____ _____ e _____. — "Charlie horses" [espasmos musculares, cãibra] e "pernas inquietas"
        iii. podem ser aliviados por _____. — diálise

22. **Quanto à neuropatia após cateterização cardíaca, complete.**
    a. Ela envolve o nervo _____. femoral
    b. Ela geralmente envolve _____. hematomas

■ Lesões de Nervos Periféricos

23. **Descreva a anatomia do nervo periférico.**
    a. A membrana de tecido conjuntivo que envolve os axônios individuais é o _____. endoneuro
    b. O _____ envolve grupos de axônios (i. e., os fascículos). perineuro
    c. O _____ envolve grupos de fascículos (i. e., os nervos). epineuro

24. **Quanto à lesão e à regeneração do nervo, complete.**
    a. Taxa de regeneração = _____ 1 mm/dia (i. e., 1 polegada/mês)
    b. Sistema Sunderland
        i. primeiro grau: anatomia _____ preservada; bloqueio de condução, compressão ou isquemia
        ii. segundo grau: axônios _____ o tecido conjuntivo é _____ lesados; endoneuro, perineuro e epineuro intactos (o endoneuro provê um tubo para regeneração)
        iii. terceiro grau: axônio e endoneuro r _____ rompidos (aparência geral normal, recuperação relacionada com a extensão da fibrose intrafascicular)

25. **Quanto às neuropatias periféricas, complete.**
    a. A lesão axonal de quarto grau envolve _____ de todos os elementos, mas o _____ está intacto. a interrupção de todos os elementos, mas o epineuro está intacto (o nervo está endurecido e aumentado)
    b. Lesão axonal de quinto grau: endoneuro, perineuro e epineuro completamente _____. transeccionados
    c. Lesão axonal de sexto grau: um misto das lesões do _____ até o _____ grau do primeiro até o quarto

26. **Descreva a classificação das lesões de nervos periféricos e o prognóstico de regeneração.** Duas classificações: Seddon e Sunderland
    a. Axônio comprimido Primeiro grau = neuropraxia de Seddon; bloqueio de condução por compressão ou por isquemia; anatomia preservada

b.	Axônio lesionado	Segundo grau = axonotmese de Seddon; lesão no axônio e degeneração walleriana; endoneuro, perineuro e epineuro intactos; o endoneuro provê um "tubo" para facilitar o sucesso da reinervação do músculo alvo
c.	Axônio e endoneuro rompidos	Terceiro grau = axônio e endoneuro rompidos; recuperação inversamente relacionada com a fibrose interfascicular; aparência geral normal
d.	Axônio, endoneuro e perineuro rompidos	Quarto grau = interrupção no axônio, no endoneuro e no perineuro; a aparência geral mostra o nervo indurado e aumentado
e.	Axônio, endoneuro, perineuro e epineuro rompidos	Quinto grau = neurotmese de Seddon; transecção completa do axônio, do endoneuro, do perineuro e do epineuro

27. **Quais são as etiologias das lesões de plexo braquial?**   31.6.2
    Dica: cpt
    a. c_____   compressão
    b. p_____   penetração
    c. t_____   tração

28. **Seletivamente, as lesões por tração (estiramentos) do plexo braquial:**   31.6.2
    a. Preservam o
        i. ____ ____   cordão medial
        ii. ____ ____   nervo mediano
    b. Lesam o
        i. ____ ____   cordão posterior
        ii. ____ ____   cordão lateral

29. **Quanto às lesões pré- e pós-ganglionares, complete.**   31.6.2
    a. Qual lesão de nervo não pode ser reparada?   a proximal ao gânglio da raiz dorsal (*i. e.*, a pré-ganglionar)
    b. Quais são as evidências de uma lesão desse tipo?
        i. d_____   dor
        ii. r_____   romboides
        iii. E_____   EMG
        iv. s_____   síndrome de Horner
        v. m_____   meningocele
        vi. e_____   escápula

Neuropatias Periféricas sem Encarceramento

30. **Descreva as lesões de plexo braquial superior e inferior.**   31.6.2
    a. Lesão do plexo braquial superior:
        i. paralisia de E_____-D_____ — paralisia de Erb-Duchenne
        ii. C_____-C_____ — C5-C6
        iii. s_____ f_____ entre a c_____ do ú_____ e o o_____ — separação forçada entre a cabeça do úmero e o ombro
        iv. r_____ do b_____ para d_____, com o c_____ e_____ — rotação do braço para dentro, com o cotovelo estendido
        v. é comum em _____ do ombro e _____ com _____ — distocia do ombro e acidentes com motocicleta
        vi. p_____ de B_____ — ponta de Bellhop, a mão não é afetada
    b. Lesão do plexo braquial inferior:
        i. também conhecida como paralisia de K_____ — paralisia de Klumpke
        ii. C_____-T_____ — C8-T1
        iii. p_____ s_____ no b_____ a_____ — puxão súbito no braço abduzido
        iv. q_____ ou t_____ de P_____ — queda ou tumor de Pancoast
        v. m_____ em g_____, com f_____ dos m_____ p_____ da m_____ — mão em garra, com fraqueza dos músculos pequenos da mão
        vi. m_____ s_____ — mão simiesca

31. **Quanto às lesões congênitas do plexo braquial, complete.**   31.6.2
    a. i. a mais frequente é a _____ — superior
       ii. sendo _____% em C5-C6 — 50%
       iii. e _____% em C5, C6-C7 — 25%
       iv. a inferior, em C8-T1, é de _____% — 2%
    b. A combinada é _____% — 20%
    c. Bilateral _____% — 4%
    d. Com recuperação espontânea _____% — 90%

32. **Caracterize a lesão do plexo braquial superior – paralisia de Erb.**   31.6.2
    a. Raízes envolvidas: _____ — C5, paralisia de Erb, quinta letra do alfabeto (ABCDE), principalmente em C5, também em C6, C7
    b. Posição da extremidade superior (Dica: erp)
        i. e_____ — estendida
        ii. r_____ — rotada
        iii. p_____ — pronada
        iv. se parece com _____ em _____ de _____ — posição em ponta de Bellhop

Parte 10: Nervos Periféricos

  c. Músculos fracos e suas raízes.
    i. d_____   deltoide; C5, C6
      raízes, _____
    ii. b_____   bíceps; C5, C6
      raízes, _____
    iii. r_____   romboide;
      raízes, _____   C4, C5
    iv. b_____   braquiorradial;
      raízes, _____   C5, C6
    v. s_____   supraespinal;
      raízes, _____   C4, C5, C6
    vi. i_____   infraespinal;
      raízes, _____   C5, C6
  d. Mecanismo: _____ do _____   separação do ombro
  e. Causada por:
    i. l_____ c_____   lesões congênitas
    ii. a_____ com m_____   acidentes com motocicletas

33. **Caracterize as lesões do plexo braquial inferior – paralisia de Klumke.**   31.6.2
  a. Raízes envolvidas: _____   C7, C8, T1
  b. Posição da extremidade superior
    i. m_____   mão em garra (mão simiesca)
    ii. g_____   garra ulnar
    iii. g_____   garra mediana
    iv. p_____   paralisia
  c. Músculos fracos
    i. extremidade superior _____   músculos pequenos, da mão
    ii. face: _____   se T1 estiver envolvida, síndrome de Horner
  d. Mecanismo: tração do braço _____   abduzido
  e. Causas:
    i. q_____   quedas
    ii. c_____   congênitas
    iii. t_____ de P_____   tumores de Pancoast

34. **Quanto às lesões congênitas do plexo braquial, complete.**   31.6.2
  a. A incidência é _____   0,3 a 2/1.000 nascimentos
    i. superior: _____%   50% (C5, C6)
    ii. superior mais C7: _____%   25% (C5, C6, C7)
  b. mista   20%
  c. inferior   2% (C7, C8, T1)
  d. bilateral   4%

35. **Verdadeiro ou Falso. As indicações para exploração cirúrgica imediata do plexo braquial são as seguintes:**   31.6.2
  a. qualquer lesão precisa de reparação   falso (a maioria das lesões apresentará a deficiência máxima na fase inicial e depois melhorará)
  b. em deficiência progressiva   verdadeiro (uma deficiência progressiva é uma provável lesão vascular; explore imediatamente)

c. lesão cortante limpa — verdadeiro (lesões lacerantes recentes, limpas, cortantes) explore agudamente e suture terminoterminalmente)

d. ferimento por arma de fogo (GSW) no plexo braquial — falso (a cirurgia é de pouco benefício)

■ Lesões por Projétil de Nervos Periféricos

36. Quanto a ferimentos com arma de fogo: — 31.7
a. A maioria das lesões resulta de c_____ e c_____, e não de t_____ d_____ do n_____. — choque e cavitação; transecção direta do nervo
b. Aproximadamente _____% se recuperarão com uma conduta de expectante. — 70%
c. Entretanto, se não houver melhora à EMG, a intervenção deve ocorrer cerca de _____-_____ meses após a lesão, para evitar aumento da fibrose nervosa e atrofia muscular. — 5-6 meses

■ Síndrome do Desfiladeiro Torácico

37. Verdadeiro ou Falso. A apresentação clínica da síndrome do desfiladeiro torácico pode incluir: — 31.8.1
a. palidez e isquemia da mão e dos dedos. — verdadeiro
b. inchaço e edema do braço. — verdadeiro
c. disfunção do tronco do plexo braquial inferior. — verdadeiro
d. disfunção do cordão mediano do plexo braquial. — verdadeiro

38. Liste os diagnósticos diferenciais da síndrome do desfiladeiro torácico. — 31.8.2
a. h_____ de _____ _____ — herniação de disco cervical
b. a_____ _____ — artrose cervical
c. c_____ _____ — câncer pulmonar (tumor de Pancoast)
d. p_____ _____ do _____ _____ — paralisia tardia do nervo ulnar
e. s_____ do _____ do _____ — síndrome do túnel do carpo
f. p_____ _____ de _____ — problemas ortopédicos de ombro
g. síndrome _____ de _____ _____ — síndrome complexa de dor regional (CPRS)

39. Verdadeiro ou Falso. Quanto à síndrome do desfiladeiro torácico, o tratamento conservador pode ser tão eficaz quanto o tratamento cirúrgico. — verdadeiro — 31.8.3

40. Verdadeiro ou Falso. A síndrome do escaleno é uma causa bem caracterizada e aceita da síndrome do desfiladeiro torácico. — falso — 31.8.4

32

Neuroftalmologia

■ Nistagmo

1. **Quanto ao nistagmo, complete.** 32.1.1
   a. O que é nistagmo? o_____ r_____ e i_____   oscilação rítmica e involuntária dos olhos
   b. Qual é a forma mais comum?   nistagmo de tremores
   c. Como ele é definido direccionalmente?   pelo componente rápido
   d. Qual é o componente anormal?   o componente lento
   e. O que o nistagmo vertical indica?
      i. p_____ da f_____ p_____   patologia da fossa posterior
      ii. s_____   sedativos
      iii. d_____ a_____   drogas antiepilépticas

2. **O nistagmo em gangorra ocorre por uma lesão no _____.**   diencéfalo   32.1.2

3. **O nistagmo retrator ocorre por uma lesão no _____ do _____ _____; por exemplo, o p_____.**   tegumento do mesencéfalo superior; pinealoma   32.1.2

4. **O balanço ocular ocorre por uma lesão no _____ _____.**   tegmento pontino   32.1.2

5. **Combinando. Combine a forma de nistagmo com o local da lesão.**   32.1.2
   Formas de nistagmo:
   ① em gangorra; ② de convergência; ③ retrator; ④ rebaixado; ⑤ elevado; ⑥ de abdução ⑦ de balanço ocular
   Locais: (a-f) abaixo
   a. diencéfalo   ①
   b. tegumento do mesencéfalo superior   ②
   c. teto do mesencéfalo   ③
   d. fascículos da ponte medial longitudinal (MLF)   ⑥, ⑦
   e. medula   ⑤
   f. fossa posterior cervicomedular   ④

6. **Nomeie os locais de lesão das seguintes formas de nistagmo:**   32.1.2
   a. em gangorra — diencéfalo
   b. retrator — tegumento do mesencéfalo superior/região pineal
   c. rebaixado — junção cervicomedular (forame magno)
   d. elevado — medula
   e. de balanço ocular — ponte

■ Papiledema

7. **Quanto ao papiledema, complete o seguinte:**   32.2.1
   a. Qual é a causa do papiledema? — Supostamente causado por estase axonoplasmática. Teorias:
      1. A pressão intracraniana (ICP) aumentada é transmitida para o disco óptico através do espaço subaracnoide (SA). As pulsações venosas retinais são obliteradas.
      2. Pressão retinal: arterial/venosa < 1,5/1,0.
   b. Quanto tempo ele leva para se desenvolver? — de 24 a 48 horas
   c. Qual é o tempo mínimo para ele ser observado? — seis horas
   d. Ele causa visão turva? — não (exceto se for severo e prolongado)
   e. Ele causa distorção do campo visual? — não (exceto se for severo e prolongado)
   f. Diferencie da neurite óptica.
      i. fundoscopia _____ _____ _____ — pode parecer igual
      ii. a perda visual é maior na _____ — na neurite óptica
      iii. a dor à palpação é maior na _____ — na neurite óptica

8. **Qual é o diagnóstico diferencial para o papiledema unilateral?**   32.2.2
   (Dica: SIGE)
   a. S_____ de _____-_____ — Síndrome de Foster-Kennedy
   b. I_____ — Inflamação
   c. G_____ _____ — Glioma óptico
   d. E_____ _____ — Esclerose múltipla

Parte 11: Neuroftalmologia e Neurotologia

■ Campos Visuais

9. **Quanto aos campos visuais, complete.**
   a. A extensão aproximada do campo visual é de:
      i. nasalmente, _____° em cada olho — 35
      ii. temporalmente _____° em cada olho — 90
      iii. acima e abaixo do meridiano horizontal, _____° em cada olho — 50
   b. O ponto cego normal é causado pela _____ e se localiza no lado _____ da área visual macular de cada olho. — ausência de fotorreceptores na região do disco óptico em que o nervo óptico penetra na retina; temporal
   c. A divisão da mácula ocorre em lesões _____ ou _____ ao corpo geniculado lateral (LGB). — anteriores ou posteriores
   d. A preservação macular tende a ocorrer em lesões _____ ao LGB. — posteriores

■ Déficits do Campo Visual

10. **Quanto aos déficits do campo visual:**
    a. Pode ser testado _____ ao _____, ou por _____ _____. — junto ao leito; perimetria formal
    b. Os déficits do campo visual dependem da localização da lesão. Por exemplo:
       i. nervo óptico direito: _____ _____ _____ — cegueira monocular direita
       ii. quiasma óptico: _____ _____ — hemianopsia bitemporal
       iii. alça de Meyer direita: _____ _____ _____, com _____ da _____ — quadrantonopsia superior esquerda com preservação da mácula
       iv. occipital direito (córtex visual): _____ do _____ _____, com _____ da _____ — hemianopsia do homônimo esquerdo, com preservação da mácula

■ Diâmetro Pupilar

11. **Quanto às fibras nervosas dilatadoras de pupila, complete.**
    a. Fibras nervosas simpáticas de primeira ordem
       i. origem: p_____ do _____ — posterolateral do hipotálamo
       ii. destino: coluna celular i_____ _____ (_____ a _____) — intermediária lateral (C8 a T2)
       iii. neurotransmissor: a_____ — acetilcolina (ACh)
    b. Fibras nervosas simpática de segunda ordem
       i. origem: coluna de células i_____-_____ — intermédio-laterais
       ii. destino: g_____ c_____ s_____ — gânglio cervical superior

c. Fibras nervosas simpáticas de terceira ordem
   i. origem: g_____ c_____ s_____ — gânglio cervical superior
   ii. destino: m_____ d_____ da p_____ do olho, g_____ l_____, m_____ de M_____ — músculo dilatador da pupila do olho (nervos ciliares longos); glândulas lacrimais; músculo de Müller
   iii. neurotransmissor: n_____ — norepinefrina

12. **Como se distribuem os músculos dilatadores de pupila?** — radialmente — 32.5.1

13. **Descreva a anatomia da transmissão do simpático para o olho.** — 32.5.1
    a. h_____ — hipotálamo
    b. c_____ _____ _____ — coluna de células intermédio-laterais
    c. c_____ do _____ _____ g_____ _____ — células do corno lateral; gânglios ciliares

    Sumário do simpático: primeira ordem: posterolateral (a) hipotálamo → desce pelo tegumento do mesencéfalo não atravessado pela ponte, pela medula, pelo cordão espinal (SC) para a (b) coluna de células intermédio-laterais, C8-T2 (centro cilioespinal de Budge) → faz sinapse com (c) a acetilcolina das células do corno lateral e origina neurônios de segunda ordem (a) (pré-ganglionares). Segunda ordem: entra na cadeia simpática → (b) no gânglio cervical superior. Terceira ordem: (a) (pós-ganglionar): sobe com a artéria carótida comum (CCA) (b), os mediadores do suor da face sobem pela artéria carótida externa (ECA), os restantes sobem pela artéria carótida interna (ICA). Alguns passam: = (d) V1 → gânglio ciliar (e) norepinefrina dilatadora das pupilas = ICA → (f) artéria oftálmica → (g) glândula lacrimal e músculo de Müller.

14. **Os constritores das pupilas (parassimpáticos) são músculos organizados c_____, como um e_____.** — concentricamente; como um esfíncter — 32.5.2

Parte 11: Neuroftalmologia e Neurotologia

15. **Descreva o fluxo parassimpático em direção aos olhos.**
    a. E_____-_____ — Edinger-Westphal
    b. g_____ _____ — gânglio ciliar
    c. t_____ _____ — terceiro nervo. Sumário dos parassimpáticos: os pré-ganglionares surgem no núcleo de Edinger-Westphal, ao nível da sinapse do colículo superior do gânglio ciliar. Os pós-ganglionares viajam sobre o terceiro nervo para (e) o esfíncter da pupila e o músculo ciliar (avoluma a lente, causando a acomodação por relaxamento).

    32.5.2

16. **Descreva o reflexo pupilar à luz.**
    a. r_____ — retina
    b. n_____ _____ — nervo óptico
    c. p_____-_____ — pré-tectal
    d. E_____ _____ — Edinger-Westphal
    e. t_____ _____ — terceiro nervo
    f. g_____ _____ — gânglio ciliar
    g. r_____ de _____ à _____ — reflexo do esfíncter à luz. Sumário: Por mediação dos (a) cones e bastonetes da retina. Transmitem para (b) o nervo óptico, através dos axônios. Desviando o corpo geniculado lateral (ao contrário da visão), formam sinapse no (c) complexo nuclear pré-tectal. Conectam-se a ambos os núcleos de Edinger-Westphal. Os pré-ganglionares viajam no (e) terceiro nervo para (f) gânglio ciliar etc. Os pós-ganglionares, pelo terceiro nervo, para o esfíncter pupilar. Os músculos ciliares se espessam (relaxam), causando acomodação.

    32.5.3

Neuroftalmologia

17. **Quanto à pupila de Argyll Robertson, complete.**   32.5.4
    a. A característica-chave é _____ de _____ _____ à _____ ou ALRP.   ausência de resposta pupilar à luz
    b. Ela ocorre em _____.   sífilis
    c. Dissociação próxima da luz significa que a pupila se contrai quando foca um objeto _____.   próximo (i.e., convergência)
    d. mas a pupila não reage à _____.   luz

18. **O defeito pupilar aferente causa anisocoria?**   não   32.5.5

19. **Quanto à anisocoria, complete.**   32.5.5
    a. pupilas desiguais juntamente com um defeito pupilar aferente (Marcus-Gunn) significa que são _____ _____.   duas lesões
    b. A anisocoria fisiológica ocorre em _____% das pessoas.   20%
    c. Geralmente a diferença é de _____ mm.   0,4
    d. Um início súbito de anisocoria geralmente é provocado por _____.   drogas
    e. Simpaticomiméticos causam _____ a _____ mm de dilatação e   1 a 2
    f.
        i. parassimpaticolíticos causam _____ mm de dilatação   8
        ii. o olho _____ reage à luz.   não

20. **Qual é o diagnóstico diferencial da anisocoria?**   32.5.5
    a. h_____ do _____   herniação do úncus (também há mudanças de estado mental)
    b. t_____   traumatismo (iridoplegia traumática, midríase ou miose)
    c. p_____ de _____   pupila de Adie (paralisia da íris – parassimpáticos pós-ganglionares defeituosos)
    d. f_____   fisiológico (menos do que 1 mm de diferença – 20% da população)
    e. s_____ de _____   síndrome de Horner (defeito no simpático para o músculo dilatador de pupila)
    f. a_____   aneurisma (artérias comunicante posterior, basilar)
    g. p_____ do _____ _____   paralisia do terceiro nervo (diabetes melito [DM1] poupando as pupilas, EtOH, aneurisma cavernoso)

Parte 11: Neuroftalmologia e Neurotologia

21. **Qual é o diagnóstico diferencial para pupila de Marcus-Gunn?** — 32.5.5
    a. localização da lesão: _____ — ipsolateral ao reflexo direto defeituoso e anterior ao quiasma
        i. d_____ de r_____, i_____ — descolamento de retina, infarto
        ii. n_____ _____ (e_____ m_____, v_____), ou t_____ — neurite nervosa (esclerose múltipla, viral) ou traumatismo
    b. na Marcus Gunn, há
        i. terceiro nervo intacto? — sim
        ii. nervos parassimpáticos intactos? — sim

22. **Quanto à pupila de Adie, complete.** — 32.5.5
    a. Pupila dilatada ou contraída? — dilatada
    b. Em razão de defeito nas fibras pré- ou pós-ganglionares? — pós-ganglionares
    c. Supostamente causada por uma _____ _____ — infecção viral
    d. nos _____ _____. — gânglios ciliares

23. **Quanto à compressão do terceiro nervo, complete o seguinte:** — 32.5.5
    a. o exemplo é o _____ — aneurisma
    b. o mais comum é _____ _____ — comunicante posterior (Cop-comm)
    c. ocasionalmente, aneurisma na _____ _____ — bifurcação basilar
    d. geralmente a pupila _____ _____ _____ — não é preservada

24. **Quanto à síndrome de Horner, complete.** — 32.5.6
    a. A pupila anormal é _____. — menor
    b. A ptose fica no lado da pupila _____. — menor

25. A ptose é causada por paralisia dos músculos _____ _____ e _____ _____. — tarsal superior e tarsal inferior — 32.5.6

26. A ptose é completa ou parcial? — parcial — 32.5.6

27. A enoftalmia é provocada por paralisia do músculo de M_____, que está ou não, envolvido na síndrome de Horner? — músculo de Müller; está envolvido — 32.5.6

28. **A síndrome de Horner é causada por interrupção no simpático que vai para o olho e a face, em algum ponto ao longo de seu trajeto. Nomeie as causas específicas que afetam o seguinte:** — 32.5.6
    a. neurônios de primeira ordem (três causas)
        i. i_____ por _____ _____ — infarto por oclusão vascular (geralmente PICA)
        ii. s_____ — siringobulbia
        iii. n_____ i_____ — neoplasia intraparenquimatosa

b. neurônios de segunda ordem (três causas)
   i.   s_____ l_____   simpatectomias laterais
   ii. t_____ t_____ s_____   traumatismo torácico significativo
   iii. n_____ p_____ a_____ (t _____ de   neoplasias pulmonares apicais
        P _____)   (tumores de Pancoast)
c. neurônios de terceira ordem (cinco causas)
   i.   t_____ de p_____   traumatismo de pescoço (p. ex.,
                                                                dissecções de carótida)
   ii. d_____ v_____ c_____   doença vascular carotídea
   iii. a_____ ó_____ c_____   anormalidades ósseas cervicais
   iv. e_____   enxaqueca

29. **Acompanhe o neurônio de terceira ordem na via da dilatação pupilar simpática.**   32.5.6
   a. os neurônios do g_____ c_____ s_____   gânglio cervical superior
   b. para o m_____ d_____ da p_____   músculo dilatador da pupila
   c. e o m_____ de M_____   músculo de Müller

30. **Verdadeiro ou Falso. Quanto à síndrome de Horner, responda.**   32.5.6
   a. em um paciente que tem síndrome de Horner e preserva a sudorese da face, a lesão está localizada: falso
      i.   no neurônio de primeira ordem   falso
      ii. no neurônio de segunda ordem   falso
      iii. no neurônio de terceira ordem   verdadeiro (as fibras lesadas na ICA causa Horner, as fibras intactas do suor da face estão na ECA)
   b. isto é compatível com um tumor de Pancoast   falso (Um tumor de Pancoast afetaria os simpáticos entre o cordão espinhal e o gânglio cervical superior [i. e., nos neurônios de segunda ordem]. As fibras para as glândulas sudoríparas seriam lesionadas, por ainda não terem se separado para seguir com a ECA.)

31. **Quanto à síndrome de Horner, complete.**   32.5.6
   a. Que medicação é usada quando o diagnóstico de síndrome de Horner é duvidoso?   cocaína
   b. Como ela funciona?   a cocaína bloqueia a recaptação da norepinefrina (NE)
   c. Por isso, na síndrome de Horner, a pupila _____ se _____ com _____.   não se dilatará com cocaína (sem liberação de NE)
   d. Em um paciente normal, a pupila _____ _____.   dilatará normalmente

Parte 11: Neuroftalmologia e Neurotologia

g. A cabeça fica inclinada para o ____ ____ ao da paralisia do Cr. N. IV.   lado oposto
h. A diplopia é exacerbada quando se olha para ____ (p. ex., ____).   baixo; escadas

41. **Nomeie as causas da paralisia abducente.**
    a. a____   arterite, aneurismas
    b. p____   paralisia do sexto nervo
    c. d____   diabetes, canal de Dorello (síndrome de Gradenigo)
    d. I____   ICP descontrolada, pseudotumor, traumatismo, tumor
    e. l____   lesões nos seios cavernosos
    f. d____   doença ocular, tireoide, miastenia grave
    g. n____   neoplasia
    h. s____   sinusite no esfenoide (síndrome de Gradenigo)

42. **Combinando. Combine a síndrome com os nervos envolvidos nos transtornos por envolvimento motor extraocular múltiplo.**
    Síndrome:
    ① seios cavernosos; ② fissura orbital superior; ③ ápice orbital
    Nervos envolvidos: abaixo (a-g)
    a. II   ③
    b. III   ①, ②, ③
    c. IV   ①, ②, ③
    d. V1   ①, ②, ③
    e. V2   ①
    f. V3
    g. VI   ①, ②, ③

■ Síndromes Neuroftalmológicas

43. **Quanto à síndrome de Tolosa-Hunt:**
    a. Essa oftalmoplegia é dolorosa ou indolor?   dolorosa
    b. Que nervo(s) é/são envolvido(s)?   todos os nervos que atravessam o seio cavernoso
    c. A pupila geralmente é ____.   preservada
    d. Quanto duram os sintomas?   de dias a semanas
    e. Pode haver remissão espontânea?   sim
    f. Pode haver recorrência dos ataques?   sim
    g. Há envolvimento sistêmico?   não
    h. Como ela é tratada?   com esteroides sistêmicos = 60 a 80 mg diários de prednisona oral (reduzir lentamente)

Neuroftalmologia

i. Supostamente, a doença é uma _____ _____.   inflamação inespecífica

j. A inflamação está localizada na _____ _____ _____.   fissura orbital superior

44. Quanto à neuralgia paratrigeminal de Raeder, complete.   32.7.3
 a. Nomeie dois componentes.
  i. p_____ o_____ u_____   paresia oculossimpática unilateral (pense em síndrome de Horner – anidrose ± ptose)
  ii. e_____ h_____ do n_____ t_____   envolvimento homolateral do nervo trigêmeo (síndrome de Horner e dor em tiques)
 b. A pupila está _____.   pequena
 c. Verdadeiro ou Falso. A dor é contínua.   falso (é intermitente, em tiques)
 d. A dor está localizada no _____.   nervo trigêmeo V1 (divisão oftálmica), e nos simpáticos

45. Quanto à síndrome de Gradenigo, complete.   32.7.4
 a. O que é a síndrome de Gradenigo?   uma petrosite apical
 b. Ela envolve o canal de _____.   canal de Dorello
 c. Nomeie a tríade clássica.
  i. p_____ a_____   paralisia; abducente
  ii. d_____ onde? _____   dor; retro-orbital
  iii. d_____ pela _____   drenagem; pela orelha
 d. A dor está localizada no a_____ _____.   ápice petroso
 e. Características
  i. G_____   Gradenigo
  ii. d_____-_____   dor retro-orbital
  iii. p_____ _____   petrosite apical – paralisia abducente
  iv. o_____ d_____   orelha drenante – canal de Dorello
  v. o_____ que d_____   orelha que drena
  vi. n_____ de_____   neuropatia de VI
  vii. i_____   inflamação
  viii. p_____   petrosite
  ix. d_____ o_____   dor orbital

■ Sinais Neuroftalmológicos Diversos

46. Quanto ao balanço ocular, complete.   32.8
 a. Os olhos se movem _____ _____.   para baixo
 b. Quantas vezes por minuto?   2 a 12
 c. O balanço ocular está associado à paralisia bilateral da _____ _____.   mirada horizontal
 d. Ele é observado na destruição do _____ _____.   tegmento pontino

47.	**A atrofia óptica é causada por uma lesão _____.** compressiva	32.8
48.	**Opsoclonia é um movimento _____, _____, _____, _____ do olho.** rápido, conjugado, irregular, arrítmico	32.8
49.	**Oscilopsia é a sensação visual de que os objetos estacionários estão _____ ou _____ lado a lado.** vibrando ou oscilando	32.8

33

Neurotologia

■ Tontura e Vertigem

1. **O diagnóstico diferencial de tonturas inclui:** 33.1.1
   a. s_____ — semissíncope
   b. d_____ — desequilíbrio
   c. v_____ — vertigem
   d. s_____ de _____ na _____ — sensação de vazio na cabeça

2. **Qual é a definição da vertigem?** 33.1.1
   a. Sensação de _____ — movimento (geralmente giratório)
   b. causada por
      i. d_____ da o_____ i_____ — disfunção da orelha interna
      ii. d_____ do n_____ v_____ — disfunção do nervo vestibular

3. **Verdadeiro ou Falso. Quando apresenta vertigem, a disfunção da orelha interna compreende o seguinte:** 33.1.1
   a. labirintite — verdadeiro
   b. traumatismo, *i.e.*, v_____ de e_____ — verdadeiro (*i.e.*, vazamento de endolinfa)
   c. drogas, *i.e.* a_____ — verdadeiro (*i.e.*, aminoglicosídeos)
   d. neurinoma acústico — falso (o neurinoma acústico não causa disfunção da orelha interna, mas pode causar vertigem por compressão do nervo vestibular)
   e. insuficiência vertebrobasilar — verdadeiro (outras causas de vertigem incluem causas internas: doença de Ménière, vertigem posicional paroxística benigna, sífilis)

4. **Quanto à cupulolitíase, complete.** 33.1.1
   a. O que é cupulolitíase? c_____ de c_____ no c_____ s_____ — concentrações de cálcio no canal semicircular
   b. Ela também é conhecida como v_____ p_____ p_____ b_____. — vertigem posicional paroxística benigna
   c. Os sintomas se manifestam ao _____ a _____. — girar a cabeça
   d. Geralmente o paciente está na _____. — cama

Parte 11: Neuroftalmologia e Neurotologia

e. Ela é autolimitante? — sim
f. Durante quanto tempo? — geralmente não mais que um ano
   A audição é afetada? — não há perda auditiva

5. **Descreva as indicações e complicações da neurectomia vestibular seletiva (SVN).** — 33.1.2
   a. Indicações
      i. d_____ de M_____ — doença de Ménière
      ii. l_____ v_____ p_____ — lesão vestibular parcial
   b. Justificativa? — Para casos de vertigens incapacitantes, refratárias a tratamentos medicamentosos/cirúrgicos não destrutivos. A SVN preserva a audição; é eficaz em 90% (doença de Ménière) e 80% (surtos de vertigens).
   c. Complicações
      i. p_____ a_____ — perda auditiva (incomum)
      ii. o_____ — oscilopsia (síndrome de Dandy)
      iii. p_____ de e_____ no e_____, na SVN bilateral — perda de equilíbrio no escuro, na SVN bilateral (perda do reflexo vestíbulo-ocular)

6. **Quanto ao nervo vestibular, responda.** — 33.1.2
   a. Em qual metade do complexo do oitavo nervo se situa? — superior
   b. Qual a cor em relação ao nervo coclear? — mais cinzento
   c. Para preservar a audição, que vaso tem de ser preservado? — a artéria do canal auditivo

7. **Verdadeiro ou Falso. O Cr. N. VII pode ser diferenciado do Cr. N. VIII no canal auditivo interno (IAC) por meio de:** — 33.1.2
   a. estimulação direta/gravação — verdadeiro
   b. situa-se anterior e superiormente ao VIII — verdadeiro
   c. crista transversa e barra de Bill — verdadeiro
   d. é mais escuro do que Cr. N. VIII — falso (Cr. N. VII é mais pálido/esbranquiçado)
   e. monitoramento eletromiográfico (EMG) de Cr. N. VII, durante a manipulação — verdadeiro

■ Doença de Ménière

8. A doença de Ménière também é conhecida como h_____ e_____. — hidropsia endolinfática — 33.2.1
9. **Qual é a tríade clínica da doença de Ménière?**
   a. a_____ v_____ de _____ — ataques violentos de vertigem
   b. t_____ — tinido
   c. p_____ a_____ — perda auditiva (flutuante, de baixa frequência)

10. Os estudos diagnósticos de pacientes com doença de Ménière incluem: 33.2.3
   a. E_____ com e_____ c_____ b_____   ENG com estimulação calórica bitérmica
   b. a_____   audiograma
   c. B_____   BAER
   d. Sem achado em i_____ r_____   imagens radiográficas

11. Verdadeiro ou Falso. O tratamento da doença de Ménière inclui: 33.2.3
   a. perfusão da orelha média com gentamicina   verdadeiro
   b. neurectomia vestibular bilateral   falso (o procedimento ablativo bilateral deve ser evitado)
   c. restrição de sal   verdadeiro
   d. supressores vestibulares (p. ex., Valium, meclizina)   verdadeiro
   e. derivação endolinfática   verdadeiro
   f. diuréticos (p. ex., Diamox)   verdadeiro

■ Paralisia do Nervo Facial

12. Quanto à paralisia do nervo facial, responda.   33.3.2
   a. Qual a parte da face envolvida?   só a inferior
   b. A expressão facial de emoções (p. ex., sorrir) está _____.   intacta
   c. A lesão é na parte mais baixa do _____ p_____-_____.   giro pré-central
   d. Parte da face é poupada da paralisia porque a parte _____ da _____ tem _____ _____.   superior da face; representação bilateral

13. Quanto à paralisia facial nuclear, complete.   33.3.2
   a. Ela causa paralisia _____ de todos os músculos _____ pelo _____.   ipsolateral; inervados; Cr. N. VII
   b. Somada à paralisia do sexto nervo, ela constitui a síndrome de _____-_____.   Millard-Gubler
   c. Ela também pode ser causada por um tumor peculiar chamado.   meduloblastoma
   d. Especialmente quando este _____ o _____ do _____ _____.   invade o assoalho do quarto ventrículo
   e. Verdadeiro ou Falso. A paralisia facial nuclear é causada por um dano ao núcleo motor, na junção pontomedular.   verdadeiro

14. Verdadeiro ou Falso. Quanto à anatomia do Cr. N. VII.   33.3.2
   a. Entra na porção superoanterior do IAC.   verdadeiro
   b. A curva externa é o gânglio geniculado.   verdadeiro
   c. GSPN é o primeiro ramo após o gânglio.   verdadeiro
   d. Sai no forame estilomastóideo.   verdadeiro

220 Parte 11: Neuroftalmologia e Neurotologia

15. Quanto ao sétimo nervo, complete.
   a. Ele sai do tronco cerebral na _____ _____.   junção pontomedular
   b. Ele entra no IAC na _____ _____.   porção superoanterior
   c. O gânglio geniculado está localizado no osso _____.   temporal
   d. O primeiro ramo é o _____ _____ _____ _____,   nervo petrosal superficial maior
   e. que vai para o _____ _____,   gânglio pterigopalatino
   f. e inerva a _____ _____ e a _____ _____.   glândula lacrimal e a mucosa nasal. Se for lesionado, olhos e mucosa nasal ficam secos.
   g. O ramo seguinte vai para o _____ _____.   músculo estapédio – para a orelha – hiperacusia.
   h. O ramo seguinte é o _____ _____.   cordão timpânico – gustação
   i. Então ele sai pelo _____ _____   forame estilomastóideo
   j. e envia ramos para a _____.   face

16. Nomeie os ramos do nervo facial no osso temporal, e suas funções.
   a. p_____   nervo petroso superficial maior (GSPN), para o gânglio pterigopalatino, inerva as mucosas nasal e palatina, e a glândula lacrimal
   b. r_____ para o _____ _____   ramo para o músculo estapédio, regulação de volume
   c. c_____   cordão timpânico, sentido da gustação nos dois terços anteriores da língua
   d. fibras para as g_____ s_____   glândulas salivares, submandibulares e sublinguais
   e. o nervo prossegue para os _____ _____   músculos faciais

17. Nomeie os ramos do nervo facial para os músculos faciais, de cranial a caudal.
   a. t_____   temporal
   b. z_____   zigomático
   c. b_____   bucal
   d. m_____   mandibular
   e. c_____   cervical

18. Nomeie as três causas mais comuns de paralisia do nervo facial.
   a. p_____ de _____   paralisia de Bell
   b. h_____-_____ _____   herpes-zóster ótico
   c. t_____   traumatismo/fratura na base do crânio

Neurotologia   221

19. **Liste o diagnóstico diferencial da paralisia do nervo facial.**

    cirurgia de parótida
    congênita
    diabetes
    doença de Lyme
    fratura
    Guillan-Barré
    herpes-zóster
    Klippel-Feil
    meningioma
    neoplasma
    otite média
    paralisia de Bell
    sarcoide
    traumatismo
    tumor acústico

    33.3.3

20. **Descreva a paralisia do sétimo nervo.**   33.3.4
    a. A causa mais comum da paralisia facial é a _____ de _____.   paralisia de Bell
    b. Etiologia: _____   desconhecida
    c. Etiologia provável: i_____ v_____ p_____ d_____   inflamação viral; polineurite desmielinizante
    d. Geralmente precedida por uma _____ _____.   síndrome viral
    e. Ela é causada pelo vírus do _____ _____.   herpes simples
    f. Ela evolui de _____ para _____.   distal para proximal
    g. O que significa
        i. primeiro   o movimento facial
        ii. depois   perda de gustação e salivação
        iii. então   hiperacusia
        iv. e aí   diminuição da lacrimação
    h. A porcentagem dos que se recuperam completamente é de _____ a _____% e parcialmente, de _____%   75 a 80%; 10%
    i. Manejar com _____ e _____. A d_____ c_____ raramente é necessária.   EMG e esteroides; descompressão cirúrgica
    j. Havendo presença de vesículas herpéticas e aumento do título de anticorpos anti-VZV, esses pacientes são diagnosticados como tendo p_____ f_____ por h_____ - z_____ o_____, e chance aumentada de terem d_____ do n_____ f_____.   paralisia facial por herpes-zóster ótico; degeneração do nervo facial   33.3.5

21. **Quais são as considerações quanto à reparação cirúrgica de lesão no nervo facial?**   33.3.6
    a. Se sabemos que ele está interrompido, _____ _____.   reanastomosar precoce
    b. As opções de anastomose incluem:
        i. O h_____, o que origina alguma morbidade na l_____   hipoglosso; língua
        ii. O e_____ a_____, o que sacrifica algum m_____ do o_____   espinhal acessório; movimento do ombro
    c. Se sabemos que ele apresenta continuidade, _____ _____ _____ _____.   observar por vários meses
    d. Papel dos testes elétricos?   após uma semana, fazer testes elétricos em série

■ Perda Auditiva

22. **Quanto à perda auditiva, descreva o seguinte.** 33.4.1
    a. Condutiva
        i. fala do paciente — voz normal ou em volume baixo
        ii. Teste de Rinne — ar < osso = negativo (*i. e.*, anormal)
        iii. Teste de Weber lateraliza para o lado da _____ _____. — audição deficiente

    b. Sensorineural 33.4.2
        i. fala do paciente — voz elevada
        ii. Teste de Rinne — ar > osso = positivo (*i. e.*, normal)
        iii. Teste de Weber lateraliza para o lado da _____ _____. — audição normal

34

Informações Gerais, Classificação e Marcadores Tumorais

■ Classificação dos Tumores do Sistema Nervoso

1. **Verdadeiro ou Falso. Os tumores abaixo são considerados, pela Organização Mundial da Saúde (WHO), como sendo de grau IV:** *Tabela 34.2*
   a. astrocitoma anaplásico — falso, o astrocitoma anaplásico tem grau III
   b. gliossarcoma — verdadeiro
   c. astrocitoma fibrilar — falso, o astrocitoma fibrilar tem grau II
   d. astrocitoma subependimático de células gigantes — falso. O SEGA é de grau II

2. **Verdadeiro ou Falso. Tumores de origem neuroglial mista incluem os seguintes:** *Tabela 34.2*
   a. ganglioglioma — verdadeiro
   b. neurocitoma central — verdadeiro
   c. tumor neuroectodérmico primitivo (do inglês, PNET) — falso, o PNET é arrolado como tumor embrionário
   d. ganglioglioma desmoplásico infantil (DIG) — verdadeiro
   e. pineoblastoma — falso, é arrolado como tumor pinealocítico

3. **Quanto a meduloblastomas, complete.** *Tabela 34.2*
   a. O meduloblastoma é considerado um tumor do tipo _____. — embrionário
   b. Ele também é conhecido como _____. — PNET

4. **Nomeie os dois tipos de craniofaringiomas.** *Tabela 34.2*
   a. a_____ — adamantinomatoso
   b. p_____ — papilar

5. **Os seguintes canceres primários frequentemente metastatizam para o cérebro.** *Tabela 34.2*
   a. p_____ (especialmente o de c_____ p_____) — pulmonar, células pequenas
   b. m_____ — mama
   c. m_____ — melanoma
   d. c_____ de c_____ r_____ — carcinoma de células renais
   e. l_____ — linfoma
   f. g_____ — gastrointestinal

Parte 12: Tumores Primários dos Sistemas Nervoso e Relacionados

■ Tumores Cerebrais – Aspectos Clínicos Gerais

6. Liste as quatro apresentações mais comuns em tumores cerebrais, e suas frequências.
   a. d____ n____ p____: ____% — déficit neurológico progressivo: 68%
   b. c____: ____% — cefaleia: 54%
   c. f____ m____: ____% — fraqueza motora: 45%
   d. c____: ____% — convulsões: 26%

   34.2.1

7. Até prova contrária, ao ocorrer uma convulsão primordial em um paciente com mais de 20 anos de idade, pense em ____. — tumor

   34.2.1

8. Descreva as "síndromes" características nas seguintes situações.
   a. Lobo frontal: a____, d____, mudanças de ____ — abulia, demência, mudanças de personalidade
   b. Lobo temporal: alucinações a____ ou o____; defeito de m____, q____ c____ s____ — auditivas ou olfativas; defeito de memória; quadrantanopsia contralateral superior
   c. Lobo parietal: defeito m____ ou s____, h____ h____ — motor ou sensório; hemianopsia homônima
   d. Lobo occipital: d____ no ____ ____ contralateral, a____ — déficits no campo visual; alexia

   34.2.2

9. Quais são as cinco etiologias comuns da cefaleia, em um quadro de tumor intracraniano?
   1. Aumento da ICP, em razão do efeito de massa ou à hidrocefalia
   2. Invasão de estruturas sensíveis à dor, inclusive a dura, vasos sanguíneos e periósteo
   3. Secundária à dificuldade visual
   4. Hipertensão secundária à ICP aumentada
   5. Psicogênica, em razão do estresse pela perda da capacidade funcional

   34.2.3

10. Quanto a um paciente com > 20 anos que apresenta cefaleia, complete.
    a. A cefaleia clássica associada a um tumor cerebral se caracteriza por:
       i. piora em ____ (AM versus PM) — AM
       ii. ____ (aumenta versus diminui) com tosse — aumenta
       iii. ____ (aumenta versus diminui) com inclinar-se para frente — aumenta
       iv. está associada a n____ e/ou v____ — náusea e/ou vômitos

   34.2.3

b. Quais as porcentagens de pacientes que têm essas cefaleias "clássicas"?	8% (77% têm cefaleia semelhante à cefaleia tensional; em 9% ela é semelhante à enxaqueca; só 8% apresentam a cefaleia clássica do tumor cerebral; dois terços destes têm ICP elevada)	
11. A _____ _____ é o assim chamado centro de vômito.	área postrema	34.2.5
12. O nervo craniano _____ é o que tem o percurso intracraniano mais longo.	Cr. N. VI (nervo abducente)	34.2.5
13. Combinando as áreas do cerebelo/tronco cerebral com os sintomas: ① hemisfério cerebelar; ② vérmis; ③ tronco cerebral Sintomas: abaixo (a-g)		34.2.5
a. ataxia das extremidades	①	
b. andar com os pés espalhados	②	
c. ataxia do tronco	②	
d. dismetria	①	
e. tremor intencional	①	
f. nistagmo	③	
g. disfunção de nervo craniano	③	
14. Quais são os prós e os contras de colocar um *shunt* ou um dreno ventricular externo (EVD) em um paciente pediátrico que tem um tumor na fossa posterior e hidrocefalia? a. Prós:		34.2.5
i. possivelmente reduzirá a m_____ o_____	mortalidade operatória	
b. Contras:		
i. a d_____ do *shunt*	durabilidade	
ii. d_____ peritoneal	disseminação	
iii. herniação t_____ para c_____	transtentorial para cima	
iv. i_____ no *shunt*	infecção	
v. r_____ o tratamento definitivo	retarda	

■ Tumores Cerebrais Pediátricos

15. Os tumores cerebrais pediátricos mais comuns incluem:		34.3.2
a. g_____	gliomas	
b. tumores p_____	pineais	
c. c_____	craniofaringiomas	
d. t_____	teratomas	
e. g_____	granulomas	
f. Tumores P_____, incluindo m_____	PNET; meduloblastoma	

Parte 12: Tumores Primários dos Sistemas Nervoso e Relacionados

16. **Quanto aos tumores pediátricos infratentoriais e supratentoriais, complete.** Tabela 34.3
    a. Faixa etária *versus* % de infratentoriais
        i. 0-6 meses: _____%   27%
        ii. 6-12 meses: _____%   53%
        iii. 12-24 meses: _____%   74%
        iv. 2-16 anos: _____%   42%
    b. Em conjunto, os _____ são os tumores supratentoriais mais comuns em pediatria.   astrocitomas   34.3.3
    c. Verdadeiro ou Falso?   34.3.1
        i. Os tumores cerebrais são o segundo tipo de câncer mais comum na infância.   verdadeiro
        ii. Eles são os tumores sólidos mais comuns na infância.   verdadeiro
    d. Em neonatos, 90% dos tumores cerebrais são de origem n_____, e os _____ são os mais comuns.   neuroectodérmica; teratomas   34.3.4

17. **As apresentações comuns em tumores pediátricos incluem:**   34.3.4
    a. v_____   vômitos
    b. m_____ d_____   mau desenvolvimento
    c. i_____ de c_____   insuficiência de crescimento
    d. c_____   convulsões

■ Medicações para Tumores Cerebrais

18. **Os efeitos benéficos dos esteroides são maiores para tumores _____ (metastáticos *versus* primários).**   tumores metastáticos   34.4.1

19. **Em termos de profilaxia com anticonvulsivantes em tumores cerebrais:**   34.4.2
    a. Existe evidência de nível _____ de que os AEDs _____ (devem/não devem) ser usados rotineiramente em pacientes com tumores cerebrais recentemente diagnosticados.   nível I; não devem
    b. Existe evidência de nível _____ de que, nos pacientes que vão à craniotomia por tumores cerebrais, os AEDs profiláticos _____ (podem/não podem) ser usados.   nível II; podem

Informações Gerais, Classificação e Marcadores Tumorais 227

■ Quimioterapia para Tumores Cerebrais

20. **Combine o agente quimioterápico com seu mecanismo de ação.**
    ① recombinação do DNA; ② alquilação do DNA; ③ inibidor da função do microtúbulo; ④ inibidor da topoisomerase II; ⑤ inibidor da topoisomerase I; ⑥ inibidor de PKC; ⑦ anticorpo anti-VEGF

    Tabela 34.5

    a. Bevacizumab: _____   ⑦
    b. Vincristina: _____   ③
    c. Irinotecan (CPT-11): _____   ⑤
    d. Temozolomida: _____   ②
    e. BCNU: _____   ①

21. **Quanto à Temozolomida, complete.**   34.5.2
    a. É uma medicação _____ (oral *versus* IV), que funciona por meio de _____ do DNA. — oral; alquilação
    b. Ela funciona como uma _____ e, em pH fisiológico, converte-se, de forma rápida e não enzimática, em _____. — pró-droga; MITC (monometiltriazenoimidazol carboxamida)
    c. Primariamente, a alquilação da MITC ocorre nas posições _____ e _____ da _____, mas alguns tumores podem reparar esse dano com _____, que é codificada pelo gene _____. — O6 e N7; guanina; AGT; MGMT

22. **Para contornar a barreira hematoencefálica (BBB), podem ser usadas as seguintes táticas:**   35.5.4
    a. um agente l_____ — liofílico
    b. d_____ m_____ — doses maiores (de medicação)
    c. r_____ da BBB — ruptura da BBB (p. ex., com manitol)
    d. s_____ da BBB — *shunt* da BBB (p. ex., metotrexato intratecal para linfoma primário)
    e. polímeros d_____ i_____ — polímeros diretamente implantáveis

23. **Quanto a imagens de tumores, complete.**   34.5.5
    a. Tipicamente, o tempo apropriado para obtenção de imagens pós-operatórias para avaliação de sangramentos situa-se entre _____-_____ horas. — 6-12 horas
    b. O tempo apropriado para obter imagens pós-operatórias de tumor residual pode ser entre _____ e _____ dias, ou após cerca de _____ dias. — 2 e 3 dias; 30 dias
    c. Há uma exceção a essa regra de ouro da contagem de tempo para os tumores de _____. — hipófise

■ Escolha das Colorações Comumente Utilizadas em Neuropatologia

24. **Verdadeiro ou Falso. Geralmente, esse marcador de tumor uma origem astroglial.** 34.7.2, 34.7.3
    a. proteína ácida das fibrilas gliais (do inglês, GFAP) — verdadeiro (a GFAP raramente ocorre fora do CNS. Por isso, a presença de GFAP em um tumor encontrado no CNS geralmente é considerada como uma boa evidência da origem glial dele)
    b. proteína S-100 — falso
    c. citoqueratina — falso
    d. enolase neurônio-específica (NSE) — falso
    e. gonadotrofina coriônica humana (do inglês, hCG) — falso

25. **Verdadeiro ou Falso. Esse marcador de tumor pode ser útil na diferenciação entre tumores metastáticos e tumores primários do CNS.** 34.7.2, 34.7.3
    a. GFAP — verdadeiro (indica origem astroglial; é incomum que uma lesão metastática tenha coloração positiva)
    b. proteína S-100 — verdadeiro (está associada a melanomas metastáticos)
    c. citoqueratina — verdadeiro (associada a tumores metastáticos, visto que cora células epiteliais)
    d. NSE — verdadeiro (associada ao câncer metastático das células pulmonares pequenas)
    e. hCG — verdadeiro (associada a metástases cerebrais de origem uterina, ou com coriocarcinoma testicular)
    f. α-fetoproteína — verdadeiro (associada a cânceres de ovário, estômago, pulmão, cólon e pâncreas)
    g. antígeno carcinoembriônico (CEA) — verdadeiro
    h. CSF-CEA — verdadeiro (associado à propagação de vários tipos de câncer)

26. **Quanto ao marcador de tumor MIB-I, complete o seguinte:** 34.7.2
    a. Detecta o antígeno _____. — Ki-67
    b. Em grande quantidade, indica a_____ m_____. — atividade mitótica
    c. Correlaciona-se com o grau de _____. — malignidade
    d. É usado para a_____, m_____, l_____ e tumores e_____ — astrocitomas, meningiomas, linfomas e tumores endócrinos

27.	**A β-hCG está elevada nos seguintes tumores:**	34.7.3
	u_____ metastático ou coriocarcinoma t_____	uterino; testicular
b.	c_____ primário ou c_____ c_____ da região pineal ou suprasselar	coriocarcinoma, carcinoma celular
28.	**O marcador de tumores _____ pode surgir após um traumatismo de cabeça, e pode estar elevado na doença de Creutzfeldt-Jakob.**	S-100	34.7.3

35

Síndromes Envolvendo Tumores

■ Síndromes Neurocutâneas

1.	A maioria dos transtornos neurocutâneos apresenta um padrão de herança _____ _____.	autossômico dominante	35.1.1
2.	Verdadeiro ou falso. Os transtornos abaixo são neurocutâneos.		35.1.1
a.	Síndrome de Sturge-Weber	verdadeiro	
b.	Neurofibromatose	verdadeiro	
c.	Esclerose tuberosa	verdadeiro	
d.	Doença de von Hippel-Lindau	verdadeiro	
e.	Síndrome de Foix-Alajouanine	falso (Síndrome de Foix-Alajouanine: deterioração neurológica, aguda ou subaguda, em paciente com malformação arteriovenosa espinhal, sem evidências de hemorragia.)	
3.	Os schwannomas tendem a _____ as fibras nervosas, enquanto os neurofibromas tendem a _____ um nervo de origem.	deslocar; encapsular	35.1.2
4.	Verdadeiro ou Falso. Quanto às diferenças entre NF-1 e NF-2, as seguintes afirmativas estão corretas:		Tabela 35.1
a.	O nome alternativo da NF-1 é síndrome von Recklinghausen.	verdadeiro	
b.	A NF-2 tem maior incidência e prevalência do que a NF-1.	falso; (a NF-1 corresponde a > 90% dos casos de neurofibromatose)	
c.	Os padrões de herança da NF-1 e da NF-2 são, ambos, autossômicos dominantes.	verdadeiro	
d.	Schwannomas vestibulares bilaterais são comumente observados em NF-2, mas não em NF-1.	verdadeiro	
e.	Os nódulos de Lisch estão associados a NF-2.	falso (associados a NF-1)	
f.	Anomalias esqueléticas são frequentes em NF-1.	verdadeiro	
g.	A catarata é frequente em NF-2.	verdadeiro	

Síndromes Envolvendo Tumores

h. O produto do gene NF2 é a neurofibromina.	falso (o produto do gene NF-1 é a neurofibromina; o do gene NF-2 é a schwannomina (merlin))	
i. Tanto em NF-1 quanto em NF-2 observa-se um aumento da frequência de tumores malignos.	verdadeiro	
5. Os critérios de diagnóstico para NF-1 incluem 2 ou mais dos seguintes		Tabela 35.2
a. seis ou mais manchas c_____ c_____ l_____	café com leite	
b. n_____ p_____	neurofibromatose periférica	
c. h_____ nas regiões axilares ou inguinais	hiperpigmentação	
d. g_____ o_____	gliomas ópticos	
e. dois ou mais n_____ de L_____	nódulos de Lisch	
f. anormalidade ó_____ perceptível	óssea (p. ex., displasia do esfenoide)	
g. _____ consanguíneo de primeiro grau com NF-1	Algum	
6. Quanto ao gene NF-1, complete.		35.1.2
a. o padrão de herança geralmente é _____ _____	autossômico dominante	
b. _____-_____% dos casos são causados por novas mutações somáticas.	30-50%	
c. Após a idade de 5 anos, ele tem _____% de penetrância.	100%	
d. Situa-se no cromossomo _____.	17q11.2	
e. Seu produto gênico é a _____.	neurofibromina	
7. Os critérios para diagnóstico de NF-2 incluem:		Tabela 35.3
a. O diagnóstico é definitivo se houver imagens com s_____ v_____ b_____	schwannomas vestibulares bilaterais	
b. O diagnóstico é definitivo se houver um consanguíneo de primeiro grau com NF-2 E, TAMBÉM, um s_____ v_____ u_____, em idade menor do que _____ anos OU, TAMBÉM, duas das seguintes características:	schwannoma vestibular unilateral; 30	
i. m_____	meningioma	
ii. s_____	schwannoma	
iii. g_____	glioma	
iv. o_____ da l_____ s_____ p_____	opacidade da lente subcapsular posterior	
8. Quais são as características clínicas da NF-2?		35.1.2
a. T_____ i_____ e_____ múltiplos são comuns	Tumores intradurais espinhais	
b. A maioria dos pacientes com NF-2 ficará _____.	surda	
c. H_____ r_____	Hamartomas retinianos	
d. A gravidez pode _____ o crescimento de oito tipos de tumores nervosos.	acelerar	

232 Parte 12: Tumores Primários dos Sistemas Nervoso e Relacionados

9. **Quanto ao gene NF-2, complete.**   35.1.2
   a. O padrão de herança geralmente é ____ ____ — autossômico dominante
   b. Situa-se no cromossomo ____. — 22q12.2
   c. A mutação leva à inativação da ____. — schwannomina (merlina), um peptídeo supressor de tumores

10. **Liste as características clínicas da esclerose tuberosa:**   35.1.3
    a. c____ — convulsões
    b. a____ s____ — adenomas sebáceos
    c. r____ m____ — retardo mental
    d. Essa tríade é observada em menos de ____ dos casos. — 1/3

11. **Quanto à esclerose tuberosa, complete.**   35.1.3
    a. N____ ____ no CNS são achados típicos — Nódulos subependimáticos
    b. Os a____ de c____ g____ são os neoplasias frequentemente associados. — astrocitomas de células gigantes
    c. A CT demonstra c____ i____. — calcificações intracerebrais

12. **Quanto à genética do complexo da esclerose tuberosa, complete o seguinte:**   35.1.3
    a. A maioria dos casos é causada por m____ e____. — mutações espontâneas
    b. Os dois diferentes genes supressores de tumor que podem estar envolvidos são: o ____, que codifica a h____ e o ____, que codifica a t____. — TSC1; hamartina; TSC2; tuberlina
    c. Se já há uma criança afetada, a probabilidade de recorrência é de ____-____%. — 1-2%

13. **Quanto aos principais critérios para diagnóstico da esclerose tuberosa, complete.**   35.1.3
    a. Manifestações cutâneas:
       i. a____ f____ — angiofibroma facial
       ii. f____ u____ — fibroma ungueal
       iii. mais do que três m____ h____ — máculas hipomelanóticas
       iv. m____ de S____ — mancha de Shagreen
    b. Lesões cerebrais e oculares:
       i. t____ c____ — tubérculos corticais
       ii. n____ s____ — nódulos subependimários
       iii. a____ s____ de c____ g____ — astrocitomas subependimários de células gigantes
       iv. h____ n____ r____ — hamartomas nodulares retinais
    c. Tumores em outros órgãos:
       i. c____ — cardíacos
       ii. r____ — rabdomiomas
       iii. l____ — linfangioleiomiomatose
       iv. a____ r____ — angiomiolipoma renal

Síndromes Envolvendo Tumores

14. **Quanto à esclerose tuberosa, complete.**
    a. Em bebês, os achados mais precoces são m_____ c_____ em forma de f_____, ao exame com l_____ de W_____. — máculas cinza em forma de folha, ao exame com lâmpada de Wood
    b. A m_____, observada em crianças, frequentemente é substituída por c_____, nos adultos. — mioclonia; convulsões
    c. Por volta dos 4 anos, aparecem a_____ f_____. — adenomas faciais
    d. H_____ r_____ estão presentes em 50% dos pacientes. — Hamartomas retinais
    e. A CT demonstra c_____ em 97% dos casos, ao longo dos v_____ _____ ou próximo ao f_____ de M_____. — calcificações; ventrículos laterais; forame de Monro
    f. A ampliação de lesões subependimárias em MRI geralmente corresponde a a_____ de c_____ g_____ — astrocitoma de células gigantes

    35.1.3

15. **Liste as características-chave da síndrome de Sturge-Weber.**
    a. a_____ — atrofia: atrofia localizada do córtex cerebral, e calcificações
    b. m_____ c_____ — marca congênita: nevo facial ipsolateral "cor de vinho do porto" (geralmente com a distribuição do nervo trigêmeo)
    c. c_____ — calcificação: as imagens dos ossos planos do crânio apresentam um padrão de "trilhos de ferroviários"

    35.1.4

16. **Quanto à melanose neurocutânea, complete.**
    a. Presença de t_____ m_____, malignos ou benignos, nas l_____. — tumores melanocíticos; leptomeninges
    b. Às vezes estão associados à s_____ de S_____-W_____ e à n_____. — síndrome de Sturge-Weber; neurofibromatose 1
    c. > _____% dos pacientes morrem dentro de três anos desde a primeira manifestação neurológica. — > 50%

    35.1.5

■ Síndromes de Tumores Familiares

17. **Combinando as síndromes familiares com os tumores do CNS associados a elas:**
    ① von Hippel-Lindau; ② Esclerose tuberosa; ③ NF-1; ④ NF-2; ⑤ Turcot; ⑥ Li-Fraumeni; ⑦ Cowden
    a. Hemangioblastoma — ①
    b. Schwannomas vestibulares bilaterais — ④
    c. Neoplasias colorretais e tumores neuroepiteliais do CNS (p. ex., meduloblastoma, pineoblastoma) — ⑤
    d. Astrocitoma de células gigantes subependimáticas — ②
    e. Glioma óptico — ③

    Tabela 35.5

36

Astrocitomas

■ Classificação e Graduação dos Tumores Astrocíticos

1. **As graduações dos astrocitomas abaixo, segundo a WHO, são:** — 36.2.1
   a. Astrocitoma anaplásico: _____ — WHO III
   b. Glioblastoma (GBM): _____ — WHO IV
   c. Astrocitoma difuso: _____ — WHO II
   d. Astrocitoma pilocítico juvenil: _____ — WHO I
   e. Astrocitoma subependimário de células gigantes: _____ — WHO I
   f. Astrocitoma pilomixoide: _____ — WHO II
   g. Gliossarcoma: _____ — WHO IV

2. **Quanto a astrocitomas, complete.**
   a. grau I
      i. frequência de _____% — 0,7% — 36.2.2
      ii. tempo médio de sobrevida, _____ anos — 8-10 — Tabela 36.10
   b. grau II
      frequência de _____% — 16% — 36.2.2
      tempo médio de sobrevida, _____ anos — 7-8 — Tabela 36.10
   c. grau III
      i. frequência de _____% — 17% — 36.2.2
      ii. tempo médio de sobrevida, _____ anos — 2-3 — Tabela 36.10
   d. grau IV
      i. frequência de _____% — 65% — 36.2.2
      ii. tempo médio de sobrevida, _____ anos — < 1 — Tabela 36.10

3. **Quanto aos astrocitomas de baixo grau, complete.** — 36.2.2
   a. S_____ j_____ torna o prognóstico mais favorável. — Ser jovem
   b. O tempo médio de desdiferenciação em pacientes diagnosticados com < 45 anos é de cerca de _____ meses, enquanto que, para pacientes diagnosticados com ≥ 45 anos ele é de cerca de _____. — 44,2 meses; 7,5 meses
   c. Após ocorrer a desdiferenciação, o tempo médio de sobrevida é de _____-_____ anos. — 2-3 anos

4. As características histológicas do GBM incluem:
   a. c_____ — celulares
   b. a_____ g_____ — astrócitos gemistocíticos
   c. m_____ — mitose
   d. p_____ — pleomorfismo
   e. n_____ — neovascularização
   f. áreas de n_____ — necrose
   g. p_____ — pseudopaliçada

■ Genéticas Molecular e Epigenética

5. Quais são as três principais vias de desenvolvimento de GBM?
   a. A inativação das vias dos supressores de tumor _____ e _____. — p53 e Rb
   b. A ativação da via intracelular de sinalização P_____, A_____ e m_____. — PI3K, AKT e mTOR
   c. A amplificação e ativação da mutagênese nos genes RTK, incluindo _____, _____ e _____. — EGF, VEGF e PDGF

6. Quanto à genética subjacente aos GBMs.
   a. A falta de expressão de _____ torna mais eficaz a ação de agentes alquilantes como a _____. — MGMT; temozolomida
   b. Mutantes de IDH1 e IDH2 demonstram capacidade de converter _____ em _____. — α-KG; 2-hidroxiglutarato
   c. Esses mutantes estão associados a g_____ m_____, o_____ e g_____ s_____, e conferem uma sobrevida geral maior do que a dos glioblastomas, que resultam da forma usual (o "tipo selvagem") desse gene. — gradações menores, oligodendrogliomas e gliomas secundários

7. Verdadeiro ou Falso. As características seguintes estão associadas a glioblastomas secundários e não com glioblastomas primários.
   a. Amplificação de EGFR — falso, associada a GBMs primários
   b. Mutações em TP53 — verdadeiro, observadas em 60% dos GBMs secundários
   c. mutações em IDH1/IDH2 — verdadeiro, observadas na maioria dos gliomas secundários
   d. mutações em PTEN — falso, estão mais associadas a GBMs primários

8. Com base na análise da expressão gênica, as quatro subclassificações do GBM são:
   a. I - _____ — Clássica
   b. II - _____ — Mesenquimal
   c. III - _____ — Pró-neural
   d. IV - _____ — Neural

Parte 12: Tumores Primários dos Sistemas Nervoso e Relacionados

■ Graduação e Achados Neurorradiológicos

9. **Quanto a imagens, descreva as seguintes características dos gliomas de graus baixos:**   36.5
   a. Geralmente são _____ (hipo ou hiper densos) à CT.   hipodensos
   b. A maioria é _____ (hipo ou hiper intensa) à MRI T1W1, mas é _____ (hipo ou hiper intensa) à T2W1.   hipointensa; hiperintensa
   c. A maioria _____ (se realça ou não se realça) à CT ou à MRI.   não se realça
   d. Geralmente os astrocitomas de baixo grau aparecem como áreas _____ (hipo ou hiper metabólicas) nas varreduras por PET (do inglês, *positon emission tomography*) com fluorodesoxiglicose.   hipometabólicas

10. **Descreva as seguintes características dos gliomas com alto grau de malignidade.**
    a. Cerca de _____% dos astrocitomas altamente anaplásico não se realçam à CT.   31%   36.5
    b. O centro não realçado do anel realçado que se observa no GBM corresponde à _____, enquanto a borda é t_____ c_____.   necrose; tumor celular
    c. Os gliomas podem se expandir por meio dos seguintes mecanismos: Uma _____ pela s_____ b_____ ou v_____ C_____.   trilha pela substância branca; via CSF   36.6
    d. G_____ c_____ descreve um astrocitoma difuso, infiltrativo, que invade quase completamente os hemisférios cerebrais.   Gliomatose cerebral   36.7
    e. A gliomatose meníngea é observada em _____ % das autópsias de gliomas de alto grau.   20%

■ Tratamento

11. **Descreva o que deve ser urgente quando se considera a ressecção cirúrgica de um astrocitoma de baixo grau.**   36.8.1
    a. e_____ um d_____   estabelecer um diagnóstico
    b. a presença de um a_____ p_____   astrocitoma pilocítico
    c. evidências de h_____   herniação
    d. evidências de o_____ do f_____ de C_____   obstrução do fluxo de CSF
    e. prevenção da t_____ m_____   transformação maligna

Astrocitomas 237

12. O padrão de cuidados no tratamento dos gliomas de alto grau compreende c_____ c_____, depois r_____ por f_____ e_____ e t_____. Com esse regime, a mediana de sobrevida é de _____ meses.	cirurgia citorredutora; radiação por feixe externo (60 Gy); temozolomida; 14,6 meses	36.8.2
13. O uso do 5-ALA durante a ressecção de tumores leva a uma ressecção _____ (menor/igual/maior), cujo efeito se traduz em _____ (aumento/diminuição/não alteração) da sobrevida durante seis meses sem progressão, e em _____ (aumento/diminuição/não alteração) da sobrevida geral.	maior; aumento; não alteração	36.8.2
14. Quanto à biópsia estereotáxica, complete.		36.8.2
a. Ela subestima em _____% a ocorrência de GBM.	25%	
b. Radiograficamente, alguns l_____ do CNS imitam GBMs.	linfomas	
c. O aproveitamento da biópsia é máximo quando se consegue amostrar:		
i. um _____ com baixa densidade	centro	
ii. uma _____ realçada	borda	
d. Se a classificação de Karnofsky é maior do que _____.	70	
15. Quanto à radioterapia de gliomas malignos, complete.		36.8.4
a. _____-_____ Gy	50-60 Gy	
b. O tratamento com irradiação de crânio total (XRT) é válido?	Não, ele não aumenta a sobrevida	
16. Quanto à pseudoprogressão, complete.		36.8.3
a. Após XRT e temozolomida, ela ocorre em _____-_____% dos pacientes.	28-60%	
b. Tipicamente ela é observada ≤ _____ meses após o tratamento.	3 meses	
c. Histologicamente, ela se assemelha à n_____ por r_____.	necrose por radiação	
17. Quanto ao GBM recorrente, complete.		36.8.4
a. Para GBM progressivo, o b_____ é aprovado após o tratamento prévio.	bevacizumab	
b. A c_____ é a base do tratamento, e geralmente é recomendada para pacientes cujo KPS é ≥ _____.	cirurgia; 70	

■ Resultados

18. Os fatores abaixo são indicadores de prognósticos para astrocitomas malignos:
    a. a _____
    b. características h_____
    c. c_____ do d_____
    d. grau de m_____ do M_____

    idade, mostrou-se o prognosticador mais significativo
    características histológicas
    classificação do desempenho
    metilação do MGMT

    36.9

19. Como o grau de metilação do MGMT afeta a tempo médio de sobrevida geral aos gliomas malignos?

    Não metilados – OS média 12,2 meses; Metilado – OS média 18,2 meses.

    36.9

37

Outros Tumores Astrocíticos

■ Astrocitomas Pilocíticos

1. **Astrocitomas pilocíticos podem ser encontrados nas seguintes localizações:**   37.1.2
   a. n_____ o_____   nervo óptico
   b. h_____   hipotálamo
   c. h_____ c_____   hemisférios cerebrais
   d. t_____ c_____   tronco cerebral
   e. c_____   cerebelo
   f. m_____ e_____   medula espinal
2. **Nos astrocitomas, os achados histológicos característicos são:**   37.1.3
   a. f_____ de R_____   fibras de Rosenthal
   b. células f_____   células fibrilares
   c. m_____   microcistos
   d. c_____ g_____ e_____   corpúsculos granulares eosinofílicos
   e. tipicamente, são inteiramente b_____ d_____   bem demarcados
3. **Quanto à aparência radiográfica dos PCAs, complete.**   37.1.4
   a. Mais de 66% são c_____, com n_____ m_____.   císticos, com nódulos murais
   b. _____% se realçam com contraste.   94%
   c. _____% são periventriculares.   82%
   d. Esses tumores são tipicamente rodeados por edema?   não
   e. Captação de contraste pela parede do cisto indica _____.   tumor
4. **Tipicamente, os astrocitomas ocorrem durante a _____ década de vida.**   segunda (75% ocorrem antes dos 20 anos de idade)   37.1.5
5. **Quanto ao tratamento dos PCAs, complete.**   37.1.5
   a. O tratamento principal é _____.   cirurgia
   b. Em tumores compostos por um nódulo com um cisto verdadeiro, a excisão do _____ é suficiente   nódulo
   c. Se a parede do cisto capta contraste, ele _____ (deve/não deve) ser removido.   deve
   d. Geralmente a radioterapia _____ (é/não é) recomendada como tratamento adicional.   não é

6. De acordo com a lei de Collins, o tumor de um paciente é considerado curado se não recidivar dentro de um período pós-operatório igual à _____ do paciente, mais _____. — idade; 9 meses — 37.1.6
7. Quanto aos gliomas ópticos, complete. — 37.1.7
   a. Gliomas em ambos os nervos ópticos geralmente são observados apenas em _____. — neurofibromatose
   b. Frequentemente elas eles ocorrem conjuntamente com um glioma _____. — hipotalâmico
   c. P_____ i_____ é um sinal precoce de tumor de nervo óptico, enquanto um tumor do quiasma pode causar d_____ d_____ ou h_____. — Proptose indolor; disfunção da hipófise; hidrocefalia
8. Quanto aos tratamentos para gliomas ópticos, complete. — 37.1.7
   a. Se o tumor envolve apenas um nervo óptico, preserva o quiasma e causa proptose e perda visual, deve ser feita a _____ do _____. — excisão do nervo óptico (do globo até o quiasma)
   b. Havendo lesões mais posteriores, sem defeitos visuais específicos e sem: proptose, disfunção hipotalâmica, disfunção da hipófise ou hidrocefalia, provavelmente se trata de _____ _____. Geralmente, isso requer b_____ e _____. — lesão quiasmática; biópsia; radioterapia (XRT)
9. Descreva as características da síndrome diencefálica: — 37.1.8
   a. c_____ — caquexia
   b. h_____ — hiperatividade
   c. s_____ — supervigilância
   d. e_____ — euforia
   e. i_____ — insucesso
   f. h_____ — hipoglicemia
   g. m_____ — macrocefalia
   h. geralmente associada a glioma no _____ — hipotálamo anterior
   i. geralmente afeta _____ — crianças
10. Caracterize os gliomas do tronco cerebral. — 37.1.10
    a. Os tumores de baixo grau tendem a ocorrer no tronco cerebral _____. — superior
    b. Os tumores de alto grau tendem a ocorrer no tronco cerebral _____. — inferior
    c. Eles podem se apresentar como diferentes _____ _____ _____. — paralisias de nervos cranianos
    d. A maioria deles _____ (é/não é) candidata a cirurgias. — não é

Outros Tumores Astrocíticos 241

11. **Os gliomas do tronco cerebral superior apresentam:** 37.1.10
    a. sinais _____ — cerebelares
    b. _____ — hidrocefalia
12. **Os gliomas do tronco cerebral inferior apresentam:** 37.1.10
    a. deficiências nos n_____ c_____ i_____ — nervos cranianos inferiores
    b. sinais no t_____ l_____ — trato longo
13. **Caracterize quatro padrões de crescimento dos gliomas de tronco cerebral nas MRIs:** 37.1.10
    a. Difuso
        i. Localização: _____, _____, _____ _____ — ponte, medula, medula espinal
        ii. Grau (alto/baixo): _____ — alto (100%)
        iii. Ressecção cirúrgica? _____ — não
    b. Bulbomedular
        i. Localização: _____ — bulbomedular
        ii. Grau (alto/baixo): _____ — baixo (72% são astrocitomas de baixo grau)
        iii. Ressecção cirúrgica? _____ — sim, se for exofítico
    c. Focal
        i. Localização: _____ — medula
        ii. Grau (alto/baixo): _____ — baixo (66% são astrocitomas de baixo grau)
        iii. Ressecção cirúrgica? _____ — sim, se for exofítico
    c. Dorsalmente exofítico
        i. Localização: _____ — medula, medula espinal
        ii. Grau (alto/baixo): _____ — baixo (60% são astrocitomas de baixo grau)
        iii. Ressecção cirúrgica? _____ — sim, se for acessível
14. **Nas MRIs, os gliomas de tronco cerebral aparecem:** 37.1.10
    a. T1: _____, _____ — hipointensos, homogêneos
    b. T2: _____, _____ — hiperintensos, homogêneos
    c. Captação de contraste? _____ _____ — altamente variável
15. **A cirurgia pode ser indicada no tratamento de gliomas de tronco cerebral, nas seguintes circunstâncias:** 37.1.10
    a. tumores com um componente _____ _____ — dorsalmente exofítico
    b. há algum sucesso com a ressecção de astrocitomas _____ _____ — não malignos
    c. quando é necessária uma d_____ por causa de h_____ — derivação; hidrocefalia
16. **Quanto ao prognóstico dos gliomas de tronco cerebral, complete.** 37.1.10
    a. Para a maioria dos pacientes, o prognóstico é de _____-_____ meses. — 6-12 meses
    b. O subgrupo com astrocitomas pilocíticos dorsalmente exofíticos tem uma sobrevida maior, de até _____ anos. — 5 anos

Parte 12: Tumores Primários dos Sistemas Nervoso e Relacionados

17. **Nos gliomas tectais, podem ser observados os seguintes achados:**
    a. s_____ de P_____ — síndrome de Parinaud
    b. a_____ — ataxia
    c. n_____ — nistagmo
    d. d_____ — diplopia
    e. c_____ — convulsões
    f. Muito frequentemente, a presença de sinais de _____. — hidrocefalia

18. **Caracterize os gliomas tectais.**
    a. Basicamente, eles se apresentam na i_____, com a mediana da idade de início dos sintomas situada entre _____-_____ anos. — infância; 6-14 anos
    b. Geralmente a patologia é um g_____ de _____ _____. — glioma de baixo grau (astrocitoma difuso, astrocitoma pilocítico, ependimoma etc.)
    c. O estudo diagnóstico de escolha é _____. — MRI
    d. Os sintomas se resolvem com o tratamento da _____. — hidrocefalia
    e. Aspectos da MRI
        i. uma massa se formando na p_____ do _____ — placa quadrigeminal
        ii. em T1: _____ — isointensa
        iii. em T2: _____ — iso ou hiperintensa
        iv. com gadolínio: realce de _____% — 18%

19. **Quanto ao tratamento dos gliomas tectais, complete.**
    a. Uma _____ v_____ pode levar a um bom controle de sintomas a longo prazo. — derivação ventriculoperitonial
    b. Uma alternativa é a _____ _____ do _____. — terceira ventriculostomia endoscópica

■ Xantoastrocitoma Pleomórfico (PXA)

20. **Quanto aos xantoastrocitomas, complete.**
    a. grau (baixo/alto) — baixo (tipicamente, WHO II)
    b. Tipicamente > 90% _____ (supratentoriais/infratentoriais) e, tipicamente, s_____. As meninges estão envolvidas em mais de _____% dos casos. — supratentorial; superficiais; 67%
    c. A maioria tem um componente _____. — cístico
    d. Tratamento por _____, _____ ou _____, geralmente só considerada para o grau III. — cirurgia (ressecção com segurança máxima), XRT ou quimioterapia
    e. A chance de sobreviver cinco anos após uma ressecção ampla ou subtotal, com ou sem radiação e quimioterapia, é de _____%. — 80%

38

Tumores Oligodendrogliais e Tumores do Epêndima, Plexo Corioide e Outros Tumores Neuroepiteliais

■ Tumores Oligodendrogliais

1. **Caracterize os oligodendrogliomas (ODGs).**
   a. Um sintoma frequente é a _____, em _____-_____%. — convulsão; 50-80% — 38.1.3
   b. > _____ % são _____ (supra/infra tentoriais). — > 90%; supratentoriais — Tabela 38.1
   c. Por qual parte do CNS eles têm preferência? — lobo frontal — 38.1.1
   d. Calcificações presentes em _____-_____% das radiografias e em _____% das CTs, de crânio. — 30-60%; 90% — 38.1.4
   e. Qual o prognóstico para um paciente que tem um tumor com células de oligodendroglioma? — um prognóstico melhor

2. **Quanto aos achados histológicos nos oligodendrogliomas (ODGs), complete.** — 38.1.5
   a. A descrição clássica do citoplasma das células ODGs é de aparência de _____. — ovo frito (halos perinucleares)
   b. Pode ser observado um padrão vascular característico, de "_____ de _____". — "tela de galinheiro"
   c. Os achados acima (a e b) são considerados pouco confiáveis. Que achados são mais consistentes? — células com núcleos monotonamente redondos, citoplasma eosinofílico, com bordas excêntricas e ausência de processos celulares óbvios

3. **Quais das seguintes características estão associadas aos oligodendrogliomas de baixo grau e com os de alto grau? (p. ex., WHO II [baixo grau] versus WHO III [alto grau]).** — Tabela 38.3
   a. Realçamento com contraste: _____ — WHO III
   b. Ausência do componente astrocítico: _____ — WHO II

244 Parte 12: Tumores Primários dos Sistemas Nervoso e Relacionados

    c. À histologia, proliferação de endotélio: _____ — WHO III

    d. Grande variabilidade no tamanho e nas formas de citoplasma: _____ — WHO III

4. **Quanto ao tratamento dos oligodendrogliomas, complete.** — 38.1.6
   a. Após uma ressecção cirúrgica, qual o tipo de terapia auxiliar preferível para o tratamento dessas lesões? — quimioterapia
   b. P_____, C_____, v_____ e t_____ são agentes quimioterápicos usados para oligodendrogliomas. — PCV (procarbazina, CCNU, vincristina) e temozolomida
   c. as indicações para cirurgia compreendem:
      i. Tumores com um e_____ de m_____ significativo, independentemente do grau. — efeito de massa
      ii. Sendo que, se de _____ grau, a cirurgia é recomendada para as lesões _____, mas não à custa das funções neurológicas. — baixo; acessíveis
      iii. Os benefícios da cirurgia são menos claros nos tumores de _____ grau — alto

5. **Ordene os itens abaixo, do melhor para o pior prognóstico.** — 38.1.7
   a. oligodendroglioma misto
   b. astrocitoma puro
   c. oligodendrogliomas puro
   — c, a, b

6. **Quanto ao prognóstico dos oligodendrogliomas (ODGs), complete o seguinte:** — 38.1.7
   a. A deleção cromossômica 1p/19q está associada à _____ (maior/menor) sobrevida. — maior
   b. Dos tumores com sobrevida de 10 anos, qual é a proporção dos que são predominantemente ODGs? — 10-30%
   c. A sobrevida média no pós-operatório é de _____ meses. — 35
   d. Supõe-se que a calcificação leva a um _____ (melhor/pior) prognóstico. — melhor

---

■ Tumores Ependimários

7. **Quanto aos ependimomas, complete.** — 38.3.1
   a. Surgem ao longo dos v_____ e do c_____ c_____ da m_____ e _____. — ventrículos, canal central, medula espinal
   b. 69% dos ependimomas ocorrem em _____ (adultos/crianças). — crianças
   c. Correspondem a _____% dos gliomas de medula espinal. — 60% (é o glioma intramedular primário mais comum dos situados abaixo da região torácica média)

Tumores Oligodendrogliais e Tumores do Epêndima, Plexo Corioide e Outros ...

d.	Em adultos, tende a ser _____. Em crianças, é encontrado, frequentemente, na _____ _____.	intraespinal; fossa posterior
e.	Tem o potencial de disseminar-se via _____, formando "_____ em _____".	CSF; "metástases em gotas"

8. Quanto aos achados histológicos em ependimoma, complete.   38.3.1

a.	As variantes da WHO grau II as c_____, as p_____, as c_____ c_____ e as t_____.	as celulares, as papilares ("lesão clássica), as células claras, e as tanicíticas
b.	Os ependimomas mixopapilares têm grau WHO _____.	WHO I
c.	Os subependimomas têm grau WHO _____.	WHO I
d.	Os ependimomas anaplásicos têm grau WHO _____.	WHO III
e.	O subtipo m _____ ocorre no *filum* terminal.	mixopapilar

9. Quanto a ependimomas, complete.   38.3.1

a.	Em adultos, sua incidência é de _____-_____% dos tumores intracranianos.	5-6%
b.	Em tumores cerebrais pediátricos, sua incidência é de _____%.	9%
c.	Em _____% das vezes, eles ocorrem em crianças.	70%
d.	Sua incidência entre os gliomas de medula espinal é de _____%.	60%
e.	A disseminação pelo CSF em gota ocorrem em _____% dos pacientes.	11%

10. Ao avaliar um paciente com um ependimoma intracraniano.   38.3.1

a.	De que partes do eixo neural devem ser feitas imagens?	geralmente, MRI do cérebro, bem como da medula cervical, torácica e lombar, para avaliar potencial disseminação pelo CSF.
b.	A _____ é uma alternativa para detecção de metástases em gota.	mielografia (com contraste hidrossolúvel)
c.	Frequentemente, eles ocorrem no assoalho do _____ _____ e, por isso, podem determinar h _____, bem como paralisias dos nervos cranianos _____ e _____.	Quarto ventrículo; hidrocefalia; Cr. N. VI (envolvimento do núcleo) e Cr. N. VII (envolvimento do joelho)

11. Quanto ao tratamento dos ependimomas, complete o seguinte: 38.3.1

a.	Duas semanas após a operação, deve ser feita uma _____ _____, para investigar _____ _____.	punção lombar; disseminação pelo CSF
b.	Os ependimomas _____ (são/não são) radiossensíveis.	são (em radiossensibilidade, só perdem para os meduloblastomas)
c.	O papel da quimioterapia, no tratamento dessas lesões, é _____ (importante/limitado).	limitado

246 Parte 12: Tumores Primários dos Sistemas Nervoso e Relacionados

d.	Com cirurgia e _____, é estimada uma sobrevida média em 5 anos de _____-_____% dos adultos. Mas, no grupo pediátrico, a sobrevida média em 5 anos é estimada em _____-_____%.	XRT (radioterapia); 40-80% (adultos); 20-30% (pediátricos)
e.	A ressecção cirúrgica é difícil porque pode invadir o _____.	óbex
f.	Atualmente, a mortalidade operatória é estimada em _____-_____%	5-8%
g.	A mortalidade é maior em adultos ou em crianças?	em crianças
12.	**Após ressecção de ependimoma, o CSF apresenta citologia positiva; o que deve ser feito?**	Usualmente, aplicação de baixas doses de XRT em toda a medula espinal, com doses aumentadas onde houver metástases em gota visíveis.	38.3.1
13.	**Verdadeiro ou Falso. Quanto a meduloblastomas e ependimomas:**		38.3.1
a.	Apesar de raras, as calcificações podem ser observadas em ~ 20% das vezes.	falso (< 10%)
b.	O "sinal da banana" no quarto ventrículo diz respeito aos meduloblastoma e não aos ependimomas.	verdadeiro
c.	Em radiossensibilidade, os ependimomas só perdem para os meduloblastoma.	verdadeiro
d.	Os meduloblastoma surgem do teto do quarto ventrículo, o fastígio.	verdadeiro
e.	Os ependimomas surgem do assoalho do quarto ventrículo, o óbex.	verdadeiro
f.	os ependimomas são os gliomas mais comuns na medula espinal, abaixo da região do região torácica média.	verdadeiro

■ Tumores Gliais Neuronais e Mistos

14.	**Quanto a neurocitomas centrais, complete o seguinte:**		38.4.2
a.	Grau: _____	grau WHO II
b.	Localização: geralmente nos _____ _____, ligados ao s_____ p_____, ou no _____ _____.	ventrículos laterais; septo pelúcido; terceiro ventrículo
c.	Histologicamente, pode imitar oligodendrogliomas, porque as células podem ter a aparência de "_____".	"ovo frito"
d.	Achados em imagens:	
	i. À CT, 25-50% apresentam _____.	calcificações
	ii. MRI T1: _____	isointensa
	iii. MRI T2: _____	hiperintensa
	iv. Realce por contraste? _____	sim
e.	Cirurgia _____ (é/não é) potencialmente curativa.	é

Tumores Oligodendrogliais e Tumores do Epêndima, Plexo Corioide e Outros ...

15. **Quanto aos tumores neuroepiteliais desembrioplásicos (do inglês, DNET), complete.**   38.4.4
    a. As localizações mais comuns são os lobos ____ e ____. — frontal; temporal
    b. Grau: ____ — Grau WHO I
    c. Idade: geralmente se apresenta em ____ ou em ____ ____ com ____. — crianças; adultos jovens; convulsões
    d. Achados em imagens:
        i. Edema? — tipicamente, não há edema circundante
        ii. À CT: ____ — hipodensa
        iii. MRI T1: ____ — hipointensa
        iv. MRI T2: ____ — hiperintensa
        v. PET: ____ — hipometabólicas (com 18-FDG e com captação negativa de 11C-metionina)
    e. Qual a terapia recomendada para esse tipo de tumor? — Ressecção cirúrgica – terapias de apoio, como radioterapia ou quimioterapia, não beneficiam esses pacientes.

16. **A doença de Lhermitte-Duclos é um g____ do c____.** — gangliocitoma do cerebelo   38.4.5

■ Tumores de Plexo Corioide

17. **Verdadeiro ou Falso. Quanto aos tumores do plexo corioide:**
    a. A maioria dos tumores de plexo corioide ocorre em pacientes com menos de dois anos. — verdadeiro   38.5.2
    b. Os tumores de plexo corioide não crescem rapidamente. — falso (eles podem crescer rapidamente)   38.5.1
    c. Eles não produzem metástases em gota. — falso, eles podem produzir metástases em gota (WHO de grau III fazem isso frequentemente)
    d. Em adultos, eles geralmente têm localização infratentorial. — verdadeiro   38.5.2
    e. Em crianças, eles geralmente têm localização infratentorial. — falso, geralmente supratentorial
    f. A hidrocefalia por tumores de plexo coróideo pode resultar da hiperprodução de CSF, embora a remoção do tumor nem sempre cure o problema. — verdadeiro   38.5.3

18. **Os achados em imagens associadas a tumores do plexo corioide incluem:**   38.5.4
    a. Localização: ____ — intraventricular
    b. Realçamento? ____ ____ — densamente realçados
    c. Forma: ____ — multilobulada, com projeções frondosas
    d. Geralmente associadas à ____. — hidrocefalia

39

Tumores Neuronais e Neurogliais Mistos

■ Ganglioglioma

1. **Quanto aos gangliogliomas, responda o seguinte:**
   a. O pico da incidência ocorre por volta dos _____ anos. — 11 — 39.1.2
   b. Caracterizam-se pelo crescimento _____. — lento — 39.1.1
   c. Têm tendência a _____. — calcificar
   d. As duas classificações principais compreendem: os _____ e os _____ — os ganglioneuromas e os gangliogliomas — 39.1.4
   e. O sintoma que se apresenta mais frequentemente é c_____. — convulsão — 39.1.5

■ Paraganglioma

2. **Nomeie os paragangliomas em função de sua localização:** — Tabela 39.1
   a. Bifurcação carotídea: _____ do _____ da _____ — tumores do corpo da carótida
   b. Ramo auricular do vago: _____ _____ — *glomus* timpânico
   c. Gânglio vagal superior: _____ _____ — *glomus* de jugular
   d. Gânglio vagal inferior: _____ _____ — *glomus* intravagal
   e. Medula suprarrenal e cadeia simpática: _____ — feocromocitoma

3. **Os paragangliomas podem secretar:** — 39.2.1
   a. e_____ — epinefrina
   b. n_____ — norepinefrina
   c. c_____ — catecolaminas

4. **As síndromes familia reassociadas a feocromocitomas compreendem:** — 39.2.2
   a. d_____ de v_____ H_____-L_____ — doença de von Hippel-Lindau
   b. M_____ _____ e _____ _____ — MEN 2A e MEN 2B
   c. n _____ — neurofibromatose

5. **A ressecção de um tumor do corpo da carótida tem:**   39.2.3
   a. risco de CVA de ____-____%.   8-20%
   b. risco de lesão de nervo craniano de ____-____%.   33-44%
   c. mortalidade de ____-____%.   5-13%

6. **O neoplasia mais comum no ouvido médio é o ____ ____.**   *glomus* timpânico   39.2.4

7. **Quanto aos tumores glômicos de jugular, complete.**   39.2.4
   a. Eles surgem nos ____ ____.   corpos glômicos
   b. Eles são vasculares ou avasculares?   muito vascularizados
   c. Eles recebem suprimento vascular de ramos da a____ c____ e____, incluindo: artéria carótida externa
      i. o f____ a____   faringiano ascendente
      ii. o a____ p____   auricular posterior
      iii. o o____   occipital
      iv. o m____ i____   maxilar interno
   d. Recebem suprimento vascular da porção ____ da ____ ____ ____.   petrosa; artéria carótida interna

8. **A caracterização dos tumores glômicos compreende:**   39.2.4
   a. Relação feminino: masculino: ____   6:1
   b. A ocorrência bilateral é típica?   não, quase inexistente
   c. São sintomas típicos na apresentação:
      i. a p____ a____   perda auditiva
      ii. o t____ p____   tinido pulsátil
   d. Outras anormalidades ao exame clínico:
      i. V____, devida ao envolvimento do Cr. N. VIII   Vertigem
      ii. Perda do p____ no t____ p____ da l____, devida ao envolvimento do Cr. N. IX   paladar no terço posterior da língua
      iii. Paralisia das c____ v____ causada por envolvimento do Cr. N. X   pregas vocais
      iv. Fraqueza do t____ e do e____, em razão do envolvimento do Cr. N. XI   trapézio e do esternocleidomastóideo
      v. A ____ ipsolateral da l____, devida ao envolvimento do Cr. N. XII   atrofia; língua

9. **Verdadeiro ou Falso. Durante a excisão cirúrgica de um paraganglioma, nota-se que o paciente tem um início abrupto de hipotensão e de dificuldade respiratória. Isso está relacionado, principalmente, com:**   39.2.4
   a. mudanças na pressão intracraniana (ICP)   falso
   b. resposta vasovagal   falso
   c. compressão inadvertida de via aérea   falso
   d. manipulação do tumor,   verdadeiro
   e. e é causado por l____ de h____ ou de b____   liberação de histamina ou de bradicinina

Parte 12: Tumores Primários dos Sistemas Nervoso e Relacionados

10. **Qual é o principal diagnóstico diferencial de potenciais tumores glômicos na CPA?** — o schwannoma vestibular — 39.2.4

11. **Quanto ao *glomus* da jugular, complete.** — 39.2.4
    a. Devem ser feitos testes para á_____ v_____. — ácido vanilmandélico (VMA)
    b. Quando elevado, é indicativo de secreção de _____, — catecolaminas
    c. que é semelhante à do _____. — feocromocitoma
    d. Um novo marcador clínico é a _____. — normetanefrina (NMN)

12. **Quanto ao tratamento do *glomus* da jugular, complete o seguinte:** — 39.2.4
    a. Antes de uma cirurgia, trate medicamente com _____ e _____. — alfa e betabloqueadores
    b. A s_____ pode ser usada para inibir a liberação de serotonina, bradicinina, e histaminas. — somatostatina
    c. Uma e_____ pode levar à tumefação do tumor, o que pode comprimir o tronco cerebral ou o cerebelo, mas pode ser usada para reduzir a vascularização. — embolização
    d. A recorrência após ressecção cirúrgica pode atingir _____ dos casos. — 1/3

40

Tumores da Região Pineal e Embrionários

■ Tumores da Região Pineal

1. **Verdadeiro ou Falso. No que diz respeito aos tumores da região pineal.**   40.1.1
   a. A ausência de BBB na glândula pineal torna esta área suscetível a metástases hematogênicas.   verdadeiro
   b. Os não germinomas incluem:
      i. carcinoma embrionário   verdadeiro
      ii. coriocarcinoma   verdadeiro
      iii. teratoma   verdadeiro
      iv. meduloblastoma   falso
   c. Tumores de células germinativas raramente dão origem a marcadores tumorais.   falso
   d. Os marcadores tumorais no CSF são mais úteis para acompanhamento da resposta ao tratamento do que para o diagnóstico.   verdadeiro
   e. A obtenção de um diagnóstico do tecido antes do tratamento com uma dose teste de radioterapia é uma tendência crescente.   verdadeiro

2. **Verdadeiro ou Falso. No que diz respeito aos cistos pineais.**   40.1.2
   a. Cistos pineais são um achado incidental comum tanto no MRI quanto na autópsia.   verdadeiro
   b. Deve ser realizada cirurgia para todos os cistos pineais para a obtenção de um diagnóstico.   falso
   c. Pode ser realizada cirurgia para alívio dos sintomas caso o cisto possa levar à hidrocefalia.   verdadeiro

3. **Pineocitoma e pineoblastoma são, ambos, tumores _____ que são _____.**   malignos; radiossensíveis   40.1.3

4. **Complete as frases a seguir referentes aos tumores de células germinativas.**   40.1.3
   a. No CNS, eles se originam na _____ _____.   linha média
   b. Em homens, eles são mais prováveis na região _____.   pineal
   c. Em mulheres, eles são mais prováveis na região _____.   suprasselar

Parte 12: Tumores Primários dos Sistemas Nervoso e Relacionados

    d. Os tumores de células germinativas são benignos ou malignos? — malignos

    e. Eles se disseminam por meio do _____. — CSF

5. **Verdadeiro ou Falso. No que diz respeito aos tumores de células germinativas.**   *40.1.3*

    a. Tumores de células germinativas e tumores de células pineais ocorrem principalmente na infância e início da idade adulta (< 40 anos de idade). — verdadeiro

    b. As características clínicas dos tumores da região pineal incluem hidrocefalia e síndrome de Parinaud. — verdadeiro

    c. A estratégia ideal de manejo de tumores da região pineal ainda não foi determinada. — verdadeiro

6. **Verdadeiro ou Falso. Germinomas são muito sensíveis à radiação, mas não à quimioterapia.** — falso – eles são sensíveis a ambas   *40.1.3*

7. **Complete as frases a seguir referentes à cirurgia para tumores pineais.**   *40.1.3*

    a.
        i. A abordagem mais comum é a _____ _____. — supracerebelar infratentorial
        ii. Esta não pode ser usada se o _____ for inclinado. — tentório

    b.
        i. Outra abordagem comum é a _____ _____, — transtentorial occipital
        ii. que é melhor para lesões _____ — centralizadas
        iii. ou _____ à borda tentorial — superior
        iv. ou _____ da veia de Galeno. — acima

    c. Anatomicamente,
        i. a base da glândula pineal é a parede _____ do _____ ventrículo. — posterior; 3º
        ii. O _____ circunda ambos os lados da glândula pineal. — tálamo
        iii. V_____ c_____ p_____ são um obstáculo importante para operações nesta região. — veias cerebrais profundas

---

■ Tumores Embrionários

8. **Complete as frases a seguir referentes aos tumores embrionários.**   *40.2.1*

    a. PNET (do inglês) significa _____ _____ _____. — tumores neuroectodérmicos primitivos

    b. Estes tumores incluem:
        i. p_____ — pineoblastoma
        ii. n_____ — neuroblastoma
        iii. e_____ — estesioneuroblastoma
        iv. r_____ — retinoblastoma
        v. m_____ — meduloblastoma

    c.
        i. Eles são _____ indistinguíveis, — histologicamente
        ii. mas geneticamente _____. — distintos

Tumores da Região Pineal e Embrionários

9. **No que diz respeito aos tumores embrionários.** — 40.2.1
   a. O termo tumor neuroectodérmico primitivo (PNET) está consolidado, mas a recomendação é chamá-los de tumores _____. — embrionários
   b. Um meduloblastoma (MB) é mais do que apenas um PNET da fossa posterior porque mutações como _____ e _____ vistas em MB estão ausentes em outros PNETs. — betacatenina; APC
   c. A localização mais comum para um tumor embrionário é o _____ _____ (dica: pense em MB). — vérmis cerebelar
   d. Os tumores embrionários disseminam-se por meio do _____. — CSF
   e. A lei de _____ para crianças com tumores embrionários tratados diz que o período de risco de recorrência é igual à idade no diagnóstico mais 9 meses. — Collins
   f. Requerem avaliação completa do _____ _____. — eixo espinal
   g.
      i. Radioterapia craniana é evitada antes dos _____ anos de idade — 3
      ii. para evitar prejuízo i_____ — intelectual
      iii. e r_____ no crescimento. — retardo

10. **Complete as frases a seguir referentes aos PNET supratentorial (PNETs).** — 40.2.1
    a. Ocorrem em crianças com menos de _____ anos de idade. — 5
    b. Ocorrem _____ em adultos. — raramente
    c. Histologicamente, são _____ a meduloblastoma. — idênticos
    d.
       i. São _____ agressivos do que meduloblastomas. — mais
       ii. A sobrevida é _____ e eles — pior
       iii. respondem _____ à terapia. — mal

11. **Verdadeiro ou Falso. No que diz respeito a meduloblastomas.** — 40.2.2
    a. Representam 15 a 20% de todos os tumores intracranianos em crianças. — verdadeiro
    b. É o tumor cerebral pediátrico maligno mais comum. — verdadeiro
    c. Existe uma quimioterapia padronizada, incluindo lomustina (CCNU) e vincristina. — falso (Não existe um regime padronizado; CCNU e vincristina geralmente são usados para recorrências.)
    d. Pacientes com meduloblastoma residual pós-ressecção e com disseminação são classificados como alto risco, com uma chance de apenas 35-40% estarem livres de doença em 5 anos. — verdadeiro
    e. MB são WHO grau _____. — IV

254 Parte 12: Tumores Primários dos Sistemas Nervoso e Relacionados

12. **Complete as fases a seguir referentes a meduloblastoma.**
    a. A história clínica é _____, — breve
    b. tipicamente apenas _____ a _____ semanas. — 6 a 12
    c. Sua localização de origem predispõe os pacientes à _____. — hidrocefalia
    d. Os pacientes apresentam:
       c _____ — cefaleia
       n _____ — náusea
       a _____ e — ataxia
       semeadura do eixo em _____ a _____ % — 10 a 35

13. **Verdadeiro ou Falso. Radiologicamente, meduloblastomas são**
    a. císticos — falso
    b. sólidos — verdadeiro
    c. realçados — verdadeiro
    d. em CT sem contraste, são hiperdensos — verdadeiro

14. **Complete as frases a seguir referente à localização de meduloblastomas.**
    a. A maioria se localiza na _____ _____. — linha média
    b. Tumores situados lateralmente são mais comuns em _____. — adultos

15. **Complete as frases a seguir referentes a metástases em gota na coluna com meduloblastoma.**
    a. O teste deve ser um _____ _____ _____. — MRI com contraste
    b. Deve ser feito estadiamento _____ ou dentro de _____ a _____ semanas pós-operatório. — pré-operatório; 2 a 3

16. **No que se refere à biologia molecular do meduloblastoma, em 35 a 40% há uma deleção de _____.** — 17p

17. **Fatores de mau prognóstico para pacientes com MB incluem:**
    a. i _____ p _____ — idade precoce
    b. d _____ m _____ — doença metastática
    c. i _____ de r _____ r _____ g _____ t _____ — impossibilidade de realizar remoção grosseira total
    d. diferenciação histológica _____, _____ ou _____ — glial, ependimária ou linha neuronal

18. **No que diz respeito aos tumores teratoides/rabdoides atípicos.**
    a. Ocorrem, principalmente, em b _____ e c _____. — bebês e crianças
    b. A maioria dos pacientes morre com _____ ano de diagnóstico. — 1
    c. Têm uma deleção ou monossomia do cromossomo _____. — 22

19. **Complete as frases a seguir referentes a estesioneuroblastomas.**
    a. São uma _____ _____ rara. — neoplasia nasal
    b. Acredita-se que se originam da _____ _____ _____. — crista neural olfatória
    c. O sistema de classificação de _____ deve ser usado para caracterizar o curso da doença. — Hyams
    d. A sobrevida média é tipicamente _____ anos. — aprox. 7 anos
    e. O tratamento primário é controverso, mas tipicamente envolve _____ e _____ _____. — quimioterapia; ressecção craniofacial

Parte 12: Tumores Primários dos Sistemas Nervoso e Relacionados

9. **Complete as frases a seguir referentes aos schwannomas vestibulares:**
   a. Que porcentagem não tem achados físicos anormais, exceto pela perda auditiva? — 66%
   b. O teste de Weber lateraliza para o lado _____ _____. — não envolvido (a perda auditiva é neurossensorial)
   c. O teste de Rinne é positivo ou negativo se a audição estiver preservada? — positivo
   d. O que é normal para o teste de Rinne? — condução aérea > condução óssea = positivo significa normal (Nota: Um A é melhor do que um B.)

10. **No que se refere aos schwannomas vestibulares.**
    a. O que causa nistagmo? — envolvimento vestibular
    b. O envolvimento vestibular também causa uma _____ anormal com e_____ c_____ — eletronistagmografia (ENG); estimulação calórica
    c. Qual é a taxa de crescimento para VS? — 1 a 10 mm/ano
    d. Qual é o protocolo de acompanhamento apropriado se não for feita cirurgia? — Repetir rastreamento com intervalos de 6 meses durante 2 anos e depois uma vez por ano
    e. Recomendar cirurgia se:
       i. o tamanho mudar em _____ — > 2 mm/ano
       ii. ou os sintomas _____ — progredirem

11. **Responda as perguntas a seguir referentes à escala de House e Brackmann?**
    a. O que a escala de House-Brackmann mede? — função do nervo facial
    b. Quais são as categorias? — normal, leve, moderada, moderada-severa, severa, paralisia total
    c. Sincinesia é definida como m_____ i_____ acompanhando m_____ v_____ — movimento involuntário; movimento voluntário

12. **Qual é o principal diagnóstico diferencial para uma lesão no ângulo pontocerebelar (CPA)?** — meningioma *versus* schwannoma do vestibular *versus* neuroma de nervo craniano adjacente (p. ex., Cr. N. V).

13. **Descreva os achados audiométricos para audição "útil" em schwannomas vestibulares.**
    a. limiar no audiograma de tom puro: _____ — < 50 dB
    b. discriminação da fala de: _____ — ≥ 50%

14. **Complete as frases a seguir referentes ao sistema de Gardener-Robertson modificado.**   41.1.5
    a. O sistema é usado para classificar a p_____ da a_____. — preservação da audição
    b. Consiste em testar o paciente com _____ _____ de ruído crescente. — tons puros (decibéis [dB]) (se o paciente ouve de 0 a 30 dB – audição excelente; 31 a 50 dB – funcional; 50 a 90 dB – não funcional; 90 dB volume máximo, não testável; audição nula)
    c. A avaliação da habilidade do paciente para entender palavras faladas é denominada _____ _____. — discriminação da fala (entende palavras faladas corretamente 100 a 80% – excelente; 70 a 50% – funcional; 50 a 5% – não funcional)
    d. Considera-se audição útil presente até um ponto de corte de _____. — 50/50 – o paciente consegue ouvir a 50 dB e entende no mínimo 50% das palavras faladas

15. **Nomeie os achados para os seguintes testes em schwannomas vestibulares.**   41.1.5
    a. audiograma de tom puro — diferença na audição entre cada ouvido > 10 a 15 dB
    b. discriminação da fala — pontuação de 4 a 8% (o normal é 92 a 100%)
    c. resposta auditiva evocada do tronco cerebral (BSAER) ou resposta auditiva do tronco cerebral (ABR) — latências prolongadas nos interpicos I-III e I-V (não usado para fins diagnósticos, mas bom para prognóstico)
    d. eletronistagmografia (ENG) — anormal se houver > 20% de diferença entre os dois lados (normalmente, 50% de resposta de cada ouvido.)
    e. potencial miogênico evocado vestibular (VEMP) — avalia o nervo vestibular inferior independente da audição (pode ser aplicado com surdez presente).
    f. MRI — Procedimento diagnóstico de escolha; tumor redondo destacado centralizado no IAC (canal auditivo interno)

16. **Complete as frases a seguir referentes a schwannoma vestibular.**   41.1.5
    a. Causa que tipo de perda auditiva? — perda sensorial de tons altos
    b. Isto é o mesmo que a perda em razão de
        i. i_____ a_____ — idade avançada
        ii. e_____ a r_____ a_____ — exposição a ruídos altos
    c. Pensar em tumor se a diferença entre os ouvidos na audiograma for maior do que _____ dB. — 10 a 15

Parte 12: Tumores Primários dos Sistemas Nervoso e Relacionados

17. **Verdadeiro ou Falso.** Um homem de 55 anos é encaminhado para avaliação de uma massa no ângulo pontocerebelar (CPA) direito de 4 cm. Você conclui que é um schwannoma vestibular. Qual dos seguintes é, menos provavelmente, um fator em seu tratamento? Dê uma justificativa para cada um deles. *41.1.6*

   a. escore no audiograma de tom puro de 95 dB
   — falso – audiograma com limiar auditivo < 50 dB permite a consideração de um procedimento de preservação da audição, mas com um escore de 95 dB, procedimento de salvamento da audição não é uma opção

   b. apagamento do quarto ventrículo com ventriculomegalia modesta
   — falso – evidência de hidrocefalia justifica desvio do CSF – necessita de um *shunt*

   c. cirurgia estereotáxica 2 anos previamente
   — verdadeiro – radiocirurgia estereotáxica (SRS) 2 anos previamente é um tempo suficiente para que o efeito da SRS tenha terminado. Deve ser evitada cirurgia durante o intervalo de 6 a 18 meses depois de SRS porque este é o tempo de dano máximo causado pela radiação

   d. schwannoma vestibular contralateral (esquerda), 1 cm de diâmetro
   — falso – VS bilateral não é capaz de preservar a audição do lado direito [95 dB], será necessário planejar um segundo procedimento para tratar a lesão do lado esquerdo. A chance de preservação da audição do lado esquerdo é de 35-71% para um tumor de 1 cm

   e. angiografia mostrando ausência de seio transverso direito
   — falso – seio transverso direito atrético/obstruído permite a consideração de abordagem translabirinto e suboccipital como um procedimento combinado

18. **Verdadeiro ou Falso.** Os tratamentos possíveis para shwannomas vestibulares incluem: *41.1.6*

   a. observação expectante, acompanhamento dos sintomas, teste de audição, CT ou MRI seriados — verdadeiro
   b. radioterapia convencional (EBRT) — verdadeiro
   c. radiocirurgia estereotáxica (SRS), dose única — verdadeiro
   d. radioterapia estereotáxica (SRT), fracionada — verdadeiro
   e. ressecção retrossigmoide (suboccipital) — verdadeiro
   f. ressecção translabiríntica — verdadeiro
   g. ressecção extradural subtemporal (abordagem pela fossa média) — verdadeiro

Tumores dos Nervos Cranianos, Espinais e Periféricos

19. **Responda as perguntas a seguir referentes a schwannomas vestibulares.** — 41.1.6
    a. Qual é a taxa de crescimento de VSs? — lenta (1 a 10 mm/ano)
    b. Apresentam alguma diminuição? — sim (6%)
    c. Podem permanecer estáveis? — sim
    d. Podem crescer mais rápido? — sim (2 a 3 cm/ano)
    e. Se acompanhados, a maioria apresentará _____ em 3 anos. — aumento

20. **Complete as frases a seguir referentes ao tratamento de schwannoma vestibular.** — 41.1.6
    a. Com menos de 25 mm com audição perfeita pode ser _____. — observado
    b. O protocolo é fazer o reteste em 6, 12, 18, 24, 36, 48, 60, 84, 108 e 168 _____. — meses
    c. Crescimento de mais de _____ mm entre os estudos merece tratamento. — 2
    d. Tumores com mais de 15 a 20 mm devem ser _____. — tratados
    e. Tumores com cistos podem _____ _____. — crescer dramaticamente

21. **Comparando microcirurgia e SRS.** — 41.1.6
    a. Melhores resultados para audição? — SRS
    b. Melhores resultados para neuropatia do trigêmeo e controle tumoral? — microcirurgia
    c. Sem diferença para a preservação da f_____ do n_____ f_____. — função do nervo facial
    d. Melhora mais rápida de vertigem? — microcirurgia

22. **Classicamente, schwannomas vestibulares empurram o nervo facial em que direção?** — para a frente e superiormente em 75% dos casos — 41.1.7

23. **Complete as frases a seguir referentes a schwannomas vestibulares.** — 41.1.7
    a. VSs intracaniculares pequenos localizados lateralmente podem ser removidos por qual abordagem cirúrgica? — extradural subtemporal (também conhecida como abordagem pela fossa média)
    b. Uma desvantagem é que o sétimo nervo pode ser _____ no gânglio _____. — lesionado; geniculado
    c. Uma vantagem é que a função auditiva pode ser _____. — preservada

24. **Com que tamanho os schwannomas vestibulares devem ser considerados para procedimentos de preservação da audição e do Cr. N. VII?** — < 2 a 2,5 cm — 41.1.7

Parte 12: Tumores Primários dos Sistemas Nervoso e Relacionados

25. **Quais são as vantagens da abordagem translabiríntica para a ressecção de schwannomas vestibulares?** 41.1.7
    a. identificação precoce do _____ _____ — nervo facial
    b. menos risco para o _____ e _____ _____ — cerebelo; nervos cranianos inferiores
    c. os pacientes não ficam "irritados" em função do _____ na _____ _____ — sangue na cisterna magna
    d. melhor para VS com localização _____ — intracanicular

26. **Quais são as desvantagens da abordagem translabiríntica para a ressecção de schwannomas vestibulares?** 41.1.7
    a. A audição é _____. — sacrificada
    b. A exposição é _____. — limitada
    c. Pode levar _____ _____. — mais tempo
    d. Vazamento no CSF é _____ _____. — mais comum

27. **Complete as sentenças a seguir referentes a schwannomas vestibulares.** 41.1.7
    a. quais são as desvantagens da abordagem suboccipital (também conhecida como retrossigmoidea) para VSs?
        i. _____ mais alta quando comparada com a abordagem translabiríntica. — Morbidade (H/A mais comum)
        ii. Tumores pequenos são _____. — difíceis de remover no recesso lateral do meato acústico interno (IAC)
        iii. O nervo facial está localizado _____. — no lado cego profundo no tumor
    b. a vantagem é a possibilidade de p_____ da a_____. — preservação da audição

28. **Complete as frases a seguir referentes à localização da origem do Cr. N. VII.** 41.1.7
    a. O sétimo nervo se origina no sulco _____. — bulbopontino
    b. É anterior ao oitavo nervo em _____ mm. — 1-2
    c. Localiza-se anterior ao forame de _____ — Luschka
    d. e anterior ao tufo da _____. — corioide
    e. Origina-se a _____ mm acima do IX nervo. — 4

29. **Como você trata fraqueza pós-operatória do nervo facial depois de uma ressecção de schwannoma vestibular?** 41.1.7
    a. l_____ n_____ — lágrimas naturais (2 gotas em cada olho a cada 2 horas, quando necessário)
    b. L_____-_____ — Lacri-Lube (no olho e vendar o olho na hora de dormir)
    c. t_____ — tarsorrafia dentro de alguns dias se houver uma paralisia completa do Cr. N. VII

d. Anastomose fixando uma porção do nervo _____ ao nervo _____. — hipoglosso; facial (reanimação facial)

e. Quando não há função do Cr. N. VIII e
   i. é sabido que o nervo está dividido, você pode anastomosar em _____. — 2 meses
   ii. é sabido que o nervo está intacto, você pode anastomosar em _____. — 1 ano

30. **Verdadeiro ou Falso.** Os seguintes sintomas de compressão do tronco encefálico em razão de um schwannoma vestibular, se presentes no pós-operatório, provavelmente não irão melhorar — falso (se resolve com o tempo) — 41.1.7
    a. náusea — falso (se resolve com o tempo)
    b. vômito — falso (se resolve com o tempo)
    c. dificuldades de equilíbrio — falso (melhora rapidamente)
    d. ataxia — verdadeiro (pode ser permanente)

31. **Verdadeiro ou Falso.** As rotas de vazamento do CSF após ressecção de schwannoma vestibular podem ser por meio das — 41.1.7
    a. células apicais — verdadeiro (até as cavidades timpânicas ou trompa de Eustáquio – mais comum)
    b. vestíbulo — verdadeiro (o SCC [canais semicirculares] posterior é, usualmente, penetrado por perfuração – através da janela oval)
    c. células perilabirintos — verdadeiro (e segue até o antro mastoide)
    d. células mastóideas aéreas — verdadeiro (no sítio da craniotomia)

32. **Com schwannoma vestibular, as rotas pós-operatórias para rinorreia são:** — 41.1.7
    a. a_____ — células **a**picais até a cavidade timpânica e descendo até a trompa de Eustáquio
    b. v_____ — **v**estíbulo do SCC horizontal
    c. p_____ — SCC **p**osterior (área mais comum penetrada com perfuração)
    d. a_____ — até o **a**ntro da mastoide pelas células do perilabirinto
    e. m_____ — células aéreas da **m**astoide no sítio da craniotomia

Parte 12: Tumores Primários dos Sistemas Nervoso e Relacionados

33. **Quais são as estratégias de tratamento para vazamento do CSF após ressecção de schwannoma vestibular?**   41.1.7
    a. Que percentagem interrompe espontaneamente? — 25-35%
    b. O que fazer com a cabeceira da cama? — elevar
    c. Onde colocar um dreno? — lombar
    d. Se estiver presente hidrocefalia, colocar um _____ do _____. — *shunt* do CSF
    e. Se persistir o vazamento, _____. — reexplorar o sítio cirúrgico para compactar com tecido ou aplicar cera para osso

34. **Quais são as complicações comuns da cirurgia de schwannoma vestibular?**   41.1.7
    a. vazamento do CSF em _____-_____ % — 4-27%
    b. infecção em _____% — 5,7%
    c. derrame em _____% — 0,7%
    d. paralisia no Cr. N. VII _____-_____% — 0-50%
    e. perda auditiva em _____-_____% — 34-43%
    f. morte em _____% — 1%

35. **Complete as frases a seguir referentes à perda auditiva e fraqueza do Cr. N. VII depois de remoção suboccipital de VS.**   41.1.7
    a. Tumor < 1 cm
        i. Cr. N. VII preservado, _____–_____ % — 95-100%
        ii. Cr. N. VIII preservado, _____% — 57%
    b. Tumor com 1 a 2 cm
        i. Cr. N. VII preservado, _____-_____ % — 80-92%
        ii. Cr. N. VIII preservado, _____% — 33%
    c. Tumor com > 2 cm
        i. Cr. N. VII preservado, _____-_____ % — 50-76%
        ii. Cr. N. VIII preservado, _____% — 6%

36. **Complete as frases a seguir referentes à perda auditiva depois da remoção suboccipital de VS.**   41.1.7
    a. audição preservada em _____-_____% com tumores < 1,5 cm — 35-71%
    b. depois da SRS, audição preservada em _____% com tumores < 3 cm — 26%

37. **No que diz respeito a neuroma acústico, a recorrência depois de microcirurgia é**   41.1.7
    a. _____-_____% depois de — 7-11%
    b. _____-_____ anos de acompanhamento — 3-16
    c. com uma ressecção subtotal de aproximadamente _____% — 20%

38. **Complete as frases a seguir referentes a radiocirurgia para schwannoma vestibular.**   41.1.7
    a. A dose recomendada é _____. — 14 Gy
    b. O controle local obtido é _____%. — 94%

39. Para schwannoma vestibular, quais são as taxas de controle local a curto prazo para:
   a. microcirurgia — 97%
   b. SRS — 94%

40. Quando é o momento de dano máximo (possível aumento do tumor) pela radiação nos schwannomas vestibulares?
   a. de _____ a _____ meses. — 6 a 18 meses
   b. Isto é importante saber porque pode produzir uma falsa aparência de _____ do tumor. — aumento (Deve ser evitada cirurgia durante o intervalo de 6 a 18 meses depois de radiocirurgia em razão do dano pela radiação e a aparência de aumento do tumor.)

■ Tumores dos Nervos Periféricos: Perineurioma

41. No que se refere a tumores de nervos periféricos:
   a. Perineurioma intraneural:
      i. A lesão geralmente é encontrada em _____ ou _____ _____. — adolescentes; jovens adultos
      ii. Atividade mitótica é _____. — rara
      iii. A marcação de MIB-1 é _____. — baixa
      iv. O tratamento é _____. — amostra conservadora da lesão (sem ressecção)
   b. Perineurioma de tecidos moles:
      i. quase exclusivamente _____ — benigno
      ii. mais comum em _____ — mulheres
      iii. _____ é encapsulado — não
      iv. O tratamento é _____. — ressecção nacroscópica total do tumor

42

Meningiomas

■ Informações Gerais

1. **Caracterize os meningiomas.**
   a. Originam-se de qual célula? — células da aracnoide — 42.1
   b. Que porcentagem de meningiomas ocorre na foice (inclui parassagital)? — 60 a 70% — 42.3.1
   c. Com o pé caído contralateral mais hiper-reflexia, pensar em _____ _____. — meningioma parassagital — 42.3.3
   d. Meningiomas do sulco olfatória — 42.3.4
      i. podem produzir qual síndrome? — síndrome de Foster Kennedy
      ii. Consistindo em uma a_____, a_____ o_____ i_____ e p_____ c_____. — anosmia, atrofia óptica ipsolateral e papiledema contralateral
      iii. Qual outra síndrome? — do lobo frontal
      iv. Consistindo em a_____, i_____. — apatia, incontinência

2. **Liste as localizações mais comuns para meningiomas adultos.** — Parassagital (20,8%) – agrupados como anterior, médio ou posterior; até 50% invadem o seio sagital superior (SSS); Convexidade (15,2%); Tubérculo selar (12,8%); Crista esfenoidal (11,9%) – três categorias básicas: asa esfenoide lateral, terço médio e medial; Sulco olfatório (9,8%); Foice (8%); Ventrículo lateral (4,2%) — Tabela 42.1

3. **Abulia** — 42.3.4
   a. é f_____ de f_____ de v_____. — falta de força de vontade
   b. é característica de lesão nos l_____ f_____. — lobos frontais
   c. pode ocorrer com um meningioma do s_____ o_____. — sulco olfatório

■ Patologia

4. No que se refere à patologia dos meningiomas.
a. Liste as quatro variáveis histopatológicas. — Grau, subtipo histopatológico, índices de proliferação e invasão cerebral
b. Há _____ graus da WHO. — 3 (I, II, III)
c. À medida que o grau WHO aumenta, existe um risco aumentado de _____ e um aumento no _____ _____ (isto é, K_____-6_____). — recorrência; índice proliferativo; Ki-67

42.4

5. A presença de invasão cerebral aumenta a probabilidade de _____ em níveis similares a meningiomas atípicos, mas não é um indicador de _____ _____. — recorrência; grau maligno

42.4.1

6. Verdadeiro ou Falso. No que se refere aos meningiomas.
a. Eles comumente metastizam fora do CNS. — falso
b. O local mais comum de metástase é a glândula suprarrenal. — falso – as regiões mais comuns incluem o fígado, pulmão, LNs e coração
c. Os subtipos angioblástico e maligno mais comumente metastizam. — verdadeiro

42.4.2

7. Complete as frases a seguir referentes aos meningiomas:
a. Se você vê meningiomas múltiplos, isto sugere _____. — NF2
b. _____ _____ pode simular meningiomas, uma vez que pode ter uma cauda dural. — Xantoastrocitoma pleomórfico (PXA)
c. Linfadenopatia maciça indolor com histiocitose sinusal que tem características de sinal no MRI semelhantes a um meningioma é típica de _____ de _____-_____. — doença de Rosai-Dorfman

42.4.3

■ Apresentação

8. Dê uma descrição de meningiomas assintomáticos.
a. O tumor intracraniano primário mais comum é _____. — meningioma
b. Porcentagem de tumores cerebrais primários que são meningiomas: _____%. — 32%
c. Porcentagem que tem tamanho estável por mais de 2,5 anos: _____%. — 66%
d. Porcentagem que aumenta de tamanho quando observado por 2,5 anos: _____. — 33%

42.5

Parte 12: Tumores Primários dos Sistemas Nervoso e Relacionados

e.	O que a calcificação nos diz sobre a taxa de crescimento?	mais lento
f.	A morbidade operatória em pacientes com menos de 70 anos é _____% e	3,5%
g.	acima de 70 é _____%.	23%
h.	O achado histológico clássico é o c_____ p_____.	corpo psamoma

■ Avaliação

9.	**Complete as frases a seguir referentes a MRI e meningioma.**	42.6.1
a.	Meningioma em T1WI e T2WI pode ser _____.	isointenso
b.	Com contraste, a maioria irá _____.	realçar
c.	Prediz com precisão envolvimento sinusal em _____%.	90%
d.	Um achado comum é uma c_____ d_____.	cauda dural
10.	**Qual câncer metastático pode simular meningioma nos ossos na MRI?**	câncer de próstata	42.6.2
11.	**Meningiomas de sulco olfatório tendem a ser alimentados pelas**		42.6.3
a.	artérias _____,	etmoidais
b.	que são ramificações da artéria _____;	oftálmica
c.	comparados a outros meningiomas, que são supridos por alimentadores da _____ _____.	artéria carótida externa
d.	Classicamente, meningiomas "_____ _____ _____ _____" na angiografia.	"surgem cedo, somem tarde"
12.	**A artéria de B_____ e C_____ é aumentada em lesões envolvendo o tentório (isto é, meningiomas tentoriais).**	Bernasconi e Cassinari (uma ramificação do tronco meningo-hipofisário, a "artéria italiana")	42.6.3
13.	**Verdadeiro ou Falso. A artéria mais provável de estar aumentada em um angiograma que descreve um meningioma tentorial é a**		42.6.3
a.	artéria temporal superficial	falso
b.	artéria de Bernasconi e Cassinari	verdadeiro
c.	artéria occipital	falso
d.	artéria cerebelar inferior posterior	falso
e.	artéria corioide anterior	falso

14. **No que se refere a meningiomas e radiografia simples, as radiografias simples podem apresentar**
    a. f_____ de _____ no_____ — formação de bolhas no osso
    b. c_____ no _____ _____ — calcificação no tumor 10%
    c. a_____ na _____ – _____ — alterações na densidade – hiperostose
    d. s_____ _____ _____ — sulcos vasculares aumentados
    e. h_____ da _____ _____ — hiperostose da fossa frontal

■ Tratamento

15. **Complete as frases a seguir referentes ao envolvimento sinusal.**
    a. A oclusão do terço médio do SSS é _____. — insidiosa
    b. A taxa de morbidade/mortalidade é de _____/_____% — 8/3%
    c. devido a i_____ v_____ — infarto venoso
    d. O seio pode ser dividido com segurança anterior à _____ _____. — sutura coronal
    e. Posterior a esta região, o seio _____ _____ ser dividido. — não deve
    f. Se o tumor estiver preso, é melhor deixar _____ _____. — tumor residual
    g. Verdadeiro ou Falso. É seguro fechar o seio transverso dominante. — falso

16. **Complete as frases a seguir referentes à remoção de meningiomas.**
    a. O sistema de classificação de Simpson classifica o grau de remoção dos _____. — meningiomas
    b. Ele é importante porque correlaciona-se à _____ de _____. — taxa de recorrência
    c. Qual é o fator mais importante? — extensão da remoção do tumor; em ordem de complexidade, da cirurgia mínima até a remoção completa
    d. Os componentes do sistema são
        i. r_____ p_____, b_____ — remoção pequena, biópsia
        ii. r_____ p_____ — remoção parcial
        iii. r_____ c_____ — remoção completa
        iv. d_____ c_____ — dura coagulada
        v. r_____ a d_____ e o_____ e s_____ — remover a dura e osso e seio
    e. correlaciona-se com o grau
        i. _____ — V
        ii. _____ — IV
        iii. _____ — III
        iv. _____ — II
        v. _____ — I

17. **Verdadeiro ou Falso. Complete as frases a seguir referentes à radioterapia (XRT) para meningiomas.**
    a. XRT é efetiva como modalidade primária para tratamento. — falso
    b. XRT é frequentemente usada para lesões "benignas". — falso
    c. XRT pode ser usada para meningiomas invasivos, agressivos, recorrentes ou não ressecáveis. — verdadeiro
    d. XRT pode ser benéfica na prevenção de recorrência para meningiomas que são ressecados parcialmente. — verdadeiro

■ Resultados

18. A sobrevida em 5 anos para pacientes com meningioma é de _____%. — 91,3%
19. O fator mais importante na prevenção de recorrência é a _____ da _____ _____. — extensão da remoção cirúrgica

43

Outros Tumores Relacionados com as Meninges

■ Tumores Mesenquimais Não Meningoteliais

1. **Verdadeiro ou Falso. Complete as frases a seguir referentes a hemangiopericitoma.**
   a. Sarcoma que se origina de _____. — pericitos
   b. Pode simular _____ na CT ou MRI. — meningioma (espectroscopia por MRS demonstrando um alto pico de inositol pode ajudar a distinguir)
   c. O tratamento primário é _____. — cirurgia

43.1.1

■ Lesões Melanocíticas Primárias

2. **Onde se origina o melanoma primário do CNS?** — provavelmente de melanócitos nas leptomeninges 43.2

3. **Em que década da vida o melanoma primário do CNS atinge o auge?** — 4ª década (comparada à 7ª década para melanoma cutâneo primário) 43.2

■ Hemangioblastoma

4. **Caracterize hemangioblastoma (HGB).** 43.3.2
   a.
      i. Pode estar associado a _____ -_____ — von Hippel-Landau
      ii. em _____%. — 20%
   b. Tratar cirurgicamente como uma _____. — AVM (malformação arteriovenosa)

5. **Responda às seguintes perguntas referentes a hemangioblastoma.** 43.3.2
   a. Qual é o tumor intra-axial primário mais comum na fossa posterior adulta? — hemangioblastoma
   b. Pode estar localizado na r _____. — retina
   c. Que síndrome paraneoplásica do sangue está associada?
      i. p_____ causada por — policitemia
      ii. e_____ — eritropoietina
   d. Histologicamente, são tumores _____. — benignos

Parte 12: Tumores Primários dos Sistemas Nervoso e Relacionados

6. **No que diz respeito a hemangioblastomas:**   43.3.2
   a. Estão presentes com sintomas típicos de massa na fossa posterior:
      - i. c_____ — cefaleia
      - ii. n_____/v_____ — náusea/vômito
      - iii. a_____ c_____ — achados cerebelares
   b. Característica patológica essencial? — numerosos canais capilares
   c. Padrão cístico mais comumente visto? — cisto peritumoral isolado
   d. HGB da fossa posterior deve ser avaliado com _____. — MRI de todo o neuroeixo (possibilidade de HGB espinhal)
   e. Angiografia vertebral usualmente demonstra _____ _____. — vascularização intensa
   f. Checar um _____ _____ para identificar policitemia. — hemograma completo

7. **Complete as frases a seguir referentes à cirurgia em um HGB solitário.**   43.3.2
   a. Pode ser _____ em HGB esporádico — curativa
   b. mas não em _____. — VHL
   c. _____ _____ pode ajudar a reduzir a vascularização. — Embolização pré-operatória

8. **Complete as frases a seguir relativas à cirurgia de HGB.**   43.3.2
   a. Evitar a remoção _____, — fragmentada
   b. trabalhar ao longo da _____. — margem
   c. e _____ o suprimento sanguíneo. — desvascularizar
   d. usando a mesma técnica que para uma _____. — AVM

9. **Complete as frases a seguir referentes à doença de von Hippel-Landau (VHL).**   43.3.3
   a. Há hemangioblastoma ou cisto nos seguintes sítios
      - i. c_____ — cerebelo
      - ii. r_____ — retina
      - iii. t_____ e_____ — tronco encefálico
      - iv. m_____ e_____ — medula espinal
      - v. f_____ — feocromocitoma
      - vi. c_____ nos r_____ — cistos nos rins
   b. A localização mais comum é o _____. — cerebelo
   c. A segunda localização mais comum é a _____. — retina
   d. Sempre se manifesta antes dos _____ anos. — 60
   e. A incidência é de 1 em cada _____ pessoas. — 35.000
   f. O modo de herança é _____ _____. — autossômico dominante
   g. O gene de VHL se localiza no cromossomo _____. — 3

10. **Qual é o critério diagnóstico para VHL?**   43.3.3
    a.
       - i. Uma lesão de VHL é necessária se houver um _____ _____. — história familiar
       - ii. Estará presente em _____%. — 80%
    b. Duas lesões de VHL são necessárias para torná-la uma mutação _____ _____. — de novo

Outros Tumores Relacionados com as Meninges

11.	**Complete as frases a seguir referentes a tumores associados à VHL.**	43.3.3
a.	Ocorrem em pessoas mais jovens se o paciente tiver _____.	VHL
b.	Verdadeiro ou Falso. Os cistos estão associados a HGBs.	verdadeiro
c.	HGBs cerebelares estão localizados na	
i.	s_____	superficial
ii.	p_____	posterior
iii.	metade s_____ do hemisfério	superior
d.	_____% dos HGBs cerebelares foram encontrados no _____.	7%; vérmis
12.	**Complete as frases a seguir referentes a hemangioblastoma da medula espinal.**	43.3.3
a.	_____% se localizam na coluna cervical e torácica.	90%
b.	_____% estão localizados na coluna posterior.	96%
c.	_____% dos HGBs espinais estão associados à VHL.	90%
d.	_____% dos sintomas estão associados à siringomielia.	95%
13.	A única doença com tumores no saco endolinfático bilateral é _____.	VHL	43.3.3
14.	**Complete as frases a seguir referentes à VHL.**		43.3.3
a.	Hemangioblastomas retinianos ocorrem em _____%.	50%
b.	Tipicamente localizados na _____.	periferia
c.	Frequentemente existem _____.	múltiplos
d.	Tratar com _____ a *laser*.	fotocoagulação
15.	**Complete as frases a seguir referentes a carcinoma de células renais (RCC).**		43.3.3
a.	Qual é o tumor maligno mais comum em VHL?	RCC
b.	Usualmente é um _____ de _____ _____.	carcinoma de células claras
c.	É a causa de morte em _____ a _____% dos pacientes com VHL.	15 a 50%
16.	**Complete as frases a seguir referentes ao tratamento cirúrgico de HGB.**		43.3.3
a.	reservado até que seja _____	sintomático
b.	tratamento de escolha para HGBs _____ _____	císticos acessíveis
c.	Verdadeiro ou Falso. A parede do cisto deve ser removida.	falso
d.	O _____ _____ deve ser removido.	nódulo mural
17.	**No que se refere a cistos renais em VHL:**		43.3.3
a.	Verdadeiro ou Falso. Usualmente causam comprometimento renal significativo.	falso
b.	Verdadeiro ou Falso. São mais problemáticos do que doença renal policística.	falso

18. **Complete as frases a seguir referentes a lesões pancreáticas em pacientes com VHL.**

   a. _____ a _____% dos pacientes com VHL desenvolvem um tumor endócrino ou cisto pancreático. — 35 a 70%
   b. Os cistos pancreáticos são frequentemente _____ e _____. — múltiplos e assintomáticos
   c. A maioria dos tumores neuroendócrinos é _____ e somente _____% são malignos. — não funcional; 8%

44

Linfomas e Neoplasias Hematopoiéticas

■ Linfoma do CNS

1. **Complete as frases a seguir referentes a linfoma do CNS.**
   a. Associado a uma condição ocular denominada _____. — uveíte — 44.1.1
   b. Com que frequência ocorre? — 1 a 2% de todos os tumores cerebrais — 44.1.3
   c. Qual a relação do linfoma do CNS com os ventrículos? — próximo aos ventrículos — 44.1.5
   d. Que forma de radioterapia é ministrada? — em todo o cérebro — 44.1.9

2. **No que se refere ao linfoma secundário do CNS:** — 44.1.2
   a. É patologicamente _____ ao linfoma primário do CNS. — idêntico
   b. Ocorre disseminação do linfoma sistêmico em _____% dos casos na autópsia. — 1 a 7%

3. **A incidência de linfoma primário do CNS é _____ em relação a outras lesões cerebrais.** — elevada — 44.1.3

4. **As seguintes condições aumentam o risco de linfoma primário do CNS:** — 44.1.4
   a. d_____ v_____ do c_____ — doença vascular do colágeno
   b. i_____ — imunossupressão
   c. v_____ E_____-B_____ — vírus Epstein-Barr

5. **Verdadeiro ou Falso. No que se refere ao linfoma primário do CNS:** — 44.1.5
   a. Linfomas de células B são mais comuns do que células T. — verdadeiro
   b. Nódulos/placas cutâneas dolorosas ocorrem em aproximadamente 10% dos pacientes. — verdadeiro
   c. Linfomatose intravascular raramente envolve o CNS. — falso

Parte 13: Tumores Envolvendo Tecidos de Origem Não Neural

6. **No que se refere à apresentação de linfoma do CNS:** — 44.1.6
   a. As manifestações mais comuns são c_____ da m_____ e_____ e m_____ c_____. — compressão da medula espinal e meningite carcinomatosa
   b. A maioria dos pacientes apresenta sintomas n_____ n_____ f_____. — neurológicos não focais

7. **No que ser refere ao diagnóstico de linfoma do CNS:** — 44.1.8
   a. Características na CT
      i. tumor na CT simples é _____ — hiperdenso no cérebro
      ii. tumor na CT com contraste _____ — realça homogeneamente
      iii. evocativo de _____ de _____ — "bolas de algodão"
   b. A reação aos esteroides _____. — pode-se resolver completamente
   c. o CSF é positivo para células do linfoma em _____%. — apenas 10%

8. **Verdadeiro ou Falso. Homem de 70 anos com uma lesão realçada homogeneamente na substância cinzenta central e corpo caloso tem suspeita de ter linfoma do CNS. O que tornaria este diagnóstico mais provável e como é diagnosticado apropriadamente?** — 44.1.8
   a. hidrocefalia — falso
   b. manchas café com leite — falso
   c. uveíte — verdadeiro (diagnosticado com lâmpada de fenda)
   d. fraqueza do músculo proximal — falso

9. **Homem de 73 anos com histórico de linfoma do CNS diagnosticado recentemente por biópsia se apresenta no setor de emergência com estupor e estado mental deteriorando progressivamente. A CT do cérebro revela a massa, mas não outras anormalidades.** — 44.1.9
   a. Verdadeiro ou Falso.
      i. excisão cirúrgica de emergência — falso
      ii. radioterapia — verdadeiro (linfomas do CNS são muito sensíveis à radiação)
      iii. quimioterapia — falso
      iv. esteroides — falso
   b. seguido de _____ — quimioterapia

10. **No que se refere ao prognóstico de linfoma do CNS:** — 44.1.10
    a. Sem tratamento, a sobrevida média é de _____ a _____ meses. — 1,8 a 3,3 meses
    b. Com radioterapia, a sobrevida média é de _____. — 10 meses
    c. Com metrotrexato intraventricular, o tempo para recorrência foi de _____ meses. — 41 meses

Linfomas e Neoplasias Hematopoiéticas

■ Mieloma Múltiplo

11. Complete as frases a seguir referentes a mieloma múltiplo (MM). 44.2.1
    a. É uma neoplasia de _____ _____ — células plasmáticas
    b. que produz _____. — proteína M (IgG ou IgA monoclonal)

12. A apresentação característica de MM inclui: 44.2.3
    a. s_____ a_____ à i_____ — susceptibilidade aumentada à infecção
    b. a_____ — anemia
    c. h_____ — hipercalcemia
    d. d_____ ó_____ — dor óssea
    e. i_____ r_____ — insuficiência renal

13. A avaliação de pacientes com MM inclui: 44.2.4
    a. i_____ ó_____ por R_____ — inventário ósseo por RX (para lesões *punched out*)
    b. h_____ c_____ — hemograma completo
    c. S_____ — SPEP (eletroforese de proteínas séricas)
    d. É feito um teste de urina para MM para identificar
        i. p_____ k_____ B_____-J_____ — proteína *kappa* de Bence-Jones
        ii. encontrada em _____% dos casos. — 75%
    e. O teste mais definitivo é b_____ m_____ ó_____. — biópsia da medula óssea

14. O tratamento de MM inclui:
    a. _____ — XRT (MM é muito radiossensível) 44.2.5
    b. b_____ — bisfosfonatos
    c. m_____ — mobilização
    d. Algumas lesões podem se beneficiar com c_____. — cifoplastia
    e. A sobrevida média para MM não tratado é de _____ meses. — 6 meses 44.2.6

■ Plasmacitoma

15. No que se refere a plasmacitoma:
    a. Se for encontrada uma lesão única consistente com MM, ela é denominada p_____. — plasmacitoma 44.3.1
    b. Em 70 a 80%, progredirá para
        i. m_____ m_____ — mieloma múltiplo
        ii. _____ anos. — 10

45

Tumores Hipofisários – Informações Gerais e Classificação

■ Tipos Gerais de Tumores

1. A maioria dos tumores hipofisários são tumores benignos que se originam na _____.	adenohipófise	45.2.1
2. Responda as questões a seguir referentes aos tumores hipofisários.		45.2.1
a. Por definição, qual é o tamanho máximo de um microadenoma hipofisário?	1 cm	
b. Tumores maiores são denominados _____.	macroadenomas	
c. 50% dos tumores hipofisários têm menos de _____ mm.	5 mm	
3. Complete as frases a seguir referentes a carcinoma hipofisário.		45.2.2
a. A ocorrência é _____.	rara	
b. Usualmente são i_____.	invasivos	
c. Usualmente são s_____.	secretórios	
d. Os hormônios mais comuns são		
i. A_____	ACTH	
ii. P_____	PRL	
e. Verdadeiro ou falso. Eles podem metastizar.	verdadeiro	
f. O prognóstico de mortalidade em 1 ano é _____%.	66%	
4. Tumores da neuro-hipófise são tumores da hipófise _____.	posterior	45.2.3
a. A ocorrência é _____.	rara	

■ Epidemiologia

5. Epidemiologia		45.3
a. Os tumores hipofisários representam aproximadamente _____% dos tumores intracranianos.	10%	
b. Eles são mais comuns na _____ décadas de vida.	3ª e 4ª	

c. Verdadeiro ou falso. A incidência é mais alta entre as mulheres. — falso
d. A incidência é aumentada em MEA ou MEN, especialmente tipo _____. — tipo I
   i. Tem uma herança _____ _____ com _____ penetrância. — autossômica dominante; alta
   ii. Também envolve tumores de c_____ das _____ _____ e _____. — células das ilhotas pancreáticas e hiperparatireoidismo
   iii. Verdadeiro ou Falso. Os tumores hipofisários nesta síndrome são, geralmente, não secretórios. — verdadeiro

■ Apresentação Clínica de Tumores Hipofisários

6. Complete as frases a seguir referentes à apresentação clínica de tumores hipofisários.   45.5.2
   a. Hipersecreção hormonal
      i. _____% dos adenomas secretam hormônio ativo. — 65%
      ii. prolactina _____% — 48%
      iii. hormônio do crescimento _____% — 10%
      iv. ACTH _____% — 6%
      v. hormônio estimulador da tireoide (TSH) _____% — 1%
   b. Prolactina pode causar síndrome de _____-_____ em mulheres e _____ em homens. As etiologias para prolactina aumentada incluem: — amenorreia-galactorreia; impotência
      i. P_____, que é neoplasia de _____ hipofisários. — Prolactinoma; lactotrofos
      ii. Efeito g_____, que pode reduzir o controle _____ sobre a secreção de PRL. — efeito gancho; inibitório
      iii. Com tumores que secretam prolactina, os níveis são geralmente > _____. — 1.000 ng/mL
   c. Hormônio do crescimento
      i. Se elevado, é provocado por um a_____ h_____ — adenoma hipofisário
      ii. mais de _____% das vezes. — 95%
      iii. Causa _____ em adultos e _____ em crianças pré-púberes. — acromegalia; gigantismo
   d. Corticotrofina
      i. também conhecida como _____ — ACTH
      ii. o excesso causa _____ de _____ — doença de Cushing
      iii. síndrome de Nelson pode se desenvolver somente em pacientes que tiveram _____. — adrenalectomia
   e. Tirotrofina (TSH) causa hipertireoidismo _____. — secundário (central)

Parte 13: Tumores Envolvendo Tecidos de Origem Não Neural

7. **Complete as frases a seguir referentes à hiposecreção hormonal:**
   a. Deve-se à _____ da hipófise normal. — compressão
   b. Em ordem de sensibilidade da compressão (Dica: procure o adenoma – em inglês: *go look for the adenoma*)
      i. G_____ — GH
      ii. L_____ — LH
      iii. F_____ — FSH
      iv. T_____ — TSH
      v. A_____ — ACTH
   c. Os sintomas mais comuns incluem h_____ o_____ e f_____ f_____. — hipotensão ortostática; fatigabilidade fácil
   d. Perda seletiva de um hormônio, considerar h_____ a_____. — hipofisite autoimmune
   e. Se diabetes insípido é vista pré-operatoriamente, outras etiologias devem ser procuradas incluindo
      i. h_____ a_____ — hipofisite autoimmune
      ii. g_____ h_____ — glioma hipotalâmico
      iii. t_____ de c_____ g_____ s_____ — tumor de células germinativas suprasselares

8. **Complete as frases a seguir referentes ao efeito de massa.**
   a. O tumor hipofisário que atinge o maior tamanho
      i. é não secretor (verdadeiro ou falso) — verdadeiro
      ii. do tipo secretor é o _____ — prolactinoma
   b. O tumor que é, usualmente, o menor é o tumor de _____. — ACTH
   c. Estruturas comumente comprimidas:
      i. Quiasma óptico classicamente causando _____ _____. — hemianopsia bitemporal
      ii. Terceiro ventrículo, que pode causar _____ _____. — hidrocefalia obstrutiva
      iii. Seio cavernoso com pressão nos nervos cranianos _____ causando: — III, IV, V1, V2, VI
         p_____ — ptose;
         d_____ f_____ — dor facial;
         d_____ — diplopia

9. **O paciente apresenta início súbito de cefaleia, distúrbio visual, oftalmoplegia e estado mental reduzido. Complete as frases a seguir.**
   a. Considerar o diagnóstico de a_____ h_____. — apoplexia hipofisária (em razão da massa em expansão na sela túrcica resultante de hemorragia ou necrose)
   b. Pode ocorrer em macroadenomas em _____%. — 3 a 17%

Tumores Hipofisários – Informações Gerais e Classificação

10. **Complete as frases a seguir referentes a tumores cerebrais primários.** 45.5.2
    a. Quais são as indicações para descompressão rápida após apoplexia hipofisária?
        i. constrição severa dos _____ _____ — campos visuais
        ii. deterioração severa da _____ _____ — acuidade visual
        iii. alterações no estado mental causadas por _____ — hidrocefalia
    b. Verdadeiro ou Falso. É necessário remover o tumor inteiro. — verdadeiro
    c. O que mais precisa ser feito? — tratar com corticosteroides

■ Tipos Específicos de Tumores Hipofisários

11. **Complete as frases a seguir referentes à classificação anatômica de adenoma hipofisário.** 45.6.1
    a. Nomeada como sistema de _____ — Hardy
    b. Extensão suprasselar
        i. O: _____ — nenhuma
        ii. A: expandindo-se até a cisterna _____ — suprasselar
        iii. B: recessos anteriores do terceiro ventrículo _____ — obliterados
        iv. C: _____ do terceiro ventrículo _____ — assoalho; deslocado
    c. Assoalho selar
        i. I: intacto ou _____ _____ — focalmente expandido
        ii. II: sela _____ — aumentada
    d. Extensão esfenoide
        i. III: _____ localizada do assoalho selar — perfuração
        ii. IV: _____ difusa do assoalho selar — destruição

12. **Complete as frases a seguir referentes a tumores hipofisários funcionais.** 45.6.2
    a. Qual é o tumor hipofisário funcional mais comum? — prolactinoma
    b. Quais são os sintomas mais comuns?
        i. Em mulheres: _____-_____ — amenorreia-galactorreia
        ii. denominada síndrome de _____-_____ — Forbes-Albright
        iii. Em homens: _____ — impotência
    c. Origina-se dos _____ hipofisários anteriores. — lactotrofos
    d. A causa mais comum de amenorreia é g_____. — gravidez

282 Parte 13: Tumores Envolvendo Tecidos de Origem Não Neural

13. **Responda às perguntas a seguir referentes à síndrome de Cushing.**
    a. Qual hormônio? — ACTH
    b. Hipersecreção é denominada ____ ____. — doença de Cushing
    c. Representa ____-____% dos adenomas hipofisários. — 10-12%
    d. Outras causas de hipercorisolismo são conhecidas como ____ ____. — síndrome de Cushing
    e. Lista de achados clínicos na síndrome de Cushing:
       Dica: do inglês: steroids
       i. e____ — estrias (*striae*)
       ii. p____ ____ — pele fina (*thin skin*)
       iii. e____ — equimose (*ecchymosis*)
       iv. l____ ____ — libido reduzida (*reduced libido*)
       v. o____ — obesidade (*obesity*)
       vi. i____, ____ ____ — impotência (*impotence*), BP aumentada
       vii. d____ — diabetes (*diabetes*)
       viii. h____ da ____ — hiperpigmentação da pele (*skin hyperpigmentation*)

14. **Complete as frases a seguir referentes à síndrome de Nelson.**
    a. Acompanha a ____ bilateral em ____-____% dos casos. — adrenalectomia; 10-30%
    b. A tríade clássica inclui
       i. h____, — hiperpigmentação
       ii. aumento no ____ e — ACTH
       iii. aumento do tumor h ____. — hipofisário
       iv. Usualmente ocorre ____ a ____ anos depois da adrenalectomia. — 1 a 4 anos
    c. A hiperpigmentação se deve à reatividade cruzada entre ____ ____ de ____ e ____. — hormônio estimulador de melanócitos; ACTH
    d. Os sinais mais precoces incluem
       i. l____ n____ — linha negra
       ii. pigmentação na linha média do púbis ao ____ — umbigo
       iii. e hiperpigmentação das c____, ____ e aréolas. — cicatrizes; gengivas
    e. Tem um nível de ACTH maior do que ____ Ng/L. Sendo que o normal é menos do que ____ Ng/L — 200; 54

15. **Responda as questões a seguir referentes à acromegalia:**
    a. > ____% dos casos de excesso de GH resultam de adenoma ____ hipofisário. — 95%; somatotrófico
    b. Secreção ectópica de GH pode ocorrer incomumente com:
       i. t____ c____ — tumor carcinoide
       ii. l____ — linfoma
       iii. t____ de ____ ____ ____ — tumor de células ilhotas pancreáticas

Tumores Hipofisários – Informações Gerais e Classificação

- c. 25% dos acromegálicos têm _____ com estudos normais da tireoide. — tireoidomegalia
- d. O hipotálamo produz _____, o que faz com que a hipófise produza _____. — GHRH; GH
- e. O excesso de GH induz a secreção de _____ do fígado, também conhecida como _____. — IGF-1; somatomedina-C
- f. Que medicação pode suprimir a liberação de GH? — somatostatina
- g. As taxas de mortalidade são _____ a _____ vezes a taxa esperada em razão de: — 2 a 3 vezes
  - i. c_____ — câncer
  - ii. c_____ — cardiomiopatia
  - iii. d_____ — diabetes
  - iv. h_____ — hipertensão
  - v. i_____ — infecção
  - vi. n_____ _____ — neuropatia compressiva

16. **Responda as questões a seguir referentes a adenomas secretores de TSH.** 45.6.2
    - a. Compreendem _____ a _____% dos tumores hipofisários. — 0,5 a 1%
    - b. Produzem hipertireoidismo _____ — central (secundário)
    - c. Níveis elevados de _____ e _____ com _____ elevado ou inapropriadamente normal. — T3 e T4; TSH
    - d. Verdadeiro ou Falso. A maioria destes tumores é invasiva e suficientemente grande para produzir efeito de massa. — verdadeiro
    - e. Os sintomas de hipertireoidismo incluem
      - i. a_____ — ansiedade
      - ii. p_____ — palpitações (causadas por fibrilação atrial)
      - iii. i_____ ao c_____ — intolerância ao calor
      - iv. h_____-_____ — hiper-hidrose
      - v. p_____ de p_____ — perda de peso

17. **Responda as questões a seguir referentes à patologia dos tumores hipofisários.** 45.6.2
    - a. Cromófobos são mais comuns. Podem produzir _____, _____ ou _____. — prolactina, GH ou TSH
    - b. Acidófilos produzem _____, _____, _____. — prolactina, TSH, GH
    - c. Basófilos produzem _____, _____, _____; doença de _____. — gonadotrofinas, β-lipotropina, ACTH; doença de Cushing

18. **Complete as frases a seguir referentes a tumores da neuro-hipófise e infundíbulo.** 45.6.3
    - a. O tumor mais comum na hipófise posterior é _____. — metastático
    - b. O tumor primário mais comum é o _____ de _____ _____ com uma predileção pela _____. — tumor de células granulares (GCT); haste
    - c. Se houver suspeita deste tumor, a abordagem operatória _____ é preferida à _____. — transcraniana é preferida à transesfenoidal

46

Adenomas Hipofisários – Avaliação e Tratamento Não Cirúrgico

■ Avaliação

1. **Responda as questões a seguir referentes aos padrões de déficit no campo visual.**   46.1.2
   a. O quiasma está localizado
      i. acima da sela em _____% 79%
      ii. posterior à sela em _____% 4% (quiasma pós-fixado)
      iii. anterior à sela em _____% 5% (quiasma prefixado)
   b. O déficit clássico no campo visual é h_____ b_____. hemianopsia bitemporal
   c. Compressão do nervo óptico é mais provável com um quiasma p _____. pós-fixado
      i. Perda da visão no olho _____. ipsolateral
      ii. Usualmente há uma _____ _____ no olho _____ resultante da compressão do _____. quadrantanopsia superior (temporal); contralateral; joelho anterior de Wilbrand.
   d. Compressão do trato óptico pode ocorrer com quiasma _____ produzindo _____. prefixado; hemianopsia homônima

2. **Responda as questões a seguir referentes ao rastreamento do eixo suprarrenal.**   46.1.2
   a. Os níveis de cortisol normalmente atingem o pico entre _____-_____ da manhã. 7-8
   b. Cortisol às _____ da manhã é melhor para detecção de _____. 8; hipocortisolismo
   c. Níveis < _____ são sugestivos de insuficiência suprarrenal. 6 mcg/100 mL
   d. Níveis entre _____ e _____ são não diagnósticos. 6 e 14 mcg/100 mL

Adenomas Hipofisários – Avaliação e Tratamento Não Cirúrgico

e. _____ é mais preciso para _____ — Cortisol livre na urina de 24 horas; hipercortisolismo

f. Normalmente, dexametasona em _____ _____ suprime a liberação de _____ pelo de *feedback* negativo. — baixa dose; ACTH

    i. Cortisol às 8 h da manhã < _____ exclui síndrome de Cushing na maioria dos pacientes. — 1,8 mcg/dL

    ii. Síndrome de Cushing está, provavelmente, presente com cortisol > _____. — 10 mcg/dL

    iii. Tumores _____ e a maioria dos casos de produção ectópica de ACTH não irão suprimir mesmo com dexametasona em _____ _____. — suprarrenais; alta dose

3. **Eixo da tireoide.**
a. Checar _____ (total ou livre) e _____. — T4; TSH
b. O teste de estimulação do hormônio liberador de tirotrofina (TRH) é indicado se _____ se encontra em níveis limítrofes. — T4
c. _____ _____ crônico pode produzir hiperplasia hipofisária secundária indistinguível de adenoma. — Hipotireoidismo primário
d. Isto se deve à perda do *feedback* _____ em razão do _____ da _____ causando aumento na liberação de _____ do _____. — negativo; hormônio da tireoide; TRH; hipotálamo
e. Resposta reduzida à estimulação do TRH indica _____ _____. — hipotireoidismo secundário (hipofisário)
f. As etiologias de hipertireoidismo primário incluem

    i. _____ na _____ hiperativo localizado — nódulo na tireoide

    ii. _____ circulantes que estimulam a tireoide — anticorpos

    iii. _____ _____ da _____ (também conhecida como hipertireoidismo oftálmico) — hiperplasia difusa da tireoide

4. **Avaliação hormonal em acromegalia:**
a. _____ é o teste inicial recomendado. — IGF-1
b. Checar uma única medida aleatória de _____ pode não ser um indicador confiável e, portanto, não é recomendado. — GH
c. O nível de GH basal normal em jejum é < _____. — 5 ng/mL
d. Teste de supressão da glicose oral (OGST):

    i. Dar uma carga de _____ de glicose oral e medir _____. — 75 gm; GH

    ii. Se o nadir de _____ não for < _____, o paciente tem acromegalia. — GH; 1 ng/mL

    iii. Supressão de GH pode estar ausente com _____. — doença hepática, DM não controlada e insuficiência renal

Parte 13: Tumores Envolvendo Tecidos de Origem Não Neural

14. **Manejo da doença de Cushing:**   46.2.6
    a. _____ _____ é o tratamento de escolha para a maioria.   Cirurgia transesfenoidal
    b. As taxas de cura são _____ para microadenomas, porém mais baixas para tumores maiores.   ~ 85%
    c. Para terapia médica, _____ é um _____ _____ que bloqueia a síntese de esteroides da suprarrenal.   cetoconazol; agente antifúngico
    d. Quais são as indicações para adrenalectomia bilateral total? (4)   Adenoma hipofisário não ressecável; falha da terapia médica/cirurgia; doença de Cushing com risco de vida; doença de Cushing sem evidência de tumor hipofisário.
    e. Acompanhamento depois de adrenalectomia bilateral para excluir síndrome de _____.   síndrome de Nelson

15. **Manejo de adenomas secretores de TSH:**   46.2.7
    a. O tratamento de primeira linha é _____ _____.   cirurgia transesfenoidal
    b. O tumor pode ser difícil de ser removido e _____.   fibroso
    c. O tratamento médico é com o mesmo agente que para _____, a saber, _____.   acromegalia; octreotida

■ Radioterapia para Adenomas Hipofisários

16. **Verdadeiro ou Falso.** Radioterapia deve ser usada rotineiramente após a remoção cirúrgica.   falso   46.3.3

47

Adenomas Hipofisários – Tratamento Cirúrgico, Resultados e Tratamento de Recorrência

■ Tratamento Cirúrgico para Adenomas Hipofisários

1. **Qual é o preparo médico para a cirurgia?**   47.1.1
   a. Dose de _____ de esteroides   estresse
   b. Pacientes com hipotireoidismo devem idealmente ser tratados antes da cirurgia por _____ semanas.   4 semanas
   c. No entanto, não repor o _____ da _____ até que o _____ _____ seja avaliado. Fazer isso pode precipitar _____ _____.   hormônio da tireoide; eixo suprarrenal; crise suprarrenal

2. **Os desastres intraoperatórios durante cirurgia transesfenoidal estão, usualmente, relacionados com a _____ de _____ de _____.**   perda de pontos de referência
   a. Isto pode incluir lesão da a_____ _____ tipicamente lesionada no aspecto lateral da abertura.   artéria carótida   47.1.3
   b. Abertura através do c_____ pode causar biópsia errônea da p_____.   clivo; ponte
   c. Abertura pelo assoalho da _____ _____ pode causar lesão nos _____ _____ com entrada nos _____ _____ _____.   fossa frontal; nervos olfatórios; lobos frontais inferiores
   d. A incidência de rinorreia no CSF (fístula) é de _____%.   3,5%   47.1.4

3. **Responda as questões a seguir referentes ao manejo pós-operatório:**   47.1.6
   a. Evitar _____ de _____, que pode causar pressão negativa no seio esfenoidal e agravar o _____ no _____.   espirometria de incentivo; vazamento no CSF
   b. Quais são os critérios diagnósticos para diabetes insípido (DI)?   débito urinário > 250 por 1-2 horas e SG < 1,005;
   c. DI transitória tipicamente dura _____ a _____ no pós-operatório e, então, normaliza.   ~ 12 a 36 horas

290   Parte 13: Tumores Envolvendo Tecidos de Origem Não Neural

    d. A resposta trifásica envolve os três estágios a seguir:
       i. _____ causada por lesão na hipófise _____   DI (curta duração); posterior
      ii. _____ ou _____ em razão da liberação de _____ das extremidades neuronais do hipotálamo.   Normalização ou SIADH; ADH
     iii. _____   DI (longa duração)
    e. Reduzir e interromper hidrocortisona _____-_____ horas pós-operatório. A seguir, checar cortisol às _____ da manhã.   24-48 horas; 6 horas da manhã
    f. Nível de cortisol < _____ sugere deficiência de _____.   3 mcg/dL; ACTH
    g. Nível de cortisol > _____ é normal.   9 mcg/dL

■ Resultado após Cirurgia Transesfenoidal

4. **Caracterize os bons resultados da cirurgia transesfenoidal.**
    a. A visão é _____ _____.   significativamente melhorada   47.2.2
    b. Cura obtida em _____% dos prolactinomas.   25%   47.2.3
    c. Ao todo, _____% de todos os acromegálicos tiveram uma cura bioquímica.   50%
    d. A taxa de cura na doença de Cushing com microadenomas é de _____%.   85%
    e. A incidência de recorrência é de _____% com a maioria recorrendo _____ a _____ anos pós-operatório.   12%; 4 a 8 anos

48

Cistos e Lesões Pseudotumorais

■ Cisto da Bolsa de Rathke

1. **Descreva o cisto da bolsa de Rathke (RCC)** — 48.1
   a. Onde estão localizadas as lesões? — *Pars intermedia* intrasselar
   b. O quanto são comuns? — Achado incidental em 13-23% das autópsias
   c. Você encontra RCC junto com adenomas da hipófise? — não
   d. Por quê? — RCCs têm uma linhagem semelhante a adenomas da hipófise e raramente são encontrados juntos.
   e. Aparência na CT
      i. cística? — sim
      ii. densidade? — baixa densidade
      iii. realce? — pode ter realce capsular
   f. A linhagem celular é descrita como e_____ c_____ s_____ — epitélio cúbico simples
   g. A parede cística é _____. — fina
   h. Qual é o tratamento cirúrgico? — excisão parcial e drenagem

■ Cisto Coloide

2. **Complete as frases a seguir referentes a cisto coloide.**
   a. A idade usual do diagnóstico é _____-_____ anos. — 20-50 anos — 48.2.1
   b. Mais comumente encontrado no _____ _____ na região do _____ de _____. — terceiro ventrículo; forame de Monro — 48.2.2
   c. Hidrocefalia patognomônica envolvendo apenas os ventrículos _____. — laterais
   d. No MRI, usualmente _____ em T1 e _____ em T2. — hiperintenso; hipointenso — 48.2.4
   e. Pacientes sintomáticos podem ter mais probabilidade de exibir cistos _____ em T2, indicando alto conteúdo de _____, o que pode refletir uma propensão para expansão cística. — hiperintensos; água
   f. Punções lombares (LP) são _____ antes da colocação de *shunt* ventricular causado por riscos de _____. — contraindicadas; herniação

Parte 13: Tumores Envolvendo Tecidos de Origem Não Neural

3. **Tratamento para cistos coloides.** 48.2.5
   a. A natureza da obstrução requer *shunt* ventricular _____. Ou então, pode-se usar *shunt* _____ com f_____ do s_____ p_____.
   bilateral; unilateral; fenestração; septo pelúcido
   b. A abordagem transcalosa tem maior incidência de infarto v_____ ou lesão do f_____.
   venoso; fórnix
   c. Verdadeiro ou Falso. A abordagem transcalosa depende de ventrículos dilatados.
   falso
   d. A abordagem transcortical tem maior incidência de c_____ p_____-_____.
   convulsões pós-operatórias
   e. Quais são as características dos cistos coloides que se correlacionam com aspiração estereotáxica malsucedida?
      i. alta _____ que se correlaciona com _____ na CT.
      viscosidade; hiperdensidade
      ii. d_____ do cisto pela ponta da agulha de aspiração em razão do _____ _____
      deflexão; tamanho pequeno

■ Tumores Epidermoides e Dermoides

4. **Complete as frases a seguir referentes a cistos epidermoides e dermoides.** 48.3.1
   a. Ambos são tumores do d_____, b_____, que podem surgir quando implantes _____ retidos são aprisionados por duas superfícies _____ fusionadas.
   desenvolvimento; benignos; ectodérmicos; ectodérmicas
   b. A taxa de crescimento é l_____, em vez de e_____ como com os tumores neoplásicos.
   linear; exponencial
   c. Os sítios intracranianos mais comuns incluem
      i. s_____, que comumente produz h_____ b_____ e a_____ ó_____.
      supresselar; hemianopsia bitemporal; atrofia óptica
      ii. F_____ s_____, que pode apresentar _____.
      Fissura silviana; convulsões
      iii. C_____, que pode produzir _____ do _____ especialmente em pacientes _____.
      CPA (ângulo pontocerebelar); neuralgia trigeminal; jovens
      iv. f_____ p_____ b_____, que pode produzir achados em n_____ c_____ b_____ ou _____ _____.
      fossa posterior basilar; nervo craniano baixo; disfunção cerebelar
      v. Dentro do sistema v_____, especificamente o _____ _____.
      ventricular; 4º ventrículo
   d. Dentro do canal espinhal, a maioria se origina nas seguintes localizações:
      i. _____ — coluna torácica
      ii. _____ — coluna lombar alta

Cistos e Lesões Pseudotumorais 293

e. Podem ocorrer epidermoides iatrogenicamente depois de _____ _____.
   punção lombar

f. Dermoides do canal espinhal estão usualmente associados ao t_____ do s_____ d_____, que pode produzir crises recorrentes de _____ espinhal.
   trato do seio dérmico; meningite

5. **Complete as frases a seguir referentes a cistos epidermoides.** 48.3.3

   a. Usualmente se originam da e _____ aprisionada dentro do _____.
      ectoderme; CNS

   b. Também conhecido como c_____, que é mais frequentemente usado para descrever a lesão no _____ _____, onde o epitélio aprisionado se origina de _____ crônicas no _____ _____.
      colesteatoma; ouvido médio; infecções; ouvido médio

   c. Os epidermoides são revestidos pelo epitélio _____ _____ e contêm:
      escamoso estratificado
      i. _____   queratina
      ii. _____ *debris* celulares
      iii. _____ colesterol

   d. Os cistos epidermoides são algumas vezes confundidos com g_____ de c_____, que usualmente ocorrem depois de i_____ c_____.
      granulomas de colesterol; inflamação crônica

   e. A ruptura dos conteúdos císticos pode causar episódios recorrentes de _____ _____; que também pode levar à _____.
      meningite asséptica; hidrocefalia

   f. M_____ de _____ é uma variante rara de _____ que inclui o achado de _____ _____ no CSF.
      Meningite de Mollaret; meningite; células grandes

■ Craniofaringioma

6. **Complete as frases a seguir referentes a craniofaringiomas.** 48.4.1

   a. Usualmente se desenvolvem das células residuais da _____ de _____ e tendem a se originar da margem _____ _____ da h_____.
      bolsa de Rathke; superior anterior; hipofisária

   b. Alguns podem se originar primariamente dentro do _____ ventrículo.
      terceiro

   c. O fluido nos cistos usualmente contém c_____ de c_____.
      cristais de colesterol

   d. O pico de incidência ocorre durante as idades entre _____ a _____ anos.
      5 a 10 anos

49

Pseudotumor Cerebral e Síndrome da Sela Vazia

■ Pseudotumor Cerebral

1. **Complete as frases a seguir referentes a pseudotumor cerebral.**
   a. Critérios diagnósticos:
      i. Pressão no CSF acima de — 20 a 25 cm H$_2$O
      ii. Composição do CSF — contagem normal de proteína, glicose e celular
      iii. Sintomas e sinais — pressão aumentada
      iv. Estudos radiológicos — CT e MRI normais
   b. Ocorrem defeitos visuais severos em _____ a _____% — 4 a 12%
   c. O melhor teste para acompanhar a visão é _____. — campimetria visual

2. **Descreva o tratamento de pseudotumor cerebral.**
   a. Retirar a paciente do uso de _____. — OCPs (pílulas contraceptivas orais)
   b. As medicações para tratamento incluem:
      i. D_____ — Diamox
      ii. L_____ — Lasix
      iii. D_____ — Dexametasona
   c. Os procedimentos a serem considerados incluem
      i. p_____ l_____ seriadas — punções lombares
      ii. s_____ _____ — *shunt* lomboperitoneal
      iii. f_____ da _____ do _____ _____ — fenestração da bainha do nervo óptico

■ Síndrome da Sela Vazia

3. **Complete as frases a seguir referentes à síndrome da sela vazia.**
   a. A herniação da _____ _____ na _____ _____ pode atuar como uma massa, provavelmente em consequência de _____ do _____. — membrana aracnoide; sela túrcica; pulsação do CSF
   b. A relação entre mulheres e homens é de _____. — 5:1
   c. Associada à _____ e _____. — obesidade e hipertensão
   d. O tratamento cirúrgico usualmente _____ e _____, exceto em casos de _____. — não é indicado; (CSF) rinorreia
   e. As causas secundárias incluem:
      i. t_____ — trauma
      ii. r_____ do t_____ h_____ — remoção de tumor hipofisário
      iii. p_____ _____ aumentada — pressão intracraniana

50

Tumores e Lesões que se Assemelham a Tumores no Crânio

■ Tumores Cranianos

1. **O tumor ósseo primário da calota craniana mais comum** — 50.1.2
   a. é o o_____. — osteoma
   b. geralmente envolve apenas a s_____ e_____. — superfície externa
   c. Lesões dentro dos _____ _____ podem se manifestar como _____ recorrente. — seios aéreos; sinusite
   d. A tríade da síndrome de Garden:
      i. _____ — múltiplos osteomas cranianos
      ii. _____ — polipose colônica
      iii. _____ — tumores de tecido mole

2. **Complete as afirmativas a seguir, sobre hemangiomas.** — 50.1.3
   a. Constituem _____% dos tumores de crânio. — 7%
   b. Os dois tipos são o c_____ (mais comum) e o c_____ (raro) — cavernoso; capilar
   c. As lesões acessíveis podem ser curadas por e_____ e_____ b_____ ou c_____. — excisão em bloco; curetagem

3. **Complete as afirmativas a seguir, sobre histiocitose de células de Langerhans.** — 50.1.5
   a. O sintoma mais comum é _____. — massa craniana em expansão e sensível
   b. O sítio mais comum é o osso _____. — parietal
   c. Verdadeiro ou Falso: envolve ambas as superfícies, interna e externa. — verdadeiro
   d. Pode ser diferenciada de um hemangioma pelo abscesso com aparência semelhante à _____ de _____. — queimadura de sol

4. **Complete as afirmativas a seguir, sobre cordomas.** — 50.1.6
   a. Cordomas são tumores _____ que geralmente surgem do c_____ ou do s_____. — malignos; *clivus*; sacro
   b. Derivam dos resquícios da n_____ p_____, a qual normalmente se diferencia no n_____ p_____ dos d_____ i_____. — notocorda primitiva; núcleo pulposo; discos intervertebrais

296 Parte 13: Tumores Envolvendo Tecidos de Origem Não Neural

c. A idade do pico de incidência dos cordomas cranianos é de _____ a _____ anos. — 50 a 60 anos
d. O diagnóstico diferencial dos tumores da região do forame magno inclui:
 i. _____ — condrossarcomas
 ii. _____ — condromas

■ Lesões no Crânio Não Neoplásicas

5. Complete as sentenças a seguir, sobre hiperostose frontal interna. — 50.2.2
 a. É um espessamento nodular irregular benigno da _____ _____ do _____ _____, que quase sempre é _____. — superfície interna; osso frontal; bilateral
 b. Associado à síndrome de Morgagni, que inclui:
  i. _____ — cefaleia
  ii. _____ — obesidade
  iii. _____ — virilismo
  iv. _____ — distúrbios neuropsiquiátricos
 c. As anormalidades endócrinas incluem:
  i. a_____ — acromegalia
  ii. h_____ — hiperprolactinemia
 d. As anormalidades metabólicas incluem:
  i. h_____ — hiperfosfatemia
  ii. o_____ — obesidade

6. Complete as sentenças a seguir, sobre displasia fibrosa. — 50.2.3
 a. É uma condição benigna em que o osso normal é substituído por _____ _____ _____. — tecido conjuntivo fibroso
 b. A maioria das lesões ocorre nas _____ ou ossos craniofaciais, especialmente o _____. — costelas; maxilar
 c. Poder ser parte da síndrome de _____-_____. — de McCune-Albright

51

Tumores da Coluna Vertebral e Medula Espinal

■ Localização Compartimental dos Tumores da Coluna

1. **As localizações compartimentais dos tumores da coluna e suas incidências são:** — 51.2
   a. extradural em _____% — 55%
   b. intradural extramedular em _____% — 40%
   c. intramedular em _____% — 5%
   d. A maioria das metástases são _____. — extradurais — 51.5.3

■ Diagnóstico Diferencial: Tumores da Coluna e da Medula Espinal

2. **Complete as afirmativas a seguir, referentes aos tumores extradurais de medula espinal.** — 51.3.2
   a. Surgem no _____ _____ ou no tecido _____. — corpo vertebral; epidural
   b. Os tumores osteoblásticos indicam _____ de _____ em homens, e _____ de _____ de _____ em mulheres. — metástases de próstata; metástases de câncer de mama

3. **O cisto ósseo aneurismático é:** — 51.3.2
   a. uma lesão _____, que consiste em uma colmeia altamente vascularizada constituída por cavidades cheias de sangue separadas por _____ _____ e circundada por _____ _____ delgado, com capacidade de expansão. — osteolítica; tecido conectivo; osso cortical

4. **Os tumores intradurais extramedulares mais comuns são:** — 51.3.4
   a. m_____ — meningiomas
   b. n_____ — neurofibromas

■ Tumores na Medula Espinal Extramedulares Intradurais

5. **Caracterizam os meningiomas espinais.** — 51.4.1
   a. A idade de pico de incidência é entre _____-_____ anos. — 40-70 anos
   b. A razão feminino:masculino é _____. — 4:1
   c. O principal sintoma é _____. — dor local ou radicular

Parte 13: Tumores Envolvendo Tecidos de Origem Não Neural

6. **Caracterizam os Schwannomas espinhais.** — 51.4.2
   a. Tumores ____ ____. — de crescimento lento, benignos
   b. 75% surgem de ____. — raízes dorsais
   c. Os sintomas iniciais são ____. — radiculares

■ Tumores Intramedulares da Medula Espinal

7. **O glioma mais comum da porção medular inferior, cone e filo é o ____.** — ependimoma — 51.5.3
   a. Estes tumores do cone e filo geralmente são do subtipo ____. — mixopapilar

■ Tumores Ósseos Primários da Coluna

8. **Verdadeiro ou falso: com relação aos osteomas osteoides.** — 51.6.2
   a. São lesões benignas que apresentam tamanho inferior a 1 cm. — verdadeiro
   b. Os osteomas osteoides muitas vezes degeneram em osteoblastoma. — falso
   c. Os osteomas osteoides são mais frequentes no pedículo, do que os osteoblastomas. — falso
   d. São lesões destrutivas expansíveis. — falso (Os osteoblastomas são lesões destrutivas expansíveis.)

9. **O câncer ósseo primário mais comum é o o____.** — osteossarcoma — 51.6.3
   a. Mais comum em ____. — crianças
   b. Na coluna espinal, geralmente ocorre na região ____ nos homens, por volta dos ____. — lombossacral; 40 anos
   c. A biópsia com agulha do trato ____ a área. — contamina
   d. A sobrevida é de ____ meses. — 10

10. **Verdadeiro ou falso: hemangiomas vertebrais** — 51.6.4
    a. são tumores raros. — falso (ocorrem em 9-12%.)
    b. podem ser malignos. — falso
    c. são frequentemente sintomáticos. — falso
    d. são radiossensíveis. — verdadeiro (Propriedade usada em casos de lesão dolorosa incomum que não pode ser tratada por excisão nem por vertebroplastia.)
    e. Radiografias mostram e____ v____ — estriações verticais
    f. ou aparência de c____. — colmeia

11. **Os tumores de células gigantes do osso:** — 51.6.5
    a. surgem de ____. — osteoclastos
    b. são incluídos na mesma categoria que os ____ ____. — cistos ósseos aneurismáticos
    c. quase sempre são b____, com comportamento p____. — benignos; pseudomaligno
    d. a radiação é considerada controversa, em razão da possibilidade de d____ m____. — degeneração maligna

52

Metástase Cerebral

■ Metástases do Cérebro

1. **Complete as afirmativas a seguir, sobre metástases cerebrais.**   52.2
   a. O tumor cerebral mais comum é a _____ _____.   a metástase cerebral
   b. Serão múltiplas em _____% nas MRIs.   70%
   c. Em pacientes sem história de câncer, as metástases cerebrais são o sintoma manifestado em _____%.   15%
   d. A via de disseminação metastática para o cérebro geralmente é a h_____, embora a e_____ l_____ também seja possível.   hematogênica; extensão local
   e. A maior incidência de metástases no parênquima é na região _____ à fissura de Silviana, provavelmente em decorrência da disseminação embólica para os ramos da _____ terminal.   posterior; MCA   52.4

■ Metástases dos Tumores Primários do CNS. Localização da Metástase Cerebral. Apresentação Clínica.

2. **Complete as sentenças a seguir, sobre tumores cerebrais.**
   a. Quais tumores primários do CNS se disseminam via CSF?   52.3.1
      i. g_____   glioma
      ii. e_____   ependimoma
      iii. P_____   PNET
      iv. t_____   tumores pineais
   b. O tumor cerebral primário mais comum responsável pela disseminação extra-axial é o m_____.   meduloblastoma   52.3.2
   c. As metástases cerebrais solitárias são os tumores de f_____ p_____ mais comum em adultos.   fossa posterior   52.4

300 Parte 13: Tumores Envolvendo Tecidos de Origem Não Neural

    d. A disseminação para este local pode ser via plexo ____ e____ e v____ v____.   plexo venoso epidural (plexo de Batson); veias vertebrais

    e. A hemorragia ocorre no:
       i. m____   melanoma
       ii. c____   coriocarcinoma
       iii. c____   carcinoma de células renais

52.6

■ Cânceres Primários em Pacientes com Metástases Cerebrais

3. **Fontes de metástases cerebrais em crianças:**   52.5.1
    a. n____   neuroblastoma
    b. r____   rabdomiossarcoma
    c. t____   tumor de Wilm

4. **De onde as metástases cerebrais vêm?**   52.5.1
    a. p____   pulmão (44%)
    b. m____   mama (10%)
    c. r____   renal (7%)
    d. t____ ____   trato intestinal (6%)
    e. m____   melanoma (3%)

5. **Complete as sentenças a seguir, sobre câncer de pequenas células do pulmão.**   52.5.2
    a. Também conhecido como câncer de c____ em g____ de a____.   célula em grão de aveia
    b. Fortemente associado ao ____.   tabagismo (tabaco)
    c. A reação à radioterapia é muito ____.   sensível
    d. O tipo mais comum de câncer não de células pequenas do pulmão é ____.   adenocarcinoma

6. **Complete as sentenças a seguir sobre melanoma metastático.**   52.5.3
    a. Após a detecção no cérebro, a longevidade é de ____ dias.   113
    b. Exceto em caso de metástase única de melanoma, o paciente pode viver ____ anos.   3
    c. Verdadeiro ou falso: o melanoma é responsivo à quimio e à radioterapia.   falso
    d. Com a quimioterapia para o melanoma, o padrão ouro é a ____.   dacarbazina
    e. A imunoterapia que é tão efetiva quanto a quimioterapia é uma vacina: a M____.   Malacina
    f. Pacientes com escore de *performance* Karnofsky < ____ tendem a ser fracos candidatos à cirurgia.   70

Metástase Cerebral

■ Tratamento

7. **As metástases cerebrais altamente radiossensíveis são:**
   - a. c____ de ____ ____ do ____ — carcinoma de pequenas células do pulmão
   - b. t____ de ____ ____ — tumores de células germinativas
   - c. l____ — linfoma
   - d. l____ — leucemia
   - e. m____ — mieloma múltiplo

   52.8.5

8. **São tumores metastáticos altamente resistentes à radioterapia:**
   - a. t____ — tireoide
   - b. c____ — células claras
   - c. m____ — melanoma
   - d. s____ — sarcoma
   - e. a____ — adenocarcinoma

   52.8.5

9. **Complete as sentenças a seguir, relacionadas à radioterapia para metástases cerebrais.**
   - a. A dose padrão é
     - i. ____ Gy em — 30
     - ii. ____ frações durante — 10
     - iii. ____ semanas — 2
   - b. Após a dose usual de radioterapia, que percentual de pacientes desenvolvem demência em
     - i. 1 ano: ____% — 11%
     - ii. 2 anos: ____% — 50%

   52.8.5

■ Meningite Carcinomatosa

10. **Complete as sentenças a seguir, sobre meningite carcinomatosa.**
    - a. Os sintomas incluem ____ e disfunção de ____ ____. — cefaleia; de nervo craniano — 52.10.2
    - b. O CSF, eventualmente, é anormal em ____ % dos casos. — 95% — 52.10.3
    - c. Qual é tamanho de amostra de CSF necessário? — pelo menos 10 cm³ de CSF
    - d. A sobrevida é de ____ meses, na ausência de tratamento, e de ____ a ____ meses, com tratamento. — 2; 5 a 8 — 52.10.4
    - e. Incluir sempre a hipótese de m____ l____ no diagnóstico diferencial. — meningite linfomatosa — 52.10.1

53

Metástases Epidurais da Coluna

■ Informações Gerais

1. **Complete as afirmativas, a seguir, sobre metástases epidurais da coluna (SEMs).** 53.1
   a. Ocorre em _____% de todos os pacientes com câncer. — 10%
   b. Surge mais comumente de:
      i. p_____ — pulmão
      ii. m_____ — mama
      iii. p_____ — próstata
      iv. m_____ — mieloma
      v. l_____ — linfoma
   c. Uma via de metástases para a coluna espinal é o p_____ de B_____. — plexo de Batson (veias epidurais espinais)
   d. O sítio de metástase é p_____ ao comprimento do segmento espinal. — proporcional
   e. O primeiro sintoma geralmente é:
      i. d_____, que — dor
      ii. piora na posição em d_____. — decúbito

■ Avaliação e Tratamento de Metástases Epidurais da Coluna

2. **Complete as afirmativas seguintes, sobre SEM no cone medular e lesões na cauda equina.** Tabela 53.2
   a. Lesões no cone medular
      i. dor espontânea — rara
      ii. déficit sensorial — sela, bilateral
      iii. perda motora — simétrica
      iv. sintomas autonômicos — inicialmente proeminentes
      v. reflexos — ausência apenas do reflexo aquileu
      vi. aparecimento — repentino e bilateral
   b. Lesões na cauda equina
      i. dor espontânea — intensa, radicular
      ii. déficit sensorial — sela, pode se unilateral
      iii. perda motora — assimétrica
      iv. sintomas autonômicos — tardios
      v. reflexos — possível ausência dos reflexos aquileu e patelar
      vi. aparecimento — gradual e unilateral

3. **Complete as afirmativas a seguir, sobre SEM:**
   a. O desfecho depende do e_____ n_____ a_____.   estado neurológico apresentado   53.4.2
   b. Grau   Tabela 53.3
      i. leve — o paciente consegue andar
      ii. moderado — consegue mover as pernas, exceto contra a ação da gravidade
      iii. grave — função motora e sensorial discretamente residual
      iv. completo — ausência de função motora, sensorial ou esfincteriana abaixo do nível da lesão
   c. Tratamento destinado aos pacientes que apresentam sintomas novos consiste em: 53.4.4
      i. d_____ — decadron
      ii. c_____ — cirurgia
      iii. r_____ — radioterapia

4. **Complete as sentenças a seguir sobre varreduras de MRI em SEMs.**   53.4.3
   a. Detectam múltiplos sítios de compressão medular em _____%.   20%
   b. São _____ em T1WI.   hipointensas
   c. São _____ em T2WI.   hiperintensas

5. **Verdadeiro ou falso: com relação à imagem diagnóstica:**   53.4.3
   a. MRI
      i. é o exame diagnóstico de escolha.   verdadeiro
      ii. A extensão tumoral para dentro do canal medular é comum quando o paciente apresenta lombalgia local.   falso
   b. Radiografia plana
      i. A maioria dos métodos espinais são osteolíticos.   verdadeiro
      ii. As radiografias planas são abdominais, tão logo haja erosão óssea.   falso
   c. Mielo-CT
      i. pode obter CSF   verdadeiro
      ii. é invasiva   verdadeiro
      iii. demonstrará lesões paraespinais   falso
      iv. pode requerer punção C1-C2   verdadeiro

6. **Com relação ao tratamento de SEM:**   53.4.4
   a. Grupo I
      i. Sinais/sintomas?   progressão rápida ou déficit grave
      ii. Quando avaliar?   imediatamente
   b. Grupo II
      i. Sinais/sintomas?   leve e estável
      ii. Quando avaliar?   internar e avaliar em 24 horas

Parte 13: Tumores Envolvendo Tecidos de Origem Não Neural

    c. Grupo III
        i. Sinais/sintomas? — dor sem envolvimento neurológico
        ii. Quando avaliar? — no contexto ambulatorial, ao longo de vários dias

7. **Qual é o tratamento para SEM?** *53.4.5*
    a. A quimioterapia é _____. — inefetiva
    b. A vertebroplastia/cifoplastia diminui a dor em _____%. — 84%
    c. Radioterapia
        i. Quanto tempo após o diagnóstico? — em 24 horas
        ii. Após a cirurgia? — em 2 semanas
    d. Embolização pré-operatória
        i. apropriada para tumores ___ — altamente vasculares
        ii. como o de _____ — células renais
        iii. t_____ — tireoide
        iv. h_____ — hepatocelular

8. **Com relação à cirurgia para SEM:** *53.4.5*
    a. contraindicações relativas:
        i. t_____ r_____ — tumores radiossensíveis
        ii. p_____ t_____ > _____ horas — paralisia total; 8
        iii. sobrevida esperada: < _____-_____ m_____ — 3-4 meses
        iv. m_____ l_____ em m_____ n_____ — múltiplas lesões em; múltiplos níveis
    b. Indicação para cirurgia:
        i. bloqueio maior que _____% — 80%
        ii. p_____ r_____ — progressão rápida
    c. Outras indicações:
        i. p_____ d_____ — primário desconhecido
        ii. t_____ r_____ — tumores radiorresistentes

9. **Caracterize o tratamento cirúrgico:** *53.4.5*
    a. Laminectomia é um tratamento _____ — precário
    b. porque _____ a coluna espinal. — desestabiliza
    c. É melhor realizar a cirurgia _____ — anteriormente
    d. e acrescentar _____. — instrumentação

54

Informações Gerais, Classificação, Tratamento Inicial

■ Informações Gerais

1. Na GCS < 8, as lesões cirúrgicas representam _____%. Com a lesão craniana significativa, esgotar a possibilidade de fraturas na coluna espinal em _____.	25%; C1-C3	54.1.1
2. Com lesão craniana significativa, a deterioração tardia ocorre em _____%. O equivalente a 75% deste total apresentará h_____ i_____.	15%; hematoma intracraniano	54.1.2

■ Classificação

3. Faça a correspondência com leve-moderado-grave.		54.2
a. GCS 14	leve	
b. Defeito neurológico focal	moderado	
c. GCS 15 + comprometimento do alerta ou da memória	leve	
d. GCS 5-8	grave	
e. LOC > 5 min	moderado	
f. GCS 15 + LOC breve	leve	

■ Tratamento na Sala de Emergência

4. Hipotensão (definida como _____) e hipóxia (definida como apneia, cianose ou PaO$_2$ _____), podem _____ o risco de desfecho ruim.	SBP < 90 mmHg; PaO$_2$ < 60 mmHg; triplicar	54.4.1
5. A postura descerebrada ou descorticada geralmente será _____ em relação à dilatação pupilar.	contralateral	Tabela 54.2
6. Sedativos e paralisantes devem ser usados para h_____ i_____, i_____ e t_____.	hipertensão intracraniana, intubação e transporte	54.4.1
7. Diretrizes da prática para intubação no traumatismo, com GCS _____.	< 8	54.4.1

Parte 14: Traumatismo Craniano

8. **Verdadeiro ou falso:**   *54.4.1*
   a. Os antibióticos periprocedimento diminuem o risco de pneumonia e a duração da internação ou da mortalidade. — falso (não altera a duração da internação nem a mortalidade)
   b. A hiperventilação deve ser usada de maneira profilática para pacientes que sofreram traumatismo craniano grave. — falso

9. A $PaCO_2$ ideal deve ser _____. — 30-35 mmHg   *54.4.1*

10. A hiperventilação pode causar _____ (aumento ou diminuição) da ligação proteica de cálcio e desenvolvimento de _____ (hiper ou hipo-) calcemia com tetania. — aumento; hipocalcemia   *54.4.1*

11. **Com relação ao uso de manitol:**   *54.4.1*
    a. Uma contraindicação ao manitol é a h_____ ou a h_____. — hipotensão; hipovolemia
    b. Em pacientes com CHF, considerar o pré-tratamento com _____ em razão do _____ (aumento ou diminuição) transiente do volume intravascular. — furosemida; aumento

12. **Verdadeiro ou Falso:**   *54.4.1*
    a. Os AEDs são efetivos na diminuição de convulsões pós-traumáticas iniciais e tardias. — falso (apenas as iniciais)

13. **Verdadeiro ou Falso. As condições a seguir estão associadas ao risco aumentado de convulsões pós-traumáticas (PTS):**   *Tabela 54.3*
    a. lesões cerebrais abertas — verdadeiro
    b. sangramento intracraniano — verdadeiro
    c. GCS > 13 — falso (GCS < 10)
    d. abuso de álcool — verdadeiro
    e. sangramento subgaleal — falso

14. **Nomeie a condição associada aos sinais a seguir:**   *54.4.2*
    a. equimose pós-auricular: f_____ da b_____ do c_____ — fratura da base do crânio
    b. ruído sobre o globo ocular: f_____ c_____ - c_____ — fístula carótido-cavernosa
    c. instabilidade do arco zigomático: f_____ f_____ — fratura facial (LeFort)
    d. ruído sobre a artéria carótida: d_____ da c_____ — dissecação da carótida

15. A paralisia do _____ Cr. N. ocorre com o aumento da ICP e fraturas clivais. — VI (abducente)   *54.4.2*

16. **Qual das condições a seguir está associada ao maior risco de lesão intracraniana?**   *54.4.3*
    a. fraturas frontais ou occipitais? — occipitais
    b. fraturas faciais superiores ou inferiores? — superiores

■ Avaliação Radiográfica

17. **Achados de CT** — 54.5.1
    a. As subdurais geralmente têm formato em _____, e _____ as linhas de sutura. — crescente; não cruzam
    b. O pneumocéfalo indica uma provável f_____ c_____ subjacente. — fratura craniana
    c. A SAH traumática tem sangue mais grosso _____ (no círculo de Willis/na convexidade), enquanto a hemorragia aneurismática tem sangue mais espesso _____ (no círculo de Willis/na convexidade). — na convexidade; no círculo de Willis

■ Pacientes com Lesão Sistêmica Grave Associada

18. Pacientes com lesões multissistêmicas devem receber _____ _____ _____ ou _____ _____ antes de passarem pela varredura de CT da cabeça. — lavagem peritoneal diagnóstica; varredura FAST — 54.7.1

19. A tríade clínica de embolia gordurosa: — 54.7.2
    a. i_____ r_____ a_____ — insuficiência respiratória aguda
    b. d_____ n_____ g_____ — disfunção neurológica global
    c. e_____ p_____ — erupções petequiais

20. Quais são os quatro segmentos do nervo óptico e seus comprimentos relativos (em mm)? — 54.7.3
    a. i_____, _____ mm — intraocular, 1 mm
    b. i_____, _____-_____ mm — intraorbital, 25-30 mm
    c. i_____, _____ mm — intracanalicular, 10 mm
    d. i_____, _____ mm — intracraniano, 10 mm

21. Qual segmento do nervo óptico é mais comumente danificado? — intracanalicular — 54.7.3

■ Orifício de Trepanação Exploratório

22. A colocação de um orifício de trepanação emergencial deve ser _____ (ipso ou contralateral) à pupila dilatada. — ipsolateral — 54.8.1

55

Concussão, Edema Cerebral de Grande Altitude, Lesões Cerebrovasculares

■ Concussão

1.	Por definição, uma concussão tipicamente resulta _____ nos exames de imagem.	normal	55.1.4
2.	Verdadeiro ou Falso. A determinação da concussão requer:		55.1.7
a.	Perda de consciência com lesão craniana fechada.	falso	
b.	Inchaço cerebral à tomografia computadorizada (CT) da cabeça.	falso	
c.	Alteração da consciência resultante de lesão craniana fechada.	verdadeiro	
d.	Náusea e vômito após o recebimento de golpe na cabeça.	falso	
3.	A fMRI pode ser útil na mTBI, por mostrar disfunção no l_____ f_____, em comparação aos pacientes controle.	lobo frontal	55.1.8
4.	Complete as sentenças a seguir, sobre concussão.		55.1.9
a.	Na concussão, há alteração da concentração de qual mediador químico cerebral?	glutamato	
b.	A concentração desse mediador aumenta ou diminui?	aumenta	
c.	Qual mecanismo é comprometido?	autorregulação cerebral	
d.	Isto pode predispor ao desenvolvimento de e_____ c_____ m_____	edema cerebral maligno	
e.	e, como consequência, isto pode tornar o paciente suscetível à s_____ do _____ _____.	síndrome do segundo impacto	
5.	O estado metabólico comprometido decorrente de uma concussão pode durar _____-_____ dias, após a lesão.	7-10	55.1.9
6.	A síndrome pós-concussiva ocorre em _____-_____% dos casos, e muitas vezes ocorre em _____ semanas após a lesão, permanecendo por _____ após o aparecimento dos sintomas.	10-15%; 4; > 1 mês	55.1.10

Concussão, Edema Cerebral de Grande Altitude, Lesões Cerebrovasculares

7. **Verdadeiro ou Falso. Quando um jogador deveria retornar à partida, depois de sofrer uma concussão?** — 55.1.12
   a. no mesmo dia — falso
   b. somente após a resolução dos sintomas — verdadeiro
   c. somente após a CT mostrar ausência de lesão — falso
   d. somente após conseguir andar ou correr sem dificuldade — falso (um paciente sintomático não deve retornar à competição)
   e. os esteroides devem ser o tratamento farmacológico primário na PCS. — falso

8. **Verdadeiro ou Falso. A síndrome do segundo impacto (SIS):** — 55.1.13
   a. é rara. — verdadeiro
   b. requer duas lesões cranianas. — verdadeiro
   c. resulta de edema cerebral. — verdadeiro
   d. é responsável pela política de que "nenhum jogador sintomático joga". — verdadeiro
   e. pode ter consequências graves. — verdadeiro

9. **Complete as sentenças a seguir, sobre SIS.** — 55.1.13
   a. A SIS tem mortalidade de _____ a _____%. — 50 a 100% (a mortalidade associada à síndrome do segundo impacto [SIS] ocorre entre atletas que sofrem uma segunda lesão craniana enquanto ainda estão sintomáticos de uma lesão anterior; em geral, o indivíduo sai de campo e entra em estado de coma em questão de minutos)
   b. Qual tratamento é efetivo para SIS? — nenhum – a condição pode ser refratária a todos os tratamentos

■ Outras Definições de TBI

10. **Com relação à contusão:** — 55.2.1
    a. As áreas de baixa atenuação em uma TBI nas contusões representam e_____. — edema
    b. As áreas de alta atenuação representam h_____. — hemorragia

11. **No inchaço cerebral pós-traumático, o aumentado volume de sangue cerebral decorre da perda de a_____ v_____ c_____, e está associado a uma taxa de mortalidade aproximada de _____%.** — autorregulação vascular cerebral; 100% — 55.2.3

12. **Faça a correspondência entre os sintomas de lesão axonal difusa (DAI) leve-moderada-grave.** — Tabela 55.6
    a. Coma com duração de 2 horas — não há
    b. Com duração de 30 horas — moderada
    c. posicionamento flexor e extensor com coma por meses — grave
    d. coma com disautonomia — grave

■ Edema Cerebral de Grande Altitude

13. Em sua última viagem para Machu Picchu, nos altos Andes, você notou que o passageiro sentado ao seu lado no trem começou a sentir falta de ar e a se queixar de cefaleia forte. Em questão de minutos, ele estava confuso e, após mais alguns minutos, ficou paralisado. A sua suspeita foi edema pulmonar de grandes altitudes (HAPE) com ou sem edema cerebral (HACE).   55.3
    a. Você pegou seu oftalmoscópio acessível e, ao observar o fundo, encontrou:
        i. p_____ — papiledema
        ii. h____ r____ — hemorragias retinais
        iii. i____ da camada de fibras nervosa — infarto
        iv. h____ vítrea — hemorragia
    b. Isto é compatível com o diagnóstico de ____ ____ ____ ____. — HACE — edema cerebral de altas altitudes (um caso mais brando de doença aguda das altas altitudes [AHAS], que se manifesta sem achados oculares é chamado HAPE)
    c. Prevenção
        i. a____ g____ — ascensão gradual
        ii. Evitar a combinação E____ + h____ — ETOH + hipnóticos
    d. Tratamento do edema cerebral
        i. d____ i____ — descer imediatamente
        ii. ____ — O_2 a 6-12 L/min
        iii. e____ — esteroides podem ser úteis

14. No encontro sobre neurocirurgia nas Montanhas Rochosas, um de seus colegas apresentou manifestação aguda inicial de comportamento inadequado, alucinações, ataxia e redução do estado mental. Com teste do bafômetro negativo, qual diagnóstico você deveria considerar? — edema cerebral de alta altitude   55.3
    a. A mais de 2 mil metros de altitude, a probabilidade de você estar certo seria de ____%. — 25%
    b. A mais de 4,5 mil metros de altitude, a probabilidade de você estar certo seria de ____%. — 50%

■ Dissecções Traumáticas Arteriais Cervicais

15. Seu colega, que é médico de família, o chamou após uma consulta com o quiropraxista, queixando-se de expansão do pescoço, um som estridente no pescoço e certo grau de hemiparesia esquerda.   55.4.1
    a. Qual é a hipótese que o preocupa? d____ da a____ v____ — dissecação da artéria vertebral
    b. Como isto aconteceu? m____ t____ da c____ e____ — manipulação terapêutica da coluna espinal
    c. Qual exame você solicitaria e dentro de quanto tempo? — angiograma por CT, dentro de 12 horas (se a presença de BCVI alterasse a terapia, e na ausência de contraindicação à heparina)
    d. Qual exame é considerado tecnicamente o melhor? — angiograma por cateter

16. Complete os espaços a seguir, sobre lesões cerebrovasculares cegas (BCVI):
    a. A lesão usual é ____. — dissecação   55.4.1
    b. Ocorre em ____-____% dos pacientes com BCVI. — 1-2%   55.4.2
    c. A mortalidade é de ____%. — 13%   55.4.1
    d. Qual é o melhor exame: MRI ou CTA? — CTA   55.4.5
    e. O tratamento é feito com h____ ou, ocasionalmente, usando técnicas e ____. — heparina; endovasculares   55.4.6

17. Fraturas traumáticas para lesão cerebrovascular cega (BCVI):   Tabela 55.7
    a. f____ L____ — fratura de Leforte II ou III
    b. f____ b____ c____ — fratura basilar do crânio
    c. fraturas cervicais envolvendo ____ — C1-C3

18. A dissecação da artéria carótida ocorre em ____% dos pacientes de traumatismo cego, e está associada a uma taxa de mortalidade de ____%, sendo praticamente intratável em cerca de ____ dos casos. — 1-2%; 13%; 1/3   55.4.2

19. Escala de gradação de Denver para BCVI. Faça a correspondência entre a descrição e o grau correto.   Tabela 55.9
    a. pseudoaneurisma — III
    b. transecção com extravasamento livre — V
    c. irregularidade luminal com estenose < 25% — I
    d. trombo intraluminal ou retalho intimal saliente, estenose luminal > 25% — II
    e. oclusão — IV

20. Faça a correspondência entre tratamento e grau.   55.4.6
    a. oclusão endovascular — IV
    b. ASA ou heparina — I ou II
    c. Heparina e repetição de MDCTA ou angiograma por cateter em ____-____ dias — III, 7-10
    d. reparo cirúrgico emergencial, se acessível — V

Parte 14: Traumatismo Craniano

21. Nas dissecações de BCVI de grau V, se a lesão for inacessível, o tratamento deverá ser:		55.4.6
a. para transecção completa: _____ ou _____ _____	ligação ou obstrução endovascular	
b. para transecção incompleta: _____ de _____	colocação de *stent* (possível instalação de *stent* por via endovascular com uso concomitante de antitrombóticos)	
22. Um CTA pós-lesão para grau III foi avaliado e foi constatado que a lesão estava cicatrizada. Qual é o próximo passo?	descontinuar a anticoagulação	55.4.6
23. Se um CTA pós-lesão mostrar uma lesão incompleta, considerar _____ (continuando a heparina ou fazendo a transição para ASA) e repetir as imagens em _____ meses.	transição para ASA; 3	55.4.6
24. A meta de PTT para heparinização deve ser _____-_____ segundos. Após o traumatismo, as contraindicações à anticoagulação são:	40-50	55.4.6
a. h_____ i_____	hemorragia intracerebral	
b. l_____ h_____ e e_____	lesões hepáticas e esplênicas	
c. f_____ p_____	fraturas pélvicas	
25. As dissecações da artéria carótida são mais frequentes em _____ e o mecanismo envolve tanto h_____ como r_____ l_____ do pescoço.	MVA (acidente de veículo motorizado); hiperextensão como rotação lateral	55.4.7
26. Verdadeiro ou Falso. Com relação às dissecações carótidas:		55.4.7
a. A maioria das dissecações de carótida ocorre na origem ICA/ECA	falso: frequentemente, 2 cm distal à origem ICA	
b. O sangramento interno é o sintoma mais comum.	falso: os sintomas isquêmicos são os mais comuns	
c. O pseudoaneurisma tende a ser mais favorável do que a estenose incompleta em pacientes com dissecação de ICA.	falso: o risco de acidente vascular encefálico pseudoaneurismático é 44% e a maioria persistirá, mesmo com terapia de heparina	
27. Qual é a razão de probabilidade de haver dissecação da artéria vertebral causada por manipulação da coluna espinal?	6,62 R	55.4.7
28. As fraturas/lesões frequentemente associadas a lesões cegas da artéria vertebral são:		55.4.8
a. fraturas do f_____ t_____	forame transversal	
b. fraturas-deslocamentos de _____	faceta	
c. s_____ v_____	subluxação vertebral	
d. qualquer tipo de lesão na c_____ e_____ c_____	coluna espinal cervical	

Concussão, Edema Cerebral de Grande Altitude, Lesões Cerebrovasculares

29. **Complete as sentenças a seguir, sobre a lesão cega da artéria vertebral.**
    a. A etiologia mais comum é _____. — acidente de veículo motorizado
    b. O tratamento a ser fortemente considerado é _____ — heparina
    c. porque os acidentes vasculares encefálicos eram _____ em pacientes não tratados. — mais frequentes
    d. A incidência é de _____-_____%, porém — 0,5-0,7%
    e. aumenta para _____% em caso de fratura ou lesão de ligamento. — 6%
    f. Há algum alerta de "TIA"? — não
    g. Pode ocorrer a partir de _____ horas a _____ dias. — 8; 12
    h. Há algum padrão de fratura preditivo de lesão vertebral cega? — não
    i. A mortalidade geral era de _____% — 16%
    j. A dissecção bilateral da VA é altamente _____. — fatal

30. **O tempo de dissecação da artéria vertebral, desde a lesão até o acidente vascular encefálico, varia de _____ horas a _____ dias.** — 8; 12

31. **Tratar todas as lesões vertebrais cegas com _____ e rever a obstrução crônica em _____ meses.** — ASA; 3

56

Neuromonitorização

■ Pressão Intracraniana (ICP)

1. O parâmetro decisivo da função cerebral é o f____ s____ c____, que deve atender à demanda de C____.	fluxo sanguíneo cerebral; CMRO$_2$	56.2.2
2. A fórmula da CPP é: CPP = ____	MAP – ICP	56.2.2
3. A CPP normal é ____ e teria que cair abaixo de ____ em um cérebro normal, antes que o CBF seja comprometido.	> 50 mmHg; < 40 mmHg	56.2.2
4. Se o seu computador não fornecer um valor de pressão arterial média (MAP), como você pode calculá-lo? (Dica: dds/3)	*MAP = [sistólica + (diastólica × 2)]/3	56.2.2
5. Quando a CPP é mantida dentro de uma faixa satisfatória, a ICP superior a 20 mmHg é bem tolerada?	Não, porque é detrimental	56.2.2
6. Complete. a. A hipótese de ____ modificada afirma que b. a soma dos volumes intracranianos de ____, ____ e ____ c. e outros componentes é ____. d. Um aumento de qualquer um destes elementos deve ser ____ e. por uma ____ equivalente nos demais f. caso contrário, a ____ aumentará. g. A pressão é ____ ____ ao longo da cavidade intracraniana.	Monro-Kellie sangue, cerebral e CSF constante compensado diminuição pressão distribuída uniformemente	56.2.3
7. O tônus muscular aumentado e a manobra de Valsava levam ao a. ____ (aumento/diminuição) da ICP, por meio b. de uma pressão intratorácica ____ (aumentada/diminuída), levando à c. pressão venosa jugular ____ (aumentada/diminuída), levando ao d. fluxo de saída venoso ____ (aumentado/diminuído) a partir da cabeça.	 aumento aumentada aumentada diminuído	56.2.5

8. **Complete as sentenças a seguir, referentes à hipertensão intracraniana.**
   a. O que é a tríade de Cushing? — Tabela 56.2
      i. h_____ — hipertensão
      ii. b_____ — bradicardia
      iii. i_____ — irregularidade respiratória
   b. Fatores de risco para IC-HTN com CT normal: — Tabela 56.3
      i. idade _____ — > 40
      ii. SBP _____ — < 90
      iii. exame motor mostrando _____ — posição de descerebração ou descorticação
   c. Indicações neurológicas para a monitorização da ICP: GCS _____ e _____ ou _____. — < 8; CTH anormal ou > fatores de risco de IC-HTN — 56.2.6

9. **Uma importante indicação não traumática escolhida por alguns centros para monitorização da ICP é a i_____ h_____ f_____ a_____, com INR _____ e com grau III ou IV.** — insuficiência hepática fulminante aguda; > 1,5 — 56.2.6

10. **Estes pacientes frequentemente requerem _____ antes da aplicação do parafuso subaracnoide. A colocação do parafuso deve ser feita em até _____ horas após a aplicação.** — 40 mcg de fator VII/kg IV durante 1-2 min; 2 — 56.2.6

11. **Um critério para descontinuar a monitorização da ICP é a normalidade da ICP por _____ a _____ horas.** — 48 a 72 — 56.2.6

12. **A IC-HTN de aparecimento tardio muitas vezes pode começar no dia _____, com um segundo pico ocorrendo nos dias _____-_____.** — 2-3; 9-11 (especialmente em pacientes pediátricos) — 56.2.6

13. **Verdadeiro ou Falso. Com relação à monitorização da ICP, é permitido:** — 56.2.6
    a. usar antibióticos — verdadeiro
    b. não usar antibióticos — verdadeiro
    c. colocar monitor na ICU — verdadeiro
    d. colocar monitor no centro cirúrgico — verdadeiro
    e. O percentual de pacientes que desenvolvem hemorragia durante a instalação do monitor de ICP é 1,4%. — verdadeiro

14. **Verdadeiro ou falso:** — 56.2.6
    a. Os EVDs devem ser trocados a cada 5 dias, para minimizar a incidência de infecção. — falso (a troca não diminui a incidência de infecção)
    b. Os parafusos subaracnoides são mais precisos com pressões elevadas. — falso (a superfície cerebral pode obstruir o lúmen que, frequentemente, mostra uma ICP menor do que a real e possível forma de onda normal)

Parte 14: Traumatismo Craniano

15. **Complete as sentenças a seguir, sobre a conversão de mmHg e cmH$_2$O:**   56.2.6
    a. Somente pode funcionar se a AF for côncava, com o bebê para cima, ou se for convexa com a cabeça plana. — verdadeiro
    b. Requer o paciente posicionado em decúbito dorsal. — verdadeiro
    c. Quando a fontanela anterior é plana, a ICP se iguala à pressão atmosférica. — verdadeiro
    d. A ICP pode ser estimada em mmHg, assim como a distância da AF ao ponto onde a pressão venosa é 0. — falso (cmH$_2$O)

16. **Complete as sentenças a seguir, sobre conversão de mmHg em cmH$_2$O:**   56.2.6
    a. 1 mmHg é igual a _____ cm de H$_2$O — 1,36
    b. 1 cm de H$_2$O é igual a _____ mmHg — 0,735
    c. O canal auditivo externo está correlacionado com qual estrutura intracraniana? — forame de Monro

17. O débito máximo a partir de uma ventriculostomia seria _____-_____ mL por dia, com absorção nula do CSF. — 450-700   56.2.6

18. **Verdadeiro ou Falso. Se um cateter ventricular externo parou de funcionar, é possível realizar com segurança:**   56.2.6
    a. a colocação um bico de gotejamento inferior — verdadeiro
    b. a verificação se as pinças estão abertas e se o filtro de ar está seco — verdadeiro
    c. a lavagem a tubulação distal com jato de salina — verdadeiro
    d. a lavagem do IVC com um jato de até 5 mL de salina, sob pressão suave — falso (até 1,5 mL de salina sem conservantes podem ser usados)

19. **Verdadeiro ou Falso. Entre as possíveis causas da diminuição de uma onda de ICP, estão:**   56.2.6
    a. obstrução do cateter proximal ao transdutor — verdadeiro
    b. o cateter foi empurrado para fora do ventrículo — verdadeiro
    c. colapso do ventrículo — verdadeiro
    d. ar no sistema — falso
    e. hipertensão intracraniana — falso

20. A onda de ICP em um paciente com craniectomia descompressiva deve parecer _____. — diminuída   56.2.6

21. **Com relação as ondas de ICP normais:**
    a. Variações da pressão arterial
        i. O pico amplo (1-2 mmHg) corresponde à o_____ de p_____ a_____ s_____, com picos menores e menos distintos — onda de pressão arterial sistólica
        ii. seguidos por um pico correspondente à o_____ v_____ c_____ "A", a partir do átrio direito. — onda venosa central "A"
    b. Variações respiratórias
        i. Durante a expiração, a pressão na veia cava superior _____ (aumenta/diminui) e isto _____ (aumenta/diminui) o fluxo de saída venoso. — aumenta; diminui (a expiração causa aumento da pressão na SVC e isto diminui o fluxo de saída venoso levando a uma ICP aumentada)

22. **As ondas de Lundberg A são definidas por**
    a. ICP _____ — > 50 mmHg
    b. duração de _____ — 5-20 min
    c. além de _____ — aumento da MAP

23. **As ondas de Lundberg B são definidas por**
    a. ICP de _____ — 10-20 mmHg
    b. duração de _____ — 30 segundos a 2 min
    c. além de _____ — respiração periódica

■ Adjuvantes da Monitorização da ICP

24. **Uma indicação para a monitorização da tensão de oxigênio venoso jugular (SjVO$_2$) ou de oxigênio tecidual cerebral (pBtO$_2$) é _____.** — hiperventilação (pCO$_2$ = 20-25)

25. **A pressão venosa jugular é representativa do conteúdo de oxigênio g_____ e é insensível à patologia f_____.** — global; focal

26. **A saturação de oxigênio venoso jugular (SjVO$_2$) normal é _____ e a dessaturação _____ sugere isquemia.** — > 60%; < 50%

27. **A monitorização da tensão de oxigênio no tecido cerebral mostra elevações mortais com a manutenção de uma pBtO$_2$ da ordem de _____ ou diante de uma breve queda para _____ mmHg.** — < 15 mmHg; < 6

28. **A meta é manter a pBtO$_2$ acima de _____.** — pBtO$_2$ > 25 mmHg

29. **Colocação da sonda de pBtO$_2$. Nomeie o diagnóstico correto para as seguintes técnicas:**
    a. frontal (2-3 cm fora da linha média) — ACA ou aneurisma a-comm (próximo do risco de vasoespasmo)
    b. próximo ao sítio de hemorragia — ICH
    c. lateral menos lesionada — TBI
    d. 3 cm lateral à linha média — fronteira ACA-MCA
    e. 4,5-5,5 cm fora da linha média — MCA

Parte 14: Traumatismo Craniano

30. **Nível de tratamento com base em pBtO₂ baixa** — 56.3.2
    a. Nível 1
        i. manter a temperatura corporal _____ °C — < 37,5
        ii. aumentar a CPP para _____ mmHg — > 60
    b. Nível 2
        i. aumentar FIO$_2$ para _____% — 60
        ii. aumentar PaCO$_2$ para _____ mmHg — 45-50
        iii. transfundir hemácias até a Hgb chegar a _____ g/dL — > 10
    c. Nível 3
        i. aumentar FIO$_2$ para _____% — 100%
        ii. diminuir a ICP para _____ mmHg — < 10
        iii. considerar aumento de _____, caso FIO$_2$ esteja em 100% — PEEP

31. **A monitorização de cabeceira do CBF regional pode ser limitada, se o paciente estiver com _____.** — febre — 56.3.3

■ Medidas Terapêuticas para a ICP Elevada

32. **Crise aguda de ICP - medidas** — Tabela 56.6
    a. v_____; r_____; c_____ — vias aéreas; respiração; circulação
    b. e_____ a c_____ do l_____ — elevar a cabeceira do leito
    c. l_____ m_____ c_____ — linha média cervical
    d. d_____ IVC (quando houver) — drenar
    e. m_____ em *bolus* de 1 g/kg, ou 10-20 mL de _____ — manitol; salina a 23%
    f. h_____ — hiperventilar
    g. sedação com p_____ ou t_____ — pentabarbital; tiopental

33. **Pacientes com contusão hemorrágica apresentando deterioração progressiva podem ser beneficiados por uma e_____ c_____.** — excisão cirúrgica — 56.4.4

34. **As úlceras de Cushing são causadas por l_____ c_____ g_____ e ICP _____.** — lesão craniana grave; aumentada — 56.4.4

35. **A meta de volume de líquidos é o estado e_____, ainda que com manitol.** — euvolêmico — 56.4.4

36. **Se a ICP continuar refratária ao manitol, considerar s_____ h_____.** — salina hipertônica — 56.4.4

37. **Evitar hiperventilação agressiva, com meta de PaCO$_2$ de _____, e evitar nas primeiras _____ horas subsequentes à lesão, se possível.** — 30-35; 24 — 56.4.4

38. **Antes de prosseguir com o "segundo nível" da terapia, considerar a repetição da _____, e possivelmente do _____, para excluir a hipótese de e_____ e_____ s_____.** — CT da cabeça; EEG; estado epilético subclínico — 56.4.4

39. **A craniectomia descompressiva deve ter um retalho de pelo menos _____ cm de diâmetro, e a d_____ é obrigatória.** — 12; duraplastia — 56.4.4

Neuromonitorização

40. Uma PEEP < _____ não causa elevações clinicamente significativas da ICP. Se necessário para fins de oxigenação, considerar aumentar a f_____ da ventilação.	10 cmH₂O; frequência	56.4.4
41. Hipotermia profilática. Quando usada, a temperatura-alvo é _____-_____ °C, e há uma diminuição não significativa da m_____, se mantida por _____ horas.	32-35; mortalidade; mais de 48	56.4.4
42. Nas primeiras 24 horas subsequentes a lesão craniana, o _____ já é aproximadamente a m_____ do normal.	CBF (fluxo sanguíneo cerebral); metade	56.4.4
43. Hiperventilação		56.4.4
a. Evitar o uso nos primeiros _____ dias e pelo menos durante as primeiras _____ horas.	5; 24	
b. Não usar HPV p_____.	profilaticamente	
c. Se usada na IC-HTN, sua meta de PaCO₂ deverá ser _____-_____.	30-35	
d. Se a HPV prolongada for de fato necessária, é recomendável considerar a monitorização da _____, _____ e/ou _____.	SjVO₂, AVdO₂, CBF	
e. Não reduzir a menos de _____.	25 cm³	
44. Manitol		56.4.4
a. Primeiramente, diminui a IC-HTN por r_____, reduzindo o h_____ e a v_____ s_____, e então por seu e_____ o_____.	reologia; hematócrito; viscosidade sanguínea; efeito osmótico	
b. Ao dosar manitol, é importante usar a m_____ d_____ e_____, porque esta diminuirá a efetividade das doses subsequentes.	menor dose efetiva	
c. O manitol pode ser intensificado usando f_____, que pode diminuir o e_____ c_____ e retardar a p_____.	furosemida; edema cerebral; produção de CSF	
45. Salina hipertônica		56.4.4
a. Pode ser administrada na forma de infusão contínua a _____, ou como *bolus* de _____-_____ por uma linha central.	3%; 7,5-23,4%	
b. Interromper se a osmolaridade sérica for _____.	> 320 mOSm/L	
46. Esteroides		56.4.4
a. Inefetivo no e_____ c_____ visto no traumatismo, porém diminui o e_____ v_____ visto nos tumores cerebrais.	edema citotóxico; edema vasogênico	
47. A terapia com barbitúricos é recomendada apenas se a IC-HTN for refratária à terapia m_____ e c_____ de diminuição de ICP.	médica; cirúrgica	56.4.4
a. O principal fator limitante é a h_____.	hipotensão	
b. O coma por barbitúricos verdadeiro implica s_____ do b_____ ao EEG.	supressão do *burst*	

57

Fraturas do Crânio

■ Fraturas do Crânio Comprimidas

1. Indicações para cirurgia em casos de fratura craniana aberta:		57.3.1
a. Fratura de crânio comprimida que cause um d_____ n_____.	déficit neurológico	
b. v_____ de l_____ c_____	vazamento de líquido cerebrospinal	
c. p_____ i_____	pneumocefalia intradural	
d. Se a depressão for maior que _____ ou maior do que a _____.	1 cm; calvária	
e. Envolvimento do s_____ f_____.	seio frontal	
f. d_____ e_____	deformidade estética	
2. Indicações para cirurgia em casos de fratura de crânio comprimida:		57.3.2
a. Depressão maior que _____ ou maior do que a e_____ da c_____	1 cm; espessura da calvária	
b. i_____ ou c_____ g_____	infecção ou contaminação grosseira	
3. Para fraturas contaminadas, quando a excisão do osso afundado for necessária, recomenda-se embeber o fragmento em p_____ i_____.	povidona iodada	57.3.2
4. O seio sagital superior frequentemente está à _____ da sutura sagital.	direita	57.3.2

■ Fraturas da Base do Crânio

5. Considerações sobre fratura do osso temporal:		57.4.2
a. A fratura do osso temporal mais comum é a f_____ l_____, ao longo da s_____ p_____, paralela e ao longo do EAC.	fratura longitudinal; sutura petroescamosa	
b. A paralisia do nervo facial periférica pode estar associada à f_____ p_____ t_____, em razão do estiramento do g_____ g_____.	fratura petrosa transversal; gânglio geniculado	

c.	Qual fratura danifica a audição?	fratura transversal (horizontal)	
6.	O EMG facial subsequente à paralisia do nervo facial periférica unilateral pós-traumática costuma demorar _____ horas para se tornar anormal.	72 horas	57.4.2
7.	Verdadeiro ou Falso: foi comprovado que os glicocorticoides melhoram o resultado funcional da paralisia do nervo facial traumática.	falso	57.4.2
8.	Considerações sobre fratura do clivo:		57.4.2
a.	Os a_____ t_____ podem ocorrer com as fraturas basais do crânio envolvendo o clivo.	aneurismas traumáticos	
b.	Os vasos da c_____ a_____ podem ser afetados nas _____ _____.	circulação anterior; fraturas transversais	
c.	Déficits do _____ ao _____ nervo craniano e h_____ b_____	Cr. N. III; VI; hemianopsia bitemporal	
d.	Dano de cisalhamento hipofisário associado a d_____ i_____	diabetes insípido	
e.	v_____ de C_____	vazamento de CSF	
f.	I_____ do t_____ e_____	infartos; tronco encefálico	
9.	O teste mais sensível para detecção de fraturas da base do crânio é _____.	varredura de CT	57.4.3
10.	Complete as sentenças a seguir, referentes às fraturas da base do crânio:		
a.	Verdadeiro ou Falso: é possível ver o pneumocefalia em radiografias planas do crânio.	verdadeiro	57.4.3
b.	A equimose pós-auricular é denominada _____.	sinal de Battle	57.4.4
c.	Verdadeiro ou Falso: a anosmia pode estar associada a fraturas do osso temporal.	falso (fratura do osso frontal)	
d.	Pode haver paralisia do VI nervo com fratura _____.	do clivo	
11.	Verdadeiro ou Falso. As afirmativas a seguir são sinais clínicos de fratura basal do crânio:		57.4.4
a.	rinorreia ou otorreia de CSF	verdadeiro	
b.	remotímpano	verdadeiro	
c.	nível de consciência deprimido	falso	
d.	sinal de Battle	verdadeiro	
e.	lesão no VII nervo craniano	verdadeiro	

Parte 14: Traumatismo Craniano

12. **Considerações sobre tratamento:**   57.4.5
    a. NÃO instalar t_____ n_____, que pode ser fatal em _____% dos casos quando passado intracranialmente. — tubo nasogástrico; 64%
    b. A cirurgia deve ser considerada para:
        i. a_____ t_____ — aneurismas traumáticos
        ii. f_____ c_____-c_____ pós-traumática — fístula carótido-cavernosa
        iii. f_____ de CSF — fístula
        iv. d_____ e_____ — deformidades estéticas
        v. p_____ f_____ pós-traumática — paralisia facial

■ Fraturas Craniofaciais

13. **Fraturas do seio frontal**   57.5.1
    a. A anestesia da testa pode ser causada por envolvimento do n_____ s_____ e/ou do n_____ s_____. — nervo supratroclear; nervo supraorbital
    b. A formação de mucocele é decorrente da obstrução do d_____ f_____ ou de inflamação crônica. — ducto frontonasal
    c. Somente o empacotamento sinusal aumenta o risco de i_____ ou formação de m_____. — infecção; mucocele

14. **Correspondência. Faça a correspondência entre o tipo de fratura de LeFort com as estruturas envolvidas.**   57.5.2
    Tipo de fratura:
    ① LeFort I; ② LeFort II; ③ LeFort III
    Estruturas envolvidas: (a-g) abaixo do maxilar
    a. maxilar — ①
    b. borda orbital inferior — ②
    c. assoalho orbital — ②, ③
    d. sutura nasofrontal — ②, ③
    e. arcos zigomáticos — ③
    f. sutura zigomático-frontal — ③
    g. placas pterigoides — ③

■ Pneumoencéfalo

15. **Compartimentos onde a pneumocefalia pode estar localizada:**   57.6.2
    a. e_____ — epidural
    b. s_____ — subdural
    c. s_____ — subaracnoide
    d. i_____ — intraparenquimal
    e. i_____ — intraventricular

16. **Craniotomia: o risco é maior quando o paciente é operado e a cirurgia transcorre na posição s _____.** — sentada   57.6.2

17.	Os defeitos congênitos do crânio podem resultar em pneumocefalia, especialmente se o defeito incluir t_____ t_____.	tegmento timpânico — 57.6.2
18.	A pneumocefalia por tensão poderia ocorrer se:	57.6.5
a.	ó_____ n_____ fosse usado como anestésico.	óxido nitroso
b.	ar f_____ ficasse aprisionado.	frio
c.	ocorrer abertura da v_____ b_____.	valva bola
d.	organismos p_____ estiverem presentes.	produtores de gases
19.	Verdadeiro ou falso. A presença intracraniana de ar pode gerar um sinal característico conhecido como:	57.6.6
a.	sinal delta vazio	falso
b.	sinal mt. Hashimoto	falso
c.	sinal de Dawson	falso
d.	sinal mt. Fuji	verdadeiro
e.	hiato gasoso	falso
20.	Tratamento de pneumocefalia.	57.6.7
a.	_____% de _____ para pneumocefalia pós-operatória sintomática ou significativa	100%; O_2
b.	e_____ de pneumocefalia por tensão	evacuação

Parte 14: Traumatismo Craniano

9. **Verdadeiro ou Falso.** Uma menina de 5 anos chegou à sala de emergência (ER) apresentando como queixa principal uma breve perda de consciência pós-traumática, várias horas após uma brincadeira com os irmãos. Enquanto a menina está passando pela avaliação na ER, você recebe uma ligação do seu estagiário frenético, relatando que a paciente está obtundida. Você esperaria os sinais e sintomas a seguir, e incluiria as seguintes estatísticas em seu diagnóstico provável: *58.3.2*

   a. bradicardia inicial — falso (a bradicardia inicial é incluída no diagnóstico diferencial do transtorno pós-traumático descrito por Denny-Brown. A bradicardia tardia pode ser vista em seu diagnóstico provável, de hematoma epidural.)

   b. fenômeno do nó de Kernohan — verdadeiro (a hemiparesia ipsilateral foi descrita no EDH.)

   c. 85% de ocorrência de dilatação pupilar ipsilateral associada — verdadeiro (60% dos pacientes com EDH têm pupila dilatada e 85% dos casos serão ipsilaterais ao hematoma.)

   d. uma lesão de alta densidade com formato em crescente à CT — verdadeiro   *58.3.4*

10. Qual é a taxa de mortalidade do EDH? — 20-55%   *58.3.5*

11. **Tratamento não cirúrgico:**   *58.3.6*
    a. é possível, se o tamanho for inferior a _____ e — 1 cm
    b. os sintomas do paciente forem _____. — brandos
    c. O que pode acontecer entre 5 e 16 dias? — aumento do tamanho do hematoma
    d. Um hematoma epidural com espessura maior que _____ requer cirurgia. — 1 cm
    e. Para comprovar a resolução, repetir a CT em _____ a _____ meses. — 1 a 3
    f. Um volume menor que _____ cm³. — 30

12. **Complete as sentenças a seguir, sobre hematoma traumático epidural tardio (DEPTH):**   *58.3.7*
    a. Pode ocorrer em até _____-_____% dos hematomas epidurais. — 9-10%
    b. Pode estar relacionado com a elevação da _____ do paciente — BP
    c. ou com a diminuição da _____ do paciente, — ICP
    d. especialmente em seguida à remoção cirúrgica de outro _____. — epidural
    e. _____ é outro fator predisponente. — Coagulopatia

13. **Verdadeiro ou Falso. Com relação ao hematoma da fossa epidural posterior:**   58.3.7
   a. Quase 85% dos casos terão fratura craniana occipital em adultos. — verdadeiro
   b. As rupturas de seio dural são comuns. — verdadeiro
   c. Os sinais cerebelares anormais são comuns. — falso
   d. A mortalidade é superior a 25%. — verdadeiro
   e. Representam ≈ 5% dos EDHs. — verdadeiro

■ Hematoma Subdural Agudo

14. **Com relação aos hematomas subdurais agudos (ASDHs):**   58.4.1
   a. Existe uma tendência maior a ser uma lesão cerebral com ASDH do que com EDH. — verdadeiro
   b. Na CT, um ASDH tipicamente aparece com formato em crescente. — verdadeiro
   c. Uma causa de ASDH é o acúmulo de sangue ao redor de uma laceração parenquimal. — verdadeiro
   d. Pode haver um "intervalo lúcido". — verdadeiro

15. **Complete as sentenças a seguir, sobre hematomas subdurais agudos:**   58.4.2
   a. Paciente sob terapia de anticoagulação tem maior chance de desenvolver ASDH
      i. se for do sexo masculino: _____ vezes — 7
      ii. se for do sexo feminino: _____ vezes — 26
      iii. quantos dias até começar a formação da membrana subdural? — 4

16. **Varredura de CT na ASDH e tempo**   Tabela 58.1
   a. agudo: ~_____-_____ dias — 1-3 dias
   b. subagudo: ~_____ dias a _____-_____ semanas — 4 dias; 2-3 semanas
   c. crônico: _____ semanas a _____-_____ meses — > 3 semanas; < 3-4 meses
   d. formato lenticular: _____-_____ meses — 1-2 meses

17. **Tratamento do SDH**   58.4.3
   a. Indicações cirúrgicas
      i. Espessura do ASDH _____ mm ou MLS _____ — > 10 mm; > 5
      ii. Fazer uma c_____ e não um o_____ de t_____ — craniotomia; orifício de trepanação
   b. Indicações cirúrgicas para ASDH menor
      i. A GCS cai em _____ — 2 pontos
      ii. e/ou as pupilas são _____ ou fixas e dilatadas. — assimétricas
      iii. ICP é _____ — > 20
   c. Tempo da cirurgia
      i. De modo ideal, deve ser operado em _____ horas. — 4 horas

328 Parte 14: Traumatismo Craniano

18. **Verdadeiro ou Falso. Com relação à mortalidade por ASDH:** 58.4.4
    a. A mortalidade por ASDH varia de 50-90%. — verdadeiro
    b. A mortalidade é resultante de _____ — lesão cerebral subjacente (e não por sangramento extra-axial).
    c. A mortalidade é maior entre os jovens. — falso (a mortalidade é considerada maior entre pacientes idosos.)
    d. A medicação que aumenta a mortalidade é o _____. — anticoagulante

19. **Hematomas subdurais inter-hemisféricos** 58.4.5
    a. Em crianças, considerar a_____ i _____ — abuso infantil
    b. Em adultos, geralmente são causados por t_____ e também podem ocorrer com a_____ r_____. — traumatismo; aneurismas rompidos
    c. O que é a síndrome da foice? — paresia ou convulsões focais contralateralmente ao hematoma
    d. Quais sintomas os hematomas podem manifestar? (dica: pcaddo)
        i. p_____ — paresia
        ii. c_____ — convulsões
        iii. a_____ — ataxia
        iv. d_____ — demência
        v. d_____ — dificuldades
        vi. paralisias o_____ — oculomotoras

20. **Verdadeiro ou Falso. Com relação ao hematoma subdural agudo infantil:** 58.4.5
    a. Frequentemente envolve perda da consciência com lesão inicial. — falso
    b. Fraturas cranianas são frequentes. — falso
    c. Costuma se manifestar com c_____ g_____ subsequente à lesão. — convulsão generalizada

21. **Tratamento de IASDH** 58.4.5
    a. Para casos minimamente sintomáticos, você pode considerar uma p_____ s_____ p_____. — punção subdural percutânea

■ Hematoma Subdural Crônico

22. **Quais são os fatores de risco para SDH crônico?** 58.5.1
    (Dica: catdcq)
    a. c_____ — coagulopatias
    b. a_____ — abuso de álcool
    c. t_____ — traumatismo
    d. d_____ — desvios
    e. c_____ — convulsões
    f. q_____ — quedas

23.	**As técnicas promotoras de drenagem contínua após o procedimento imediato e que previnem o reacúmulo:**	58.5.4
a.	Requerem o paciente deitado na h_____.	horizontal
b.	Abertura de um orifício de trepanação generoso sob o m_____ t_____.	músculo temporal
c.	Uso de d_____ s_____.	dreno subdural
d.	Possível i_____ s_____ l_____.	infusão subaracnoide lombar

24. Para craniotomias com serra oscilante de subdurais crônicos, — 58.5.4
  a. um cateter ventricular é colocado dentro do espaço s_____. — subdural
  b. o saco de ventriculostomia é colocado _____ abaixo do _____. — 20 cm; sítio de craniotomia
  c. O cateter é removido quando pelo menos _____ do acúmulo é drenado e quando o paciente mostra sinais de melhora, que ocorre em _____-_____ dias. — ~ 20%; 1-7 dias

25. Complete as sentenças a seguir, sobre subdurais crônicos: — 58.5.4
  a. É necessário repetir a cirurgia em _____% dos casos. — 19%
  b. O uso de um dreno é recomendado? — Sim
  c. Com um dreno, a necessidade de repetir a cirurgia diminui para _____%. — 10%

26. Complete as sentenças a seguir, sobre desfechos de hematoma subdural crônico: — 58.5.5
  a. Líquido persistente em 10 dias: _____% — 78%
  b. Líquido persistente em 40 dias: _____% — 15%
  c. Quanto tempo até a resolução completa? — Pode demorar 6 meses
  d. Uma operação alcança o êxito em _____% dos pacientes. — 80%
  e. Duas operações alcançam o êxito em _____% dos pacientes. — 90%

27. Quais são as complicações do tratamento cirúrgico do SDH? — 58.5.5
  (dica: hhefpc)
  a. h_____ — hemorragia
  b. h_____ — hiperemia
  c. e_____ — empiema
  d. f_____ — falha de reexpansão
  e. p_____ — pneumoencéfalo
  f. c_____ — convulsões

■ Hematoma Subdural Espontâneo

28. Quais são os fatores de risco para hematomas subdurais espontâneos? — 58.6.1
    a. h_____ — hipertensão
    b. m_____ v_____ — malformações vasculares
    c. n_____ — neoplasias
    d. i_____ — infecção
    e. a_____ s_____ — abuso de substância
    f. h_____ — hipovitaminose
    g. c_____ — coagulopatias
    h. h_____ i_____ — hipotensão intracraniana

29. No SDH espontâneo, os sítios de sangramento frequentemente eram a_____, muitas vezes envolvendo o ramo c_____ da _____. — arterial; cortical; MCA — 58.6.3

■ Higroma Subdural Traumático

30. Complete as sentenças a seguir, sobre a formação de higromas subdurais:
    a. Estão associados ao traumatismo? — sim — 58.7.1
    b. Ocorrem fraturas cranianas? _____ — sim; 39%
    c. Têm membranas? — não
    d. Na CT, o líquido é similar ao _____. — CSF — 58.7.4
    e. São criados por: — 58.7.2
        i. r_____ a_____ — ruptura aracnoide
        ii. r_____ de v_____ b_____ — retalho de valva em bola
    f. Pode estar associado à pós-meningite, frequentemente por _____ (espécie). — *Haemophilus influenzae*; efusão de meningite
    g. Para os higromas subdurais recorrentes, um d_____ s_____ p_____ pode ser benéfico. — desvio subdural peritoneal — 58.7.5

■ Coleções Líquidas Extra-Axiais em Crianças

31. Liste os diagnósticos diferenciais de coleções líquidas extra-axiais em crianças. — 58.8.1
    a. S_____ a_____ — SDH agudo em criança com Hct baixo
    b. s_____ b_____ — acúmulos subdurais benignos (extra-axiais) da infância
    c. s_____ c_____ — coleções líquidas extra-axiais sintomáticas crônicas
    d. a_____ c_____ — hidrocefalia externa (EH) com atrofia cerebral
    e. d_____ c_____ — desproporção craniocerebral
    f. h_____ e_____ — hidrocefalia externa

32. Qual é a idade média em que há manifestação de coleções líquidas extra-axiais da infância? — 4 meses — 58.8.2

Condições Hemorrágicas Traumáticas

33. **Qual é o tratamento das coleções líquidas extra-axiais da infância?**   58.8.2
    a. o_____ — observação (a maioria dos casos se resolve espontaneamente em 8-9 meses, e dispensa tratamento.)
    b. e_____ f_____ p_____ — exame físico periódico (repetir o exame físico para identificar o desenvolvimento de sintomas.)
    c. c_____ da c_____ — circunferência da cabeça, a cada 3-6 meses (a circunferência orbitofrontal [OFC] deve ser medida a intervalos de 3 a 6 meses para monitorar o crescimento da cabeça que deve ser paralelo ao crescimento normal e se aproximar do normal em 1-2 anos.)
    d. A maioria será _____ — resolvida
    e. em _____. — 1-2 anos

34. **Quais são as opções de tratamento para as coleções líquidas extra-axiais crônicos sintomáticos em crianças?**   58.8.3
    (dica: opd dsp)
    a. o_____ — observação com medidas seriadas das circunferências orbitofrontais da cabeça, ultrassonografia
    b. p_____ — ao menos uma punção percutânea deve ser feita para excluir a hipótese de infecção
    c. d_____ — drenagem por orifício de trepanação ± drenagem externa
    d. d_____ s_____-p_____ — desvio subdural-peritoneal (unilateral com valva de pressão extremamente baixa)

■ Lesões Expansivas Traumáticas da Fossa Posterior

35. **Complete as sentenças a seguir, sobre lesões traumáticas na massa da fossa posterior:**   58.9
    a. A lesão craniana envolvendo a fossa posterior é menor que _____%. — 3%
    b. A maioria são h_____ e_____. — hematoma epidural
    c. As hemorragias parenquimais podem ser controladas cirurgicamente, se medirem menos de _____ cm de diâmetro. — 3
    d. As lesões na fossa posterior que atendem aos critérios cirúrgicos devem ser evacuadas _____. — *asap*

59

Lesão no Cérebro por Ferimento por Arma de Fogo e sem Penetração de Projétil

■ Ferimento por Arma de Fogo na Cabeça

1. **Verdadeiro ou Falso. Com relação aos ferimentos por arma de fogo (GSWs):** — 59.1.1
   a. Os GSWs representam 35% de todas as mortes por lesão cerebral na população de idade mais avançada (> 45 anos). — falso (35% da população com menos de 45 anos morrem)
   b. Os GSWs são o tipo mais letal de lesão craniana; 1/4 das vítimas morrem no local. — falso (2/3 morrem no local)
   c. 90% das vítimas morrem. — verdadeiro

2. **Para GSWs na cabeça, os mecanismos de lesão incluem:** — 59.1.2
   a. c_____ — cavitação, golpe-contragolpe
   b. g_____ — gases
   c. o_____ — ondas de choque
   d. b_____ p_____ — baixa pressão
   e. i_____ — impacto
   f. e_____ — explosivo
   g. r_____ — ricochete

3. **Abscesso cerebral de ferimentos com perfuração podem ocorrer a partir da r_____ de m_____ c_____ e c_____ p_____ com os s_____ n_____.** — retenção de material contaminado; comunicação persistente; seios nasais — 59.1.4

4. **O manejo geral inicial em casos de lesão de crânio com perfuração consiste em:** — 59.1.6
   a. C_____ — CPR
   b. Avaliação para detecção de l_____ a_____ — lesões adicionais
   c. p_____ contra l_____ e_____ — precauções; lesão espinal
   d. r_____ com l_____ — ressuscitação com líquido

5. **Pacientes com baixa função do CNS na ausência de c_____ não tendem a ser beneficiados pela craniotomia.** — choque — 59.1.6

Lesão no Cérebro por Ferimento por Arma de Fogo e sem Penetração de Projétil

6. **Em caso de necessidade de intervenção cirúrgica,** 59.1.6
   a. o tecido desvitalizado em torno da entrada e da saída do ferimento deve ser e_____. excisado
   b. os seios aéreos devem ter a mucosa e_____. extraída
   c. garantir o firme f_____ d_____. fechamento dural
   d. a cranioplastia deve ser adiada em _____-_____ meses. 6-12 meses

■ Trauma sem a Penetração de Projétil

7. **Verdadeiro ou Falso:** 59.2.3
   a. É apropriado remover o corpo estranho saliente o quanto antes. falso (estabilizar o objeto e somente considerar a sua remoção na OR)
   b. Considerar angiografia pré-operatória, se o objeto passar perto de uma artéria de grande calibre conhecida ou dos seios durais. verdadeiro
   c. Está associado a um risco maior de contaminação do que as lesões causadas por projétil. verdadeiro
   d. Antibióticos profiláticos são recomendados. verdadeiro
   e. Arteriografia pós-operatória é recomendada. verdadeiro (para excluir aneurisma traumático)

60

Lesão na Cabeça de Pacientes Pediátricos

■ Informações Gerais

1. Complete as afirmativas a seguir sobre crianças hospitalizadas por traumatismo:
   a. Qual percentual têm lesão craniana?   75%
   b. A mortalidade geral é ____-____%.   10-13%
   c. Quando se apresenta com postura descerebrada, a mortalidade é ____%.   71%

60.1

■ Gerenciamento

2. Uma criança com GCS 14, que está neurologicamente estável com CT negativa, pode ser um caso apropriado para ____.   observação em casa

60.2.2

■ Céfalo-Hematoma

3. Indica se um céfalo-hematoma é mais consistente com hematoma subgaleal ou hematoma subperiósteo.
   a. O sangramento é limitado por suturas.   hematoma subperiósteo
   b. Não calcifica.   hematoma subgaleal
   c. Pode levar à perda significativa de volume de sangue circulante.   hematoma subgaleal
   d. Visto mais comumente em recém-nascido, associado ao parto.   hematoma subperiósteo

60.4.1

Lesão na Cabeça de Pacientes Pediátricos

4. **Verdadeiro ou falso. Uma mãe traz um bebê de 5 dias, nascido por parto vaginal, apresentando um inchaço amplo e mole no couro cabeludo, do lado direito, que para na sutura. Você deveria:** 60.4.1
   a. fazer a aspiração percutânea da lesão. — falso (o céfalo-hematoma é visto mais comumente associado ao parto; 80% é reabsorvido em geral em 2-3 semanas. Evitar a tentação de puncionar as lesões, porque o risco de infecção excede os benefícios estéticos.)
   b. informar à mãe que haverá 50% de calcificação do inchaço. — falso
   c. dizer à mãe que o bebê pode desenvolver icterícia até com 10 dias de idade. — verdadeiro (bebês podem desenvolver hiperbilirrubinemia e icterícia conforme o sangue é reabsorvido a partir do céfalo-hematoma [hematoma subperiósteo], decorridos até 10 dias do aparecimento)
   d. excisar cirurgicamente a lesão. — falso (a cirurgia é considerada somente após 6 semanas, se uma CT demonstrar a existência de calcificações)
   e. considerar a hipótese de abuso infantil. — verdadeiro (a hipótese de abuso infantil precisa ser considerada sempre).
   f. tratar isto de maneira diferente, se a área mole cruzar as suturas. — falso (chamado hematoma subgaleal)

■ Fraturas no Crânio em Pacientes Pediátricos

5. **Complete as sentenças a seguir, sobre fratura craniana:** 60.5.2
   a. Os cistos leptomeníngeos resultam de uma combinação de duas lesões:
      i. f_____ c_____ — fratura craniana
      ii. r_____ d_____ — ruptura dural
   b. Por que a fratura aumenta? — a aracnoide intacta pulsa e, eventualmente, expande
   c. Em caso de ampliação inicial de uma linha de fratura sem massa subgaleal, fazer _____ em _____-_____ meses para excluir a hipótese de f_____ em p_____. — raios X; 1-2 meses; fratura em pseudocrescimento
   d. Qual é o tratamento para PTLMC? — cirurgia

6. **Quais são as indicações cirúrgicas para fratura craniana deprimida simples pediátrica?** 60.5.3
   a. p_____ d_____ — penetração dural
   b. d_____ e_____ — defeito estético
   c. d_____ n_____ f_____ — déficit neurológico focal consistente com o sítio de fratura

Parte 14: Traumatismo Craniano

7. **Complete os espaços nas sentenças relacionadas com fraturas de bola de pingue-pongue:**   60.5.3
   a. Usualmente vista em _____-_____.   recém-nascidos
   b. Frequentemente não há necessidade de tratamento na ausência de lesão cerebral subjacente quando ocorre na r_____ t_____.   região temporoparietal

■ Traumatismo Não Acidental (NAT)

8. **Responda completando as sentenças a seguir, sobre abuso infantil:**   60.6.1
   a. Verdadeiro ou falso. Existem achados patognomônicos no abuso infantil.   falso
   b. São achados suspeitos:
      i. h_____ r_____   hemorragia retinal
      ii. h_____ s_____ c_____ b_____   hematomas subdurais crônicos bilaterais
      iii. f_____ c_____   fraturas cranianas

9. **Diagnóstico diferencial de hemorragia retinal:**   60.6.3
   a. a_____ i_____   abuso infantil
   b. e_____ s_____ b_____ em b_____   efusão subdural benigna em bebês
   c. d_____ a_____ a_____ a_____   doença das altas altitudes aguda
   d. aumento a_____ na I_____   aumento agudo na ICP
   e. r_____ de P_____   retinopatia de Purtscher

10. **Nas fraturas cranianas, o osso mais comumente afetado é o osso p_____, e isto pode não ser detectado no exame clínico em razão do h_____ s_____.**   parietal; hematoma sobrejacente   60.6.4

61

Lesões na Cabeça: Gerenciamento a Longo Prazo, Complicações, Resultados

■ Gerenciamento de Vias Aéreas

1. A traqueostomia inicial pode reduzir os dias de v_____ m_____, mas não diminui a m_____.	ventilação mecânica; mortalidade	61.1

■ Trombose Venosa Profunda

2. O risco de desenvolvimento de DVT na TBI grave não tratada é _____%.	20%	61.2

■ Nutrição em Pacientes com Lesões na Cabeça

3. A reposição nutricional deve ser iniciada em _____ horas de pós-traumatismo nos pacientes, com reposição calórica total por volta do dia _____.	72; 7	61.3.1
4. A nutrição IV aumenta o risco de h_____ e i_____, em comparação à nutrição entérica.	hiperglicemia; infecção	61.3.3

■ Hidrocefalia Pós-Traumática

5. Qual é a incidência da hidrocefalia clinicamente sintomática após a SAH traumática?	12%	61.4.1
6. A hidrocefalia *ex vacuo* é a a_____ v_____ decorrente de atrofia secundária à l_____ a_____ d_____ em pacientes com TBI.	ampliação ventricular; lesão axonal difusa	61.4.2

338 Parte 14: Traumatismo Craniano

7. Quando um desvio deve ser considerado na hidrocefalia pós-traumática? 61.4.3
    a. p_____ e_____ em uma ou mais LPs. — pressão elevada
    b. p_____ — papiledema
    c. a_____ t_____ — absorção transependimária

■ Resultados do Trauma da Cabeça

8. As cisternas basais são avaliadas em uma varredura de CT ao nível do m_____, e em três cisternas que são _____. — mesencéfalo; cisterna quadrigeminal e 2 membros laterais (porção posterior da cisterna *ambiens*). 61.5.2

9. A compressão das cisternas basais está associada a um risco de _____ vezes de _____. — 3; ICP aumentado 61.5.2

10. As medidas de desvio da linha média são feitas ao nível do f_____ de M_____. — forame de Monro 61.5.2

11. Complete os espaços a seguir. 61.5.2
    a. Qual é o genótipo associado à lesão craniana? — alelo da apolipoproteína E4
    b. Também é fator de risco para d_____ de A_____. — doença de Alzheimer

■ Complicações Tardias da Lesão Cerebral Traumática

12. Os três sintomas mais comuns associados à síndrome pós-concussiva são: 61.6.2
    a. c_____ — cefaleia
    b. t_____ — tontura
    c. d_____ de m_____ — dificuldade de memória

13. O tratamento para síndrome pós-concussiva geralmente é _____. — suportivo 61.6.2

14. A neuropatologia na encefalopatia traumática crônica mostra: 61.6.3
    a. e_____ n_____ e — emaranhados neurofibrilares
    b. a_____ a_____. — angiopatia amiloide
    c. Estas alterações são similares à doença de A_____, porém os e_____ n_____ são mais s_____ na CTE. — Alzheimer; emaranhados neurofibrilares; superficiais

15. **Verdadeiro ou Falso. A encefalopatia traumática crônica é mais provável em boxeadores que:**
    a. passaram por mais de 20 lutas.   verdadeiro
    b. lutam há mais de 10 anos.   verdadeiro
    c. têm o alelo da apolipoproteína E4.   verdadeiro
    d. têm atrofia cerebral   verdadeiro
    e. têm septo pelúcido cavo.   verdadeiro (13%, pode ser uma condição adquirida)
    f. também é conhecida como d_____ p_____.   demência pugilística

62

Informações Gerais, Avaliação Neurológica, Lesões Relacionadas com o Esporte e com o Efeito Chicote, Lesões da Coluna Vertebral em Crianças

■ Introdução

1. **Complete a seguir:**   62.1
   a. O que você deve procurar em um paciente com lesão de coluna espinal significativa? — uma segunda lesão na coluna espinal
   b. Isto ocorre em _____%. — 20%

■ Terminologia

2. **Complete a seguir.**   62.2.3
   a. Na lesão medular espinal, qualquer função sensorial ou motora residual em mais de três segmentos abaixo do nível da lesão representa uma lesão _____. — incompleta
   b. Quando é este o caso, os sinais incluem:
      i. s_____ — sensibilidade (incluindo a percepção da posição)
      ii. m_____ v_____ p_____ s_____ — movimento voluntário nos membros inferiores; preservação sacral (apenas os reflexos sacrais preservados não qualificam uma lesão incompleta; esta requer também a preservação da sensibilidade ao redor do ânus ou contração voluntária do esfíncter retal, ou ainda flexão voluntária do dedo do pé.)
   c. Os tipos desta lesão incluem as seguintes síndromes:
      i. c_____ m_____ — central da medula
      ii. B_____-S_____ — Brown-Séquard
      iii. c_____ a_____ — cordão anterior
      iv. c_____ p_____ — cordão posterior

Informações Gerais, Avaliação Neurológica, Lesões Relacionadas com o Esporte ... 341

3. **Uma lesão medular espinal completa**   62.2.3
   a. é definida pela ausência de
      i. função m_____ e   motora
      ii. s_____   sensorial
      iii. t_____ níveis abaixo da lesão.   três
   b. Que percentual de pacientes sem função ao exame inicial desenvolverá certo grau de recuperação em 24 horas?   3%
   c. Uma lesão medular espinal completa que persiste por 72 horas indica o quê?   Que não haverá recuperação distal

4. **Complete as sentenças a seguir, referentes ao choque espinal.**   62.2.3
   a. hipotensão:
      i. interrupção da a_____ s_____   atividade simpática
      ii. perda do t_____ v_____   tônus vascular
      iii. implica lesão acima de qual nível?   T1
   b. bradicardia: atividade p_____ sem oposição   parassimpática
   c. hipovolemia relativa:
      i. perda de _____   tônus muscular esquelético abaixo da lesão
      ii. resultando em _____   acúmulo venoso
   d. hipovolemia verdadeira: perda de _____   sangue
   e. choque espinal neurogênico é:
      i. perda transiente da _____   função neurológica
      ii. resultando em _____   paralisia flácida, perda de reflexos
      iii. perda do reflexo _____   bulbocavernoso

■ Distúrbios Associados ao Efeito Chicote

5. **Qual é a lesão não fatal por acidente automobilístico mais comum?**   lesão em chicotada   62.3.1

6. **Descreva os cinco graus de distúrbios associados ao efeito chicote e a avaliação clínica de cada um.**   Tabela 62.1, Tabela 62.2, Tabela 62.3.
   a. Grau 0
      i. clínica   sem queixa
      ii. exames radiológicos   não requeridos
      iii. tratamento   nenhum
   b. Grau 1
      i. clínica   dor no pescoço
      ii. exames radiológicos   sem radiografia
      iii. tratamento   opção de colar/repouso (não exceder 72 horas)
   c. Grau 2
      i. clínica   diminuição da AM/sensibilidade pontual
      ii. exames radiológicos   radiografia em flexão-extensão
      iii. tratamento   opção de colar/repouso (não exceder 96 horas)

342 Parte 15: Traumatismo Medular

    d. Grau 3
       i. clínica — déficits neurológicos
       ii. exames radiológicos — CT/MR
       iii. tratamento — tratamento como SCI
    e. Grau 4
       i. clínica — fratura/deslocamento
       ii. exames radiológicos — CT/MR
       iii. tratamento — tratamento como SCI
    f. Qual percentual de lesões em chicotada apresenta recuperação em 1 ano? — 76%   *Tabela 62.4*

■ Lesões da Coluna Vertebral em Crianças

7. Complete as sentenças a seguir, sobre lesões da coluna espinal em crianças.
    a. Causada por frouxidão ligamentar aliada à imaturidade dos músculos paraespinais e processos uncinados pouco desenvolvidos, a lesão de coluna espinal em crianças tende a envolver lesões _____. — ligamentares   62.4.1
    b. Na faixa etária ≤ 9 anos, a coluna espinal _____ é o segmento mais vulnerável. — cervical   62.4.3
    c. Dentre todas as lesões de coluna espinal cervical na população pediátrica, 67% ocorrem nos _____ da coluna espinal cervical. — 3 segmentos superiores

8. Complete as sentenças a seguir, sobre lesões de coluna espinal pediátricas.   62.4.3
    a. "Pseudosseparação das massas laterais do atlas" é um fenômeno que ocorre em crianças – mas pode ser confundido com qual tipo de fratura? — fratura de Jefferson
    b. A separação total normal da sobreposição das duas massas laterais de C1 em C2 na vista AP da boca aberta é igual a:
       i. _____ mm em 1 ano de idade — 2
       ii. _____ mm aos 2 anos de idade — 4
       iii. _____ mm aos 3 anos de idade — 6
       iv. e jamais deve exceder _____ mm — 8

9. Responda às questões a seguir sobre as fraturas de Jefferson.   62.4.3
    a. Verdadeiro ou Falso. As fraturas de Jefferson são comuns na lesão da coluna espinal cervical pediátrica. — falso
    b. São mais comuns durante os anos da _____. — adolescência

■ Lesões da Coluna Cervical Relacionadas com o Esporte

10. **Complete as sentenças a seguir sobre lesões da coluna cervical relacionadas com o esporte.**
    a. queimador
       i. envolve _____ um membro
       ii. representa _____ compressão de raiz
    b. queimação das mãos
       i. envolve _____ membros superiores bilateralmente
       ii. representa _____ síndrome medular central branda
    c. neuropraxia
       i. envolve _____ todos os quatro membros
       ii. representa _____ lesão medular cervical
       iii. é preciso excluir a hipótese de _____ estenose cervical
       iv. realizando um exame de _____ MRI

    62.7.2

11. **Complete a seguir.**
    a. Um jogador de futebol americano que usa capacete como aríete é chamado _____. *spear tackler*
    b. Qual evidência pode ser apresentada na radiografia da coluna espinal?
       i. perda de _____ lordose
       ii. evidência de _____ traumatismo prévio
       iii. presença de _____ estenose espinal cervical
    c. Quando o atleta pode retomar a participação nos jogos? quando a lordose voltar

    62.7.2

12. **Verdadeiro ou Falso. Os esportes de contato são permitidos na presença de:**
    a. Klippel-Feil com sintomas — falso
    b. Klippel-Feil sem sintomas — verdadeiro
    c. espinha bífida — verdadeiro
    d. estado pós-discectomia cervical anterior e fusão (ACDF) em 1 nível — verdadeiro
    e. estado pós-ACDF em 2 níveis — falso
    f. estado pós-ACDF em 3 níveis — falso

    Tabela 62.7

■ Avaliação Neurológica

13. **Complete a seguir.**
    a. Os nervos cervicais saem _____ das vértebras de número correspondente. acima
    b. Os nervos torácicos e lombares saem _____ das vértebras de número correspondente. abaixo
    c. Para um segmento de medula que repousa sob determinada vértebra, T2-T10 acrescentam _____. 2 níveis medulares
    d. Sob T11, T12, L1, repousam os _____. 11 segmentos espinais mais inferiores
    e. O cone repousa em _____. L1-2

    62.8.1

344 Parte 15: Traumatismo Medular

14. **Dê a localização dos principais referenciais sensoriais.**   Tabela 62.11

a.	protuberância occipital	C2
b.	fossa supraclavicular	C3
c.	ombros	C4
d.	lateral da fossa antecubital	C5
e.	polegar	C6
f.	dedo médio	C7
g.	dedo mínimo	C8
h.	lado medial da fossa antecubital	T1
i.	mamilos	T4
j.	xifoide	T6
k.	umbigo	T10
l.	ligamento inguinal	T12
m.	côndilo femoral medial	L3
n.	maléolo medial	L4
o.	hálux	L5
p.	maléolo lateral	S1
q.	fossa poplítea na linha média	S2
r.	tuberosidade isquiática	S3
s.	área perianal	S4-5

15. **Assinale o sistema de escores motores da American Spinal Injury Association (ASIA) – membro superior – para a raiz, músculo e ação a ser testada indicados.**   Tabela 62.10

    a. raiz de C5
      i. músculo: d_____ ou b_____   deltoide ou bíceps
      ii. ação: a_____ do o_____ ou f_____ do c_____   abdução do ombro ou flexão do cotovelo
    b. raiz de C6
      i. músculo: e_____ do p_____   extensão do punho
      ii. ação: p_____ e_____   punho estendido
    c. raiz de C7
      i. músculo: t_____   tríceps
      ii. ação: c_____ e_____   cotovelo estendido
    d. raiz de C8
      i. músculo: f_____ p_____ do d_____   flexor profundo do dedo
      ii. ação: a _____ com a m _____   apertar com a mão
    e. raiz de T1
      i. músculo: i_____ da m_____   intrínsecos da mão
      ii. ação: a_____ do d_____ m_____   abdução do dedo mínimo

16. Assinale o sistema de escores motores da American Spinal Injury Association (ASIA) – membro inferior – para a raiz, músculo e ação a ser testada indicados.
    a. raiz de L2
        i. músculo: i_____   iliopsoas
        ii. ação: f_____ do q_____   flexão do quadril
    b. raiz de L3
        i. músculo: q_____   quadríceps
        ii. ação: e_____ do j_____   estiramento do joelho
    c. raiz de L4
        i. músculo: t_____ a_____   tibial anterior
        ii. ação: d_____   dorsiflexão
    d. raiz de L5
        i. músculo: e_____ l_____ do h_____   extensor logo do hálux
        ii. ação: d_____ do h_____   dorsiflexão do hálux
    e. raiz de S1
        i. músculo: g_____   gastrocnêmio
        ii. ação: p_____ _____ do p_____   plantar flexão do pé

    Tabela 62.10

17. Nomeie a principal raiz nervosa responsável pelas seguintes ações motoras:
    a. extensão do hálux   L5
    b. dorsiflexão do tornozelo   L4
    c. extensão do joelho   L3
    d. plantar-flexão do tornozelo   S1

    Tabela 62.10

18. Complete as sentenças a seguir, sobre o sinal de Beevor.
    a. Testa o nível de lesão medular espinal em torno de _____.   T9
    b. É realizado:
        i. flexionando o _____.   pescoço – o paciente ativa o reto abdominal
        ii. Note que o _____ se move na direção cefálica.   umbigo

    Tabela 62.10

19. Complete as sentenças a seguir, sobre o reflexo abdominal cutâneo.
    a. O que é?   A aplicação de golpes nos quadrantes abdominais causa a contração da musculatura abdominal, com desvio do umbigo na direção do quadrante do estímulo
    b. O quadrante superior é servido por _____.   T8-9
    c. O quadrante inferior é servido por _____.   T10-12
    d. Sua presença indica (pelo menos alguma) função da _____ _____.   medula espinal

    Tabela 62.10

Parte 15: Traumatismo Medular

e. Há uma lesão medular espinal _____ — incompleta
f. porque o reflexo _____ para o _____ e então _____ para os músculos abdominais. — ascende para o córtex; desce

20. **Há uma região sensorial que não é representada no tronco.** — 62.8.3
    a. Essa região salta de _____ para _____. — C4 para T2
    b. Estes níveis são distribuídos exclusivamente sobre m_____ s_____. — membro superior

21. **Forneça as descrições motora e sensorial para cada classe na escala de comprometimento ASIA, conforme modificado a partir da escala de desempenho neurológico de Frankel.** — Tabela 62.13
    a. classe A — Lesão medular completa: sem preservação da função motora ou sensorial
    b. classe B — Lesão medular incompleta: preservação da função sensorial, e não da função motora, abaixo do nível neurológico (inclui os segmentos sacrais S4-5)
    c. classe C — Lesão medular incompleta: função motora preservada abaixo do nível neurológico (mais da metade dos principais músculos abaixo do nível neurológico têm força muscular grau < 3)
    d. classe D — Lesão medular incompleta: função motora preservada abaixo do nível neurológico (mais da metade dos músculos essenciais abaixo do nível neurológico têm força muscular de grau ≥ 3)
    e. classe E — Normal: funções sensorial e motora normais

■ Lesões da Medula Espinal

22. **Verdadeiro ou falso. Com relação às lesões da síndrome centro-medular:** — 62.9.3
    a. Em geral, resultam de uma lesão por hiperflexão. — falso (hiperextensão)
    b. O déficit motor é maior nos braços do que nas pernas. — verdadeiro
    c. A hiperpatia é incomum. — falso (a hiperpatia é comum)
    d. É o tipo mais comum de lesão espinal incompleta. — verdadeiro
    e. A região mais central da medula é uma zona divisória. — verdadeiro

f.	A organização somatotópica posiciona as fibras destinadas aos membros inferiores mais medialmente.	falso (mais lateralmente)
g.	A BP deve ser mantida em uma MAP de 85-90, durante pelo menos 1 semana.	verdadeiro
h.	É recomendável a pronta cirurgia para descompressão.	falso

23. Um alcoólatra de 45 anos tropeçou e caiu, perdendo brevemente a consciência. Por 15 minutos, não conseguia se mover. Agora, porém, sua única queixa é o enfraquecimento de ambas as mãos. Há uma abrasão em sua testa. A tomografia computadorizada (CT) de sua cabeça não demonstrou alterações patológicas. A radiografia da coluna espinal revelou apenas espondilose. Verdadeiro ou Falso. Com relação a esta lesão: *(62.9.3)*

a.	Tem o melhor prognóstico dentre todas as lesões da medula espinal incompletas.	falso (Brown-Séquard tem o melhor prognóstico)
b.	Pode haver preservação da sensibilidade em torno do ânus, com esfíncter anal voluntário intacto.	verdadeiro
c.	A cirurgia imediata é recomendada até para pacientes sem instabilidade espinal.	falso
d.	O cateterismo urinário é recomendado para pacientes com choque espinal.	verdadeiro

24. Complete as sentenças a seguir sobre intervenção cirúrgica em pacientes que sofreram lesão da medula espinal central. *(62.9.3)*

   a. São indicações para intervenção cirúrgica:
   i. _____ da coluna espinal — instabilidade
   ii. compressão contínua da medula espinal em um paciente que falha em _____ ou que _____ — melhorar; piora progressivamente

   b. Qual cirurgia deveria ser feita? — laminectomia descompressiva + fusão

25. Qual é o prognóstico em pacientes com lesão centro-medular? *(62.9.3)*

a.	_____% dos pacientes se recuperam o suficiente para deambular.	50%
b.	_____ da função do intestino e da bexiga.	recuperação
c.	Os membros superiores (se recuperam/não se recuperam) _____ bem.	não se recuperam
d.	Pacientes idosos (se recuperam/não se recuperam) _____ bem.	não se recuperam

348 Parte 15: Traumatismo Medular

26. **Responda nas sentenças a seguir, sobre a síndrome do cordão anterior.**
    a. Verdadeiro ou Falso. Os achados motores são hemiplegia abaixo da lesão. — falso (paraplegia)
    b. Verdadeiro ou Falso. Há perda da sensibilidade à dor, com preservação da sensibilidade à compressão profunda. — verdadeiro
    c. Pode resultar de _____. — obstrução da artéria espinal anterior
    d. O padrão sensorial é denominado "dissociado", porque há perda do
        i. _____ _____ e preservação das — trato espinotalâmico
        ii. _____. — colunas dorsais

27. **Responda nas afirmativas a seguir, sobre a síndrome de Brown-Séquard.**
    a. Verdadeiro ou Falso. Há perda da dor contralateral, começando em 1-2 níveis acima da lesão. — falso (1-2 níveis abaixo da lesão)
    b. Verdadeiro ou Falso. O sentido de posição contralateral é preservado. — verdadeiro
    c. Em comparação ao observado em todas as outras lesões medulares incompletas, o prognóstico é _____. — o melhor dentre todas
    d. Qual é o % de probabilidade de eventualmente voltar a andar? — 90%

63

Conduta na Lesão da Medula Espinal

■ Informações Gerais

1. **Complete a seguir.** 63.1
   a. As principais causas de morte na lesão medular espinal são:
      i. _____ e _____.   aspiração e choque
   b. São achados associados sugestivos de lesão medular espinal:
      i. respiração _____ e   abdominal
      ii. _____.   priapismo (disfunção autônoma)

■ Conduta Terapêutica no Local do Acidente

2. **Verdadeiro ou Falso.** No cuidado prestado a um atleta lesionado, a pronta remoção do capacete é recomendada.   falso   63.2

3. **Complete a seguir.** 63.2
   a. Na lesão da medula espinal com hipotensão em campo, o agente de escolha é a _____.   dopamina
   b. Evitar _____.   fenilefrina (não inotrópica; possibilidade de bradicardia reflexa)

4. **Na avaliação da lesão da medula espinal em campo, a hipopneia pode estar relacionada com três condições:** 63.2
   a. paralisia dos m_____ i_____   músculos intercostais
   b. d_____ paralisado   diafragma
   c. _____ deprimido   LOC

■ Conduta Hospitalar

5. **Complete a seguir.** 63.3.1
   a. Verdadeiro ou Falso. A lesão da medula espinal pode causar perda da regulação da temperatura.   verdadeiro
   b. Isto é chamado p_____   poiquilotermia
   c. e é causado por p_____ v_____.   paralisia vasomotora

350 Parte 15: Traumatismo Medular

6. **Complete as sentenças a seguir sobre o manejo inicial de lesões da medula espinal.**   63.3.1
   a. Verdadeiro ou Falso. A lesão da medula espinal pode causar perturbações eletrolíticas — verdadeiro
   b. em decorrência de quais alterações na pressão e volume sanguíneos? — hipotensão e hipovolemia
   c. as quais causam aumento nos níveis plasmáticos de qual hormônio? — aldosterona
   d. as quais levam a quais alterações eletrolíticas? — hipocalemia

7. **A metilprednisolona deve ser administrada para tratamento da SCI aguda?** — não   63.3.3

8. **O gangliosídeo GM-1 (sygen) deve ser administrado para tratamento da SCI aguda?** — não   63.3.3

9. **Verdadeiro ou Falso. Foi demonstrado que o protocolo de metilprednisolona é útil para pacientes**   63.3.3
   a. com síndrome da cauda equina — falso
   b. com ferimentos por arma de fogo na coluna espinal — falso
   c. crianças — falso
   d. gestantes — falso

10. **Verdadeiro ou Falso. Com relação à trombose venosa profunda (DVT) na lesão da medula espinal (SCI).**   63.3.5
    a. A administração de 5.000 U de heparina por via subcutânea (SQ), 2 x/dia, é mais efetiva do que a heparina SQ para titulação do tempo de tromboplastina parcial (PTT) a 1,5 x o normal. — falso – é melhor titular a 1,5x PTT
    b. As botas pneumáticas devem ser usadas inicialmente. — verdadeiro

11. **Complete as sentenças a seguir sobre lesão da medula espinal e trombose venosa profunda.**   63.3.5
    a. incidência: _____% — 100%
    b. mortalidade: _____% — 9%
    c. Qual medicação pode causar trombocitopenia e osteoporose? — heparina

---

■ Avaliação Radiológica e Imobilização Inicial da Coluna Cervical

12. **Correspondência. Na avaliação da coluna espinal, nas categorias de paciente de traumatismo a seguir, realizar os seguintes exames:**   63.4.3
    ① desnecessário; ② CT do occipício a T1; ③ radiografia plana da coluna espinal; ④ flexão-extensão; ⑤ MRI
    Categorias de pacientes de traumatismo: (a-e) abaixo:
    a. alerta, nega dor cervical — ①
    b. alerta, queixa-se de dor cervical — ②
    c. Obnubilado ou inebriado — ②
    d. CT anormal — ⑤
    e. déficit neurológico — ② e ⑤

13. Quando é obtida a radiografia plana da coluna espinal? 63.4.3
    a. Se a _____ estiver indisponível. CT
    b. Vistas em flexão e extensão:
        i. com o paciente _____ acordado
        ii. de quem se queixa de _____ dor cervical
        iii. daquele com _____ normal CT
        iv. e se a _____ estiver indisponível. MRI

14. Os fatores associados ao risco aumentado de falha em reconhecer lesões espinais durante a avaliação radiográfica incluem: 63.4.3
    a. diminuição do _____ de _____ nível de consciência
    b. múltiplas _____ lesões

15. Os sinais radiográficos de traumatismo na coluna espinal são: Tabela 63.2
    a. espaço retrofaríngeo > _____ mm 7 mm
    b. espaço retrofaríngeo > _____ mm em adulto 14 mm
    c. ou > _____ mm em paciente pediátrico 22 mm
    d. intervalo atlantodental (ADI) > _____ mm em adulto 3 mm
    e. > _____ mm em paciente pediátrico 4 mm
    f. No paciente neurologicamente intacto, uma subluxação de até _____ mm pode ser normal. 3,5 mm
    g. Para comprovar que é normal, obter _____. vistas em flexão-extensão

16. Quando devemos solicitar as vistas anteroposterior (AP) e lateral da coluna espinal torácica e lombossacral? 63.4.3
    a. sintomas clínicos? dor na coluna dorsal
    b. mecanismo de lesão? alto grau: MVA; queda a altura > 1,80 m; LOC

17. Complete a seguir. 63.4.3
    a. Como podemos distinguir uma lesão antiga de uma aguda? varredura óssea
    b. Devemos fazer o exame entre _____ e _____ dias. 2 e 21
    c. O teste continuará anormal durante _____. 1 ano

18. Durante a avaliação do traumatismo espinal cervical oculto, quais são as contraindicações para a obtenção da radiografia espinal cervical em flexão-extensão? 63.4.3
    a. o paciente que não está _____ cooperante/acordado
    b. o paciente com comprometimento _____ cognitivo
    c. presença de subluxação de _____ mm ou mais 3,5
    d. déficit neurológico de _____ qualquer grau

64

Lesões Occipitoatlantoaxiais (do Occipital ao C2)

■ Luxação Atlanto-Occipital

1. **Complete as sentenças a seguir.** — 64.1.1
   a. A incidência de lesão espinal é de aproximadamente _____%. 1%
   b. São mais comuns em pacientes pediátricos ou em adultos? pediátricos
   c. A mortalidade resulta de _____. parada respiratória (dissociação cervicobulbar)
   d. Podem apresentar qual tipo de paralisia? cruzada

2. **Complete as sentenças a seguir sobre os três tipos de deslocamento atlanto-occipital.** — 64.1.1
   a. Tipo I: o occipício, em relação ao atlas, está deslocado _____ anteriormente
   b. Tipo II: o occipício, em relação ao atlas, está deslocado _____ superiormente
   c. Tipo III: o occipício, em relação ao atlas, está deslocado _____ posteriormente

3. **Nomeie os ligamentos nos sítios a seguir.** — 1.8
   a. atlas-occipício
      i. m_____ a_____-o_____ a_____   membrana atlanto-occipital anterior (ALL)
      ii. m_____ a_____-o_____ p_____   membrana atlanto-occipital posterior
      iii. f_____ a_____ (do l_____ c_____)   faixa ascendente (do ligamento cruzado)
   b. eixo-occípício
      i. m_____ t_____   membrana tectória
      ii. l_____ a_____   ligamentos alares
      iii. l_____ a_____   ligamento apical
   c. atlas-eixo
      i. l_____ t_____   ligamento transverso (parte do cruzado)
      ii. l_____ a_____   ligamento alar
      iii. f_____ d_____ (do l_____ c_____)   faixa descendente (do ligamento cruzado)

Lesões Occipitoatlantoaxiais (do Occipital ao C2)

4. **Complete as sentenças a seguir.**   1.8
   a. Qual estrutura é a extensão cefálica do:
      i. ligamento longitudinal anterior?   membrana atlanto-occipital anterior
      ii. ligamento longitudinal posterior?   membrana tectória
   b. Quais estruturas são mais importantes na manutenção da estabilidade atlanto-occipital?
      i. m____ t____   membrana tectória
      ii. l____ a____   ligamentos alares

5. **Complete a seguir.**   1.8
   a. Nomeie o componente horizontal do ligamento cruzado.   ligamento transversal
   b. O que esse ligamento une?   odontoide ao atlas
   c. Qual é o ligamento mais forte na coluna espinal?   ligamento transversal

6. **Complete a seguir.**
   a. Qual é o melhor método para medir o AOD?   BAI-BDI   64.1.3
   b. Considera-se normal quando a medida de cada um é menor que ____ mm.   12
   c. Outro método é chamado ____ de ____.   índice de Power   64.1.4
   d. É possível usar tração, porém ____% dos pacientes sofrem deterioração.   10%   64.1.5

7. **Complete a seguir.**
   a. Uma medida usada na avaliação do deslocamento atlanto-occipital (AOD) é chamada ____ de ____.   índice de Power   64.1.4
      i. dividir a distância do básio até o ____   arco posterior do atlas
      ii. pela distância do opístio ao ____   arco anterior do atlas
   b. É considerada normal, quando é menor que ____.   0,9   Tabela 64.2
   c. É definitivamente anormal quando é maior que ____.   1

8. **Uma razão de Power maior que ____ é diagnóstica de deslocamento atlanto-occipital.**   1   Tabela 64.2

9. **A suspeita de AOD surge quando**
   a. o intervalo atlanto-occipital é maior que ____ mm e/ou   2 mm   Tabela 64.1
   b. há sangue na ____ ____.   cisterna basilar   64.1.3

Parte 15: Traumatismo Medular

■ Fraturas do Côndilo Occipital

10. **Complete a seguir.**
    a. Podem envolver o nervo hipoglosso? — sim — 64.2.1
    b. Liste os tipos. — Tabela 64.4
        i. I é uma fratura _____. — cominutiva (carga axial)
        ii. II é uma fratura _____. — linear (fratura crânio-basilar por extensão)
        iii. III é uma fratura _____. — por avulsão (tração)
    c. O tratamento usa _____. — colar — 64.2.1
    d. Quais são as indicações para halo ou fusão? — desalinhamento craniocervical, intervalo occipital-C1 > 2 mm
    e. A incidência entre pacientes de traumatismo é _____%. — 0,4%

■ Luxação/Subluxação Atlantoaxial

11. **Responda as questões a seguir sobre deslocamento atlantoaxial.**
    a. Verdadeiro ou Falso. A condição está associada à menor morbidade e mortalidade, em comparação ao deslocamento atlanto-occipital. — verdadeiro — 64.3.1
    b. Nomeie e descreva os três tipos. — rotatório, anterior, posterior — Tabela 64.5
        i. deslocamento atlantoaxial rotatório
            tipo I
            ligamento transversal _____ — intacto
            cápsula da faceta _____ _____ — lesionada bilateralmente
            tratamento _____ _____ — colar maleável
            tipo II
            ligamento transversal _____ — lesado
            cápsula da faceta _____ _____ — lesão unilateral
            tratamento _____, _____ — fusão, halo
            tipo III
            ligamento transversal _____ — lesado
            cápsula da faceta _____ _____ — lesão bilateral
            tratamento _____, _____ — fusão, halo
        ii. deslocamento atlantoaxial anterior
            f_____ do o_____ — fratura do odontoide
            h_____ c_____ — hipoplasia congênita
            r_____ do l_____ t_____ — ruptura do ligamento transversal

12. **Complete as sentenças a seguir sobre subluxação rotatória atlantoaxial.** — 64.3.2
    a. Nomeie quatro causas. Dica: etia
        i. e_____ — espontânea
        ii. t_____ — traumatismo
        iii. i_____ — infecção do trato respiratório superior (síndrome de Grisel)
        iv. a_____ — artrite reumatoide
    b. A competência do _____ _____ deve ser avaliada. — ligamento transverso

c. Qual é a posição característica da cabeça? — "*cock-robin*" (20 graus de inclinação lateral; 20 graus de rotação oposta; flexão leve)
d. Pacientes geralmente _____. — jovens
e. Pode obstruir as artérias _____. — vertebrais

13. **Complete as sentenças a seguir sobre a regra de Spence.**
    a. É projetada para determinar se o ligamento transverso _____ _____ — está rompido
    b. Em caso de ruptura, qual efeito isto tem sobre o tratamento? — requer imobilização (cirúrgica, halo ou colar, com base no tipo de ruptura)
    c. É aplicada estudando qual vista? — AP com a boca aberta
    d. Para avaliar quais estruturas? — massas laterais de C1-C2
    e. O número de referência crítico é _____mm mm de soma de ambos os lados. — 7 mm

■ Fraturas do Atlas (C1)

14. **Complete a seguir.**
    a. fratura isolada: _____% — 56%
    b. combinada do fratura de C2: _____% — 44%
    c. fratura espinal adicional: _____% — 9%
    d. combinada à lesão craniana: _____% — 21%

15. **Verdadeiro ou Falso. Com relação à fratura de Jefferson:**
    a. Envolve uma única fratura ao longo do anel de C1. — falso (pelo menos 2 sítios de fratura)
    b. Em geral, é uma fratura estável. — falso (contudo, sem déficit neurológico)
    c. A "regra de Spence" avalia o deslocamento. — falso
    d. O tratamento geralmente é cirúrgico (fusão). — falso (geralmente colar/halo)

■ Fraturas do Áxis (C2)

16. **Complete as sentenças a seguir sobre fraturas agudas do eixo.**
    a. Representam _____% das fraturas cervicais. — 20%
    b. O déficit neurológico ocorre em _____% dos casos. — 10%

Parte 15: Traumatismo Medular

17. **Complete a seguir.**   64.5.3
    a. Verdadeiro ou falso. Com relação à fratura do enforcado:
        i. Em contraste com o enforcamento judicial, as fraturas por enforcamento modernas resultam de hiperextensão e distração. — Falso – hiperflexão, carga axial
        ii. Geralmente, é uma fratura estável. — verdadeiro
    b. É comum ocorrer não união, daí a necessidade de cirurgia. — falso (geralmente, cura com uso de colar)
    c. A fratura do enforcado resulta em uma fratura ao longo da _____. É também conhecida como _____. — parte de C2; espondilolistese traumática do áxis

18. **Complete as sentenças a seguir sobre a fratura do enforcado.**   64.5.3
    a. A subluxação de C2 em C3 maior que _____ mm indica ruptura de _____. — 3; disco
    b. Trata-se de um marcador de _____ e geralmente requer _____. — instabilidade; cirurgia

19. **Classifique as fraturas do enforcado.**   Tabela 64.7
    a. Tipo I: — fraturas da parte vertical
        i. subluxação: _____ — < 3 mm
        ii. angulação: _____ — 0
        iii. tratamento: _____ — colar
    b. Tipo IA: — fraturas não paralelas
        i. subluxação: _____ — 2-3 mm
        ii. angulação: _____ — 0
        iii. tratamento: _____ — colar
    c. Tipo II: — fratura vertical ao longo da parte, com ruptura de disco C2/3 e LLP
        i. subluxação: _____ — > 3 mm
        ii. angulação: _____ — significativa
        iii. tratamento: _____ — tração/halo *vs.* cirurgia
    d. Tipo IIA: — fraturas tipo II com fraturas oblíquas
        i. subluxação: _____ — > 3 mm
        ii. angulação: _____ — > 15 graus
        iii. tratamento: _____ — SEM TRAÇÃO; aréola.
    e. Tipo III: — fraturas tipo II + ruptura de facetas C2-3 bilat
        i. subluxação: _____ — sim
        ii. angulação: _____ — facetas travadas
        iii. tratamento: _____ — SEM TRAÇÃO; cirurgia
    f. Uma medida preventiva especial para fraturas de tipo IIA e III consiste em evitar o uso de _____. — tração
    g. Qual é o nome do sistema de classificação? — Effendi

20. **A maioria dos pacientes com fratura do enforcado**   64.5.3
    a. apresenta estado neurologicamente _____ e — intacto
    b. requer MRI para avaliar o disco _____. — C2-3

Lesões Occipitoatlantoaxiais (do Occipital ao C2)

c. pode ser tratada com ____ por ____ semanas. — imobilização; 12

d. O tempo médio para cura é ____ semanas. — 11,5

21. Descreva os critérios radiológicos para uma fusão satisfatória. — 64.5.3

a. Ao longo do sítio de fratura, devemos ver ____. — trabeculações

b. As radiografias em flexão-extensão devem mostrar ausência de ____. — movimento

22. Complete os espaços a seguir, nas sentenças sobre fraturas do odontoide. — 64.5.4

a. As fraturas do odontoide representam cerca de ____-____ % das fraturas espinais cervicais. — 10-15%

b. O mecanismo de lesão geralmente é ____. — flexão

c. São fatais em cerca de ____-____ % dos casos. — 25-40%

d. Os principais déficits observados no tipo II representam ____%. — 10%

e. No tipo III, é ____ haver déficit neurológico. — raro

f. Um deslocamento:
  i. de ____ mm — 6 mm
  ii. resulta em uma taxa de não união de ____%. — 70 %
  iii. Portanto, o tratamento recomendado é ____. — cirúrgico

23. Verdadeiro ou Falso. Com relação às fraturas do odontoide: — 64.5.4

a. São lesões em hiperflexão, na maioria dos casos. — verdadeiro

b. A maioria dos pacientes exibe déficit neurológico manifesto. — falso

c. A dor cervical é infrequente. — falso

24. Complete a seguir.

a. Com relação às fraturas do odontoide: — Tabela 64.9
  i. O tipo I é uma fratura ao longo do ____ ____. — dente apical
  ii. O tipo II é uma fratura ao longo da ____ do ____. — base do dente
  iii. O tipo III é uma fratura ao longo do ____ de ____. — corpo de C2

b. Verdadeiro ou Falso. A medula espinal ocupa 50% do canal em C1. — falso (1/3) — 64.5.4

c. Verdadeiro ou Falso. O ossículo terminal resulta da fratura pós-traumática do dente apical. — Falso – não união

360 Parte 15: Traumatismo Medular

25. **Complete a seguir.** 64.5.4
    a. Liste as indicações para o tratamento cirúrgico de fraturas do odontoide de tipo II.
       i. deslocamento do dente maior que _____ mm — 5 mm
       ii. apesar da aréola, há _____ — instabilidade
       iii. apesar da imobilização, _____ — não há união
       iv. paciente com mais de _____ anos de idade — 50
       v. ruptura do _____ _____ — ligamento transversal
    b. Verdadeiro ou falso. A maioria das fraturas do odontoide de tipo III deve ser tratada cirurgicamente, em razão da baixa taxa de consolidação associada à imobilização externa (halo). — Falso – 90% de cura entre os casos.

26. **A aparência do *os odontoideum* é:** 64.5.4
    a. de um osso _____ — separado
    b. com bordas _____ — suaves
    c. perto de uma _____ cavilha odontoide. — pequena
    d. Pode se fundir ao _____. — clivo
    e. Pode mimetizar uma fratura _____. — do odontoide tipo II

27. **Complete os espaços a seguir, sobre os *odontoideum*:** 64.5.4
    a. Etiologias postuladas
       i. c _____ — congênita
       ii. a _____ — avulsão do ligamento alar
    b. O tratamento depende da etiologia? — Não
    c. A mielopatia está correlacionada com um diâmetro de canal AP menor que _____ mm. — 13 mm
    d. A imobilização resultará em fusão? — Não
    e. Tratamento
       i. f_____ p_____ — fusão posterior
       ii. p_____ t_____ — parafuso transarticular
    f. Cada um destes procedimento requer uma aréola? — os parafusos transarticulares dispensam halo

---

■ Lesões Combinadas de C1-2

28. **Complete os espaços a seguir, com informação sobre as fraturas combinadas de C1-2:**
    a. O tratamento é decidido com base no tipo de fratura em _____. — C2 64.6.2
    b. Uma fratura odontoide de tipo II com deslocamento maior que _____ mm é considerada _____. — 5 mm; instável Tabela 64.13
    c. O tratamento é _____ _____. — fusão posterior

65

Lesões/Fraturas Subaxiais (C3 até C7)

■ Sistemas de Classificação

1. **Correspondência. Para as condições a seguir, escolha os mecanismos produtores de fratura cervical mais apropriados.**
   Mecanismo: ① hiperextensão; ② Compressão vertical; ③ hiperflexão; ④ flexão mais rotação
   a. fratura explosiva — ②
   b. faceta travada unilateral — ④
   c. faceta travada bilateral — ③
   d. fratura laminar — ①

   Tabela 65.3

2. **São diretrizes para determinar a instabilidade clínica:**
   a. O comprometimento dos elementos anteriores produz mais instabilidade em _____. — extensão
   b. O comprometimento dos elementos posteriores produz mais instabilidade em _____. — flexão

   65.1.4

3. **Dê os critérios radiográficos para instabilidade clínica.**
   a. um deslocamento do plano sagital de _____ mm e — > 3,5 mm
   b. angulação relativa do plano sagital da ordem de _____ graus (em radiografias da coluna espinal lateral em posição neutra) — > 11

   Tabela 65.4

■ Fratura do Cavador de Barro

4. A fratura do cavador de barro geralmente envolve o processo espinhoso de _____. — C7

   65.2

Lesões de Flexão da Coluna Cervical Subaxial

5. **Verdadeiro ou Falso. A seguir, as sentenças verdadeiras sobre fraturas em lágrima são:**
   a. Geralmente resultam de:
      i. lesões por hiperflexão — verdadeiro
      ii. lesão por flexão-compressão — verdadeiro
      iii. lesão de hiperextensão — falso
   b. São fraturas estáveis. — falso
   c. A vértebra fraturada geralmente é deslocada posteriormente para dentro do canal espinal. — verdadeiro
   d. Estão sempre associadas a uma fratura ao longo do plano sagital do corpo vertebral. — verdadeiro
   e. O paciente frequentemente é tetraplégico. — verdadeiro
   f. Uma lasca de osso em forma de "lágrima" é encontrada na borda anterior-superior do corpo vertebral. — falso—anterior-inferior

6. **Complete a seguir.**
   a. Uma fratura em lágrima deve ser distinguida de uma _____ por _____. — fratura por avulsão
      i. a _____ em _____ é instável e requer _____. — fratura em lágrima; cirurgia
      ii. uma _____ por _____ é estável. — fratura por avulsão
   b. Como podemos distingui-las? Uma lágrima terá:
      i. tamanho da fratura — lasca pequena
      ii. alinhamento — deslocamento
      iii. _____ neurológicos — déficits
      iv. tecido mole — inchaço
      v. fratura — através da vértebra
      vi. altura do disco — reduzida
      vii. altura do corpo vertebral — reduzida/em cunha
   c. Em caso de dúvida, obter vistas em _____. — flexão-extensão
   d. Caso negativo, repetir a _____ em _____ dias. — flexão-extensão; 4-7 dias
   e. A vértebra fraturada é deslocada _____. — posteriormente
   f. As fraturas em lágrima verdadeiras devem ser tratadas com f_____ a_____ e p_____ c_____. — fusões anterior e posterior combinadas

7. **As fraturas quadrangulares têm quatro características:**
   a. Característica 1: uma fratura _____ — oblíqua
      i. de _____-_____ — anterior-superior
      ii. para _____ _____ _____ — placa terminal inferior
   b. Característica 2: subluxação do corpo vertebral (VB) superior no VB inferior _____ — posteriormente
   c. Característica 3: com _____ angular — cifose

d. Característica 4: desorganização de
   i. _____   disco
   ii. _____   ALL
   iii. _____   PLL
e. Tratar com _____ _____ _____ _____   fusões anterior e posterior
   _____.   combinadas.

■ Lesões por Flexão-Distração

8. **Descrever as lesões por flexão-distração.**
   a. A lesões por flexão incluem _____, _____,   distensão, subluxação, facetas   65.5.1
      _____ _____.   travadas
   b. Qual ligamento é lesado primeiro?   complexo ligamentar posterior
   c. A radiografia demonstra isto ao mostrar   ampliação da distância
      _____.   interespinhosa
   d. Pode ser necessário fazer teste obtendo   incidência em flexão-extensão ou   65.5.2
      _____.   MRI
   e. Se os sintomas persistirem por 1-2   repetir as incidências em
      semanas, devemos _____.   flexão-extensão
   f. A instabilidade ligamentar é confirmada se   65.5.3
      houver:
      i. subluxação de _____ mm ou   3,5
         angulação de
      ii. _____ graus.   11

9. **Descreva as facetas travadas (também   65.5.4
   conhecida como "luxadas").**
   a. Normalmente, a faceta inferior do nível   posterior
      acima é _____ à faceta superior do nível
      abaixo.
   b. Nas facetas travadas, há _____ da _____   ruptura; cápsula
      da faceta.
   c. A flexão e rotação produz _____ _____   facetas travadas unilaterais
      _____.
   d. A hiperflexão produz _____ _____ _____.   facetas travadas bilaterais
   e. A lesão neurológica é _____ na lesão   frequente
      medular e/ou radicular.
   f. Em pacientes com facetas travadas, a   anterior
      faceta inferior no nível acima é _____ à
      faceta superior do nível abaixo.

10. **Descreva evidência de facetas travadas à   65.5.4
    radiografia.**
    a. Nas facetas travadas unilaterais, o processo   faceta travada
       espinhoso é rotacionado para o lado da
       _____ _____.
    b. As facetas se assemelham a uma _____.   gravata borboleta
    c. O espaço espinhoso está _____.   ampliado
    d. O forame neural está _____.   bloqueado
    e. As superfícies articulares das facetas estão   no lado errado
       _____.

11. **Complete as sentenças a seguir, sobre facetas travadas.**   65.5.4
    a. Quando as superfícies de articulação das facetas estão no lado errado, isto é chamado "sinal da _____ _____". — da faceta desnuda
    b. Nas facetas travadas bilaterais, a herniação discal traumática é encontrada em _____% dos casos. — 80%
    c. A tentativa de redução fechada de facetas travadas por tração não deve exceder _____ lb por nível vertebral. — 10
    d. A altura do espaço discal não deve exceder _____ mm. — 10
    e. Caso haja agravamento neurológico, você deve levantar a suspeita de _____ de _____ e planejar uma _____. — herniação de disco; cirurgia
    f. A redução fechada permanece _____ até ser realizada uma avaliação por MRI para _____ _____. — contraindicada; herniação discal

12. **Responda as sentenças a seguir, sobre facetas travadas.**   65.5.4
    a. Verdadeiro ou Falso. A estabilização tende mais a ser bem-sucedida do que o halo, se:
        i. houver múltiplas fraturas nas facetas. — verdadeiro
        ii. não houver fraturas nas facetas. — falso
    b. O halo isolado é bem-sucedido quando da obtenção de desfecho anatômico satisfatório em _____% dos casos. — 23%
    c. A falha de um desfecho anatômico satisfatório ocorre em _____% dos casos. — 77%
    d. Verdadeiro ou Falso. A fusão cirúrgica, portanto, é nitidamente indicada nos casos em que não há fragmentos de fratura de faceta. — verdadeiro

■ Lesões por Extensão da Coluna Cervical Subaxial

13. **Complete as sentenças a seguir, sobre fraturas/lesões subaxiais (C3-C7).**   65.6.1
    a. As lesões em extensão podem produzir
        i. _____ _____ _____ em adultos e — síndrome medular central
        ii. _____ em crianças. — SCIWORA
    b. O ligamento mais frequentemente lesionado nas lesões em extensão é o _____. — ALL
    c. A lesão discal é possível? — sim
    d. Qual lesão vascular pode ocorrer? — dissecção da artéria carótida

■ Tratamento de Fraturas da Coluna Cervical Subaxial

14. **Complete a seguir.**
    a. Quando a fusão cervical anterior e posterior combinada é necessária, qual deve ser realizada primeiro? — anterior
    b. Quando o mecanismo de lesão é a flexão, qual é o procedimento de escolha? — fusão posterior
    c. Quando o mecanismo de lesão é a extensão, qual é o procedimento de escolha para:
        i. fratura em lágrima — fusão anterior/posterior combinada
        ii. fratura explosiva — fusão anterior/posterior combinada

15. **Complete as sentenças a seguir, sobre corpectomia cervical.**
    a. A descompressão da medula geralmente requer corpectomia com largura mínima de _____ mm. — 16 mm
    b. Recomenda-se anotar a posição das _____. — artérias vertebrais

■ Lesão Medular sem Anormalidades Radiográficas (SCIWORA)

16. **Verdadeiro ou Falso. Responda às questões a seguir, sobre SCIWORA (lesão medular espinal sem anormalidade radiográfica):**
    a. A incidência é maior entre crianças com idade ≤ 9 anos. — verdadeiro
    b. Há risco de SCIWORA entre crianças pequenas com Chiari I assintomática. — verdadeiro
    c. As chapas em flexão/extensão dinâmica são normais. — verdadeiro
    d. 54% das crianças exibem retardo entre a lesão o aparecimento de disfunção sensoriomotora objetiva. — verdadeiro

66

Fraturas das Colunas Torácica, Lombar e Sacra

■ Avaliação e Tratamento de Fraturas Toracolombares

1. **Correspondência. Faça a correspondência entre as estruturas a seguir e a coluna de Denis apropriada:**
   ① anterior; ② média; ③ posterior
   a. metade anterior do disco — ①
   b. metade posterior do disco — ②
   c. arco posterior — ③
   d. metade anterior do corpo vertebral — ①
   e. metade posterior do corpo vertebral — ②
   f. cápsula e articulações de faceta — ③
   g. ânulo fibroso anterior — ①
   h. ânulo fibroso posterior — ②
   i. ligamento interespinal — ③
   j. ligamento supraespinal — ③
   k. ligamento longitudinal anterior — ①
   l. ligamento longitudinal posterior — ②
   m. ligamento amarelo — ③

2. **Verdadeiro ou Falso. A seguir, são listadas as fraturas espinais lombares consideradas menores:**
   a. fratura do processo transverso — verdadeiro
   b. fratura do processo espinhoso — verdadeiro
   c. fratura do processo articular superior — verdadeiro
   d. fratura do processo articular inferior — verdadeiro
   e. fratura da placa terminal superior do corpo vertebral — falso

3. **Verdadeiro ou Falso. As principais lesões da coluna espinal incluem:**
   a. fratura compressiva — verdadeiro
   b. fratura explosão — verdadeiro
   c. fratura do cinto de segurança — verdadeiro
   d. fratura do processo articular — falso
   e. deslocamento de fratura — verdadeiro

4. **Verdadeiro ou Falso. Os subtipos de fratura explosiva incluem os seguintes:**   66.1.2
   a. fratura de ambas as placas terminais — verdadeiro
   b. fratura da placa terminal superior — verdadeiro
   c. fratura da placa terminal inferior — verdadeiro
   d. fratura da *pars interarticularis* — falso
   e. rotação com explosão — verdadeiro

5. **Verdadeiro ou Falso. Com relação à fratura em explosão.**   66.1.2
   a. Ocorre principalmente na junção toracolombar. — verdadeiro
   b. Mecanismo – carga axial — verdadeiro
   c. Mecanismo – flexão e compressão — falso – geralmente, carga axial pura
   d. É consequência de fratura das colunas média e anterior. — verdadeiro
   e. O subtipo mais comum é a fratura da placa terminal superior. — verdadeiro

6. **Verdadeiro ou Falso. A avaliação radiográfica da fratura em explosão pode mostrar:**   66.1.2
   a. radiografia lateral – fratura cortical da parede vertebral posterior — verdadeiro
   b. radiografia AP – aumento da distância interpedicular — verdadeiro
   c. radiografia lateral – perda da altura vertebral posterior — verdadeiro
   d. CT – parede posterior da fratura com osso retropulsado — verdadeiro
   e. mielograma – defeito cerebral amplo — verdadeiro

7. **Verdadeiro ou Falso. A fratura do cinto de segurança exibe todos os seguintes subtipos:**   66.1.2
   a. fratura ao acaso, um nível através do osso — verdadeiro
   b. um nível através dos ligamentos — verdadeiro
   c. dois níveis, osso na coluna média, ligamentos nas colunas anterior e posterior — verdadeiro
   d. fratura de pedículo — falso
   e. dois níveis através dos ligamentos em todas as três colunas — verdadeiro

8. **Afirmar quais das seguintes fraturas espinais são estáveis ou instáveis:**   66.1.2
   a. três ou mais fraturas por compressão consecutivas — instável
   b. uma única fratura por compressão com perda > 50% da altura e com angulação — instável
   c. angulação cifótica > 40 graus em um nível ou > 25% — instável
   d. cifose progressiva — instável

Parte 15: Traumatismo Medular

9. **Indique se as fraturas espinhais a seguir são estáveis ou instáveis:**   66.1.2
   a. fratura da coluna média acima de T8 e abaixo de T1, com preservação das costelas e do esterno — estável
   b. fratura da coluna média abaixo de L4, se a coluna posterior permanecer intacta — estável
   c. fratura da coluna posterior — agudamente estável, desde que a coluna média permaneça intacta
   d. fratura por compressão em três segmentos consecutivos — instável

10. **Verdadeiro ou Falso. Com relação às fraturas explosivas.**   66.1.2
    a. O tratamento cirúrgico é recomendado, se a deformidade angular for > 20 graus. — verdadeiro
    b. O tratamento cirúrgico é recomendado para pacientes com déficit neurológico. — verdadeiro
    c. O tratamento cirúrgico é recomendado para redução da altura do corpo anterior ≥ 50%, em comparação com a altura do corpo posterior. — verdadeiro
    d. A cirurgia é recomendada para redução de canal ≥ 50%. — verdadeiro
    e. A abordagem anterior é recomendada, se houver ruptura dural. — falso - a posterior é recomendada

11. **As fraturas explosivas são instáveis, se:**   66.1.2
    a. **C**-**C**ifose for maior que _____. — 20%
    b. **D**-**D**istância interpeduncular estiver _____. — aumentada
    c. **O**-**O**corrência de _____ progressiva. — cifose
    d. **A**-**A**ltura do corpo anterior for menor que _____ posteriormente. — 50%
    e. **D**-**D**éficit no estado _____. — neurológico

12. **Verdadeiro ou Falso. Com relação às fraturas explosivas de L5:**
    a. São bastante comuns. — falso   66.1.2
    b. É difícil manter o alinhamento neste nível usando instrumentação. — verdadeiro
    c. Os pacientes perderão ~ 15 graus de lordose entre L4 e S1, mesmo com a instrumentação. — verdadeiro
    d. Em caso de tratamento não cirúrgico, recomenda-se o uso de órtese toracolombossacra (TLSO), por 4-6 meses. — verdadeiro
    e. Em caso de tratamento cirúrgico, uma abordagem posterior com fusão e fixação de L5-S1 é recomendada. — verdadeiro
    f. Havendo expectativa de "ligamentotaxia", a distração deverá ser feita dentro de _____ horas. — 48   66.2.1

Fraturas das Colunas Torácica, Lombar e Sacra

■ Tratamento Cirúrgico

13. **Complete as sentenças a seguir sobre infecções de ferida pós-fusão espinhal.**
    a. Em geral, são causadas por ____. — *S. aureus*
    b. Podem responder apenas a ____. — antibióticos
    c. Em casos raros, o ____ pode ser necessário. — desbridamento
    d. Apenas ocasionalmente, a instrumentação deve ser ____. — removida

66.2.5

■ Fraturas Osteoporóticas da Coluna

14. **Complete as sentenças a seguir, sobre demografia de fraturas espinais osteoporóticas.**
    a. Verdadeiro ou Falso. Ocorrem ~ 700 mil fraturas osteoporóticas por ano, nos Estados Unidos. — verdadeiro (66.3.1)
    b. Verdadeiro ou falso. Fatores de risco incluem o peso. — verdadeiro – peso < 58 Kg (66.3.2)
    c. Há risco com o uso de qual anticonvulsivo? — fenitoína
    d. Há risco com o uso de qual anticoagulante? — varfarina
    e. Há risco com o consumo de qual bebida? — álcool
    f. Há risco com o uso de c____. — cigarros
    g. Há risco com o uso de qual fármaco anti-inflamatório? — esteroides

15. **Complete as sentenças a seguir sobre fraturas espinais osteoporóticas.**
    a. A população mais provável é ____. — idosos brancos e mulheres asiáticas
    b. Estas fraturas podem ocorrer em mulheres em pré-menopausa? — sim (66.3.1)
    c. O risco ao longo da vida para as mulheres é ____%. — 16%
    d. O risco ao longo da vida para os homens é ____%. — 5%
    e. O melhor preditor de fratura é o teste de ____ ____ ____, medido no ____. — densidade mineral óssea; fêmur (66.3.3)

16. **Verdadeiro ou Falso. Com relação à densidade mineral óssea (BMD):** (66.3.3)
    a. Não é fator preditivo correto de fragilidade óssea. — falso
    b. É medida por exame de densitometria DEXA junto ao fêmur proximal. — verdadeiro
    c. A incidência AP da coluna espinal lombossacral subestima a BMD. — falso – superestima
    d. O escore T de BDM compara-se a indivíduos normais. — verdadeiro
    e. O escore Z define a osteoporose, comparando indivíduos da mesma idade e sexo. — verdadeiro

Parte 15: Traumatismo Medular

17. **Verdadeiro ou Falso. Com relação ao fluoreto de sódio:**   66.3.4
    a. 75 mg/d aumenta a massa óssea. — verdadeiro
    b. 75 mg/d diminui a incidência de fratura. — falso
    c. 25 mg PO, 2x/d (fluoreto lento) aumenta a fragilidade óssea. — verdadeiro
    d. O fluoreto aumenta a demanda por Ca. — verdadeiro
    e. Se usar fluoreto, usar também Ca e vitamina D. — verdadeiro

18. **Verdadeiro ou Falso. Os fármacos a seguir diminuem a reabsorção óssea:**   66.3.4
    a. estrógeno — verdadeiro
    b. cálcio — verdadeiro
    c. vitamina D — verdadeiro
    d. calcitonina — verdadeiro

19. **A calcitonina é derivada do _____.** — salmão   66.3.4

20. **Como os bisfosfonatos atuam?**   66.3.4
    a. Inibindo a _____ — reabsorção óssea
    b. destruindo os _____. — osteoclastos

21. **Verdadeiro ou Falso. Os bisfosfonatos a seguir inibem a reabsorção óssea:**   66.3.4
    a. etidronato (Didronel) — verdadeiro
    b. atendronato (Fosamax) — verdadeiro
    c. risedronato (Actonel) — verdadeiro

22. **Verdadeiro ou Falso. O tratamento recomendado para fratura osteoporótica do corpo vertebral é:**   66.3.4
    a. medicações analgésicas o suficiente — verdadeiro
    b. repouso no leito por 3-4 semanas — falso (apenas 7-10 dias)
    c. a profilaxia para DVT é contraindicada — falso
    d. Iniciar a fisioterapia em 7-10 dias. — verdadeiro
    e. cinta lombar para controle da dor e conforto — verdadeiro

23. **Verdadeiro ou Falso. Com relação PVP:**   66.3.4
    a. PVP significa vertebroplastia percutânea. — verdadeiro
    b. Envolve a injeção de polimetilmetacrilato (PMMA) no osso comprimido. — verdadeiro
    c. As metas incluem prevenção da progressão para cifose. — verdadeiro
    d. As metas incluem correção da cifose. — falso
    e. As metas incluem diminuição da duração da dor. — verdadeiro
    f. A injeção de PMMA é aprovada pelo FDA para uso no tratamento de fraturas por compressão decorrentes de tumor, osteoporose e traumatismo. — falso – não indicada para traumatismo; o PMMA pode inibir a cicatrização

Fraturas das Colunas Torácica, Lombar e Sacra

24. **Verdadeiro ou Falso. As indicações para PVP incluem as seguintes:**   66.3.4
    a. dor intensa que interfere na atividade — verdadeiro
    b. fratura por compressão osteoporótica dolorosa com < 10% de redução da altura — falso
    c. falha em controlar a dor com medicação analgésica — verdadeiro
    d. hemangioma vertebral progressivo — verdadeiro
    e. salvamento com parafuso de pedículo — verdadeiro

25. **Verdadeiro ou Falso. As contraindicações para vertebroplastia incluem:**   66.3.4
    a. coagulopatia — verdadeiro
    b. lesão crônica — verdadeiro
    c. infecção ativa — verdadeiro
    d. fratura explosiva — verdadeiro – preocupante para vazamento de PMMA

26. **Correspondência. Estabeleça a correspondência entre as complicações da PVP e a ordem mais provável com que cada uma ocorre:**   66.3.4
    ① maior; ② segunda maior; ③ menor
    Complicações: (a-c) a seguir
    a. hemangiomas vertebrais — ②
    b. fraturas patológicas — ①
    c. fraturas por compressão osteoporótica — ③

27. **Verdadeiro ou Falso. As complicações da PVP incluem:**   66.3.4
    a. vazamento de PMMA — verdadeiro
    b. fratura de pedículo — verdadeiro
    c. fratura do processo transverso — verdadeiro
    d. fratura do processo espinhoso — falso
    e. fratura de costela — verdadeiro

28. **Verdadeiro ou Falso. As recomendações pós-VPP incluem as seguintes:**   66.3.4
    a. alta para ir para casa no mesmo dia — falso – em geral, internação de um dia para outro
    b. observação quanto à dor torácica — verdadeiro
    c. observação quanto à febre — verdadeiro
    d. observação quanto ao déficit neurológico — verdadeiro
    e. mobilização gradual após 2 horas — verdadeiro

■ Fraturas Sacras

29. Complete os espaços.

a. Procurar em paciente com fratura _____	pélvica	66.4.1
i. porque _____% também terão fratura sacral	17%	
b. acompanhada de déficits neurológicos em _____%.	20-60	
c. As fraturas sacrais são divididas em _____ zonas:	3	Tabela 66.6
i. I envolve _____ a _____	somente a asa	
ii. II envolve _____ _____	forames sacrais	
iii. III envolve _____ _____	canal neural	
d. As fraturas que envolvem déficits neurológicos são aquelas que envolvem as zonas _____ e _____	II e III	66.4.3
e. Qual fratura pode causar incontinência intestinal e vesicular?	III	
f. Qual fratura pode causar lesão na raiz de L5?	I	

67

Lesões Penetrantes na Coluna Vertebral e Conduta/Complicações a Longo Prazo

■ Ferimentos de Arma de Fogo na Coluna Vertebral

1. **Verdadeiro ou Falso. São indicações para cirurgia em casos de ferimento de arma de fogo na coluna vertebral:**   67.1.2
   a. lesão da cauda equina, se for demonstrada a compressão radicular — verdadeiro
   b. para remover da coluna espinal projéteis com revestimento de cobre — verdadeiro – causa reação local
   c. vazamento de CSF — verdadeiro
   d. compressão de raiz nervosa — verdadeiro
   e. lesão vascular — verdadeiro
   f. para melhorar a função medular espinal — falso
   g. instabilidade espinal — verdadeiro

■ Trauma Penetrante no Pescoço

2. **Verdadeiro ou Falso. Com relação às lesões vasculares no pescoço:**   67.2.2
   a. As lesões venosas ocorrem em ≈ 30% dos casos de traumatismo com perfuração cervical. — falso – 18%
   b. As lesões arteriais ocorrem em ≈ 12% dos casos de traumatismo com perfuração cervical. — verdadeiro
   c. 72% das lesões arteriais vertebrais não apresentam déficits neurológicos ao exame. — verdadeiro
   d. A lesão à artéria carótida comum é a lesão vascular mais comum. — verdadeiro

3. **Correspondência. Os ferimentos com perfuração cervical são divididos em três zonas, de acordo com limites anatômicos.**   67.2.3
   Zona:
   ① zona I; ② zona II; ③ zona III
   Limites anatômicos: (a-e) abaixo
   a. clavícula — ②
   b. ângulo mandibular — ②-③
   c. cabeça da clavícula — ①
   d. desfiladeiro torácico — ①
   e. base do crânio — ③

68

Lombalgia e Radiculopatia

■ Informações Gerais

1. **Complete as sentenças a seguir sobre lombalgia e radiculopatia.**
   a. Verdadeiro ou Falso: repouso no leito por mais de 4 dias é mais útil do que prejudicial para pacientes com lombalgia.
   — falso (o repouso no leito por mais de 4 dias pode ser mais danoso do que útil)

   b. Verdadeiro ou Falso: 60% dos pacientes com lombalgia apresentarão melhora clínica em 1 mês, mesmo na ausência de tratamento.
   — falso (89-90% apresentarão melhora em 1 mês sem nenhum tratamento, inclusive aqueles com ciática por herniação discal)

   c. Os sintomas radiculares puros incluem sinais de motoneurônio superior (UMN) ou sinais de motoneurônio inferior (LMN)?
   — sinais de LMN (a radiculopatia poderá/mostrará diminuição associada dos reflexos, enfraquecimento e atrofia.)

2. **Verdadeiro ou Falso. O percentual de pacientes com baixo risco de dor na coluna dorsal que apresentarão melhora sem tratamento dentro de um período de 1 mês é:**
   a. 10% — falso
   b. 20% — falso
   c. 90% — verdadeiro (a maioria dos pacientes com lombalgia apresentará resolução e nenhum diagnóstico específico pode ser estabelecido em 85% dos casos, mesmo com um *workup* agressivo.)
   d. 0% — falso

■ Disco Intervertebral

3. O núcleo pulposo é um resquício da _____ embrionária. — notocorda

Lombalgia e Radiculopatia

■ Nomenclatura para as Doenças do Disco

4. **Verdadeiro ou Falso.** As alterações a seguir podem ser consideradas condições não patológicas:
   a. disco degenerado — falso
   b. fissura anular — falso
   c. abaulamento discal generalizado > 50% — verdadeiro (Um disco volumoso consiste em uma extensão circunferencial simétrica do disco além das placas terminais. Sua incidência aumenta com a idade.)
   d. herniação focal — falso
   e. disco saliente — falso
   68.3

5. **Verdadeiro ou Falso.** A presença de gás no disco geralmente é sinal de:
   a. infecção discal — falso
   b. degeneração discal — verdadeiro
   c. também conhecida como d_____ com v_____ — disco com vácuo
   Tabela 68.1

6. Um disco saliente onde o fragmento livre é contido pelo ligamento longitudinal posterior é chamado de disco _____. — sequestrado
   Tabela 68.1

7. Dê a definição de disco sequestrado.
   a. disco _____ — expulso
   b. perda de _____ com seu disco de _____ — continuidade; origem
   c. também conhecido como _____ — fragmento livre
   Tabela 68.1

■ Alterações da Medula do Corpo Vertebral

8. Forneça a classificação de Modic das alterações da medula do corpo vertebral:
   a. Tipo 1: T1WI _____, T2WI _____ — ↓, ↑ (edema de medula óssea associado à inflamação aguda ou subaguda)
   b. Tipo 2: T1WI _____, T2WI _____ — ↑, ↑ (alteração crônica – substituição da medula óssea por gordura)
   c. Tipo 3: T1WI _____, T2WI _____ — ↓, ↑ (crônica – osteoesclerose reativa)
   Tabela 68.2

■ Incapacidade, Dor e Determinações de Desfecho

9. O índice de incapacitação de Oswestry:
   a. É uma escala usada para _____. — dor na coluna dorsal
   b. Um escore de _____% significa incapacitação essencial e total. — 45%
   c. Um escore funcional é abaixo de _____%. — 20%
   Tabela 68.3

378 Parte 16: Coluna Vertebral e Medula Espinal

■ Avaliação Inicial do Paciente com Lombalgia

10. **Verdadeiro ou Falso. A síndrome da cauda equina pode incluir:** — 68.8.2
    a. disfunção da bexiga (incontinência ou retenção) — verdadeiro
    b. Sinal de Faber ou sinal de Patrick-Faber (flexão-abdução-rotação externa) — falso (positivo em artropatia do quadril e não exacerba a compressão verdadeira da raiz nervosa)
    c. anestesia em sela — verdadeiro
    d. dor ou enfraquecimento uni-/bilateral da perna — verdadeiro
    e. incontinência fecal — verdadeiro

11. **Nomeie a raiz nervosa associada para cada uma das alternativas a seguir.** — 68.8.3
    a. força do hálux — L5 e um pouco de L4
    b. sensibilidade no dorso do pé — L5
    c. sensibilidade na lateral do pé — S1
    d. sensibilidade na região medial do pé — L4
    e. sensibilidade na região plantar do pé — S1
    f. reflexo de Aquiles — S1

12. **Para pacientes com lombalgia, os alertas indicativos de patologia subjacente grave incluiriam sinais consistentes com quais condições?** — 68.8.4
    (Dica: CISC)
    a. c_____ — síndrome da cauda equina (*cauda equina syndrome*)
    b. i_____ — infecção (*infection*)
    c. s_____ — fratura espinal (*spinal fracture*)
    d. c_____ — câncer (*cancer*)

13. **Os sinais da síndrome da cauda equina incluem:** — Tabela 68.5
    a. _____ — anestesia em sela
    b. _____ — transbordamento da bexiga incontinência ou retenção
    c. _____ — incontinência fecal ou perda do tônus do esfíncter anal
    d. _____ — dor na perna (uni/bilateral)
    e. _____ — enfraquecimento da perna (uni/bilateral)

14. **A eletromiografia (EMG) não tem utilidade na avaliação de mielopatia, miopatia ou disfunção de raiz nervosa, a menos que os sintomas tenham estado presentes há pelo menos ____-____ semanas.** — 3-4 (antes disso, os resultados são variáveis) — 68.8.5

■ Avaliação Radiográfica

15. **Verdadeiro ou Falso. Com relação às radiografias planas de coluna espinal lombossacral:** 68.9.2
    a. São recomendadas para avaliação de rotina de dor na coluna dorsal. — falso
    b. Quando indicadas, geralmente é adequado obter vistas AP e lateral. — verdadeiro
    c. Achados inesperados são infrequentes. — falso
    d. A irradiação das gônadas é insignificante. — falso
    e. Apropriadas para pacientes que exibem "sinais de alerta". — verdadeiro

16. **Verdadeiro ou Falso. Os sinais de alerta incluem:** 68.9.2
    a. idade dos pacientes inferior a 20 anos — verdadeiro
    b. idade dos pacientes acima de 50 anos — falso (> 70 anos)
    c. usuários de drogas — verdadeiro
    d. diabéticos — verdadeiro
    e. pacientes em pós-operatório do trato urinário — verdadeiro
    f. dor persistente por mais de 1 semana — falso (> 4 semanas)

17. **Complete as sentenças a seguir sobre lombalgia e radiculopatia.** 68.9.3
    a. Os sinais à MRI indicativos de degeneração discal incluem:
        i. aumento ou diminuição da intensidade de sinal em imagens T2-ponderadas (T2WI)? — diminuição
        ii. aumento ou diminuição da altura do disco? — diminuição
    b. Os sinais à tomografia computadorizada (CT) indicativos de herniação discal são:
        i. aumento ou diminuição da gordura epidural normal — diminuição
        ii. _____ do saco tecal — endentação
    c. A CT mostrará perda de _____ (concavidade/convexidade) do saco tecal? — convexidade 68.9.4

18. **Outros testes úteis incluem:** 68.9.5
    a. Mielograma-CT: identifica a contribuição para a causa da pressão pelo _____. — osso
    b. Em termos de discografia:
        i. confiabilidade? — controversa
        ii. interpretação? — equivocada
        iii. falsos-positivos? — frequentes
        iv. pode ajudar em casos envolvendo múltiplos discos quando? — um disco causa dor

■ Fatores Psicossociais

19. Liste cinco sinais de sofrimento psicossocial na dor de coluna dorsal, lembrando que a resposta inadequada a três sinais sugere a presença de sofrimento psicossocial.
    (Dica: PIAMP)
    a. P — exame físico (**p**hysical exam) sobre a reação
    b. I — desempenho inconsistente (**i**nconsistent performance) (alterações no teste da perna estendida na mudança da posição sentada para a posição em pé etc.)
    c. A — a carga axial (**a**xial loading) produz dor
    d. M — exame motor/sensorial (**m**otor/sensory exam) inconsistente com a anatomia
    e. P — dor (**p**ain) à palpação superficial

■ Tratamento

20. São indicações claras para cirurgia lombar urgente:
    a. síndrome da c_____ e_____ — cauda equina
    b. d_____ n_____ p_____ — déficit neurológico progressivo
    c. e_____ p_____ — enfraquecimento profundo (motor)

21. Verdadeiro ou Falso. Os seguintes tratamentos de terapia conservativa são comprovadamente benéficos para pacientes com dor na coluna dorsal:
    a. esteroides epidurais — falso
    b. estimulação nervosa transcutânea elétrica (TENS) — falso
    c. tração — falso
    d. esteroides orais — falso
    e. manipulação espinal — falso
    f. relaxantes musculares — falso

22. Existe algum risco associado ao uso de Parafon Forte? Se houver, qual é o risco? — sim; hepatotoxicidade fatal

23. A fusão lombar para lombalgia sem estenose ou espondilolistese é recomendada? — sim; para pacientes com lombalgia decorrente de 1-2 níveis de DDD por ≥ 2 anos, para os quais a terapia médica tenha falhado, com doença em L4-L5 e/ou L5-S1

24. Quando a fusão espinhal lombar é indicada, de acordo com as diretrizes da prática atuais?
    a. fratura/deslocamento — sim
    b. instabilidade causada por tumor ou infecção — sim
    c. após a excisão de disco por HLD ou 1ª recidiva — não

d. como potencial adjunto de discectomia na HLD com instabilidade ou deformidade pré-operatória	sim	
e. Dor associada a alterações tipo 1 de Modic? Tipos 2 ou 3 de Modic?	sim; não	
25. Verdadeiro ou Falso. A discectomia padrão e a microdiscectomia são similares quanto à eficácia.	verdadeiro	Tabela 68.6

■ Lombalgia Crônica

26. As chances de o paciente retomar o trabalho se estiver afastado por:		Tabela 68.7
a. 6 meses, são de _____%	50%	
b. 1 ano, são de _____%	20%	
c. 2 anos, são de _____%	< 5%	

■ Coccidínia

27. Verdadeiro ou Falso. A coccidínia está relacionada com:		
a. Piora na posição em pé.	falso (piora na posição sentada ou ao mudar da posição em pé para a sentada)	68.16.1
b. Maior frequência na população feminina.	verdadeiro	
c. Diferencial que envolve traumatismo local, neoplasias e prostatite.	verdadeiro	68.16.2
d. Necessidade de varredura nuclear óssea para *workup*.	falso (CT para patologia óssea, e MRI para detecção de massas de tecido mole)	68.16.3

■ Síndrome Pós-Laminectomia

28. O índice de falha da discectomia lombar para alívio da dor a longo prazo é _____%	8-25	68.17.1
29. As etiologias comuns da síndrome pós-laminectomia são (mas não se limitam a):		68.17.2
a. diagnóstico inicial incorreto	verdadeiro (achados clínicos não correlacionados com anormalidade de imagem; imagens consistentes, porém o indivíduo na verdade é sintomático para outro diagnóstico [p. ex., bursite trocantérica, amiotrofia diabética etc.])	
b. compressão contínua de raiz nervosa	verdadeiro (compressão residual, patologia recorrente, patologia adjacente, cicatriz peridural, hematoma epidural etc.)	

c. lesão temporária em raiz nervosa — falso (associada à lesão permanente por compressão original)

30. **A discite geralmente produz dor na coluna dorsal em _____ semanas de pós-operatório.** — 2-4

31. **A aracnoidite:**
    a. Também conhecida como aracnoidite _____. — adesiva
    b. Fibrose inflamatória de quais camadas meníngeas? — pia, aracnoide e dura-máter
    c. Risco aumentado associado a:
        i. anestesia espinal — verdadeiro
        ii. meningite espinal — verdadeiro
        iii. doenças autoimunes — falso
        iv. traumatismo — verdadeiro

32. **Os achados de MRI na aracnoidite seguem tipicamente três padrões:**
    a. a_____ c_____ separando as raízes nervosas em 1 ou 2 cordões — aderência central
    b. s_____ t_____ v_____: com sinal de CSF visível intratecalmente — saco tecal vazio – as raízes aderem às meninges em torno da periferia
    c. saco tecal cheio de t_____ i_____ — tecido inflamatório; ausência de sinal de CSF, aparência de vela gotejante

33. **Em 6 meses de acompanhamento, _____% dos pacientes apresentarão extensiva cicatriz peridural, porém serão assintomáticos em _____% dos casos.** — 43%; 84%

34. **A cicatriz peridural é mais bem avaliada por qual modalidade de imagem?** — MRI com e sem gadolínio IV
    a. Verdadeiro ou Falso: a MRI sem contraste mostra uma cicatriz que se torna mais intensificada de T1WI para T2WI. — falso (se torna menos intensa, enquanto HLD se torna mais intensa com esta transição.)
    b. Verdadeiro ou Falso: a MRI com contraste mostra a intensificação da cicatriz. — verdadeiro (intensifica de modo não homogêneo, enquanto o disco não apresenta intensificação.)

69

Hérnia Discal Intervertebral/Radiculopatias Lombar e Torácica

■ Hérnia Discal Lombar e Radiculopatia Lombar

1.	A radiculopatia tipicamente se apresenta com _____.	dor e/ou alterações sensoriais subjetivas (entorpecimento, formigamento) no dermátomo da raiz nervosa	69.1.1
2.	Verdadeiro ou Falso. A radiculopatia causa hiper-reflexia.	falso (às vezes é acompanhada de enfraquecimento e diminuição do reflexo)	69.1.1
3.	A hérnia discal típica comprime o nervo que sai pelo forame neural no nível _____.	abaixo	69.1.1
4.	Verdadeiro ou Falso. As indicações cirúrgicas são:		69.1.1
a.	síndrome da cauda equina	verdadeiro	
b.	entorpecimento do pé	falso	
c.	sintomas progressivos	verdadeiro	
d.	MRI anormal	falso	
e.	déficits neurológicos	verdadeiro	
f.	discograma anormal	falso	
g.	falha do tratamento conservativo	verdadeiro	
h.	dor ao tossir	falso	
i.	dor radicular intensa por 2 semanas	falso (6 semanas)	
j.	dor intensa na coluna dorsal	falso	
5.	Por que as hérnias discais tendem a ocorrer discretamente à partir da linha média, posteriormente a um lado, junto ao canal central?	O ligamento longitudinal posterior é mais forte na linha média, e o ânulo posterolateral sustenta uma carga desproporcional de cima.	69.1.3

Parte 16: Coluna Vertebral e Medula Espinal

6. **Complete as sentenças a seguir sobre hérnia de disco lombar.** — 69.1.5
   a. A ocorrência de disfunção de esvaziamento na hérnia de disco lombar varia de _____ a _____%. — 1 a 18%
   b. Com relação aos sintomas vesicais, qual é a sequência de eventos a partir dos achados iniciais?
      i. s_____ v_____ d_____ — sensibilidade vesical diminuída
      ii. u_____ u_____ — urgência urinária
      iii. f_____ a_____ — frequência aumentada (devido ao aumento do resíduo pós-esvaziamento)
      iv. e_____ e i_____ — enurese (urinar no leito) e incontinência (são raras)
   c. A retenção urinária com incontinência por transbordamento é sugestiva de qual diagnóstico? — compressão da cauda equina

7. **Qual é o sinal mais sensível de disco lombar herniado?** — sinal de Lasègue — 69.1.6

8. **Com relação ao significado de um sinal cruzado positivo de elevação da perna estirada:**
   a. Especificidade da compressão da raiz nervosa é _____%. — 90% — Tabela 69.1
   b. Sugere uma HNP mais _____. — central — 69.1.6
   c. Pode ter correlação com um fragmento discal junto à _____ da raiz contralateral. — axila
   d. Especificidade de Lasègue para compressão radicular é _____% — 83%
   e. Para Lasègue cruzado, o percentual aumenta para _____% — 90%

9. **Descreva um sinal de Lasègue positivo:** — 69.1.6
   a. paciente posicionado em _____ _____ — posição supina
   b. elevação da perna pelo tornozelo até _____ — deflagrar a dor, especificamente na perna (parestesias ou dor); a dor na coluna dorsal, isoladamente, é SLR negativo.
   c. a dor ocorre abaixo de _____ graus — 60
   d. Positivo em _____% do núcleo pulposo herniado (HNP) — 83% (mais provavelmente positivo em pacientes com menos de 30 anos)

10. **Descreva as técnicas a seguir para deflagrar indicações de tensão de raiz nervosa:** — 69.1.6
    a. sinal de Lasègue — elevação da perna estirada pelo tornozelo
    b. teste de Cram — extensão do joelho com a perna já erguida
    c. sinal de Fajersztajn — SLR cruzado (disco central); 97% das HNP tinham este sinal positivo
    d. teste do alongamento femoral — pronado, joelho maximamente flexionado; = lesões nas raízes de L2, L3, L4

e.	sinal da corda de arco	flexão do joelho após SLR; a dor no quadril persiste, mas a dor ciática cessa
f.	extensão do joelho na posição sentada	SLR sentado

11. **Descreva o teste FABER** — 69.1.6
    a. também conhecido como _____ de _____ — teste de Patrick
    b. realizado por _____ — flexão-abdução, rotação externa; maléolo lateral no joelho contralateral, com pressão para baixo sobre o joelho flexionado
    c. sinal positivo indicativo de _____ do _____ — patologia do quadril

12. **Complete as sentenças a seguir sobre o sinal de Trendelenburg.** — 69.1.6
    a. O quadril afetado _____ quando o paciente anda. — prende
    b. Indica que os adutores da coxa contralateral estão _____. — enfraquecidos
    c. Faz a pelve contralateral _____. — inclinar
    d. É causado por uma lesão da raiz de _____. — L5 (O quadril afetado prende ao andar, indicando o enfraquecimento dos adutores da coxa contralateral, ou ao ficar em pé apoiando-se na perna com os adutores fracos faz a pelve inclinar para o lado contralateral ao enfraquecimento.)

13. **Complete as sentenças a seguir sobre o sinal cruzado dos adutores.** — 69.1.6
    a. O sinal cruzado dos adutores é positivo quando o reflexo patelar é deflagrado e os _____ da coxa contralateral _____. — adutores; contraem
    b. Se o reflexo patelar for:
        i. hiperativo, é sugestivo de _____ em _____ — lesão em UMN
        ii. hipoativo, é sugestivo de _____ — disseminação patológica decorrente de irritação de raiz nervosa

14. **Complete as sentenças a seguir sobre o sinal de Hoover.** — 69.1.6
    a. É um teste para aprender se o enfraquecimento da perna do paciente é _____. — funcional (*vs.* orgânico)
    b. O examinador coloca a mão sob o _____ normal do paciente. — calcanhar
    c. Ao ser solicitado a erguer a perna enfraquecida, a ausência de esforço para mover a perna _____ para _____ é indicação de que o enfraquecimento é funcional. — normal; baixo

15. **Para o nível discal lombar listado, qual é a frequência da síndrome do disco herniado?** — Tabela 69.3
    a. L5-S1: _____-_____% — 45-50%
    b. L4-5: _____-_____% — 40-45%
    c. L3-4: _____-_____% — 3-10%

386 Parte 16: Coluna Vertebral e Medula Espinal

16. **Nomeie os achados físicos associados à hérnia discal de L5-S1 e onde a dor irradia.** — Tabela 69.3
    a. Reflexo: ausência do r_____ de_____ — reflexo de Aquiles
    b. Motor: enfraquecimento do _____ — gastrocnêmio (flexão plantar)
    c. Sensorial: diminuição no _____ _____ e na _____ do _____ — maléolo lateral; lateral do pé
    d. Dor: aspecto posterior da _____ e do _____ — panturrilha; tornozelo

17. **Nomeie três indicadores para cirurgia lombar de emergência.** — 69.1.9
    (Dica: sce, dmp, di)
    a. sce — síndrome da cauda equina (retenção urinária e/ou incontinência por transbordamento, anestesia em sela)
    b. dmp — déficit motor progressivo (*i.e.*, pé caído)
    c. di — dor intolerável (urgente)

18. **Liste os potenciais achados da síndrome da cauda equina.** — 69.1.9
    (Dica: cauda-s)
    a. C — Comprometimento da função sexual (disfunção sexual)
    b. A — Ausência do reflexo aquileu
    c. U — Urina retida/incontinência urinária (achado mais consistente)
    d. D — Diminuição do tônus do esfíncter
    e. A — Anestesia da área da sela (déficit sensorial mais comum)
    f. S — Subtração da força

19. **Verdadeiro ou Falso. As seguintes alternativas são classicamente reconhecidas como causa de síndrome de cauda equina:** — 69.1.9
    a. tumor — verdadeiro
    b. hematoma espinal epidural — verdadeiro
    c. enxerto adiposo livre subsequente à disquetomia — verdadeiro
    d. traumatismo/fratura — verdadeiro
    e. estenose lombar — falso (processo mais crônico/não levaria classicamente a uma manifestação aguda/subaguda de CES)

20. **Verdadeiro ou Falso. Na síndrome da cauda equina, a cirurgia deve ser realizada:** — 69.1.9
    a. imediatamente — falso
    b. em 24 horas — falso
    c. em 48 horas — verdadeiro
    d. em 72 horas — falso
    e. em 1 semana — falso

21. **Verdadeiro ou falso. Comparando a microdiscectomia à discectomia padrão para hérnia discal lombar, quais alternativas são verdadeiras?**
    a. incisão menor — verdadeiro
    b. tempo de internação menor — verdadeiro
    c. menor perda de sangue — verdadeiro
    d. maior eficácia — falso (foi comprovado que a eficácia é equivalente entre as duas técnicas.)
    e. pode ser mais difícil recuperar fragmentos amplos — verdadeiro

22. **O índice de sucesso em 1 ano da discectomia cirúrgica é _____%.** — 85%

23. **Verdadeiro ou Falso. Procedimentos intradiscais, como a quimionucleólise, são mais usados do que a discectomia.** — falso

24. **Complete as sentenças a seguir sobre procedimentos intradiscais.**
    a. Qual percentual de pacientes de disco lombar considerados para cirurgia poderiam ser candidatos a procedimentos intradiscais? — 10-15%
    b. Qual é o índice de sucesso dos procedimentos intradiscais (livre de dor e retorno ao trabalho)? — 37-75%

25. **Verdadeiro ou Falso. Após a discectomia:**
    a. Esteroides epidurais antes do fechamento não são benéficos. — verdadeiro
    b. Esteroides sistêmicos e bupivacaína podem reduzir o tempo de internação e adiar a necessidade de narcótico. — verdadeiro

26. **Verdadeiro ou Falso. Com relação ao enxerto adiposo livre epidural:**
    a. Pode causar compressão da raiz nervosa. — verdadeiro
    b. É considerado redutor da formação de cicatriz epidural. — misto (as opiniões variam)
    c. Alguns acreditam que podem ampliar a cicatriz epidural. — verdadeiro
    d. Aumenta a incidência de infecção pós-operatório. — falso
    e. Pode causar síndrome da cauda equina. — verdadeiro, ainda que raramente

27. **Caracterize as complicações da cirurgia de disco lombar.**
    a. Mortalidade: _____% — 0,06% (1/1.800 pacientes)
    b. Infecção superficial: _____-_____% com organismos de _____ — 0,9-1%; S. aureus
    c. Infecção profunda: _____% — < 1% (discite, abscesso espinal epidural)
    d. Discite: _____% — 0,5%
    e. Déficit motor: _____-_____% — 1-8% (alguns são transientes)

Parte 16: Coluna Vertebral e Medula Espinal

   f. Durotomia: _____-_____% 0,3-13%
   g. Durotomia após reoperação: _____% 18%
   h. Reparo cirúrgico: _____ 1/1.000 pacientes
   i. Pseudomeningocele: _____-_____% 0,7-2%
   j. Disco recorrente: _____% 4% (com 10 anos de acompanhamento)

28. **Complete as sentenças a seguir sobre durotomia.**
    a. Qual é a incidência da durotomia incidental na laminectomia lombar? 0,3-13% (aumenta para 18% na reoperações)
    b. Dê quatro possíveis complicações relacionadas com durotomias incidentais.
       i. f_____ fístula de CSF – requerendo reparo em 10/10.000 pacientes
       ii. p_____ pseudomeningocele em 0,7-2%
       iii. h_____ herniação de raízes nervosas
       iv. s_____ sangramento epidural aumentado

29. **Qual é a incidência do disco lombar herniado recorrente?**
    a. _____% no mesmo nível em qualquer lado, nos primeiros 10 anos ~ 4%
    b. _____% em qualquer nível, ao longo de 10 anos 3-19%
    c. _____% no primeiro ano ocorrem no mesmo nível em qualquer lado 1,5%
    d. qualquer incidência diferente dependendo do nível 2x mais comum em L4-5
    e. _____% de recorrência no mesmo nível 74%
    f. _____% de recorrência em nível diferente 26%

30. **Complete as sentenças a seguir sobre o ligamento longitudinal anterior.**
    a. A perfuração assintomática ocorre em _____% das discectomias. 12%
    b. A profundidade do espaço discal é _____. 3,3 cm
    c. A lesão vascular produz sangramento dentro do campo cirúrgico apenas em _____% dos casos. 50%
    d. A mortalidade por lesão em vaso de grande calibre é _____%. 37-67%

31. **Enumere cinco complicações relacionadas com o posicionamento para discectomias lombares.**
    (Dica: cplcc)
    a. c_____ compartimento fibular anterior
    b. p_____ pressão ocular
    c. l_____ lesão espinal cervical
    d. c_____ compressão do nervo ulnar
    e. c_____ compressão do nervo peroneal

32. **Verdadeiro ou Falso. Com relação à durotomia não intencional.**
   a. A ambulação normal não é considerada causa de falha do reparo dural. — verdadeiro
   b. O risco de vazamento do líquido cerebrospinal (CSF) aumenta:
      i. na cirurgia de revisão — verdadeiro
      ii. na remoção da ossificação do ligamento longitudinal posterior (OPLL) — verdadeiro
      iii. nos treinos de alta velocidade — verdadeiro
   c. Não é considerada um ato de má prática. — verdadeiro
   d. O uso de cola de fibrina para fechamento é vantajoso. — verdadeiro
   e. Pode ser causada pela dura-máter afinada por estenose prolongada. — verdadeiro

33. **Enumere quatro sinais de síndrome de cauda equina pós-operatória (*i.e.*, por hematoma epidural).**
   a. d_____ — dor fora do comum
   b. a_____ — anestesia da área em sela
   c. i_____ — incapacidade de evacuar
   d. n_____ — numerosos grupos musculares enfraquecidos

34. **Verdadeiro ou Falso. Com relação ao desfecho do tratamento cirúrgico do disco lombar herniado:**
   a. 5% dos casos serão classificados como falha com retorno da síndrome. — verdadeiro
   b. Em 1 ano, o grupo cirúrgico apresentou desfecho melhor do que o do grupo de tratamento conservativo. — verdadeiro
   c. O benefício persistiu em 10 anos. — falso (O grupo tratado com cirurgia apresentou desfecho melhor em 1 ano, porém o benefício perdeu a significância estatística no acompanhamento de 4 anos. Em 10 anos, o grupo de tratamento cirúrgico e o grupo de tratamento conservativo não se queixaram de ciática nem de dor na coluna dorsal.)
   d. 63% alcançaram alívio total da dor na coluna dorsal em 1 ano de pós-operatório. — verdadeiro
   e. No acompanhamento de 5 a 10 anos, 86% sentiam que melhoraram. — verdadeiro

390 Parte 16: Coluna Vertebral e Medula Espinal

35. **Verdadeiro ou Falso.** O percentual de pacientes com hérnia de L3-4 tendo história anterior de hérnia de disco em L4-5 ou L5-S1 é: < 10% falso
    a. < 10% — falso
    b. cerca de 25% — verdadeiro
    c. cera de 50% — falso
    d. 60-80% — falso
    e. quase 90% — falso

36. **Caracterize um disco lombar superior herniado.**
    a. Qual é a incidência?
        i. L1-2: _____% 0,28%
        ii. L2-3: _____% 1,3%
        iii. L3-4: _____% 3,6%
    b. Qual é o músculo mais comumente envolvido? — Quadríceps femoral
    c. O teste de estiramento femoral _____. — pode resultar positivo
    d. O reflexo patelar _____. — diminuiu em 50%

37. **Caracterize as hérnias extremas laterais de disco lombar.**
    a. Qual é a incidência? — 3-10%
    b. Qual é o nível mais comumente envolvido?
        i. L4-5: _____% 60%
        ii. L3-4: _____% 24%
        iii. L5-S1: _____% 7%
    c. Enumere quatro diferenças comparativamente a outras hérnias discais comuns.
        i. O teste de elevação da perna estirada (SLR) resulta negativo em _____-_____%. — 85-90%
        ii. A dor é aumentada pela inclinação lateral em _____%. — 75%
        iii. A dor é mais _____. — intensa
        iv. Os fragmentos expulsos são _____. — mais frequentes

38. **Os aspectos distintivos da hérnia discal lateral incluem os seguintes:**
    a. A raiz envolvida é a raiz _____ _____ _____ _____. — que sai neste nível
    b. O SLR é _____. — negativo
    c. A inclinação lateral _____. — tende a produzir dor
    d. A gravidade da dor é _____, porque o _____ _____ _____ está comprimido. — maior; gânglio da raiz dorsal
    e. Os níveis mais comuns são _____ e _____. — L4-5 e L3-4
    f. A melhor abordagem cirúrgica é _____ _____. — hemilaminectomia padrão (e seguindo o nervo lateralmente; realizar facetectomia medial)

39. As zonas em que a hérnia de disco pode ocorrer são:
   a. c_____   central
   b. s_____   subarticular
   c. f_____   foraminal
   e. e_____   extraforaminal

40. Verdadeiro ou Falso. Um terço das hérnias discais laterais extremas são perdidas nos exames radiológicos iniciais.   verdadeiro

41. Para testar um disco lateral distante, qual é o valor da varredura de CT pós-discografia?   Pode ser o teste mais sensível – 94%

42. Dê a incidência de cirurgia para discos herniados em pacientes pediátricos.
   a. com menos de 20 anos de idade: _____%   menor que 1%
   b. menos de 17 anos de idade: _____%   menor que ½ de 1%

43. Caracterize a hérnia discal intradural.
   a. Qual é a incidência?   0,04-1,1%
   b. Pode ser diagnosticada no pré-operatório?   raramente
   c. A suspeita é levantada na cirurgia, em razão de uma e_____ n_____.   exploração negativa
   d. Requer abertura dural cirúrgica?   raramente

44. Com relação às hérnias discais intervertebrais, responda:
   a. Também é conhecida como _____ de _____.   Nodos de Schmorl
   b. A hérnia ocorre por meio de qual estrutura?   através da placa terminal cartilaginosa, entrando no osso esponjoso do corpo vertebral
   c. Verdadeiro ou Falso. A apresentação é similar ao disco herniado típico com radiculopatia.   falso – manifesta-se com lombalgia agravada pela sustentação de carga axial
   d. Radiograficamente, à MRI:
      i. As lesões sintomáticas (agudas) se manifestam com sinal _____ em T1WI e _____ em T2WI.   baixo; alto
      ii. As lesões assintomáticas (crônicas) se manifestam com sinal _____ em T1WI e _____ em T2WI.   alto; baixo
   e. Tratamento?   Terapia conservativa com NSAIDs. Os sintomas geralmente melhoram em 3-4 meses.

45. Caracterize uma hérnia discal recorrente.
   a. Segunda hérnia: _____-_____%   3-19%
   b. 10 anos no mesmo nível: _____%   4%
   c. 1 ano no mesmo nível: _____%   1,5%

392 Parte 16: Coluna Vertebral e Medula Espinal

46. É necessária uma hérnia discal maior ou menor para causar sintomas em disco recorrente? Por que? Porque o t____ c____ impede que o nervo se afaste.   menor; tecido cicatricial   69.1.15

■ Hérnia Discal Torácica

47. Caracterize a hérnia discal torácica.   69.2.1
    a. Geralmente, ocorre abaixo do nível de ____.   T8
    b. Como muitas são calcificadas, é sensato obter uma ____.   CT
    c. A incidência é ____-____% de todas as hérnias discais.   0,25-0,75%
    d. ____% ocorrem entre 30 e 50 anos de idade.   80%
    e. A história de traumatismo é ____%.   25%

48. Caracterize o acesso à coluna espinal torácica.
    a. superior: ____   imobilização esternal   96.1.1
    b. médio: ____   toracotomia direita (coração fora do caminho)   96.2.2
    c. inferior: ____   à esquerda — mais fácil de mobilizar a aorta do que a veia cava   96.2.3
    d. toracolombar: ____   à direita, para evitar o fígado, a menos que a patologia esteja distante no lado esquerdo   96.4.1
    e. lombar: ____   transabdominal   96.5.1

49. Complete as sentenças a seguir sobre o acesso anterior pela coluna espinal torácica e medula espinal à:
    a. coluna espinal torácica inferior   96.2.3
        i. usar toracotomia de lado ____   esquerdo
        ii. evitar a ____   veia cava
        iii. mais fácil de mobilizar a ____   aorta
    b. coluna espinal toracolombar   96.4.1
        i. usar abordagem retroperitoneal de lado ____   direito
        ii. evitar, assim, o ____   fígado

70

Hérnia de Disco Cervical

■ Informações Gerais

1. Onde está localizada a saída da raiz cervical em relação ao pedículo? — em estreita relação com a superfície inferior do pedículo — 70.1

■ Síndromes da Raiz Nervosa Cervical (Radiculopatia Cervical)

2. Complete a tabela a seguir acerca das síndromes de disco cervical:

Tabela 70.1

Quadro 70.1 Síndromes de disco cervical

Síndrome	Síndromes de disco cervical			
	C4-5	C5-6	C6-7	C7-T1
% dos discos cervicais	2%	19%	69%	10%
compressão da raiz	C5	C6	C7	C8
redução de reflexo	deltoide e peitoral	bíceps e braquiorradial	tríceps	espasmo digital
fraqueza motora	deltoide	flexão do antebraço	extensão do antebraço (queda do punho)	movimentação intrínseca da mão
parestesia e hipestesia	ombro	parte superior do braço, polegar, radial do antebraço	dedos 2 e 3, todas as pontas dos dedos	dedos 4 e 5

Tabela 70.1 (completa)
Reimpresso com permissão de Greenberg MS, Manual de Neurocirurgia. 8. ed. Nova York: Thieme; 2016.)

3. Complete a seguir acerca da hérnia de disco intravertebral:
   a. O disco C6-7 causa uma radiculopatia C____. — C7 — 70.2.1
   b. O disco C5-6 causa uma radiculopatia C____. — C6 — 70.2.2
   c. Isso pode simular um ____. — infarto do miocárdio

4. Uma radiculopatia C6 esquerda pode simular um ____ ____ ____. — infarto agudo do miocárdio — 70.2.2

5. O envolvimento da raiz do nervo C8 ou T1 (p. ex., um disco C7-T1 ou T1-T2) pode produzir uma síndrome ____ parcial. — síndrome de Horner — 70.2.2

6. O cenário mais comum para pacientes com hérnia de disco cervical é que os sintomas foram primeiramente notados como sendo ____. — acordar de manhã (sem trauma ou estresse identificável) — 70.2.2

394 Parte 16: Coluna Vertebral e Medula Espinal

7. Complete a seguir acerca da hérnia de disco intervertebral. Tabela 70.1
   a. O disco C4-5 comprime a raiz C____. raiz C5
   b. O disco C7-T1 comprime a raiz C____ raiz C8

■ Exame Físico na Hérnia de Disco Cervical

8. O processo de estreitamento mecânico do forame cervical é chamado de ____ de ____. manobra de Spurling 70.5.2

9. Complete a seguir acerca da manobra de Spurling: 70.5.2
   a. Executada por
      i. o examinador exercendo pressão na ____ vértex
      ii. enquanto o paciente inclina a cabeça em direção ao ____ ____ lado assintomático
      iii. com o pescoço ____. estendido
   b. Reproduz ____ ____. dor radicular
   c. análogo a ____ SLR para disco lombar – uma manobra mecânica

■ Avaliação Radiológica

10. Dê a precisão de avaliação com exames radiológicos.
    a. MRI está entre ____ e ____%. 85 e 90% 70.6.1
    b. Mielograma CT é de ____%. 98% 70.6.2

■ Mielopatia Cervical e Lesão do Cordão Medular (SCI) Decorrente da Hérnia de Disco Cervical

11. Verdadeiro ou Falso. Acerca da fusão. 70.7.3
    a. placa reduz pseudoartrose. verdadeiro
    b. placa reduz problemas de enxerto. verdadeiro
    c. placa mantém a lordose. verdadeiro
    d. melhora o resultado clínico. falso
    e. melhora dores nos braços. verdadeiro
    f. causa um aceleramento no alívio de dores nos braços. verdadeiro
    g. mantém a altura do foraminal. falso
    h. mantém a altura do espaço do disco falso. falso
    i. reduz a cifose pós-operatória. verdadeiro
    j. melhora a taxa de fusão. verdadeiro

12. Qual é a incidência da paresia das pregas vocais causada por lesão do nervo laríngeo recorrente (RLN)? 70.7.3
    a. Temporária: ____% 11%
    b. Permanente: ____% 4%

13. **Verdadeiro ou Falso. Uma boa maneira de tratar uma lesão da artéria vertebral é através de** 70.7.3
    a. oclusão — falso
    b. sutura direta — verdadeiro
    c. *trapping* endovascular — verdadeiro

14. **A rara complicação da apneia induzida pelo sono pode ocorrer com discectomia cervical anterior com fusão (ACDF) no nível de _____.** — C3-4 70.7.3

15. **Caracterize a disfagia seguida da ACDF.** 70.7.3
    a. a incidência precoce é de _____%, — 60%
    b. na idade de 6 meses apenas _____%. — 5%
    c. O caso mais sério é _____. — hematoma
    d. A lesão permanente no nervo laríngeo recorrente ocorre em _____% — 1,3%

16. **Caracterize a pseudoartrose seguida da ACDF. Radiografias de flexão-extensão nas imagens de radiografia de coluna cervical.** 70.7.3
    a. movimento de mais de _____ mm — 2
    b. entre o _____ _____ — processo espinhoso
    c. ausência de _____ em toda a fusão — trabeculação
    d. l_____ ao redor dos parafusos — lucência
    e. m_____ em f_____ e e_____ dos parafusos — movimentação em flexão e extensão
    f. n_____ e_____ uniformemente associada aos sintomas — não está

17. **Para pacientes em determinadas profissões, preferimos realizar a cirurgia cervical posterior em vez da anterior.** 70.7.3
    a. Quais as duas profissões? — orador e cantor
    b. A causa é a de que existe uma incidência de _____% de ocorrer _____ _____ após uma cirurgia cervical anterior. — 4%; alteração vocal

18. **As indicações para a laminotomia posterior são:** 70.7.3
    a. d_____ l_____ m_____ — disco lateral mole
    b. profissão de c_____ ou o_____ — cantor ou orador
    c. d_____ de n_____ i_____ ou s_____ — disco de nível inferior ou superior

19. **Correspondência.** Correlacione a sequência recomendada de remoção óssea com a sequência recomendada de laminotomia do posterior.
    Sequência de remoção óssea recomendada: ① face superior da vértebra abaixo; ② face inferior da vértebra acima; ③ aspecto lateral da lâmina acima
    Sequência recomendada: (a-c) abaixo
    a. 1ª área de remoção óssea   ③
    b. 2ª área de remoção óssea   ②
    c. 3ª área de remoção óssea   ①

20. **A taxa de sucesso de laminectomia do posterior está na faixa entre ____ e ____%.**   90 e 96%

71

Doença Degenerativa do Disco Cervical e Mielopatia Cervical

■ Informações Gerais

1. A doença degenerativa do disco cervical geralmente é conhecida como "_____ _____", um termo que às vezes é utilizado como sendo sinônimo de "estenose espinal cervical".

   espondilose cervical   71.1

■ Clínica

2. A espondilose cervical é a causa mais comum de mielopatia em pacientes com mais de _____ anos de idade.

   55   71.3.1

3. Caracterize a frequência de sintomas para os seguintes reflexos: Tabela 71.1
   a. hiper-reflexia: _____%   87%
   b. Babinski: _____%   54%
   c. Hoffman: _____%   12%

4. Complete, a seguir, sobre a doença degenerativa do disco/coluna vertebral.   71.3.4
   a. Qual teste de reflexo é dito ser patognomônico da mielopatia de coluna cervical?   reflexo radial invertido
   b. Provocado pela execução do _____ _____   reflexo braquiorradial
   c. e obtendo uma resposta de f_____ dos d_____.   flexão dos dedos

5. Complete a seguir a respeito do reflexo de hiper-reatividade mandibular: 71.3.4
   a. É significante o fato de que indica uma l_____ do n_____ m_____ s_____   lesão do neurônio motor superior
   b. localizado a_____ d_____ c_____.   acima dos contatos (distingue-se de lesões UMN em razão das causas de níveis mais suaves, isto é, mielopatia cervical.)

■ Diagnóstico Diferencial

6. Complete a tabela a seguir, de modo a diferenciar a esclerose lateral amiotrófica (ALS) da mielopatia cervical: 71.4.2

	ALS	CM
Perda sensorial		
Perda de esfíncter		
Reflexo mandibular		
Disartria		
Fasciculações da língua		

Tabela 71.1 (incompleta)

	ALS	CM
Perda sensorial	Não	Sim
Perda de esfíncter	Não	Sim
Reflexo mandibular	Sim	Não
Disartria	Sim	Não
Fasciculações da língua	Sim	Não

Tabela 71.1 (completa)

7. **Verdadeiro ou Falso. A respeito da ALS:**   71.4.2
   a. Há presença de reflexo mandibular hiperativo. — verdadeiro (pode ser o primeiro sinal)
   b. Há presença de fasciculações da língua. — verdadeiro (como visto em EMG ou em fasciculações visíveis)

■ Avaliação

8. **Complete a seguir a respeito da doença degenerativa de disco/coluna.**   71.5.1
   a. mielopatia da coluna cervical, diâmetro do canal espinhal
      i. mielopático com _____ mm ou menos — 10 mm ou menos
      ii. sintomático com _____ mm — 11,8 mm
      iii. risco aumentado com _____ mm — 14 mm
   b. assintomático com _____ mm ou mais — 14 mm

9. **Verdadeiro ou Falso. A respeito de anormalidades por MRI que estão correlacionadas com um prognóstico insatisfatório de mielopatia espondilótica cervical.**   71.5.2
   a. Hiperintensidade T2W1 no interior da medula — verdadeiro
   b. Medula com formato de "banana" em imagens axiais não possui correlação com a presença de CSM. — falso
   c. "olhos de cobra" em T2W1 axial — verdadeiro

10. **Verdadeiro ou Falso. O teste pré-operatório SSEP pode auxiliar na tomada de decisões.** — verdadeiro   71.5.5

Doença Degenerativa do Disco Cervical e Mielopatia Cervical

■ Tratamento

11. **As contraindicações para a descompressão são**
    a. angulação cifótica, também conhecida como _____ de _____. — pescoço de cisne
    b. subluxação maior que _____ mm — 3,5 mm
    c. ou rotação no plano sagital de mais de _____ graus. — 20 graus

12. **Caracterize a mielopatia espondilótica cervical.**
    a. Paralisia pós-operatória após descompressão anterior ou posterior ocorre na faixa de _____ a _____%. — 3 a 5%
    b. Isso envolve os músculos d_____ ou b_____ — deltoide, bíceps
    c. e a região C5, que proporciona sensação para a área dos _____. — ombros
    d. Normalmente ocorre dentro do período de _____ _____ de cirurgia. — 1 semana
    e. O prognóstico para recuperação é _____. — satisfatório

72

Doença Degenerativa dos Discos Torácico e Lombar

■ Informações Gerais sobre a Doença Degenerativa do Disco (DDD)

1. Uma vez que as estruturas fora do disco geralmente são envolvidas, o termo doença da coluna vertebral degenerativa (DSD) pode ser mais adequado em relação à _____ _____ do _____.
   doença degenerativa do disco — 72.1

■ Substrato Anatômico

2. Enumere as mudanças que ocorrem no disco intervertebral com o aumento da idade. — 72.2.1
   a. d_____ — diminuição da altura do disco
   b. d_____ — diminuição do teor de proteoglicano
   c. d_____ — dessecação (perda de hidratação)
   d. d_____ — degeneração mucoide
   e. c_____ — crescimento do tecido fibroso
   f. s_____ — susceptibilidade a lesões
   g. r_____ — ruptura circunferêncial do ânulo

3. Qual é o nível mais comum de localização da estenose lombar? — L4-5 e, em seguida, L3-4 — 72.2.2

4. Caracterize a estenose lateral de recesso. — 72.2.4
   a. A dor é uni ou bilateral? — podem ser ambas
   b. É causada pela _____ da — hipertrofia
   c. faceta _____ _____. — articular superior
   d. O nível mais comum é _____. — L4-5

5. **Complete a seguir a respeito da doença degenerativa de disco/coluna.**   72.2.5
   a. A espondilolistese ou subluxação anterior de um corpo vertebral em outro é classificada de acordo com a porcentagem de _____.   subluxação
   b. Liste a % para as seguintes graduações.
      i. I _____%   < 25%
      ii. II _____ a _____%   25 a 50%
      iii. III _____ a _____%   50 a 75%
      iv. IV _____%   75% até o máximo

6. **Qual postura pode desencadear a dor de estenose lombar em jovens e adolescentes?**   hiperextensão   72.2.5

7. **Complete a seguir a respeito da doença degenerativa de disco/coluna.**   72.2.5
   a. Verdadeiro ou Falso. É comum listese causar compressão de raiz.   falso
   b. Se afirmativo, comprime a raiz do nervo de _____ ao nível   saída
   c. abaixo do _____ acima   pedículo
   d. comprimido pela _____ _____ _____   faceta articular superior
   e. sendo deslocada _____.   para cima

8. **O que é um pseudodisco?**   72.2.5
   a. É a aparição na _____   MRI
   b. em um paciente que apresenta _____.   listese
   c. É mais comum observar um disco herniado a um nível _____ da listese   acima

■ Doenças Associadas

9. **Quais as duas condições congênitas associadas à estenose espinal?**   acondroplasia e estreitamento congênito do canal   72.4

10. **A doença de Paget e a espondilite anquilosante são exemplos de condições _____ que estão associadas à estenose espinal?**   adquiridas   72.4

■ Apresentação Clínica. Diagnóstico Diferencial

11. **Correlação.** Correlacione a condição com a(s) características(as) clínica(s) apropriada(s).
    Característica clínica:
    ① a dor é dermatológica; ② perda sensorial em botas; ③ a perda sensorial é dermatológica; ④ dor juntamente com exercício; ⑤ dor ligada à ação de estar em pé; ⑥ o repouso alivia a dor rapidamente; ⑦ o repouso alivia a dor lentamente; ⑧ alívio após ficar em pé; ⑨ alívio apenas se estando curvado ou sentado; ⑩ dores nas coxas; ⑪ dor ou pressão nos quadris; ⑫ teste de Faber positivo
    Condição: (a-c) abaixo
    a. claudicação neurogênica   ①, ③, ④, ⑤, ⑦, ⑨   72.5.2
    b. claudicação vascular   ②, ④, ⑥, ⑧
    c. bursite trocantérica   ⑩, ⑪, ⑫   72.6.1

■ Avaliação Diagnóstica

12. **Dê as medidas normais para CT de coluna lombar para cada um dos itens a seguir.**   72.7.1
    a. diâmetro anteroposterior (AP) _____ mm   > 11,5 mm
    b. espessura do *ligamentum flavum* _____ mm   < 4 a 5 mm
    c. altura do recesso lateral _____ mm   > 3 mm

13. **Afirme o diâmetro AP de um canal de coluna lombar normal em radiografias simples.**   72.7.1
    a. limites inferiores do paciente normal: _____ mm   15 mm
    b. estenose lombar grave: _____ mm   inferior a 11 mm
    c. média: _____ mm   22-25mm

14. **Dê as dimensões do recesso lateral no CT.**   72.7.1
    a. altura do recesso lateral: _____ mm   3 a 4 mm
    b. sugestivo de síndrome do recesso lateral: _____ mm   < 3 mm
    c. diagnóstico da síndrome do recesso lateral: _____ mm   < 2 mm

■ Tratamento

15. **O tratamento para a estenose assintomática moderada é apropriado em níveis adjacentes?**   sim (Há uma probabilidade considerável de progressão para se tornar sintomática.)   72.8.4

16. **Verdadeiro ou Falso.** É provável que pacientes que passam por laminectomias descompressivas desenvolvam instabilidade lombar?   falso – Inferior a 1%   72.8.4

17. Complete a seguir.
a. Pensa-se que a estabilidade seja mantida se ____-____% das facetas forem preservadas durante a cirurgia — > 50-60%
b. e o espaço do _____ não for violado. — disco
c. Pacientes mais novos ou mais ativos estão sob um risco _____ de subluxação. — maior

72.8.4

18. Correlação. Após a descompressão ser realizada em um paciente, que procedimentos são apropriados?
① ausência de fusão; ② fusão posterolateral; ③ adição de parafusos pediculares de estrumentação
a. ausência de instabilidade pré-operatória — ①
b. presença de instabilidade pré-operatória — ②
c. espondilolistese pré-operatória — ②, ③

72.8.4

■ Desfecho

19. Dê as consequências da estenose da coluna lombar.
a. mortalidade: _____% — 0,32%
b. infecção superficial: _____% — 2,3%
c. infecção profunda: _____% — 5,9%
d. trombose venosa profunda (DVT): _____% — 2,8%
e. alívio de dor postural: _____% — 96%
f. recorrência após 5 anos: _____% — 27%
g. sucesso a longo prazo após 1 ano e 5 anos: _____% — 70%

72.9.1

72.9.3

20. Os fatores de risco para pseudoartrose incluem:
a. f_____ — fumo
b. número de _____ contemplados — níveis
c. uso de medicamentos tipo _____ — NSAIDs

72.9.2

73

Deformidade da Coluna Vertebral e Escoliose Degenerativa em Adultos

■ Informações Gerais

1. **Escoliose degenerativa em adultos:** 73.1
   a. Deformidades da coluna vertebral com um ângulo de Cobb > _____ graus. 10 graus
   b. Entre as causas estão a d_____ de d_____ assimétrico, p_____ nos q_____, o_____. degeneração de disco assimétrico, patologia nos quadris, osteoporose

■ Epidemiologia

2. **A escoliose degenerativa em adultos é mais prevalente em pacientes com mais de _____ anos de idade, e a incidência de carga assintomática é maior do que _____% na mesma faixa etária.** 60 anos; 68% 73.2

■ Avaliação Clínica. Teste Diagnóstico

3. **A avaliação de ADS inclui:**
   a. Ao contrário do que ocorre com a estenose da coluna lombar na ausência de escoliose, a estenose espinal secundária à deformidade adulta normalmente _____ com movimentos de flexão, não apresenta melhora 73.3
   b. Verdadeiro ou Falso. Os testes diagnósticos incluem todos os itens a seguir. 73.4
      i. CT verdadeiro
      ii. MRI verdadeiro
      iii. mielograma falso
      iv. varredura DEXA verdadeiro
      v. radiografia em posição ereta verdadeiro

Medidas Importantes da Coluna Vertebral

4. **Nomenclatura de escoliose**   73.5.2
   a. O que são as vértebras finais? — São definidas como as vértebras do topo e da base da curva de escoliose dada por radiografia AP.
   b. O que é medido através do ângulo de Cobb? — É o ângulo que se forma entre uma linha horizontal por meio da placa final superior das vértebras finais superiores, e outra linha pela placa final inferior da vértebra inferior.
   c. Qual lado da curva determina a nomeação de propriedades? — O lado convexo (convexo para a direita = escoliose destro-convexa, convexo para a esquerda = escoliose levo-convexa)
   d. Qual é a diferença entre uma curva estrutural e uma curva não estrutural? — A curva não estrutural pode corrigir uma curvatura lateral.
   e. Curva principal *vs.* curva fracionada? — A curva principal é maior do que a curva estrutural. A curva fracionada está abaixo da curva principal.

5. **Parâmetros espinopélvicos são importantes para a compreensão da correção ADS. A respeito das seguintes medidas:**   73.5.3
   a. Alinhamento vertical sagital (SVA)
      i. Defina-o. — distância horizontal desde a borda posterior da placa final S1 até a linha de prumo (a partir do meio da vértebra C7)
      ii. O que é normal? — < 5 cm
      iii. Está susceptível ao erro? — sim, dependendo do nível de dor que o paciente esteja sentindo e sua acomodação
   b. Inclinação pélvica (PT)
      i. Defina-a. — ângulo entre a linha de referência vertical (ponto médio da cabeça femoral) até o ponto médio da placa final S1
      ii. O que é normal? — 10-25 graus (o ideal é < 20 graus)
   c. Incidência pélvica (PI)
      i. Defina-a. — ângulo entre a linha perpendicular à placa final S1, e a linha desde o ponto médio da cabeça femoral até o meio da placa final S1
      ii. O que é normal? — aproximadamente 50 graus
      iii. Há variações? — Não, não após alcançar a maturidade do esqueleto
   d. Inclinação Sacral (SS)
      i. Defina-a. — ângulo entre a linha de referência horizontal e a placa final S1
      ii. O que é normal? — 36-42 graus
      iii. SS = _____ - _____ — PI - PT

e. Lordose lombar (LL)
   i. Defina-a. — ângulo entre o topo da S1 e o topo da L1
   ii. O que é normal? — 20-40 graus
   iii. O que é o ideal? — LL = PI ± 9 graus

f. Cifose torácica (TK)
   i. Defina-a. — ângulo entre o topo da T4 e a base da T12
   ii. O que é normal? — 41 graus ± 12 graus

■ Classificação de SRS-Schwab da Deformidade da Coluna Vertebral Adulta

6. O que é a classificação SRS-Schwab? — Uma classificação de escoliose baseada em características relacionadas com a radiografia regional, bem como parâmetros espinopélvicos, uma vez que estão relacionados com a qualidade de vida. 73.6

■ Tratamento/Manejo

7. Indicações para cirurgia? — dor nas costas axial ± sintomas neuropáticos deletérios para ADLs 73.7.2

8. Resumo dos objetivos espinopélvicos: 73.7.2
   a. LL: _____ graus — LL = PI ± 9 graus
   b. PT: _____ graus — < 20 graus
   c. SVA: _____ cm — < 5 cm

9. O que geralmente é considerado um objetivo ideal para correção sagital da lordose lombar, retrovertendo a pelve para compensação? — O aumento de LL necessário é aproximadamente igual a (PI − LL − 9 graus) + (PT − 20 graus) 73.7.2

74

Condições Especiais que Afetam a Coluna Vertebral

■ Doença de Paget da Coluna Vertebral

1. **Caracterize a doença de Paget.** 74.1.1
   a. Também conhecida como o_____ d_____. osteíte deformante
   b. Enfermidade de o_____. osteoclastos
   c. Resulta em r_____ do osso. reabsorção
   d. Osteoblastos reativos apresentam uma produção _____ de tecido ósseo. aumentada
   e. Isso resulta em um osso quebradiço, esclerótico, radiodenso que recebe o nome de o_____ de m_____. osso de marfim

2. **Qual nervo espinal é mais comumente comprimido à medida que sai pelos forames ósseos?** Cr. N. VIII 74.1.5

3. **O sintoma mais comum da doença de Paget é?** dor óssea 74.1.6

4. **A apresentação típica a um neurocirurgião inclui:** 74.1.6
   a. Compressão neural causada por
      i. expansão do t_____ o_____, tecido ósseo
      ii. t_____ o_____, tecido osteoide
      iii. extensão pagética para o interior do l_____ a_____ e g_____ p_____. ligamento amarelo; gordura peridural
   b. Normalmente presente por mais de _____. 12 meses
   c. Se os sintomas progridem ao longo de um período de tempo < 6 meses, então o que é diferencial?
      i. m_____ malignidade (sarcomatoso)
      ii. f_____ p_____ fratura patológica
      iii. comprometimento do s_____ n_____ suprimento neurovascular (compressão ou perda vascular pagética)

5. **Entre os testes laboratoriais recomendados estão:** 74.1.7
   a. f_____ a_____ fosfatase alcalina
   b. hi_____ ur_____ hidroxiprolina urinária
   c. O *screening* ósseo _____ _____ áreas de anormalidade permite analisar (ampliação óssea localizada, engrossamento cortical, alterações escleróticas, e áreas osteolíticas)

408 Parte 16: Coluna Vertebral e Medula Espinal

    d. A doença espinhal de Paget envolve d_____ n_____ c_____ — diversos níveis contínuos (pedículos/lâmina espessa, corpos vertebrais densos, discos substituídos por osso)

    e. Tratamento com c_____ e b_____ podem reverter déficit neurológico em 50% dos casos. — calcitonina; biofosfonatos   74.1.8

6. **Quais são as indicações neurocirúrgicas na doença espinhal de Paget?**   74.1.8
   a. _____ espinhal — instabilidade
   b. _____ incerto — diagnóstico
   c. falha no _____ _____ — controle médico

■ Espondilite Anquilosante

7. **Caracterize a espondilite anquilosante.**   74.2.1
   a. Também é conhecida como d_____ de M_____-S_____. — doença de Marie-Strümpell
   b. Lócus de envolvimento nas e_____ — enteses
   c. Substituição de _____ com _____. — ligamentos com osso
   d. O osso é muito o_____. — osteoporótico
   e. Na radiografia é chamado de c_____ de _____. — coluna de bambu
   f. Para diferenciá-la da artrite reumatoide (RA), o soro é n_____ para f_____ r_____. — negativo para fator reumatoide
   g. Fraturas podem ocorrer com t_____ m_____. — trauma mínimo
   h. Parafusos para fusão podem _____ _____. — não segurar
   i. Entese
      i. é o _____ _____ — ponto de ligação
      ii. de ligamentos, tendões ou cápsulas nos _____. — ossos

8. **Verdadeiro ou Falso. A espondilite anquilosante normalmente apresenta-se como:**   74.2.3
   a. dor irradiada na lombar — falso (dor na lombar não irradiada)
   b. rigidez exacerbada ao anoitecer por inatividade e melhorada pelo exercício — falso (rigidez das costas durante a manhã. Todo o resto é preciso)
   c. executa-se o teste de Patrick comprimindo a pelve, com o paciente em posição de decúbito lateral. — verdadeiro (o teste positivo desencadeará dor.)

9. **Quais são as considerações radiológicas na espondilite anquilosante?**   74.2.5
   a. s_____ giratória pode ocorrer na área cervical alta. — subluxação
   b. A última área a permanecer móvel é a a_____-o_____ — atlanto-occipital

Condições Especiais que Afetam a Coluna Vertebral   409

c. e as articulações a_____.   atlantoaxial
d. Trauma secundário pode resultar em   fratura
   f_____ espinhal.
e. Fraturas vertebrais ocorrem pelos   discos ossificados
   d_____ o_____.
f. Um local de acometimento precoce é a   articulação SI (Isso é *sine qua non* para o
   articulação _____.   diagnóstico definitivo.)
g. Se duvidoso, obtenha radiografias   toda a coluna
   de _____ _____ _____.

■ Ossificação do Ligamento Longitudinal Posterior (OPLL)

10. **Insira um termo que se inicie com a letra**   74.3.2
    indicada, para caracterizar o processo
    patológico de ossificação do ligamento
    longitudinal posterior (OPLL).
    a. c_____   calcificação
    b. d_____   dura
    c. e_____   evolui a partir de C3-4
    d. f_____   fibrose
    e. c_____   cresce 0,6 mm/ano na direção AP e
                                                        4,1 mm/ano na direção longitudinal
    f. h_____   hipervascular
    g. p_____   periósteo
    h. o_____   ossificação

11. **Verdadeiro ou Falso. OPLL progride na**   74.3.2
    seguinte ordem:
    ① ossificação; ② fibrose; ③ calcificação
    a. ①, ③, ②   falso
    b. ②, ①, ③   falso
    c. ③, ①, ②   falso
    d. ②, ③, ①   verdadeiro

12. **OPLL cresce a uma taxa de**   74.3.2
    a. _____ mm na direção anterior posterior e   0,6 mm
    b. _____ mm longitudinalmente por ano.   4,1 mm

13. **Forneça a classificação patológica.**   74.3.2
    a. Confinado ao espaço atrás do corpo   segmentar
       vertebral é chamado _____.
    b. Estende-se de corpo a corpo incluindo os   contínuo
       discos é chamado de _____.
    c. Combina ambos os itens acima e possui   misto
       áreas de pulo, é chamado de _____.

410   Parte 16: Coluna Vertebral e Medula Espinal

14. **Descreva a avaliação de OPLL.** 74.3.6
    a. Imagens de radiografia simples _____ _____ para demonstrar OPLL. costumam falhar
    b. MRI:
        i. OPLL é difícil de avaliar até que possua a espessura de _____ mm. 5 mm
        ii. T2W1 pode ser muito _____. útil
        iii. A CT, especialmente com reconstrução 3D, é o _____ método. melhor

15. **Liste a classificação clínica da OPLL.** 74.3.7
    a. Classe I apenas radiografia – evidente radiograficamente; sem sintomas ou sinais
    b. Classe II mínimo – mielopatia A/O radiculopatia mínima ou déficit estável
    c. Classe IIIA mielopatia – mielopatia moderada a grave
    d. Classe IIIB quadriplegia – quadriplegia moderada a grave

16. **Complete a seguir a respeito da escala de Nurick acerca da espondilose cervical.** 74.3.7
    a. Avalie a extensão de _____. deficiência
    b. A cirurgia não apresentou benefícios para as escalas _____ e _____ de Nurick. 1 e 2
    c. A cirurgia obteve significativo valor para as escalas _____ e _____ de Nurick. 3 e 4
    d. A cirurgia foi ineficiente para a escala _____ de Nurick. 5

74 ■ Hiperostose Esquelética Idiopática Difusa (DISH)

17. **Caracterize a hiperostose esquelética idiopática difusa (DISH).** 74.5
    a. As áreas da coluna a seguir são afetadas a qual porcentagem de casos?
        i. torácica: _____% 97%
        ii. lombar: _____% 90%
        iii. cervical: _____% 78%
        iv. todos os três segmentos: _____% 70%
    b. Área poupada? Articulações sacroilíacas
    c. A área é poupada na espondilite anquilosante? não

■ Cifose de Scheuermann

18. Complete a seguir a respeito da cifose de Scheuermann.
    a. É definida como
        i. _____ cunha — anterior
        ii. de pelo menos _____ graus — 5
        iii. de _____ ou mais _____ — 3; adjacentes
        iv. corpos vertebrais _____. — torácicos
    b. Qual grupo etário é afetado? — adolescentes

■ Hematoma Epidural da Coluna Vertebral

19. Qual é a causa mais comum do hematoma epidural da coluna vertebral?
    a. _____ e além disso — trauma – quase que exclusivamente em pacientes com
    b. t_____ a_____ de s_____ — tendência aumentada de sangramento (não coagulado, diátese hemorrágica etc.)

20. Complete a seguir a respeito do hematoma epidural da coluna vertebral.
    a. A área de ocorrência mais comum é a _____. — torácica
    b. É anterior ou posterior? — normalmente posterior (o que facilita a remoção)
    c. A categoria de paciente mais comum é _____. — anticoagulada

21. Como o hematoma epidural da coluna vertebral costuma se apresentar? — grave dor nas costas (com componente radicular)

■ Hematoma Subdural da Coluna Vertebral

22. Complete a seguir a respeito do hematoma subdural da coluna vertebral.
    a. Ele ocorre _____. — raramente
    b. Eles normalmente estão relacionados com _____. — traumas
    c. Pacientes normalmente estão fazendo uso de medicação _____. — anticoagulante
    d. Às vezes pode ser controlado _____. — conservadoramente

75

Outras Condições Não Medulares com Implicações na Coluna Vertebral

■ Artrite Reumatoide

1. **Nomeie quatro anormalidades na coluna cervical superior que estão associadas à artrite reumatoide**
   a. i_____ b_____ — impressão basilar
   b. s_____ a_____ — subluxação atlantoaxial
   c. s_____ s_____ — subluxação subaxial (menos comum)
   d. i_____ a_____ v_____ — insuficiência da artéria vertebral – em razão de alterações na junção craniocervical (menos comum)

2. **Quais são os três estágios que, na fisiopatologia, levam à subluxação atlantoaxial no caso de artrite reumatoide?**
   (Dica: iaa)
   a. infl_____ nas a_____ s_____ a_____ — inflamação nas articulações sinoviais atlantoaxiais
   b. alt_____ er_____ nos o_____ — alterações erosivas nos odontoides
   c. afr_____ do l_____ t_____ — afrouxamento do ligamento transverso

3. **Qual a porcentagem de pacientes com artrite reumatoide que desenvolvem subluxação?** — A subluxação atlantoaxial ocorre em 25% dos pacientes com artrite reumatoide.

4. **Complete a seguir a respeito da subluxação atlantoaxial na artrite reumatoide.**
   a. O intervalo C1 de odontoide é normal quando é menor do que _____ mm. — 4 mm
   b. O paciente assintomático necessita de cirurgia se a distância for maior do que _____ mm. — 8 mm
   c. Para realizar a odontoidectomia transoral, a boca necessita ser aberta pelo menos _____ mm. — 25 mm
   d. A mortalidade da amarria em C1-C2 é de _____ a _____%. — 5 a 15%

Outras Condições Não Medulares com Implicações na Coluna Vertebral

5.	**Caracterize o intervalo atlantodental posterior (PADI).**	75.1.3
a.	Correlaciona-se com a presença de _____.	paralisia
b.	Prevê recuperação neurológica após a realização de _____.	cirurgia
c.	A ausência de recuperação ocorre se o PADI é menor do que _____ mm.	10 mm
d.	Um indicador para cirurgia é o um PADI menor do que _____ mm.	14 mm
6.	**Qual grau de intervalo atlantodental é uma indicação cirúrgica normalmente aceita em pacientes assintomáticos?**	8 mm (a variação é de 6 a 10 mm)	75.1.3
7.	**Qual a porcentagem de não fusão para fusões C1-C2 em casos de artrite reumatoide?**	18 a 50%	75.1.4
8.	**Caracterize a impressão basilar na artrite reumatoide.**		75.1.6
a.	Alterações nas massas laterais são chamadas de e_____.	erosivas
b.	O ato de dar permissão para alteração de uma ligação C1-C2 é chamado de t_____.	telescópico
c.	A ponta do dente se move para c_____	cima
i.	causa a compressão da p_____ e da m_____	ponte e medula
ii.	contribui para a compressão do t_____ e_____	tronco encefálico
9.	**Correlação. Liste os sintomas e sinais mais comuns da impressão basilar em pacientes com artrite reumatoide e relacione com a sua ordem de frequência.** ① 100%; ② 80%; ③ 71%; ④ 30%; ⑤ 22%		Tabela 75.3
a.	parestesias dos membros	③ 71%
b.	Babinski, hiper-reflexia	② 80%
c.	incontinência/retenção da bexiga	④ 30%
d.	disfunção do nervo craniano	⑤ 22%
e.	dor de cabeça	① 100%
f.	problemas ambulatoriais	② 80%
10.	**Caracterize a impressão basilar presente na artrite reumatoide.**		75.1.6
a.	A dor pode ser resultante da c_____ dos nervos C1 e C2.	compressão
b.	A disfunção do nervo cranial resulta da compressão da m_____.	medula

414 Parte 16: Coluna Vertebral e Medula Espinal

11. **Qual é o tratamento indicado para a impressão basilar?** — 75.1.6
    a. se redutível através de t_____ — tração
        i. l_____ d_____ de C1 seguida de — laminectomia descompressiva
        ii. f_____ o_____-c_____ — fusão occipital-cervical
    b. em pacientes não reabilitáveis
        i. r_____ t_____ do p_____ o_____ seguida de — ressecção transoral do processo odontoide
        ii. f_____ o_____-c_____ — fusão occipital-cervical

■ Síndrome de Down

12. A Síndrome de Down está associada à f_____ l_____ da coluna. — frouxidão ligamentar — 75.2.1

13. A incidência de AAS na síndrome de Down é de _____%. — 20% — 75.2.2

76

Condições Especiais que Afetam a Medula Espinal

■ Malformações Vasculares Espinais

1. **Caracterize a classificação de AVM espinal.**   76.1.2
   a. Tipo I
      i. conhecida como _____ _____   AVM dural
      ii. IA: possui um _____ alimentador arterial   único
      iii. IB: possui _____ ou _____ alimentadores arteriais   2 ou mais
      iv. formados na manga da _____ _____   raiz dural
   b. AVMs intradurais
      i. o fluxo é _____   intenso
      ii. _____% com sintomas agudos   75%
   c. Tipo II
      i. conhecida como AVM de _____ espinal   *glomus*
      ii. de localização _____   intramedular
      iii. _____ verdadeira da medula   AVM
      iv. possui um _____ _____   *nidus* compacto
      v. o prognóstico é _____ do que o para AVM dural   pior
   d. Tipo III
      i. conhecida como AVM espinal _____   juvenil
      ii. essencialmente em _____ ampliados   *glomus*
      iii. ocupa a seção transversal _____   inteira
   e. Tipo IV
      i. conhecida como AVM espinhal _____   perimedular
      ii. conhecida como fístula _____   arteriovenosa
      iii. se apresenta com hemorragia _____   catastrófica

2. **Qual é o tipo mais comum de AVM espinal?**   76.1.2
   a. tipo _____   tipo I
   b. _____ dural   AVM
   c. Alimentada por uma _____ _____   artéria radicular
   d. e sendo drenada para o interior de uma _____   veia espinal
   e. no aspecto _____ da medula   posterior
   f. _____% são homens   90%

Parte 16: Coluna Vertebral e Medula Espinal

3. Qual é a forma de apresentação mais comum da AVM espinal? — 76.1.3
   a. se inicia com dor _____ nas _____ — dor nas costas
   b. _____ e _____ _____ progressiva da extremidade inferior — fraqueza e perda sensorial - início agudo de dor nas costas associada à fraqueza LE progressiva e perda sensorial (pode durar meses ou anos)

4. AVM espinal acompanhada de dor pode ter essa síndrome. — 76.1.3
   a. Início com hemorragia subaracnóidea, e repentina dor nas costas excruciante também é chamado de C_____ d_____ P_____ de Michon. — Coup de Poignard de Michon
   b. É considerada evidência clínica de _____ _____. — AVM espinal

5. O que é a síndrome de Foix-Alajouanine? — 76.1.3
   a. _____ _____ aguda ou subaguda — deterioração neurológica
   b. em um paciente com _____ _____ — AVM espinal
   c. sem evidência de _____ — hemorragia
   d. causada por _____ _____ — hipertensão venosa
   e. com _____ secundária — isquemia

■ Cistos Meníngeos Espinais

6. O que é um cisto de Tarlov? — cisto meníngeo espinal — 76.2.1

7. Quais são os diferentes tipos de cistos meníngeos espinhais e em qual compartimento eles estão localizados? — 76.2.1
   a. Tipo I — compartimento superficial extradural sem fibras de raiz
   b. Tipo II — compartimento médio extradural com fibras de raiz – divertículo de raiz
   c. Tipo III — cisto de compartimento central intradural aracnóideo

8. Complete as seguintes informações sobre os cistos meníngeos espinhais. — 76.2.1
   a. O cisto meníngeo espinhal de tipo II também é conhecido como _____ de _____. — cisto de Tarlov
   b. Ocorre nas _____ _____. — raízes dorsais

9. Quais são as opções de tratamento para os cistos meníngeos espinhais? — 76.2.4
   a. e_____ — extração do cisto
   b. o_____ — obliteração do óstio entre o cisto e o espaço subaracnóideo
   c. m_____ — marsupialização se a extração não for possível

■ Siringomielia

10. **Complete a seguir a respeito da siringomielia.**   76.4.1
    a. cavitação _____ da medula espinal — cística
    b. _____% associada à Chiari I — 70%
    c. Afeta primeiramente a extremidade superior ou inferior? — superior
    d. Progressão neurológica mais rápida é prevista por uma cavidade com mais do que _____ mm de diâmetro e com _____ medular associado. — 5 mm; edema

11. **A extensão rostral para o interior do tronco encefálico é chamada de _____.** — siringobulbia   76.4.1

12. **A siringomielia comunicante é comumente associada a quais condições congênitas?**   76.4.2
    (Dica: imse)
    a. i_____ — impressão basilar
    b. m_____ — malformação de Chiari
    c. s_____ — síndrome de Dandy-Walker
    d. e_____ — ectopia cerebelar

13. **Quais são os principais sintomas e sinais de uma siringomielia?**   76.4.6
    (Dica: fpda)
    a. f_____ de b_____ — fraqueza de braços/pernas
    b. p_____ s_____ — perda sensorial com perda sensorial suspensa (perda de dor e temperatura com preservação do sentido da posição articular)
    c. d_____ c_____/o_____ — dor cervical/occipital
    d. a_____ de C_____ (a_____ n_____) — articulações de Charchot - (artropatias não dolorosas)

14. **Distinguir de entidades similares.**   76.4.8
    a. Cisto tumoral
        i. Mais _____. — realçado
        ii. O fluido é p_____. — proteico
        iii. O fluido da siringomielia possui características de _____ vistas em MRI. — CSF
    b. Canal espinal residual
        i. O canal central normalmente _____. — involui
        ii. Não possui mais do que _____ a _____ mm de largura. — 2 a 4
        iii. É perfeitamente _____ na seção transversal. — redondo
        iv. Está exatamente no _____ na MRI axial. — no centro

15. **A dilatação do canal central juntamente com revestimento celular ependimal é chamada de _____.** — Hidromielia   76.4.8

418   Parte 16: Coluna Vertebral e Medula Espinal

■ Siringomielia Pós-Traumática

16. **Verdadeiro ou Falso. O nível de dano espinhal que possui a maior incidência de siringomielia pós-traumática é** 76.5.2
    a. cervical — falso
    b. torácico — verdadeiro
    c. lombar — falso

17. **Caracterize a siringomielia pós-traumática.** Tabela 76.6
    a. O sintoma mais comum é _____. — dor – não aliviada por analgésicos
    b. O sinal mais comum é o _____ do _____ _____. — o aumento do nível sensorial

18. **Qual pode ser a única característica da siringomielia descendente em pacientes com lesões medulares completas?** — hiper-hidrose 76.5.3

19. **Complete as afirmações a seguir a respeito da siringomielia traumática.**
    a. A incidência é de _____. — 3,2% 76.5.2
    b. A latência é _____. — média de 9 anos após a lesão
    c. O que deve aumentar o índice de suspeita de uma siringomielia em um paciente que é paraplégico por causa de um trauma? 76.5.3
       i. O desenvolvimento _____ — tardio
       ii. em um _____ _____ — paciente paraplégico
       iii. de fraqueza na _____ _____. — extremidade superior

■ Lipomatose Epidural Espinal (SEL)

20. **Caracterize a lipomatose epidural espinal (SEL).**
    a. causada por _____ da gordura epidural — hipertrofia 76.7.1
    b. causada por
       i. _____ e/ou — obesidade
       ii. e_____ exógenos — esteroides
    c. Sintomas
       i. primeiramente tem a _____ nas _____ — dor nas costas
       ii. _____ progressiva das _____ _____ — fraqueza; extremidades inferiores
       iii. e alterações _____. — sensoriais
    d. Ocorrem, principalmente, na coluna _____. — torácica
    e. Diagnosticada por meio de _____ ou _____. — CT ou MRI 76.7.2
    f. Deve ter pelo menos _____ mm de grossura para ser SEL. — 7
    g. Tratamento 76.7.3
       i. Redução do uso de _____ ou — esteroides
       ii. perda de _____. — peso
       iii. Remoção _____. — cirúrgica
    h. A taxa de complicação é _____. — alta 76.7.4

77

Introdução e Informações Gerais, Graduação, Tratamento Médico, Condições Especiais

■ Introdução e Visão Geral

1. **Complete a seguir a respeito da SAH por ruptura de aneurisma.** — 77.1.3
   a. Qual é a porcentagem de pacientes que morrem antes de chegarem ao hospital? — 10-15%
   b. Qual é o risco de sangramento recorrente dentro de 2 semanas? — 15-20%
   c. Qual é o risco de morte causada por vasospasmos? — 7%
   d. Qual é o risco de déficit grave provocado por vasospasmos? — 7%
   e. Qual é a taxa de mortalidade dentro de 30 dias? — cerca de 50%
   f. Qual é o indicador prognóstico mais significativo? — gravidade da apresentação clínica

■ Etiologias de SAH

2. **Verdadeiro ou Falso. Entre as etiologias da hemorragia subaracnóidea (SAH) estão as seguintes opções:** — 77.2
   a. ruptura de malformação arteriovenosa (AVM) — verdadeiro
   b. vasculite — verdadeiro
   c. encefalite — falso
   d. uso de medicamentos — verdadeiro
   e. coagulopatias — verdadeiro
   f. trombose de seio dural — verdadeiro

■ Incidência

3. Qual é a incidência da SAH por ruptura de aneurisma? — 9,7-14,5 em 100.000 — 77.3

■ Fatores de Risco para SAH

4. **Verdadeiro ou Falso.** Entre os fatores de risco para SAH, estão inclusos: 77.4
   a. hipertensão — verdadeiro
   b. síndromes genéticas — verdadeiro
   c. fumo de cigarros — verdadeiro
   d. gravidez — falso

■ Características Clínicas

5. **Verdadeiro ou Falso.** SAH pode-se apresentar como qualquer um dos itens a seguir: 77.5.1
   a. meningismo — verdadeiro
   b. fotofobia — verdadeiro
   c. perda auditiva — falso
   d. dor lombar — verdadeiro
   e. ptose — verdadeiro

6. **Verdadeiro ou Falso.** Angiografia formal é indicada em casos de   77.5.2
   a. hemorragia sentinela — verdadeiro
   b. enxaqueca (dor de cabeça em trovoada) — falso
   c. cefaleia orgástica benigna — falso

7. **A incidência da hemorragia sentinela é de _____-_____%.**   30-60%   77.5.2

8. **Verdadeiro ou Falso.** A respeito da dor de cabeça em trovoada benigna.   77.5.2
   a. Pode ser distinguida da SAH. — falso
   b. Alcança a intensidade máxima em um minuto. — verdadeiro
   c. É acompanhada de vômitos. — verdadeiro
   d. Nunca é recorrente. — falso
   e. Está relacionada com uma causa vascular. — verdadeiro
   f. CT e LP mostram ausência de sangue. — verdadeiro
   g. Requer uma angiografia. — falso

9. **Complete a seguir sobre a síndrome de vasoconstricção cerebral reversível.**   77.5.2
   a. Possui um início r_____. — repentino
   b. Associada a déficit n_____. — neurológico
   c. Na angiografia é possível ver uma aparência de _____. — constrição em forma de rosário
   d. que desaparece dentro de _____ meses. — 1-3 meses
   e. Associada a medicamentos v_____. — vasoconstritores
   f. Pode ocorrer p_____. — pós-parto

10. **Complete a seguir a respeito da dor de cabeça orgástica benigna.**   77.5.2
    a. Ocorre imediatamente antes ou em qualquer momento durante o _____. — orgasmo
    b. A avaliação é a mesma do que para a dor de cabeça em t_____. — trovoada

Introdução e Informações Gerais, Graduação, Tratamento Médico, Condições ... 421

			77.5.3
11.	**Complete a seguir a respeito de meningismo.**		
a.	também conhecido como r_____ de n_____	rigidez de nuca	
b.	Sinais		
	i. Curvatura do pescoço e flexões do quadril chamadas de _____ de _____	sinal de Brudzinski	
	ii. Inclinação dos joelhos por motivos de dores _____ e é chamado de _____ de _____	isquiotibiais; sinal de Kernig	
12.	**Verdadeiro ou Falso.** O coma em pacientes com SAH pode ocorrer em razão de:		77.5.3
a.	convulsão	verdadeiro	
b.	pressão intracranial aumentada (ICP)	verdadeiro	
c.	hemorragia intraparenquimal	verdadeiro	
d.	hidrocefalia	verdadeiro	
e.	fluxo sanguíneo diminuído	verdadeiro	
13.	**Qual é a porcentagem de pacientes com hemorragia subaracnóidea que possuem anormalidades fundoscópicas?**	20-40%	77.5.3
14.	**Correlação.** Correlacione o tipo de hemorragia ocular com a(s) característica(s) associada(s). Hemorragia ocular: ① sub-hialoide; ② retinal; ③ vítrea Característica: (a-e) abaixo		77.5.3
a.	sangue vermelho vívido perto do disco óptico	①	
b.	opacidade vítrea	③	
c.	sangue obscurecendo os vasos retinianos	①	
d.	envolvendo a fóvea	②	
e.	pode resultar em descolamento da retina	③	
15.	**Verdadeiro ou Falso.** Os itens a seguir são características da SAH.		77.5.3
a.	A hemorragia sub-hialoide derivada da SAH ocorre perto do disco óptico.	verdadeiro	
b.	A hemorragia retinal ocorre perto da fóvea.	verdadeiro	
c.	O prognóstico para a recuperação da visão na síndrome de Terson é insatisfatório.	falso	
d.	A hemorragia vítrea pode ocorrer com causas não relacionadas com aneurisma para ICP aumentado.	verdadeiro	
e.	A hemorragia ocular derivada da SAH pode estar associada a descolamento da retina.	verdadeiro	

■ Exame Completo para Suspeita de SAH

			77.6.2
16.	**Complete a seguir.**		
a.	A imagem proveniente de uma tomografia computadorizada (CT) de boa qualidade vai detectar SAH em qual porcentagem de pacientes?	≥ 95%	
b.	Se for realizada dentro de quantas horas?	48 horas	
c.	A ventriculomegalia (hidrocefalia) ocorre de forma aguda em _____%.	21%	

422 Parte 17: SAH e Aneurismas

17. Verdadeiro ou Falso. A respeito da CT de cabeça para SAH.   77.6.2
- a. O tamanho ventricular necessita ser monitorado, uma vez que a hidrocefalia pode ocorrer de forma aguda. — verdadeiro
- b. Pode existir hemorragia intracraniana, o que requer a realização de craniotomia urgentemente. — verdadeiro
- c. A quantidade de SAH está relacionada com o risco de vasospasmo. — verdadeiro
- d. Se existirem aneurismas múltiplos, a distribuição da SAH pode revelar qual aneurisma sofreu ruptura. — verdadeiro
- e. A CT da cabeça não prevê de forma confiável a localização do aneurisma. — falso

18. A respeito da previsão da localização do aneurisma: 77.6.2
- a. A existência de sangue nos ventrículos sugere um aneurisma da _____ _____. — fossa posterior
- b. A fissura inter-hemisférica anterior sugere um aneurisma _____. — a-comm
- c. A fissura de Sylvius é compatível com um
  - i. _____ ou um — p-comm
  - ii. aneurisma _____ — MCA

19. Complete a seguir.   77.6.2
- a. O teste para SAH que apresenta maior sensibilidade é _____ _____. — punção lombar
- b. A diminuição da pressão do líquido cefalorraquidiano (CSF) pode desencadear um sangramento recorrente, uma vez que causa um _____ _____ _____ _____. — aumento na pressão transmural
- c. Assim sendo, como precaução
  - i. use apenas uma _____ _____ _____ _____ e — agulha de pequeno calibre
  - ii. remova apenas uma _____ _____ de _____. — pequena quantidade de fluido

20. Verdadeiro ou Falso. Espera-se observar os seguintes resultados no CSF em pacientes com SAH: 77.6.2
- a. pressão de abertura elevada — verdadeiro
- b. fluido sanguíneo não coagulado — verdadeiro
- c. xantocromia — verdadeiro
- d. glóbulos vermelhos > 100.000 — verdadeiro
- e. glicose elevada — falso

21. Complete a seguir a respeito da xantocromia.   77.6.2
- a. Era utilizada para diferenciar a SAH de _____ _____. — punção liquórica traumática
- b. Não aparece antes de _____ horas após o sangramento. — 2-4
- c. Está presente em 100% dos pacientes após o período de _____ horas. — 12
- d. Persiste por mais de _____ semanas. — 4

Introdução e Informações Gerais, Graduação, Tratamento Médico, Condições ...

22. **Complete a seguir a respeito da MRI.**		77.6.2
a. A sequência mais sensível para a detecção de sangue no espaço subaracnóideo é a sequência _____.	FLAIR	
b. É mais confiável para a detecção de SAH após _____-_____ dias.	4-7 dias	
23. **Complete a seguir a respeito da MRA.**		77.6.2
a. Pode detectar um aneurisma maior do que _____ mm com aproximadamente _____% de precisão.	3; 90	
24. **A CTA possui uma precisão de _____% e mostra uma imagem _____dimensional.**	97; tri	77.6.2
25. **Complete a seguir.**		77.6.2
a. O angiograma demonstra a origem da SAH em _____-_____% dos casos.	80-85%	
b. Para dizer que o angiograma é negativo para aneurismas, quais as duas áreas que devem ser vistas?		
i. Visualizar ambas as _____ e	PICAs	
ii. _____	a-Comm	
c. Qual é a porcentagem de aneurismas que ocorrem na origem inferior da artéria cerebral posterior (PICA)?	1-2%	
26. **Complete a seguir a respeito do infundíbulo.**		77.6.2
a. Os três critérios são		
i. forma _____	triangular	
ii. tamanho da boca menor do que _____ mm	3	
iii. _____ no ápice	vaso	
b. O local mais comum é no _____.	p-comm	
27. **Os infundíbulos estão presentes em aproximadamente qual porcentagem de angiogramas normais?**	10	77.6.2
28. **Se o infundíbulo está localizado próximo à SAH, é necessária _____.**	exploração	77.6.2

■ Graduação de SAH

29. **Correlação. Correlacione a classificação hemorrágica com a indicação cirúrgica.** ① controle até que o paciente melhore; ② imediatamente; ③ rapidamente dentro de 24 horas		77.7.2
a. Categoria 1 segundo Hunt e Hess	③	
b. Categoria 2 segundo Hunt e Hess	③	
c. Categoria 3, 4 ou 5 segundo Hunt e Hess	①	
d. Paciente com grande hematoma	②	
e. Paciente com sangramentos múltiplos	②	

424   Parte 17: SAH e Aneurismas

30. **Qual é a categoria, segundo Hunt e Hess, de um paciente que possui dores de cabeça e varredura de CT mostrando diagnóstico de SAH?** — Tabela 77.2
    a. e paralisia do terceiro nervo? — Categoria 2 segundo Hunt e Hess
    b. e leve fraqueza unilateral juntamente com confusão? — Categoria 3 segundo Hunt e Hess
    c. coma profundo e rigidez descerebrada? — Categoria 5 segundo Hunt e Hess

31. **Complete a escala de classificação da Federação Mundial de Cirurgiões Neurológicos (WFNS) para a escala de SAH.** — Tabela 77.4
    a. Categoria 0: _____ — sem ruptura
    b. Categoria 1 da Escala de Coma de Glasgow (GCS): _____ — GCS 15
    c. Categoria 2 GCS: _____ — GCS 13 a 14
    d. Categoria 3 GCS: _____ — GCS 13 a 14 e déficit de foco principal
    e. Categoria 4 GCS: _____ — GCS 7 a 12
    f. Categoria 5 GCS: _____ — GCS 3 a 6

■ Tratamento Inicial de SAH

32. **Liste nove possíveis complicações da SAH.** (Dica: vesbmtchh) — 77.8.1
    a. v_____ — vasospasmo
    b. e_____ — embolia pulmonar
    c. s_____ — sangramento recorrente
    d. b_____ — bloqueio da granulação aracnoide
    e. m_____ — metabolismo de Na
    f. t_____ — trombose venosa profunda
    g. c_____ — convulsões
    h. h_____ — hidrocefalia aguda
    i. h_____ — hiponatremia

33. **Complete as indicações para um paciente com SAH.** — 77.8.3
    a. fluidos intravenosos (IV)? — salina normal (NS) e 20 miliequivalentes (mEq) KCl
    b. taxa? — 2 ml/kg/hora
    c. parâmetros de pressão sanguínea? — SBP 120-160
    d. bloqueador de canal de cálcio? — sim-Nimodipina
    e. dose? — 60 mg PO/NG a cada 4 horas

Introdução e Informações Gerais, Graduação, Tratamento Médico, Condições ...

34.	Verdadeiro ou Falso. Durante o período pós-SAH, com o aneurisma sem o clipe, fenotiazínicos devem ser evitados porque	77.8.3
a.	eles podem ser excessivamente sedativos e obscuros na avaliação neurológica.	falso
b.	eles podem ser diminuir o limiar de convulsão.	verdadeiro
c.	eles causam elevação na pressão sanguínea sistólica.	falso
d.	seus metabólitos podem acelerar o vasospasmo,	falso
e.	substitua por _____.	Zofran
35.	Verdadeiro ou Falso. A seguir está o parâmetro mais confiável na diferenciação da síndrome da secreção inapropriada do hormônio diurético (SIADH) da síndrome cerebral perdedora de sal:	77.8.5
a.	Fator natriurético atrial sérico (ANF) e o fator neurotrófico derivado do cérebro (BNF)	falso
b.	Na+ urinário e osmolaridade	falso
c.	Na+ sérico e osmolaridade	falso
d.	volume do fluido extracelular	verdadeiro
e.	produção urinária durante 24 horas	falso
36.	Complete a seguir.	77.8.5
a.	Verdadeiro ou Falso. A síndrome cerebral perdedora de sal (CSW) é mais bem diferenciada da SIADH por medição de:	
	i. sódio sérico	falso
	ii. volume intravascular	falso
	iii. osmolaridade da urina	falso
	iv. volume do fluido extracelular	verdadeiro
b.	A manutenção do Na sérico a um nível normal é importante em razão do fato de que pacientes hiponatrêmicos possuem uma taxa de i_____ c_____ t_____ triplicada em relação aos pacientes normonatrêmicos.	infarto cerebral tardio
37.	A síndrome cerebral perdedora de sal é	77.8.5
a.	mais comum após SAH do que após _____.	SIADH
b.	Trate com _____ _____.	salina normal
c.	Tenha cuidado em relação à taxa de tratamento porque há um risco de produção de _____ _____ _____.	mielinólise pontina central

426   Parte 17: SAH e Aneurismas

■ Ressangramento

38. Verdadeiro ou Falso. A respeito do ressangramento.
a. A frequência máxima de ressangramento derivado de SAH é no dia 7. — falso (4% no dia 1)
b. Aproximadamente 50% dos aneurismas rompidos vão sangrar novamente dentro de 6 meses. — verdadeiro
c. O ácido épsilon-aminocaproico pode diminuir o risco de ressangramento. — verdadeiro

39. Complete a seguir.
a. A frequência máxima de ressangramento ocorre no _____ dia. — primeiro
b. a uma taxa de _____% — 4%
c. e após esse período a uma taxa de _____% — 1,5%
d. durante _____ dias. — 13
e. Total de ressangramento em 2 semanas = _____%. — 15 a 20%
f. _____% em 6 meses — 50%
g. Depois disso a taxa de ressangramento é de _____% por ano. — 3%
h. O período de tempo com o maior risco de ressangramento é _____. — nas primeiras 6 horas

■ Gravidez e Hemorragia Intracraniana

40. Verdadeiro ou Falso. A hemorragia intracraniana durante a gravidez é mais comumente causada por:
a. AVM — falso, 23%
b. aneurismas — verdadeiro, 77%

41. Verdadeiro ou Falso. A seguir está uma recomendação correta para pacientes grávidas com SAH:
a. Não se submeta CT ou angiograma. — falso (os exames estão ok se o feto está protegido.)
b. Manitol, Nipride, e nimodipina podem ser utilizados normalmente. — falso (eles não devem ser utilizados durante a gravidez.)
c. Atrase a cirurgia até que a gravidez venha a termo. — falso (o uso de clipe é recomendado para a paciente grávida.)
d. Parto por cesariana — falso (não há um resultado diferente para o feto nem para a mãe após a realização da cesariana ou do parto normal.)
e. MRI é seguro durante a gravidez. — verdadeiro
f. O gadolínio é seguro durante a gravidez. — ainda não foi estudado
g. O contraste angiográfico é seguro. — verdadeiro
h. O tratamento recomendado é o uso de clipe cirúrgico. — verdadeiro

■ Hidrocefalia após SAH

42. **Complete a seguir a respeito da hidrocefalia aguda pós-SAH.**   77.11.2
   a. A frequência de hidrocefalia em SAH é de ____-____%. — 15-20%
   b. A hidrocefalia é mais frequente quando associada com aneurismas em qual localização? — aneurismas circulatórios posteriores
   c. Qual aneurisma possui uma baixa incidência de hidrocefalia? — aneurisma MCA
   d. O tratamento adequado é a colocação de um ____ ____. — dreno de ventriculostomia
   e. É recomendada a manutenção do ICP na faixa de ____-____ mm Hg. — 15-25 mm Hg
   f. Isso reduz a tendência de ____ ____. — sangramento recorrente

43. **Complete a seguir a respeito da hidrocefalia crônica pós-SAH.**   77.11.3
   a. Aproximadamente ____% dos pacientes com hidrocefalia aguda pós-SAH necessitam de desvio permanente do líquido cefalorraquidiano. — 50%
   b. ____ ____ e ____ de ____ estão associadas a uma dependência *shunt*. — sangue intraventricular; escala de Fisher
   c. ____ há diferença na taxa de colocação de *shunt* entre pacientes que foram submetidos ao afastamento rápido e gradual do dreno de ventriculostomia — Não

78

Cuidados Críticos aos Pacientes com Aneurisma

■ Cardiomiopatia do Estresse Neurogênico (NSC)

1. **Cardiomiopatia do estresse neurogênico:**   78.1.1
   a. A função cardíaca comprometida é atribuível à _____. — doença arterial coronariana
   b. Pode ser _____. — reversível
   c. É distinguida da isquemia aguda do miocárdio por enzimas cardíacas _____ _____ _____. — menos que o esperado
   d. É tratada com o aumento do _____ através da utilização desses dois medicamentos: _____ ou _____. — débito cardíaco; Milrinona; Dobutamina

2. **Alterações no EKG que podem ocorrer após SAH:**   78.1.2
   a. As ondas T podem estar i_____. — invertidas
   b. QT podem estar p_____. — prolongadas
   c. os segmentos ST podem estar e _____. — elevados
   d. ou d_____. — deprimidos

3. **Acredita-se que mecanismo das alterações no EKG seja causado por**   78.1.3
   a. i_____ h_____, — isquemia hipotalâmica
   b. o que causa aumento no tônus _____, — simpático
   c. o que libera c_____, — catecolaminas
   d. o que produz isquemia s_____, — subendocárdica
   e. ou vasospasmo da a_____ c_____. — artéria coronária

4. **Complete a seguir a respeito dos problemas cardíacos e SAH.**
   a. As alterações no EKG ocorrem em _____%. — 50   78.1.2
   b. O mecanismo é (Dica: hics*)   78.1.3
      i. i_____ h_____ — isquemia hipotalâmica
      ii. t_____ s_____ a_____ — tônus simpático aumentado
      iii. s_____ de c_____ — surto de catecolaminas
      iv. i_____ s_____ — isquemia subendocárdica

---

*N. do T.: do inglês **h**ypothalamic ischemia, **i**ncreased sympathetic tone, **c**atecholamine surge e **s**ubendocardial ischemia.

■ Vasospasmo

5. Complete a seguir a respeito do vasospasmo:
a. também conhecido como _____ _____ _____ _____ — déficit neurológico isquêmico tardio — 78.3.2
b. Verdadeiro ou Falso. Maior incidência ocorre em: — 78.3.3
   i. distribuição ACA — verdadeiro
   ii. distribuição MCA — falso

6. Complete a seguir a respeito dos vasospasmos cerebrais. — 78.3.3
a. a incidência de vasospasmos cerebrais radiográficos é de _____-_____% — 20-100%
b. como medido no dia _____. — 7
c. A incidência do vasospasmo cerebral sintomático é de _____%. — 30%
d. Produz infarto em _____%. — 60%
e. Produz mortalidade em _____%. — 7%
f. Quase não tem início antes do dia _____. — 3
g. Resolvido ao redor do dia _____. — 12
h. Radiograficamente resolvido após _____-_____ semanas. — 3-4

7. Complete a seguir. — 78.3.3
a. A região espasmogênica em ACA e MCA é a _____. — proximal 9 cm
b. Verdadeiro ou Falso. Há mais vasospasmo com:
   i. consumo de cigarros — verdadeiro
   ii. menor escala de Hunt e Hess — falso
   iii. quantidade de sangue na CT — verdadeiro
   iv. paciente com idade avançada — verdadeiro
   v. presença de hemorragia intraventricular — falso
   vi. presença de hemorragia intraparenquimal — falso

8. Complete a seguir a respeito da escala de Fisher. — Tabela 78.2
a. Descreva o sistema de classificação de Fisher.
   i. Classe 1 — sem sangue
   ii. Classe 2 — leve – menos que 1 mm
   iii. Classe 3 — coágulo localizado – mais que 1 mm
   iv. Classe 4 — coágulo intracerebral ou intraventricular
b. O vasospasmo clínico é essencialmente limitado à classe pertencente à escala de Fisher de número _____. — 3

9. Quais substâncias químicas têm sido identificadas como mediadores críticos do vasospasmo? — 78.3.4
a. diminuição na produção de _____ e _____ — óxido nítrico e prostaciclinas
b. excesso de produção de _____ — endotelina-1

430 Parte 17: SAH e Aneurismas

10. **Quais valores de Doppler transcraniano (TCD) são consistentes com o vasospasmo?** — Tabela 78.5
    a. Velocidade no MCA de mais de _____. — 120 cm/segundo
    b. índice de _____ de mais de _____ entre — Lindegaard, 3
    c. o _____ e o _____ indica vasospasmo. — MCA, ICA
    d. Velocidade < _____ e índice < _____ é normal. — 120, 3
    e. Velocidade entre _____ e _____ é um vasospasmo leve. — 120, 200
    f. Velocidade acima de _____ é vasospasmo grave. — 200
    g. Índice entre _____ e _____ é vasospasmo leve. — 3 e 6
    h. Índice acima de _____ é vasospasmo grave. — 6

11. **Complete a seguir.** — 78.3.6
    a. Descreva o tratamento para o vasospasmo
        i. evitar h_____, a_____ e h_____ — hipovolemia, anemia e hipotensão
        ii. cirurgia? — faça precocemente
        iii. remoção de c_____ — coágulos
        iv. medicamentos? — bloqueador de canal de cálcio-nimodipina
        v. cateter? — dilatação
        vi. drenagem? — CSF ensanguentado
        vii. obtenção de hematócrito de _____-_____% — 30-35%
    b. A angioplastia produz melhora clínica a uma proporção de _____-_____%. — 60-80%
    c. Medicamentos intra-arteriais
        i. O medicamento primário utilizado é _____, mas monitore _____. — Verapamil; hipotensão
        ii. N_____ restaura o diâmetro do vaso a pelo menos _____%. — Nicardipina; 60%
        iii. Outros medicamentos utilizados incluem P_____ e N_____. — Papaverina e Nitroglicerina

12. **Complete a seguir.** — 78.3.7
    a. O que é a terapia do "triplo H"?
        i. h_____ v_____ — hipervolemia
        ii. h_____ t_____ — hipertensão
        iii. h_____ d_____ — hemodiluição
    b. O fluido a utilizar é _____ _____. — salina normal
    c. A pressão sanguínea sistólica máxima para um aneurisma não tratado é _____. — 160 mmHg
    d. A pressão sanguínea sistólica máxima para um aneurisma tratado é _____. — 220 mmHg
    e. O que você deve fazer se o triplo H não funcionar? — técnicas endovasculares
    f. A hemodiluição é utilizada para diminuir o hematócrito até _____-_____% — 30-35%

13. **A terapia do Triplo H pode causar edema pulmonar em _____% dos pacientes.** — 17% — 78.3.7

■ Pedidos pós-operatórios de clipagem do aneurisma

14. **Complete a seguir a respeito da dose de bloqueador de canal de cálcio.** 78.4
    a. Qual é o nome do remédio/medicamento antivasospasmo? Nimodipina
    b. dose: _____ mg a cada _____ horas 60 mg a cada 4 horas
    c. via: _____ por tubo oral ou nasogástrico
    d. duração: _____ 21 dias
    e. a menos que _____ o paciente esteja indo para casa intacto – se afirmativo, deve-se suspender o bloqueador de canais de cálcio

79

SAH por Ruptura de Aneurisma Cerebral

■ Etiologia de Aneurismas Cerebrais

1. **Correlação. Quais são as ideias acerca da etiologia dos aneurismas? Relacione os itens seguidos por letras com as descrições numeradas.**
   Descrição:
   ① menos elástico; ② menos músculo; ③ mais proeminente; ④ tecido conectivo menos resistente
   Termo: (a-d) abaixo
   a. túnica média ②
   b. adventícia ①
   c. lâmina elástica interna ③
   d. localização-ocorrência ④

■ Localização dos Aneurismas Cerebrais

2. **Dê a % de incidência de aneurisma cerebral para cada um dos seguintes itens:**
   a. a-comm — 30%
   b. p-comm — 25%
   c. MCA — 20%
   d. circulação posterior — 15%
   e. basilar — 10%
   f. múltiplo — 20 a 30%

■ Apresentação dos Aneurismas Cerebrais

3. **Complete a seguir a respeito da hemorragia intraventricular.**
   a. Geral
      i. Verdadeiro ou Falso. Não afeta morbidez-mortalidade. — Falso
      ii. Tem uma mortalidade de _____%. — 64%
   b. Os aneurismas a-comm se rompem para dentro do ventrículo por meio da _____ _____. — lâmina terminal

c. Aneurismas da artéria basilar distal rompem-se por meio da _____ do _____ _____. — base do terceiro ventrículo
d. O aneurisma de PICA pode se romper através do
   i. _____ de _____ — forame de Luschka
   ii. e para dentro do _____ _____. — quarto ventrículo

4. A paralisia do terceiro nervo pode ocorrer com 79.4.3
   a. _____ ou — aneurisma
   b. _____ — diabetes
   c. Pode-se realizar a diferenciação examinando as _____. — pupilas
      i. Pupila dilatada em _____ — aneurisma
      ii. Pupila não dilatada em _____ — diabético
   d. O mnemônico é "_____" derivada da síndrome da paralisia do terceiro nervo. — "diabetes elimina a pupila"
   e. Aneurismas _____ a pupila. — incluem
   f. NPSTN significa paralisia do _____. — terceiro nervo não poupador de pupila

■ Condições Associadas a Aneurismas

5. Verdadeiro ou Falso. Todas as seguintes condições podem estar associadas à SAH: 79.5.1
   a. hipertensão — verdadeiro
   b. síndrome de Osler-Weber-Rendu — verdadeiro
   c. diabetes melito — falso (Diabetes insípido pode estar associado.)
   d. displasia fibromuscular renal — verdadeiro
   e. Ehlers-Danlos tipo IV — verdadeiro

6. As seguintes condições estão associadas a uma incidência aumentada de aneurisma: 79.5.1
   a. d_____ r_____ p_____ a_____ d_____ — doença renal policística autossômica dominante – 15%
   b. m_____ a_____ — malformação arteriovenosa
   c. a_____ — aterosclerose
   d. e_____ b_____ — endocardite bacteriana
   e. c_____ da a_____ — coarctação da aorta
   f. d_____ do t_____ c_____ — distúrbios do tecido conjuntivo
   g. Eh_____-Da_____ — Ehlers-Danlos tipo IV
   h. d_____ de d_____ fib_____ r_____ — doença de displasia fibromuscular renal – 7%
   i. o_____ f_____ — ocorrências familiares
   j. s_____ de M_____ — síndrome de Marfan
   k. d_____ de m_____ — doença de moyamoya
   l. s_____ de O_____-W_____-R_____ — síndrome de Osler-Weber-Rendu
   m. p_____ e_____ — pseudoxantoma elástico

Parte 17: SAH e Aneurismas

b. Se existir uma oclusão de um vaso, ocorrerá _____ — isquemia
c. causada por _____ de _____. — deficiência de oxigênio
d. Isso impede
   i. g_____ a_____ — glicólise aeróbica
   ii. f_____ o_____ — fosforilação oxidativa
e. O que ocorre com a produção de adenosina trifosfato (ATP)? — é diminuída
f. O que ocorre com a célula? — ocorre morte celular

17. O que pode ser feito com a finalidade de proteger contra a isquemia? — 79.8.3
a. As táticas para reduzir danos causados pela isquemia incluem
   i. n_____ — nimodipina – bloqueadores de canais de cálcio
   ii. b_____ — barbitúricos – capturadores de radicais livres
   iii. m_____ — manitol
b. As táticas para reduzir a taxa metabólica cerebral de consumo de O_2 ($CMRO_2$) incluem
   i. redução de atividade elétrica neuronal com _____. — barbitúricos-etomidato
   ii. redução da energia de manutenção neuronal com _____. — hipotermia

18. Responda a seguir a respeito da clipagem temporária durante a cirurgia de aneurisma. — 79.8.3
a. Verdadeiro ou Falso. A oclusão é facilmente tolerada por menos de 5 minutos. — verdadeiro
b. Se oclusa durante 10 a 15 minutos, deve-se adicionar _____. — dose e gotejamento titulado para supressão de explosão
c. Se oclusa por mais de 20 minutos, _____ _____. — não tolerada

19. Responda a seguir a respeito da angiografia pós-operatória após cirurgia de aneurisma ou AVM. — 79.8.4
a. Verdadeiro ou Falso. Não é necessária. — falso
b. _____% mostrou resultados inesperados. — 19%
c. Verdadeiro ou Falso. É o padrão de cuidados. — falso
d. Verdadeiro ou Falso. É o recomendado. — verdadeiro

20. Complete a seguir a respeito dos medicamentos úteis na cirurgia de aneurisma. — 79.8.5
a. Quais medicamentos especiais devem ser usados durante clipagem temporária de um aneurisma? — etomidato ou propofol
b. Como eles agem? — Suprimindo atividade neuronal através da diminuição do metabolismo neuronal
c. Redução de quanto? — 50%

d. Qual é o efeito colateral do etomidato? — diminui o limiar da convulsão
   e. Proteja-se contra esse efeito colateral através do _____. — uso de medicamentos antiepiléticos pré-operativos

21. **Complete a seguir a respeito da ruptura aneurismática intraoperatória (IAR).** — 79.8.6
   a. Verdadeiro ou Falso. A ruptura aneurismática intraoperatória triplica a morbidez e a mortalidade. — verdadeiro
   b. Verdadeiro ou Falso. As técnicas para diminuição da probabilidade de ruptura intraoperatória incluem
      i. prevenção da hipertensão — verdadeiro
      ii. minimização da retração cerebral — verdadeiro
      iii. dissecção fina *vs.* romba — verdadeiro
      iv. remoção radical da asa do esfenoide — verdadeiro
   c. Liste os três estágios gerais da cirurgia de aneurisma durante os quais a ruptura intraoperatória tem mais probabilidade de ocorrer. — estágio 1 = exposição inicial, estágio 2 = dissecção do aneurisma, e estágio 3 = aplicação de clip
   d. Durante qual desses três estágios a ruptura intraoperatória tem maior probabilidade de ocorrer? — dissecção do aneurisma (estágio 2)

22. **Verdadeiro ou Falso. Durante a ruptura intraoperatória por aplicação de clipe, o sangramento é reduzido à medida que as lâminas do clipe se aproximam.** — falso — 79.8.6

23. **Complete a seguir a respeito da recorrência do aneurisma após o tratamento.** — 79.8.7
   a. Um aneurisma clipado de forma incompleta pode sangrar? — sim – 0,4 a 0,8% por ano
   b. Um aneurisma embolizado de forma incompleta pode sangrar? — sim – 0,16% por ano
   c. Um aneurisma que tenha sido completamente obliterado pode recorrer e sangrar? — sim – 0,37% por ano

80
Tipo de Aneurisma por Localização

■ Aneurismas da Artéria Comunicante Anterior

1. **Complete a seguir.**
   a. O local mais comum de ruptura de aneurismas é _____.
   a-commA

   b. Diabetes insípido e/ou disfunção hipotalâmica podem-se apresentar como sintomas de um aneurisma do _____.
   a-commA

2. **Complete a respeito da classificação do tipo de aneurisma por localização.**
   a. O local mais comum para um aneurisma é _____.
   a-commA

   b. A hemorragia subaracnóidea derivada da ruptura de um aneurisma a-comm está associada a um hematoma intracerebral a qual percentual de casos?
   63%

   c. O local mais comum de se encontrar sangue subaracnoide em uma CT associada à ruptura de um aneurisma a-comm é _____ _____ _____.
   fissura inter-hemisférica anterior

   d. Em que porcentagem de casos?
   praticamente 100%

3. **Complete a seguir.**
   a. O vasospasmo derivado da ruptura de um aneurisma a-comm pode causar um infarto bilateral na ACA nos lóbulos frontais e resultar no desenvolvimento de sintomas de _____ e _____.
   apatia e abulia

   b. Os infartos do lobo frontal ocorrem em _____% dos casos de ruptura de aneurisma a-comm.
   20%

   c. Isso resulta em uma lobotomia virtual _____.
   pré-frontal

4. **Verdadeiro ou Falso. A respeito dos aneurismas a-comm:**
   a. É desnecessário examinar o lado que o aneurisma a-comm ocupa através de angiografia, uma vez que todos os aneurismas a-comm devem ser abordados pelo lado direito.
   falso

b. As abordagens cirúrgicas de um aneurisma a-comm incluem
   i. aproximação pterional — verdadeiro
   ii. aproximação inter-hemisférica anterior — verdadeiro
   iii. aproximação transcalosal — verdadeiro
   iv. aproximação subfrontal — verdadeiro
c. Os dois locais mais comuns para ocorrência de aneurismas ACA são
   i. artéria terminal pericalosa — falso
   ii. artéria terminal calosomarginal — falso
   iii. origem da artéria frontopolar — verdadeiro
   iv. bifurcação das artérias pericalosal e calosomarginal acima do esplênio do corpo caloso — verdadeiro

5. Existem três indicações para a realização da craniotomia pterional esquerda em casos de aneurismas a-comm.
   a. apontando para a _____ — direita
   b. alimentador da _____ — ACA esquerda
   c. múltiplos _____ — aneurismas adicionais de lado esquerdo

■ Aneurismas da Artéria Cerebral Anterior Distal

6. Os aneurismas de artéria pericalosa são anatomicamente próximos de qual parte do corpo caloso? — *genu*

7. Verdadeiro ou Falso. A respeito de aneurismas de ACA e a-commA e suas abordagens.
   a.
      i. Os aneurismas ACA de localização mais distante, distalmente, em geral são causados por etiologias pós-traumáticas, infecciosas ou embolíticas. — verdadeiro
      ii. Aneurismas de a-commA de até 1 cm podem ser abordados por meio de uma craniotomia pterional padrão. — verdadeiro
      iii. Aneurismas > 1 cm na porção distal em relação a a-commA podem ser facilmente abordados por uma craniotomia pterional com ressecção parcial do giro reto. — falso
      iv. Aneurismas ACA na porção distal em relação ao *genu* do corpo caloso podem ser abordados por uma via inter-hemisférica. — verdadeiro
   b. A retração prolongada do giro do cíngulo durante uma abordagem inter-hemisférica pode resultar em um pé caído que normalmente é temporário. — falso

440　Parte 17: SAH e Aneurismas

8. Qual abordagem deve ser utilizada para aneurismas > 1 cm com localização distal em relação à a-comm?	abordagem frontal inter-hemisférica basal, de preferência pelo lado direito	80.2.2

■ Aneurismas da Artéria Comunicante Posterior

9. Complete a seguir.		80.3.1
a. Qual aneurisma se apresenta com paralisia do terceiro nervo?	artéria comunicante posterior	
b. Qual é o estado da pupila?	dilatada	
c. Qual é a posição dos olhos no repouso?	"para baixo e para fora"	
d. Se derivado de p-comm, a pupila está _____	dilatada (não poupa a pupila)	
e. porque as fibras pupilares se localizam na _____ do terceiro nervo.	superfície	
f. Se derivado de diabetes, a pupila está _____	miótica (poupada)	
g. porque as fibras motoras se localizam na porção _____ do terceiro nervo e são afetadas por patologias no _____ _____.	profunda; *vasa nervorum*	
10. Verdadeiro ou Falso. A respeito dos aneurismas p-comm.		80.3.1
a. As paralisias do terceiro nervo associadas a aneurismas p-comm não são poupadoras da pupila em 99% dos casos.	verdadeiro	
b. Os aneurismas p-comm normalmente ocorrem na junção entre p-comm e PCA.	falso	
c. Antes de realizar a clipagem de um aneurisma p-comm, a origem da artéria coroidal anterior deve ser identificada e excluída da clipagem.	verdadeiro	
d. A maioria dos aneurismas p-comm se projetam lateral, inferior e posteriormente.	verdadeiro	
11. Qual anomalia congênita deve ser descoberta no angiograma anteriormente à cirurgia de aneurisma p-comm?	origem fetal do PCA	80.3.2

■ Aneurismas Supraclinoides

12. Qual é o nome da constricção dural em torno da artéria carótida?		80.6.1
a. à medida que sai do seno cavernoso?	Anel da carótida proximal	
b. à medida que entra no espaço subaracnoide?	Anel da carótida distal ou anel clinoidal	
13. Liste os ramos supraclinoides da ICA. (Dica: ohcc)		80.6.1
a. o_____	oftálmico	
b. h_____ s_____	hipofisária superior	
c. c_____ p_____	comunicante posterior	
d. c_____ a_____	coroidal anterior	

Tipo de Aneurisma por Localização

14. **Aneurismas da artéria oftálmica** (80.6.2)
    a. surgem apenas distalmente em relação à origem da _____ _____ e — artéria oftálmica
    b. se projetam _____. — dorsomedialmente

15. **Nomeie duas formas de apresentação principais dos aneurismas de artéria oftálmica.** (80.6.2)
    a. S_____ — SHA (45%)
    b. d_____ de c_____ v_____ — deficiência de campo visual (45%)
        i. Verdadeiro ou Falso. Uma quadrantanopsia homônima nasal superior geralmente significa choque na porção lateral do nervo óptico. — falso
        ii. Verdadeiro ou falso. Um corte de campo nasal inferior monocular ipsolateral pode resultar da compressão do nervo óptico contra o ligamento falciforme. — verdadeiro

16. **Complete a seguir.** (80.6.2)
    a. Liste as duas variantes dos aneurismas da artéria hipofisária superior.
        i. p_____ — paraclinoide
        ii. s_____ — suprasselar
    b. Qual variante do aneurisma de artéria hipofisária superior pode mimetizar o tumor hipofisário, de forma clínica e por CT? — variante suprasselar
    c. Sob quais circunstâncias? — no caso de um aneurisma gigante
    d. Pode apresentar-se clinicamente com um _____ — hipopituitarismo
    e. e sintomas visuais de _____ _____. — hemianopsia bitemporal

17. **Complete a seguir.** (80.6.2)
    a. No angiograma, a presença de uma chanfradura em um aneurisma gigante de artéria oftálmica é decorrente do _____ _____. — nervo óptico
    b. A chanfradura, se presente, fica localizado no aspecto _____-_____. — anterossuperior-medial

18. **Complete a seguir.** (80.6.3)
    a. O que acontece se você obstruir a artéria oftálmica? — É tolerado com ausência de perda de visão na maioria dos pacientes.
    b. Verdadeiro ou Falso. Um aneurisma oftálmico contralateral é raro. — falso
    c. Se presentes, os dois podem ser clipados na mesma cirurgia? — sim

19. **Responda os seguintes itens:** (80.6.3)
    a. Você pode sacrificar uma artéria hipofisária superior? — Sim, a hipófise é abastecida com sangue de forma bilateral.
    b. Você pode realizar clipagem de um aneurisma hipofisário superior contralateral? — Não, isso não é tecnicamente viável.

■ Aneurismas da Circulação Posterior

20. **Correlação.** Relacione a frequência de aneurismas da circulação posterior comparada à frequência dos aneurismas da circulação anterior às condições indicadas pelas letras.
    ① mesma frequência; ② a posterior é mais frequente
    a. Síndrome clínica de SAH — ① — 80.7.1
    b. parada respiratória — ②
    c. edema pulmonar neurogênico — ②
    d. síndrome do mesencéfalo derivada de vasospasmo — ②
    e. hidrocefalia — ② — 80.7.2

21. **Verdadeiro ou Falso.** 20% dos pacientes com SAH de fossa posterior vão necessitar de *shunt* ventricular permanente. — verdadeiro — 80.7.2

22. **A respeito de aneurismas de artéria vertebral.** — 80.7.3
    a. O angiograma pré-operatório deve avaliar a obstrução da _____ _____ _____, no caso de *trapping* ser necessário. — artéria vertebral contralateral
    b. O teste de Allcock envolve angiografia vertebral, juntamente com _____ _____, como forma de avaliar a obstrução do círculo de Willis. — compressão carotídea
    c. Aneurismas de artéria vertebral (VA) ocorrem com mais frequência na junção da _____ com a _____. — VA; PICA
    d. Verdadeiro ou Falso. Aneurismas de VA não traumáticos são mais comuns do que aneurismas de VA traumáticos e dissecantes. — falso

23. **Complete a seguir a respeito dos aneurismas da PICA.** — 80.7.3
    a. Eles representam _____% dos aneurismas cerebrais. — 3%
    b. O local mais comum é a junção entre _____. — VA-PICA
    c. Aneurismas de localização muito distal em relação à PICA tendem a ser mais _____ e, portanto, devem ser tratados _____. — frágeis; rapidamente
    d. O sangue derivado da ruptura está localizado, predominantemente, no _____ _____. — quarto ventrículo

24. **Complete a seguir.** — 80.7.6
    a. A localização mais comum de um aneurisma de circulação posterior é o _____ da _____. — topo da basilar

b. Verdadeiro ou Falso. A respeito de aneurismas de topo da basilar.
   i. O tratamento cirúrgico está associado a uma taxa de mortalidade de 5%. — verdadeiro
   ii. Abordagens cirúrgicas incluem vias infratentorais pterionais e supracerebelares. — falso
   iii. Em razão das dificuldades técnicas associadas à clipagem de aneurismas basilares, muitos ainda recomendam esperar até 1 semana antes da realização da cirurgia. — verdadeiro
   iv. A taxa de morbidez de 12% é, em grande parte, causada por lesões por perfuração de vaso. — verdadeiro

25. **Na angiografia, as seguintes características devem ser notadas a respeito dos aneurismas de artéria basilar:**
    a. Pontos de direção do domo? — geralmente superior
    b. Características de p-comm
       i. _____ de p-comm — fluxo
       ii. talvez necessite do _____ de _____. — teste de Allcock
    c. Características de bifurcação:
       i. Avaliar a posição da _____ — bifurcação
       ii. em relação ao _____. — *dorsum sellae*
       iii. Se for alta, use a _____ _____ por _____ _____. — abordagem transilviana por craniotomia pterional
       iv. Se baixa, use a _____ _____. — abordagem subtemporal

26. **Correlação. Relacione as abordagens numeradas às condições para abordagem cirúrgica de aneurismas de artéria basilar.**
    Abordagem: ① abordagem subtemporal;
    ② abordagem pterional
    Condições: (a-h) abaixo
    a. a bifurcação é alta — ②
    b. projetos de aneurisma posteriormente/posterior e inferiormente — ①
    c. bifurcação baixa — ①
    d. aneurismas de circulação anterior concomitante — ②
    e. para uma melhor visualização de P1 e dos vasos de penetração talâmica — ②
    f. para menor retração do lobo temporal — ②
    g. para uma distância mais curta (de 1 cm) — ①
    h. produz risco para o terceiro nervo (leve e temporário) — ②

27. **Qual é a % de risco de paralisia oculomotora através da abordagem pterional?** — 30%

28. **Complete a seguir a respeito dos aneurismas de artéria basilar.**
    a. A mortalidade é de _____%. — 5%
    b. A morbidade é de _____%. — 12%

81

Aneurismas Especiais e SAH Não Aneurismática

■ Aneurismas Não Rotos

1. **Complete a seguir a respeito dos aneurismas não rotos.**
   a. A prevalência estimada de aneurisma acidental é de _____-_____% da população. — 5-10% — 81.1.1
   b. O risco anual de ruptura de aneurismas com menos de 10 mm estimado por ISUIA é de _____, porém outros estudos sugerem um risco mais próximo de _____. — 0,05%/ano; 1%/ano — 81.1.3

2. **Complete a seguir a respeito dos cuidados cirúrgicos dos aneurismas não rotos:** — 81.1.4
   a. A morbidade cirúrgica é estimada em _____% e a mortalidade em _____%. — 2%; 6%
   b. Três fatores usados para determinar se há tratamento são _____, _____ do e _____. — tamanho, idade do paciente; localização
   c. O tratamento também deve ser recomendado para pacientes com h_____ de S_____ a_____, h_____ f_____ s_____, a_____ s_____, a_____ ou a_____ na c_____ do a_____. — história de SAH aneurismático, história familiar significativa, aneurismas sintomáticos; ampliação ou alteração na configuração do aneurisma

3. **Aneurismas de artéria carótida cavernosa:** — 81.1.4
   a. A maioria se desenvolve no segmento _____ da artéria. — horizontal
   b. Normalmente presente com d_____ ou s_____ do _____ c_____. — dor de cabeça; síndrome do seio cavernoso
   c. A síndrome do seio cavernoso produz _____ e _____ do _____ _____, que é a _____ da pupila. — diplopia; paralisia do terceiro nervo; poupadora
   d. Quando esses aneurismas se rompem, eles normalmente produzem uma _____ de c_____ c_____. — fístula de carótida cavernosa

4. **Indicações de tratamento para aneurismas de artéria carótida cavernosa:** — 81.1.4
   (Dica: aaas)
   a. a_____ — aneurisma gigante
   b. a_____ — aneurisma em crescimento

c. a_____   antes da endarterectomia
d. s_____   sintomático

5. **Opções de tratamento para os aneurismas de artéria carótida cavernosa:**   81.1.4
   a. A melhor técnica de tratamento é _____.   endovascular
   b. t_____ c_____ a_____ raramente é apropriado.   tratamento cirúrgico aberto

■ Múltiplos Aneurismas

6. **Complete a seguir a respeito dos aneurismas múltiplos.**   81.2
   a. Presentes em _____-_____% dos casos de SAH.   15-33,5%
   b. Quando um paciente se apresenta com SAH e descobre-se que ele tem múltiplos aneurismas, as seguintes dicas podem ser utilizadas para determinar a origem da SAH: (Dica: evia)
      i. e_____   epicentro do sangue
      ii. v_____   vasospasmo no angiograma
      iii. i_____   irregularidades no formato
      iv. a_____   aneurisma mais extenso

■ Aneurismas Familiares

7. **Complete a seguir a respeito dos aneurismas familiares.**   81.3.1
   a. Em pacientes com SAH, _____% possuem um parente de 1º grau e _____% possuem um parente de 2º grau.   9,4%; 14%
   b. O parente mais comum a compartilhar a presença de um aneurisma é um _____.   irmão
   c. Aneurismas em irmãos ocorrem em locais i_____ ou de l_____ o_____.   idênticos; de lados opostos
   d. Aneurismas familiares tendem a se romper quando em um tamanho _____ e uma idade _____ _____.   menor; menos avançada

8. **Recomendações para análises de aneurismas familiares:**   81.3.3
   a. Recomendado para parentes de _____ _____ ou membros familiares no caso de _____ ou mais membros da família possuírem aneurisma ou histórico de SAH.   primeiro grau; 2
   b. Também recomendado para pacientes com _____ da _____ ou com _____.   coarctação da aorta; ADPKD
   c. Análise por meio de _____ ou _____.   MRA; CTA
   d. Para confirmação dos resultados, utilize D_____.   DSA

81

■ Aneurismas Traumáticos

9. **Complete a seguir a respeito dos aneurismas traumáticos.**
   a. Representam _____% dos aneurismas. < 1% 81.4.1
   b. Eles não são aneurismas verdadeiros, são p_____. pseudoaneurismas
   c. Mecanismos de lesão que resultam em aneurismas traumáticos incluem t_____ p_____, f_____ f_____ na c_____, e d_____ i_____. trauma penetrante, ferimento fechado na cabeça; doença iatrogênica

■ Aneurismas Micóticos

10. **Complete a seguir a respeito dos aneurismas micóticos.**
    a. A etiologia desses aneurismas é i_____. infecciosa 81.5.1
    b. Representam _____% dos aneurismas. 4% 81.5.2
    c. A localização mais comum é nos r_____ d_____ da _____. ramos distais da MCA
    d. Frequentemente associada à e_____ b_____ s_____. endocardite bacteriana subaguda
    e. Os diagnósticos infecciosos incluem c_____ s_____, p_____ l_____, e _____. cultura sanguínea, punção lombar; eco 81.5.3
    f. A morfologia f_____ torna o tratamento cirúrgico difícil e/ou arriscado, e é assim tratado de forma aguda, por meio do uso de antibióticos, durante _____-_____ semanas. fusiforme; 4-6 semanas 81.5.4
    g. A clipagem tardia é indicada para pacientes com S_____ e com _____ de resposta à antibióticos. SAH; ausência

■ Aneurismas Gigantes

11. **Complete a seguir a respeito dos aneurismas gigantes.**
    a. Definidos como aneurismas com mais de _____ cm. 2,5 81.6.1
    b. Representam _____-_____% dos aneurismas. 3-5%
    c. Apresentam-se com h_____, T_____ ou e_____ em _____. hemorragia; TIA; efeito em massa
    d. DSA frequentemente _____ o tamanho do aneurisma em decorrência de porções t_____ que não são ressaltadas pelo contraste. subestimam; trombosadas 81.6.2
    e. A clipagem cirúrgica direta é possível apenas em _____% dos casos 50% 81.6.3
    f. Outras opções de tratamentos cirúrgicos incluem b_____ seguido por c_____, t_____, l_____, ou e_____. bypass; clipagem, trapping, ligação, envoltório

■ SAH de Etiologia Desconhecida

12. **SAH de etiologia desconhecida**
    a. A "SAH de angiograma negativo" ocorre em _____-_____% dos casos. 7-10% 81.8.1
    b. Causas
        i. Angiografia i_____. Deve-se observar ambas as origens da p_____ e a_____. inadequada; PICA; a-comm
        ii. Aneurisma obscurecido por h_____. hemorragia
        iii. t_____ do aneurisma. trombose
        iv. Aneurisma muito p_____ para ser visto. pequeno
        v. Falta de preenchimento causada por v_____ de um vaso de origem. vasospasmo
        vi. A repetição do angiograma é recomendada após _____-_____ dias. 10-14 81.8.3
        vii. Se os resultados dos 2 primeiros angiogramas forem negativos, um terceiro angiograma é recomendado após _____-_____ meses e possui _____% de chance de revelar a origem da SAH. 3-6; 1%

■ SAH Não Aneurismática Pré-Truncal (PNSAH)

13. **SAH de etiologia desconhecida:**
    a. Também conhecida como s_____ p_____, que é um termo impróprio, uma vez que SAH perimesencefálica 81.9.1
    b. a hemorragia é localizada à frente do t_____ centralizada em frente à _____. tronco encefálico; ponte
    c. As cisternas mesencefálicas incluem: (Dica: Icaq)
        i. i_____ interpenduncular
        ii. c_____ crural
        iii. a_____ *ambiens*
        iv. q_____ quadrigeminal
    d. Considerada uma condição b_____ com ó_____ resultados, m_____ risco de sangramento recorrente, e m_____ risco de v_____ quando comparado a pacientes com SAH de etiologia desconhecida. benigna; ótimos; menor; menor; vasospasmo
    e. Representa _____-_____% das SAH de angiograma negativo. 20-68% 81.9.3
    f. A repetição da angiografia _____ é indicada. não 81.9.6
    g. O gerenciamento não inclui t_____ h_____ ou b_____ de c_____ de c_____, dado o baixo risco de vasospasmo. terapia hiperdinâmica; bloqueadores de canais de cálcio 81.9.7
    h. A hidrocefalia que requer que um *shunt* ocorra em _____%. 1%

82

Malformações Vasculares

■ Informações Gerais e Classificação

1. **Complete a seguir a respeito das malformações vasculares:**
   a. Quantro tipos clássicos, que incluem A____, c____, t____ c____, D____.   AVM, cavernoma, telangiectasia capilar, DVA   82.1
   b. A____ é o tipo de maior prevalência, representando ____-____% das malformações vasculares.   AVM; 44-60%
   c. Uma fístula direta é também conhecida como A____ e inclui m____ da V____ de G____, A____ d____, C____.   AVF; malformação da Veia de Galeno; AVF dural; CCF

■ Malformação Arteriovenosa (AVM)

2. **Complete a seguir a respeito das AVMs.**
   a. Fluxo sanguíneo arterial vindo diretamente das a____ para v____ sem a interferência normal dos c____ s____, porém com n____ como alternativa.   artérias; veias; capilares sanguíneos; *nidus*   82.2.1
   b. C____ em vez de adquirido.   Congênito
   c. Associado à síndrome de O____-W____-R____, também conhecida como t____ h____ h____.   Osler-Weber-Rendu; telangiectasia hemorrágica hereditária

3. **Forma de apresentação da AVM:**
   a. A idade média dos pacientes diagnosticados com AVMs é de ____.   33 anos de idade   82.2.4
   b. As AVMs são mais frequentemente presentes em quadros de h____.   hemorragia   82.2.5
   c. Outra apresentação comum é a presença de c____.   convulsões

4. **AVMs e hemorragia**   82.2.5
   a. A idade auge para hemorragia é de ____-____.   15-20 anos de idade
   b. A mortalidade para cada sangramento é de ____%.   10%
   c. A morbidez para cada sangramento é de ____-____%.   30-50%

d.	O local de hemorragia mais comum é o i_____, presente em _____% dos casos.	intraparenquimal; 82%
e.	Outros locais incluem I_____, S_____, e h_____ s_____.	IVH, SAH; hematoma subdural

5. Fatores de risco relacionados com ruptura de AVMs: 82.2.5

a.	AVMs pequenas se apresentam mais frequentemente como h_____, enquanto que AVMs grandes se apresentam como c_____.	hemorragia; convulsões
b.	A drenagem venosa p_____ e h_____ também estão associadas à ruptura de AVM.	profunda; hemorragia

6. Risco de ruptura de AVMs: 82.2.5

a.	O risco médio de hemorragia derivada de AVM é de _____-_____% por ano.	2-4%
b.	Qual é o risco de sangramento (pelo menos uma vez) derivado de AVM durante o período de vida de um homem saudável de 35 anos de idade, pressupondo que o risco de sangramento anual seja de 3%?	73%

7. AVMs e aneurismas: 82.2.5

a.	_____% dos pacientes com AVMs possuem aneurismas.	7%
b.	Aneurismas associados a AVMs normalmente surgem a partir de uma artéria n_____.	nutridora
c.	Se não estiver claro qual sangrou, a AVM ou o aneurisma, geralmente é o a_____.	aneurisma
d.	Os aneurismas regridem após a remoção da AVM?	sim (66%)

8. Características das AVMs quanto à MRI   82.2.6

a.	F_____ v_____ na imagem ponderada de T1 ou T2.	Fluxo vazio
b.	Presença de e_____ pode auxiliar a diferenciação de AVM e t_____.	edema; tumor
c.	Um anel de hemossiderina completo sugere AVM em vez de t_____.	tumor
d.	Qual sequência demonstra melhor a hemossiderina?	gradiente eco

9. A classificação de Spetzler-Martin quanto às AVMs: 82.2.7

a.	As escalas vão de _____ a _____.	1 a 5
b.	As características da AVM que são graduados incluem t_____, e_____ do c_____ a_____ e p_____ de d_____ v_____.	tamanho, eloquência do cérebro adjacente; padrão de drenagem venosa
c.	A escala de Spetzler-Martin referente a um AVM de 4 cm que escoa para o interior da veia de Galeno e está localizado no córtex visual é _____.	4
d.	Esse AVM possui uma morbidade cirúrgica máxima de _____% e uma morbidade cirúrgica mínima de _____%.	7%; 20%

450 Parte 18: Malformações Vasculares

10. Complete a seguir a respeito do tratamento para AVM. 82.2.8
    a. O tratamento escolhido para a AVM é c____. cirúrgico
    b. A cirurgia elimina o risco de sangramento quase que i____. imediatamente
    c. A radiação convencional é efetiva em menos de ____% dos casos. 20%
    d. A SRS leva ____-____ anos para funcionar. 1-3
    e. Embolização endovascular:
        i. Não realiza a o____ permanente das AVMs. obliteração
        ii. F____ a cirurgia. Facilita
        iii. Induz alterações h____ agudas. hemodinâmicas
        iv. Pode requerer m____ procedimentos. múltiplos
    g. Qual pré-tratamento pode ser utilizado para reduzir a incidência de fenômeno do roubo de fluxo (*breakthrough*) da pressão de perfusão normal? 20 mg de propranolol quatro vezes por dia durante três dias

■ Angiomas Venosos

11. Complete a seguir a respeito dos angiomas venosos.
    a. Também conhecidos como a____ do d____ v____. anomalia do desenvolvimento venoso (DVA) 82.3.1
    b. Demonstrável por angiografia como um padrão s____. *starburst*
    c. Convulsões são r____. raras
    d. Hemorragia é r____. rara
    e. Fluxo b____, lesões de b____ pressão. baixo; baixa
    f. Qual é o tratamento escolhido? não é necessário tratamento 82.3.3

■ Malformações Vasculares Angiograficamente Ocultas

12. Apresentação da malformação vascular angiograficamente oculta (AOVM):
    a. A incidência das malformações vasculares angiograficamente ocultas é de ____%. 10% 82.4.2
    b. Elas geralmente se apresentam com c____ ou d____, mais do que h____. convulsões ou dores de cabeça; hemorragia 82.4.3
    c. A malformação vascular angiograficamente oculta mais comum é A____. AVM

■ Síndrome de Osler-Weber-Rendu

13. Telangiectasias capilares: 82.5.1
    a. Geralmente descobertas de forma a____, sem significância c____. acidental; clínica
    b. Geralmente ú____, mas podem ser m____ quando vistas como parte de uma síndrome. únicas; múltiplas

Malformações Vasculares   451

c. As síndromes incluem
O____-W____-R____, L____-B____,
M____-M____, S____-W____

Osler-Weber-Rendu (conhecida como telangiectasia hemorrágica hereditária), Louis-Barr (conhecida como telangiectasia ataxia), Myburn-Mason, Sturge-Weber

■ Malformação Cavernosa

14. **Malformações cavernosas:**
    a. Geralmente se apresenta com c____. convulsões 82.6.1
    b. Elas são angiograficamente o____. ocultas
    c. Representam ____-____% de todas as malformações vasculares do CNS. 5-13% 82.6.3
    d. Se apresenta com 82.6.5
       i. c____ em 60%. convulsões
       ii. déficit n____ p____ em 50%. neurológico progressivo
       iii. h____ em 20%. hemorragia
       iv. descoberta a____ em 50%. acidental

15. **Genética das malformações cavernosas:** 82.6.4
    a. As malformações cavernosas podem ocorrer e____ ou de forma h____. esporadicamente; hereditária
    b. Lesões m____ são mais comuns na forma h____. múltiplas; hereditária
    c. Existem ____ subtipos genéticos. 3
    d. O subtipo CCM1 é mais comum em H____. Hispânicos
    e. Os subtipos genéticos são herdados em um padrão a____ d____ com expressividade v____. autossômico dominante; variável
    f. DVA deve ser visto como adjacente às malformações cavernosas ú____. únicas
    g. Parentes de p____ g____ de pacientes com mais de um membro da família que possua malformação cavernosa deve ser submetido à a____ por MRI e aconselhamento g____ apropriado. primeiro grau; análise; genético

16. **Risco de sangramento da malformação cavernosa:** 82.6.5
    a. O risco de sangramento significante é de ____-____% por ano. 2-3%
    b. O risco de sangramento é maior em m____. mulheres
    c. H____ p____, g____, e p____. Hemorragia primária, gravidez; parturição

Parte 18: Malformações Vasculares

17. **Avaliação radiográfica das malformações cavernosas:**
    a. O teste mais sensível é de _____. — MRI
    b. A sequência mais sensível é g_____ e_____-T_____. — gradiente eco-T2WI
    c. Exibição de um padrão patognomônico de p_____. — pipoca

18. **Gerenciamento das malformações cavernosas:**
    a. Três opções de tratamento incluem o_____, c_____, ou S_____. — observação, cirurgia; SRS
    b. Novos sintomas convulsivos podem ser um indicador de necessidade de c_____, uma vez que a retirada antes de ocorrer i_____ talvez reduza a incidência de convulsões futuras. — cirurgia; inflamação
    c. S_____ não deve ser considerada uma alternativa à c_____. — SRS; cirurgia

■ Fístulas Arteriovenosas Durais (DAVF)

19. **Complete a seguir a respeito da fístula arteriovenosa dural.**
    a. *Shunt* arteriovenoso é contido no interior do d_____. — dura
    b. A localização mais comum é _____ t_____/s_____. — seio transverso/sigmoide
    c. Considerada como sendo a_____ em vez de lesões c_____. — adquiridas; congênitas
    d. A etiologia primária é t_____ do s_____ v_____. — trombose do seio venoso
    e. O sintoma mais comum entre os apresentados é t_____ p_____. — *tinnitus* pulsátil
    f. A d_____ v_____ c_____ com h_____ v_____ é a causa mais comum de morbidez e mortalidade, e essa é uma forte indicação para o t_____. — drenagem venosa cortical com hipertensão venosa; tratamento
    g. D_____ é necessário para o estabelecimento do diagnóstico. — DSA

■ Malformação da Veia Cerebral Magna (de Galeno)

20. **Malformação da veia cerebral Magna (de Galeno):**
    a. Os alimentadores são derivados, principalmente, das a_____ c_____. — artérias coroidais
    b. A drenagem é no interior da v_____ m_____ do p_____. — veia medial do prosencéfalo
    c. Desencadeamento de sintomas por causar h_____ e i_____ c_____ c_____. — hidrocefalia; insuficiência cardíaca congestiva
    d. Se não tratado, a mortalidade é de _____-_____%. — 60-100%

Fístula Carotídeo-Cavernosa

21. **Complete a respeito da fístula carotídeo-cavernosa:**
    a. Classificada como os tipos d____ e i____. — direta; indireta — 82.9.1
    b. Tipo A: *shunt* de fluxo a____ entre I____ e s____ c____. — alto; ICA; seio cavernoso
    c. Tipo B: *shunt* de fluxo b____ com alimentadores provenientes dos r____ m____ de I____. — baixo; ramos meníngeos da ICA
    d. Tipo C: *shunt* de fluxo b____ com alimentadores provenientes dos r____ m____ de E____. — baixo; ramos meníngeos da ECA
    e. Tipo D: *shunt* de fluxo b____ com alimentadores provenientes dos r____ de I____ e E____. — baixo; ramos de ICA e ECA
    f. CCF direta ocorre em ____% dos pacientes com trauma cerebral. — 0,2%
    g. ____-____% das CCF de fluxo baixo causam t____ espontânea. — 20-50%; trombose — 82.9.4
    h. T____ u____ normalmente é indicado para CCF de a____ fluxo. — Tratamento urgente; alto
    i. A preservação da v____ é outra indicação crítica para o tratamento. — visão
    j. E____ e____ é o tratamento escolhido. — Embolização endovascular

83

Informações Gerais e Fisiologia do Acidente Vascular Encefálico

■ Definições

1. **Tipos de infarto cerebral:**
   a. TIA = disfunção neuronal t_____ sem infarto agudo p_____. — transitória; permanente
   b. Infarto isquêmico = morte p_____ de neurônios causada por p_____ inadequada. — permanente; perfusão
   c. Infarto de vascularização limítrofe = infarto localizado em duas distribuições arteriais l_____. — limítrofes

■ Hemodinâmica Cerebrovascular

2. **Hemodinâmica cerebrovascular:**
   a. Fluxo sanguíneo cerebral _____ está associado à i_____ e, se prolongado, produzirá m_____ c_____. — < 20; isquemia; morte celular
   b. Tipos de respostas do fluxo sanguíneo cerebral ao desafio vasodilatador com a_____: — acetazolamida
      i. Tipo 1 = CBF basal n_____ com a_____ de _____-_____%. — normal; aumento de 30-60%
      ii. Tipo 2 = CBF basal d_____ com a_____ _____%. — diminuído; aumento < 10%
      iii. Tipo 3 = CBF basal d_____ com d_____, sugerindo o fenômeno de r_____. — diminuído; decréscimo; roubo

■ Circulação Colateral

3. **Circulação colateral:**
   a. Fluxo pelo C_____ de W_____ — Círculo de Willis
   b. por meio da artéria c_____ a_____ e artéria c_____ p_____. — comunicante anterior; comunicante posterior
   c. Também presente o fluxo r_____ pela artéria o_____. — retrógrado; oftálmica
   d. Também presentes as anastomoses d_____-l_____. — durais-leptomeníngeas

Informações Gerais e Fisiologia do Acidente Vascular Encefálico 455

■ Síndromes de "Oclusão"

4. **Síndromes de "oclusão":** 83.4.1
   a. Risco geral anual de acidente vascular encefálico isquêmico na oclusão sintomática da ICA é de _____%. 7%
   b. A síndrome de A_____ e a síndrome de B_____ são causadas por oclusão da a_____ c_____ p_____. Anton; Ballint; artéria cerebral posterior.
   c. Infartos talâmicos e mesencefálicos bilaterais são causados por oclusão da artéria de P_____. Percheron
   d. O epônimo de síndrome medular lateral é s_____ de W_____. síndrome de Wallenberg
   e. Esta síndrome é classicamente atribuída à oclusão da P_____, mas em _____-_____% dos casos envolve a a_____ v_____. PICA; 80-85%; artéria vertebral
   f. Esta síndrome também produz apenas perda s_____ e nenhuma perda de função m_____. sensorial; motora
   g. Pequenos infartos no cérebro profundo ou tronco cerebral são denominados acidentes vasculares encefálicos l_____. lacunares
   h. Perda sensorial pura indica acidente vascular encefálico lacunar no t_____ p_____. tálamo posteroventral
   i. Hemiparesia pura indica acidente vascular encefálico lacunar no m_____ p_____ da c_____ i_____. membro posterior; cápsula interna

■ Acidente Vascular Encefálico em Adultos

5. **Acidente vascular encefálico em adultos:**
   a. Apenas _____% dos acidentes vasculares encefálicos isquêmicos ocorrem em pacientes com _____ anos de idade. 3%; menos de 40 anos de idade 83.5.1
   b. Causa mais comum é o t_____, _____%. trauma, 22% 83.5.2
   c. Outras causas incluem a_____, e_____, v_____, e_____ h_____ e p_____. aterosclerose, embolismo, vasculopatia, estado hipercoagulável; periparto

■ Doença da Artéria Carótida Aterosclerótica

6. **Doença da artéria carótida aterosclerótica:**
   a. Lesões da artéria carótida são consideradas sintomáticas, se houver u_____ ou m_____ episódios isquêmicos na d_____ do vaso. um; mais; distribuição 83.6.2
   b. Elas são consideradas assintomáticas, se o paciente manifestar apenas queixas v_____ inespecíficas, t_____ ou s_____ não associada ao TIA ou acidente vascular encefálico. visuais; tontura; síncope

456 Parte 19: Acidente Vascular Cerebral e Doença Cerebrovascular Oclusiva

c. _____% dos acidentes vasculares encefálicos ateroscleróticos ocorrem sem sintomas de alerta. — 80%
d. Estenose assintomática da carótida geralmente é descoberta como um s_____ c_____. — sopro carotídeo
e. Acurácia de um sopro predizendo a estenose da carótida é de _____-_____%. — 50-83%
f. Rastreamento da estenose da carótida pode ser considerado em pacientes com m_____ de_____ anos de idade e manifestando múltiplos fatores de risco c_____. — mais de 55 anos de idade; cardiovasculares
g. O teste padrão-ouro para avaliar a estenose da carótida é a D_____. — DSA
h. A porcentagem de estenose pelos critérios de NASCET é calculada por _____ (fórmula), na qual N é mensurado no e_____ máximo e D é mensurado em porção d_____ ao b_____ c_____. — $[1-(N/D)] \times 100\%$; estreitamento; distal; bulbo carotídeo
i. A porcentagem de estenose pelos critérios de ECST é calculada por _____ (fórmula), na qual N é mensurado no e_____ máximo e B é mensurado no b_____ c_____. — $[1-(N/B)] \times 100\%$; estreitamento; bulbo carotídeo
j. A sensibilidade do ultrassom Doppler é de _____% e a especificidade é de _____%. — 88%; 76%
k. A sensibilidade da MRA é de _____% e a especificidade é de _____%. — 91%; 88%
l. A sensibilidade da CTA é de _____% e a especificidade é de _____%. — 85%; 93%

7. **Tratamento médico para estenose da carótida:**
   a. Inclui o uso de anti_____, anti-h_____, antic_____, antil_____, antid_____ e antit_____. — antiplaquetários, anti-hipertensivos, anticoagulantes, antilipêmicos, antidiabéticos, antitabagismo
   b. A Aspirina®, irreversivelmente, inibe a c_____-o_____. — ciclo-oxigenase
   c. A dose ideal de Aspirina® para isquemia cerebrovascular é d_____. — debatida
   d. A Aspirina® reduz o risco de acidente vascular encefálico após TIA em _____-_____%. — 25-30%
   e. As doses diárias de 81 ou 325 mg foram m_____ do que as doses mais elevadas. — melhores
   f. O Plavix® inibe a ligação ao fibrinogênio plaquetário induzida por A_____. — ADP

8. **Estenose assintomática da carótida:**
   a. A taxa de acidente vascular encefálico é de _____% ao ano. — 2%
   b. _____% desses acidentes vasculares encefálicos não são i_____. — 50%; incapacitantes
   c. A endarterectomia da carótida pode ser melhor do que o tratamento médico se a estenose é _____%. — > 60%
   d. Os dois principais estudos que comparam o tratamento cirúrgico *vs.* tratamento médico de estenose assintomática da carótida são A_____ e a A_____. — ACST, ACAS

84

Avaliação e Tratamento de Acidente Vascular Encefálico

■ Fundamento Lógico para o Tratamento de Acidente Vascular Encefálico Agudo

1. **Penumbra:**   84.1.1
   a. O tecido em r____ que retém a v____ por um período de t____ durante a perfusão subótima de vasos c____ é denominado p____.   risco; viabilidade; tempo; colaterais; penumbra
   b. O objetivo do tratamento do acidente vascular encefálico é a p____ desta lesão neuronal s____.   prevenção; secundária

■ Avaliação

2. **Componentes-chave da história:**   84.2.1
   a. Tempo visto pela última vez é n____.   normal
   b. P____ na E____ de C____ do N____.   Pontuação na Escala de CVA do NIH

3. **Função do exame de CT:**   84.2.2
   a. Utilizado principalmente para excluir a h____.   hemorragia
   b. Sinal de a____ h____ pode ser observado em ____ horas da CT após o acidente vascular encefálico, mas possui menor s____.   artéria hiperdensa; < 6 horas; sensibilidade
   c. Em 24 horas, o acidente vascular encefálico identificado como sinal de b____ densidade na CT.   baixa
   d. O efeito de m____ atinge o máximo em ____-____ dias após o acidente vascular encefálico.   Massa; 2-4 dias
   e. O realce no acidente vascular encefálico por CT: (Dica: regra dos 2's) realce de ____% em ____ dias, realce de ____% em ____ meses.   2%, 2; 2%; 2

4. **Outros estudos de imagem:**
   a. CTA é utilizada para identificar a localização e extensão da o____ v____.   oclusão vascular   84.2.3
   b. A perfusão por CT identifica a p____ salvável.   penumbra   84.2.4
   c. O centro infartado possui CBF d____ dentro da região de CBV d____.   diminuído; diminuído

458 Parte 19: Acidente Vascular Cerebral e Doença Cerebrovascular Oclusiva

    d. A penumbra tem CBV d_____ s_____ r_____ do CBF; i_____ entre CBF e CBV. — diminuído; sem redução; incompatibilidade
    e. A MRI é mais s_____ do que a CT, particularmente nas primeiras _____ horas após o acidente vascular encefálico. — sensível; 24 horas

84.2.1

5. Pontuação na Escala de CVA do NIH:
    a. Pontuação mais elevada correlaciona-se com a oclusão vascular mais p_____. — proximal
    b. Hemianopia completa adiciona _____ pontos. — 2
    c. Afasia grave adiciona _____ pontos. — 2
    d. O desempenho de todos os comandos adiciona _____ pontos. — 0

84.2.8

■ Tratamento de TIA ou Acidente Vascular Encefálico

6. Manejo do acidente vascular encefálico isquêmico
    a. Em 4,5 horas do início dos sintomas, o paciente pode ser um candidato para t_____ I_____. — tPA IV
    b. 4,5-6 horas após o início, pode utilizar o t_____ I_____ ou a t_____ m_____. — tPA IA; trombectomia mecânica
    c. 6-8 horas após o início, pode realizar a t_____ m_____ após a verificação pelo exame de p_____. — trombectomia mecânica; perfusão
    d. O acidente vascular encefálico na circulação p_____ pode ser tratado mais a_____. — posterior; agressivamente

84.3.1

7. Ativador de plasminogênio tecidual:
    a. Alteplase® = t_____. — tPA
    b. Contraindicações do tPA IV incluem:
        i. h_____ i_____ — hemorragia intracerebral
        ii. a_____ ou _____ conhecida — aneurisma ou AVM
        iii. s_____ i_____ ativo — sangramento interno
        iv. anti_____ — anticoagulação
        v. contagem de plaquetas _____ — < 100 K
        vi. t_____ c_____, a_____ v_____ e_____ ou c_____ c_____ nos últimos _____ meses — traumatismo craniano, acidente vascular encefálico, cirurgia cerebral; 3 meses
        vii. SBP > _____ — 185 mmHg
    c. Após administração de tPA, o uso de anticoagulantes e antiplaquetários é mantido por _____ horas. — 24 horas
    d. Existe o risco aumentado de h_____ i_____ s_____ com uso de tPA, mas sem aumento do risco de m_____. — hemorragia intracerebral sintomática; mortalidade

84.3.2

Avaliação e Tratamento de Acidente Vascular Encefálico

8. **Orientações para pressão sanguínea:**
   a. Sem história prévia de hipertensão, não reduzir a SBP abaixo de ____-____ e DBP abaixo de ____-____. — 160-170; 95-105
   b. Se história prévia de hipertensão, não reduzir a SBP abaixo de ____-____ e DBP abaixo de ____-____. — 180-185; 105-110

9. **Anticoagulação no acidente vascular encefálico isquêmico:**
   a. A recomendação da American Heart Association para o uso de heparina permanece uma questão de p_____ pelo médico responsável. — preferência
   b. A eficácia da heparina não é comprovada, exceto para o acidente vascular encefálico _____. — cardioembólico
   c. Interromper o uso de varfarina após _____ meses. — 6
   d. A A_____ deve ser administrada para a maioria dos pacientes. — Aspirina® 325 mg

■ Endarterectomia da Carótida

10. **Estenose sintomática da carótida:**
    a. O NASCET significa N_____ A_____ S_____ C_____ E_____ T_____. — North American Symptomatic Carotid Endarterectomy Trial
    b. A endarterectomia da carótida (CEA) para estenose sintomática da carótida _____% reduz os AVEs em _____% no período de 18 meses e reduz a mortalidade em _____% no período de 18 meses. — > 70%; 17%; 7%
    c. Apenas deve-se esperar _____ dias após o acidente vascular encefálico para realizar a CEA. — 7 dias

11. **Complicações da cirurgia de CEA:**
    a. _____ dias antes da cirurgia, deve-se administrar, inicialmente, a A_____ ao paciente, que deve ser m_____ até o dia da cirurgia. — 5; Aspirina® de 325 mg; mantida
    b. A Aspirina® deve ser m_____ no pós-operatório por 24-48 horas. — mantida
    c. O limite superior absoluto de morbidade é de _____%. — 3%
    d. A mortalidade hospitalar é de _____%. — 1%
    e. Listar as complicações pós-operatórias:
       (Dica: $ch_4arm_2s_2$ = **c**ranial, **h**eadache, **h**oarseness, **h**yperfusion, **h**ypertension, **a**rteriotomy disruption, **r**estenosis, **m**orbidity, **m**ortality, **s**eizures, **s**troke)
       i. l_____ do n_____ c_____ — lesão do nervo craniano
       ii. c_____ — cefaleia
       iii. r_____ — rouquidão
       iv. h_____ — hiperperfusão
       v. h_____ — hipertensão
       vi. r_____ da a_____ — ruptura da arteriotomia
       vii. r_____ — restenose
       viii. m_____ — morbidade
       ix. m_____ — mortalidade
       x. c_____ — convulsões
       xi. a_____ v_____ e_____ — acidente vascular encefálico

460   Parte 19: Acidente Vascular Cerebral e Doença Cerebrovascular Oclusiva

- f. Incidência de lesão do nervo hipoglosso é de _____%. — 1%
- g. A língua é desviada e_____ d_____ à l_____. — em direção à lesão
- h. A rouquidão é comumente causada por e_____ e não pela l_____ do n_____. — edema; lesão do nervo
- i. A paralisia unilateral da prega vocal é decorrente de lesão r_____ do nervo l_____ ou do v_____. — recorrente; laríngeo; vago
- j. A assimetria labial ocorre em decorrência de lesão do r_____ m_____ do n_____ f_____. — ramo mandibular do nervo facial
- k. Hipertensão pode ocorrer como resultado da perda de reflexo do b_____ do s_____ c_____. — barorreceptor do seio carotídeo
- l. Hemorragia intracerebral ocorre em _____% dos casos e está relacionada com a h_____ c_____. — 0,6%; hiperperfusão cerebral
- m. A incidência de acidente vascular encefálico isquêmico pós-operatório é de _____%. — 5%
- n. Os TIAs pós-operatórios geralmente são causados por o_____ da c_____, mas também podem ocorrer em decorrência de m_____. — oclusão da carótida; microêmbolos
- o. A restenose tardia ocorre em _____% dos casos em _____ _____; em 2 anos do pós-operatório, é causada por h_____ f_____ e após 2 anos é decorrente de a_____. — 25%; 1 ano; hiperplasia fibrosa; aterosclerose
- p. Se os TIAs ocorrem na sala de recuperação, então realizar o exame de _____. — CT
- q. Se o déficit fixo ocorre na sala de recuperação, então n_____ realizar a CT; em vez disso, a r_____ é indicada. — não; reexploração
- r. Se o fechamento da arteriotomia é rompido, então a_____ a f_____ primeiramente para e_____ o coágulo, em seguida realizar a anestesia no paciente i_____ e por fim, revisar a endarterectomia na o_____. — abrir a ferida; eliminar; intubado; OR

12. Técnica cirúrgica para CEA: 84.4.5
    - a. N_____ _____ _____ entre o uso de anestesia l_____ e g_____. — Não há diferença; local; geral
    - b. Utilizar um desvio, se houver i_____ h_____ para o clampeamento ou se a pressão no c_____ é _____. — intolerância hemodinâmica; coto; < 25 mmHg
    - c. A veia f_____ c_____ atravessa a bifurcação da carótida. — facial comum
    - d. O nervo h_____ está na proximidade da v_____ f_____. — hipoglosso; veia facial
    - e. A a_____ t_____ s_____ é o primeiro ramo da E_____ e auxilia a diferenciar E_____ de I_____. — Artéria tireóidea superior; ECA; ECA; ICA
    - f. Colocar o clipe temporário na a_____ t_____ s_____. — artéria tireóidea superior
    - g. A sequência de oclusão dos vasos é I_____, C_____ e E_____ (dica: ICE). — ICA, CCA, ECA

h. O i_____ de r_____ pode reduzir o risco de oclusão perioperatória e reestenose. implante de retalho
i. A sequência de liberação dos vasos é E_____, C_____, I_____. ECA, CCA, ICA

■ Angioplastia da Carótida/Colocação de *Stent*

13. **Angioplastia da carótida/colocação do *stent*** 84.5.2
    a. Devem ser consideradas em vez da CEA em pacientes com doença _____ grave. cardiovascular
    b. Também em pacientes com:
        i. c_____ contralaterais comorbidades
        ii. p_____ do n_____ l_____ para o pescoço paralisia do nervo laríngeo
        iii. CEA anterior à r_____, r_____ radioterapia; reestenose
        iv. bifurcação a_____ da carótida alta
        v. lesões g_____ em _____ graves em *tandem*
        vi. idade _____ > 80 anos

85

Condições Especiais

■ Artéria Carótida Interna Totalmente Ocluída

1. **Artéria carótida interna totalmente ocluída:**
   a. ____-____% dos pacientes com acidente vascular encefálico (AVE) no território carotídeo ou TIA apresentam oclusão da carótida ipsilateral. — 10-15% — 85.1.1
   b. Pacientes com déficit leve apresentam taxa de AVE de ____-____% ao ano relacionada com a oclusão da carótida. — 3-5% — 85.1.3
   c. ____-____% dos pacientes com oclusão aguda e déficit profundo têm boa recuperação. — 2-12%
   d. A oclusão c____ da carótida apresenta b____ taxa de patência e p____ ganho por reabertura. — crônica; baixa; pouco — 85.1.5
   e. Enchimento r____ da ICA para o segmento petroso ou cavernoso a partir da ECA ou pela ICA contralateral é um b____ sinal de operabilidade. — retrógrado; bom

■ Infarto Cerebelar

2. **Infarto cerebelar:**
   a. ____% dos pacientes que desenvolvem sinais de c____ do t____ e____ morrerão em horas a dias. — 80%; compressão do tronco encefálico — 85.2.1
   b. Os sintomas geralmente aumentam em ____-____ horas após o início. — 12-96 horas
   c. A operação de escolha é a d____ s____. — descompressão suboccipital — 85.2.3
   d. Evitar o uso de d____ v____ isolada, pois pode causar h____ a____ e não alivia a c____ do t____ e____. — drenagem ventricular; herniação ascendente; compressão do tronco encefálico — 85.2.6

Infartos Malignos em Território da Artéria Cerebral Média

3. **Infarto maligno em território da artéria cerebral média:**
   a. Ocorre em até _____% dos pacientes com AVE. — 10% — 85.3.1
   b. Sustenta uma mortalidade de até _____%. — 80%
   c. A herniação t_____ ocorre em _____-_____ dias do AVE. — transtentorial; 2-4 dias
   d. A h_____ pode reduzir a mortalidade em _____% entre todos os pacientes. — hemicraniectomia; 37% — 85.3.2
   e. Melhores resultados se a cirurgia é realizada a_____ de quaisquer sinais de herniação. — antes
   f. Três e_____ c_____ r_____ observaram que a hemicraniectomia com _____ horas do início do AVE reduziu a m_____ e aumentou o d_____ f_____. — ensaios clínicos randomizados; 48 horas; mortalidade; desfecho funcional

Embolia Cerebral Cardiogênica

4. **Embolia cerebral cardiogênica:**
   a. _____ AVE em _____ é cardioembólico. — Um; seis — 85.4.1
   b. _____% dos pacientes desenvolverão AVE em _____-_____ semanas de um MI agudo e o risco é maior com um MI na parede a_____. — 2,5%; 1-2; anterior — 85.4.2
   c. Pacientes com A-fib apresentam taxa de AVE de _____% ao ano sem tratamento. — 4,5% — 85.4.3
   d. A taxa de AVE isquêmico por ano em pacientes com valvas cardíacas mecânicas que estão em uso de anticoagulantes é de _____% ao ano para valvas mitrais e de _____% ao ano para valvas aórticas. — 3% ao ano; 1,5% ao ano — 85.4.4
   e. A embolia p_____ pode ocorrer com um f_____ o_____ p_____, que está presente em _____-_____% da população geral. — paradoxal; forame oval patente; 10-18% — 85.4.5

Insuficiência Vertebrobasilar

5. **Insuficiência vertebrobasilar:**
   a. Seis dos sintomas de VBI começam com a letra "d". São: — 85.5.2
      i. m_____ s_____ — mal súbito (**d**rop attack)
      ii. di_____ — diplopia (**d**iplopia)
      iii. di_____ — disartria (**d**ysartria)
      iv. de_____ v_____ — defeito visual (**d**efect in vision)
      v. t_____ — tontura (**d**izziness)
      vi. dé_____ b_____ — déficit bilateral (**d**eficit bilaterally)

b. Diagnóstico clínico de VBI requer d_____ ou mais dos sintomas listados anteriormente. — dois
c. A causa mais comum de VBI é a i_____ h_____. — insuficiência hemodinâmica — 85.5.3
d. O r_____ s_____ causa fluxo r_____ na artéria v_____ em razão de estenose p_____ da artéria s_____. — roubo subclávio; reverso; vertebral; proximal; subclávia
e. A taxa de AVE é de _____-_____% anualmente. — 4,5-7% — 85.5.4
f. O uso de _____ é a base do tratamento médico. — anticoagulante — 85.5.6

■ Acidente Vascular Encefálico por Oclusão Rotacional da Artéria Vertebral (*Bow Hunter*)

6. **AVE de Bow Hunter:**
   a. O AVE de Bow Hunter é causado por oclusão da artéria v_____ resultante da r_____ c_____. — vertebral; rotação cefálica — 85.6.1
   b. A oclusão do vaso é c_____ à direção da rotação cefálica. — contralateral
   c. É mais provável em pacientes com artérias c_____ p_____ incompetentes. — comunicantes posteriores
   d. Um teste apropriado para esta condição é a a_____ c_____ d_____. — angiografia cerebral dinâmica. — 85.6.3
   e. O tratamento de escolha é a d_____ da artéria v_____ em C_____. — descompressão; vertebral; C1-2 — 85.6.4
   f. Se os sintomas persistem, então realizar a f_____ de C_____. — fusão de C1-2

■ Trombose Venosa Cerebrovascular

7. **Trombose venosa cerebrovascular:**
   a. Os estados hipercoaguláveis incluem: (Dica: **a²p⁴rs**) — 85.7.2
      i. deficiência de a_____ III — antitrombina (**a**ntithrombin)
      ii. anticorpos a_____ — antifosfolipídeos (**a**ntiphospholipid)
      iii. deficiência de p_____ C — proteína (**p**rotein)
      iv. deficiência de p_____ S — proteína (**p**rotein)
      v. hemoglobinúria p_____ n_____ — paroxística noturna (**p**aroxysmal nocturnal)
      vi. deficiência de p_____ — plasminogênio (**p**lasminogen)
      vii. r_____ à proteína C ativada — resistência (**r**esistance)
      viii. lúpus eritematoso s_____ — sistêmico (**s**ystemic)
   b. Ocorre em mães com incidência de _____ _____ e o risco mais elevado ocorre nas p_____ _____ _____ após o parto. — 1/10.000 nascimentos; primeiras duas semanas
   c. Frequência de envolvimento do seio dural: — 85.7.3
      i. _____% do seio sagital superior — 70%
      ii. _____% do seio transverso esquerdo — 70%
      iii. _____% em múltiplos seios — 71%

d. Sintomas clínicos associados à trombose do seio sagital superior: — 85.7.5
   i. 1/3 anterior s_____ s_____ — sem sintomas
   ii. 1/3 m_____ com aumento do tônus muscular — médio
   iii. 1/3 p_____ com cegueira cortical ou edema/morte — posterior
e. Trombose do bulbo jugular pode produzir os seguintes sintomas:
   (Dica: **bash**)
   i. f_____ de _____ — falta de ar (**b**reathlessness)
   ii. a_____ — afonia (**a**phonia)
   iii. d_____ de d_____ — dificuldade de deglutição (**s**wallowing difficulty)
   iv. r_____ — rouquidão (**h**oarseness)
f. A melhor maneira para diagnosticar a trombose do seio venoso é por M_____ ou D_____. — MRI; DSA
g. Achados de CT: — 85.7.6
   i. Pode ser normal em _____-_____%. — 10-20%
   ii. Seios e veias h_____, denominados sinal de c_____, é patognomônico. — hiperdensas; cordão
   iii. H_____ petequiais em "chamas". — Hemorragias
   iv. Pequenos ventrículos em _____%. — 50%
   v. Sinal de d_____ v_____ observado no exame de CT com c_____. — delta vazio; contraste
   vi. E_____ de substância branca. — Edema
   vii. Os achados descritos acima ocorrem b_____. — bilateralmente
h. A h_____ é o tratamento de escolha para trombose do seio venoso, mesmo quando associada à h_____ i_____. — heparina; hemorragia intracerebral — 85.7.7
i. Não deve ser tratada com e_____, pois reduzem a f_____ e assim, aumentam a t_____. — esteroides; fibrinólise; trombose
j. Também deve corrigir a a_____ s_____ e controlar a h_____. — anormalidade subjacente; hipertensão
k. Continuar com o anticoagulante por _____-_____ meses. — 3-6 meses
l. Se o tratamento médico é malsucedido, pode-se realizar a c_____ d_____, o t_____ c_____ d_____ ou a c_____ de c_____ e_____. — craniectomia descompressiva; tratamento cirúrgico direto; coleta de coágulo endovascular
m. A mortalidade é de aproximadamente _____%. — 30%
n. Indicadores de mau prognóstico incluem e_____ i_____ d_____, c_____, r_____ d_____ n_____ e comprometimento v_____ p_____. — extremos de idade; coma; rápida deterioração neurológica; venoso profundo — 85.7.8

Parte 19: Acidente Vascular Cerebral e Doença Cerebrovascular Oclusiva

■ Doença de Moyamoya

8. **Doença de Moyamoya:**
   a. Caracterizada por oclusão e_____ p_____ de _____ ou geralmente _____ as ICAs e seus principais r_____, com formação secundária de vasos colaterais que apresentam aspecto de n_____ d_____ f_____. — espontânea progressiva; uma; ambas; ramos; nuvem de fumaça — 85.8.1
   b. Os dois tipos são o p_____ ou o s_____. — primário; secundário
   c. O Moyamoya primário não apresenta origem a_____ nem i_____. — aterosclerótica; inflamatória — 85.8.2
   d. Pode ser associada a a_____ em três localizações (C_____ de W_____, v_____ c_____, de M_____) e com frequência aumentada de aneurismas v_____. — aneurismas; Círculo de Willis, vasos coroidais, Moyamoya; vertebrobasilares
   e. Dois picos de idade: j_____ ou a_____, _____/_____ décadas. — juvenil; adulta; 3ª/4ª décadas — 85.8.3
   f. Manifestação em crianças é de ataques i_____ e em adultos é de h_____. — isquêmicos; hemorragia — 85.8.4
   g. Prognóstico é b_____ com taxa de maior déficit ou morte de _____% em _____ anos do diagnóstico. — baixo; 73%; 2 anos — 85.8.5
   h. Diagnosticar com M_____ e D_____. — MRI/A; DSA — 85.8.6
   i. Tratamento médico _____ tem benefício comprovado. — não
   j. Tratamento cirúrgico inclui revascularização d_____ ou i_____. — direta; indireta — 85.8.7
   k. O tratamento de revascularização direta de escolha é o b_____ S_____-M_____. — *bypass* STA-MCA
   l. A revascularização indireta é reservada para pacientes m_____ j_____ e inclui a EMS (_____), EDAS (_____) e OPT (_____). — mais jovens; encefalomiossinangiose; encefaloduroarteriossinangiose; transposição do pedículo omental
   m. Com o tratamento cirúrgico, o prognóstico é _____ em 58% dos casos. — bom
   n. Orientações para o tratamento de Moyamoya assintomático n_____ têm sido estabelecidas. — não

Bypass Extracraniano-Intracraniano (EC/IC)

9. **Derivação EC/IC:**
   a. O estudo da derivação EC/IC foi publicado em _____. — 1985 — 85.9.1
   b. As críticas do trabalho enfatizam a falha do estudo em distinguir entre causas h_____ vs. t_____ de AVE. — hemodinâmicas; tromboembólicas
   c. As tecnologias de imagem foram introduzidas, visto que o estudo pode identificar atualmente a isquemia f_____-d_____. — fluxo-dependente
   d. Perfusão ruim = f_____ de e_____ de o_____ aumenta quando a a_____ é incapaz de manter o f_____ s_____ c_____ adequado para atender as d_____ m_____. — fração de extração de oxigênio; autorregulação; fluxo sanguíneo cerebral; demandas metabólicas
   e. As indicações atuais para derivação EC/IC incluem pacientes com p_____ r_____, alguns a_____, t_____ e a doença de M_____. — perfusão ruim; aneurismas, tumores; Moyamoya
   f. Enxertos de *shunt*:
      i. Enxertos arteriais pediculados incluem: S_____ e artérias o_____ que são consideradas de b_____ fluxo. — STA; occipitais; baixo
      ii. Enxerto da artéria r_____ que apresenta fluxo m_____ a a_____. — radial; moderado a alto
      iii. Enxerto da veia s_____ que apresenta fluxo e_____ e está associado às m_____ taxas de patência do enxerto. — safena; elevado; menores

86

Dissecções Arteriais Cerebrais

■ Informações Gerais

1. **Conceitos-chave:**
   a. Hemorragia entre as camadas í_____ e m_____ da parede vascular. — íntima; média
   b. Pode manifestar d_____, s_____ de H_____, T_____ ou S_____. — dor, síndrome de Horner, TIA/AVE; SAH
   c. Incluem causas e_____, t_____ ou i_____. — espontâneas, traumáticas; iatrogênicas
   d. Dissecções extracranianas em geral tratadas c_____. — clinicamente
   e. Dissecções intracranianas com S_____ são tratadas com c_____. — SAH; cirurgia

■ Locais de Dissecção

2. **Locais de dissecção:**
   a. O sítio mais comum é a a_____ v_____, em_____% dos casos. — artéria vertebral, 60%
   b. _____% basilar/ICA/MCA. — 30%
   c. _____% ACA/PCA/PICA. — 10%

■ Avaliação

3. **Imagens:**
   a. A CTA pode evitar a necessidade de D_____. — DSA
   b. A D_____ é o estudo diagnóstico definitivo. — DSA
   c. O sinal patognomônico na DAS é o s_____ do d_____ l_____. — sinal do duplo lúmen
   d. A sequência de MRI mais útil é a T_____ com s_____ de g_____. — T1WI com supressão de gordura.

■ Resultados Gerais

4. **Desfechos:**   86.8
   a. Mortalidade geral é de _____%.   26%
   b. _____% dos casos apresentam desfecho favorável.   70%
   c. A mortalidade é maior em lesões da I_____ (_____%) do que em lesões v_____ (_____%).   ICA (49%); vertebrais (22%)

■ Informações Específicas do Vaso

5. **Completar as seguintes afirmações sobre as dissecções da carótida.**   86.9.1
   a. Mais comumente causadas por t_____.   trauma
   b. O sinal inicial mais comum é a c_____ i_____.   cefaleia ipsolateral
   c. Pode manifestar também a síndrome de H_____.   de Horner

6. **Completar as seguintes afirmações sobre as dissecções vertebrais.**   86.9.2
   a. Mais comumente causadas por t_____ e dessa forma, são frequentemente localizadas no interior da porção e_____ da artéria vertebral.   trauma; extracraniana
   b. A dissecção intracraniana pode apresentar S_____.   SAH
   c. O tratamento geralmente é clínico com o uso de a_____.   anticoagulante
   d. Os a_____ são igualmente eficazes.   antiplaquetários
   e. O tratamento e_____ ou c_____ é recomendado para dissecções i_____.   endovascular; cirúrgico; intracranianas
   f. O tratamento endovascular é indicado quando a t_____ m_____ é ineficaz, a terapia médica é c_____ ou quando há e_____ s_____ de f_____ l_____.   terapia médica; contraindicada; estenose sintomática de fluxo limitante.

87

Hemorragia Intracerebral

■ Hemorragia Intracerebral em Adultos

1. **Conceitos-chave da hemorragia intracerebral:** 87.2
   a. É responsável por ____-____% dos acidentes vasculares encefálicos (AVEs). — 15-30%
   b. A apresentação difere do infarto isquêmico, pois inclui c_____, v_____ e c_____ a_____. — cefaleia, vômito; consciência alterada
   c. O v_____ de hematoma está correlacionado à morbidade e mortalidade. — volume
   d. O hematoma aumenta em pelo menos _____% dos casos nas primeiras _____ horas do início dos sintomas. — 33%; 3
   e. A angiografia é recomendada, com exceção em pacientes com mais de _____ anos de idade, apresentando h_____ preexistente e hematoma no t_____, p_____ ou f_____ p_____. — 45; hipertensão; tálamo, putame; fossa posterior

■ Epidemiologia

2. **Fatores de risco:** 87.3.2
   a. A incidência aumenta significativamente após _____ anos e d_____ a cada década de vida até os 80 anos. — 55; duplica
   b. Fatores de risco preveníveis incluem o c_____ de á_____, c_____, d_____. — consumo de álcool; cigarros, drogas

■ Localizações de Hemorragia dentro do Encéfalo

3. **Localizações de hemorragia dentro do encéfalo:**
   a. Os sítios de hemorragia hipertensiva de predileção são:
      i. g____ b____; ____% — gânglios basais; 50%
      ii. t____; ____% — tálamo; 15%
      iii. p____; ____-____% — ponte; 10-15%
      iv. c____; ____% — cerebelo; 10%
      v. s____ b____ c____; ____-____% — substância branca cerebral; 10-20%
      vi. t____ c____; ____-____% — tronco cerebral; 1-6%
   b. A localização mais comum do hematoma profundo é o p____ e ocorre em decorrência de ruptura das a____ l____. — putame; artérias lenticuloestriadas
   c. A incidência de hemorragias lobares é ____-____%. — 10-30%
   d. Comparadas com as hemorragias profundas, as hemorragias lobares têm m____ prognósticos. — melhores

■ Etiologias

4. **Listar as causas de hemorragia lobar:**
   (Dica: *teach it*)
   a. t____ — **t**umor
   b. e____ de l____ p____ — **e**xtensão de ICH profunda
   c. a____ a____ — **a**ngiopatia amiloide
   d. m____ c____ — **m**alformação cerebrovascular (***c**erebrovascular malformation*)
   e. c____ h____ — conversão hemorrágica (***h**emorrhagic conversion*)
   f. i____ — **i**diopática
   g. t____ — **t**rauma

5. **Transformação hemorrágica de um infarto isquêmico:**
   a. Estima-se ocorrer em ____% dos casos — 43%
   b. no primeiro m____ — mês
   c. e pode ocorrer dentro de ____ horas. — 24

6. **Distúrbios de coagulação e hemorragia intracerebral:**
   a. Incidência de ICH sintomática em 36 horas do tratamento com rtPA é de ____-____%. — 2-4%
   b. A Aspirina® está associada ao risco aumentado de ICH em uma taxa i____ a ____% ao ano. — inferior a 1%

7. **Infecção e hemorragia intracerebral:**   87.5.2
   a. Três tipos de infecção que predispõem à ICH:
      i. f_____   fúngica
      ii. g_____   granulomas
      iii. h_____ s_____   herpes simples
8. **Hipertensão e hemorragia intracerebral:**
   a. A hipertensão é um fator de risco para hemorragia em quais duas localizações?   ponte; cerebelo   87.5.4
   b. Não é um fator de risco em pelo menos _____% das hemorragias dos gânglios basais.   35%
   c. Os a_____ de C_____-B_____ são fonte de algumas hemorragias hipertensivas.   aneurismas de Charcot-Bouchard   87.5.5
9. **Angiopatia amiloide:**   87.5.6
   a. Presente em _____% dos pacientes com mais de _____ anos de idade, mas a maioria não desenvolve h_____.   50%; 70; hemorragia
   b. Responsável por _____% dos casos de ICH.   10%
   c. Deve ser suspeita em pacientes com hemorragias r_____ em localização l_____.   recorrentes; lobar
   d. Associada à deposição de b_____ a_____ que aparece na luz polarizada como m_____ v_____ b_____.   beta-amiloide; maçã verde birrefringente
   e. A ligação genética é a a_____ E.   apolipoproteína E
   f. Não está associada à a_____ s_____.   amiloidose sistêmica
10. **Tumores cerebrais hemorrágicos:**   87.5.7
    a. Os tumores cerebrais primários associados à ICH incluem o g_____ m_____ e o l_____.   glioblastoma multiforme; linfoma
    b. Os tumores metastáticos associados à ICH incluem o tumor p_____, c_____, m_____ e de c_____ r_____.   pulmonar, coriocarcinoma, melanoma; células renais
11. **Anticoagulante e hemorragia intracerebral:**   87.5.8
    a. A incidência de complicações hemorrágicas em pacientes com uso de anticoagulantes é de _____% ao ano.   10%
    b. A incidência de hemorragia intracerebral é de _____-_____% ao ano.   0,3-1,8%
    c. A mortalidade no grupo com hemorragia intracerebral é de _____%.   65%

■ Clínica

12. **Manifestação clínica de hemorragia intracerebral:**
    a. Ao contrário do AVE embólico/isquêmico, o déficit neurológico com ICH tem início p_____ em m_____ a h_____. — progressivo; minutos; horas — 87.6.1
    b. A ICH talâmica geralmente está associada à perda h_____, perda m_____, se a c_____ i_____ está comprimida e os sinais v_____ com extensão do t_____ c_____ superior. — hemissensorial; motora; cápsula interna; visuais; tronco cerebral — 87.6.3
    c. A ICH talâmica > _____ cm tem alta mortalidade. — 3,3
    d. A ICH cerebelar produz c_____, antes da h_____ decorrente de compressão do t_____ c_____. — coma; hemiparesia; tronco cerebral

13. **Ressangramento:** — 87.6.4
    a. O ressangramento é mais comum com a ICH dos g_____ b_____ do que com a ICH l_____. — gânglios basais; lobar
    b. A incidência d_____ com o tempo. — diminui
    c. _____-_____% nas primeiras 1-3 horas. — 33-38%
    d. _____% em 3-6 horas. — 16%
    e. O sinal da m_____ na CTA está correlacionado ao risco aumentado de expansão pela ICH. — mancha;
    f. A incidência de ressangramento tardio é de _____-_____%. — 1,8-5,3%

14. **Edema e hemorragia intracerebral:** — 87.6.4
    a. O edema pode causar d_____ tardia após a ICH. — deterioração
    b. O componente que é liberado pelo coágulo e considerado ser a causa mais provável de edema tardio circundante é a t_____. — trombina

■ Avaliação

15. **Avaliação de hemorragia intracerebral:**
    a. O volume de ICH é aproximado pelo método e_____. — elipsoide — 87.7.1
    b. A fórmula é _____. — (AP × LAT × HT)/2
    c. Em média, o tamanho do coágulo diminui _____ mm/dia — 0,75
    d. A densidade diminui _____ Hounsfield unidades/dia — 2

474   Parte 20: Hemorragia Intracerebral

e. Com p_____ alteração nas primeiras _____ semanas. — pouca; 2

f. Listar a sequência de evolução da hemoglobina após a ICH: (Dica: Em dias na casa da minha mãe) — Tabela 87.4
   i. o_____ nos dias 0 a 1 — oxi-hemoglobina
   ii. d_____ nos dias 1 ao 3 — desoxi-hemoglobina
   iii. m_____ nos dias 3 ao 7 — meta-hemoglobina
   iv. m_____ nos dias 7 ao 14 — meta-hemoglobina
   v. h_____ por mais 14 dias — hemossiderina

16. **Pontuação de ICH:**
    a. Dar o número de pontos para os seguintes fatores: — Tabela 87.5
       i. GCS 3-4: _____ pontos — 2
       ii. GCS 5-12: _____ ponto — 1
       iii. GCS 13-15: _____ ponto — 0
       iv. Idade > 80: _____ ponto — 1
       v. Idade < 80: _____ ponto — 0
       vi. Localização infratentorial: _____ ponto — 1
       vii. Localização supratentorial: _____ ponto — 0
       viii. Volume > 30 cc: _____ ponto — 1
       ix. Volume < 30 cc: _____ ponto — 0
       x. IVH presente: _____ ponto — 1
    b. Dar a mortalidade em 30 dias com base na pontuação — Tabela 87.6
       i. 0 pontos _____% — 0%
       ii. 1 ponto _____% — 13%
       iii. 2 pontos _____% — 26%
       iv. 3 pontos _____% — 72%
       v. 4 pontos _____% — 97%
       vi. 5 pontos _____% — 100%
       vii. 6 pontos _____% — 100%

■ Controle Inicial da ICH

17. **Tratamento médico:**
    a. Reduzir a MAP para o nível pré-mórbido, se conhecida ou em _____%, se desconhecida. — 20% — 87.8.1
    b. BP alvo sugerida é de _____/_____. — 140/90 — 87.8.2
    c. A meta de contagem plaquetária é > _____ K. — 100 K
    d. A maioria dos estudos sugere que a retomada do uso de anticoagulante após a ICH é s_____. — segura — 87.8.4
    e. Probabilidade de AVE isquêmico 30 dias após a interrupção do uso de varfarina por 10 dias:
       i. _____% para aqueles tratados com prótese de valva cardíaca — 2,9%
       ii. _____% para AFibb — 2,6%
       iii. _____% para AVE cardioembólico — 4,8%

Hemorragia Intracerebral 475

■ Tratamento Cirúrgico

18. **Manejo cirúrgico:** 87.9.2
    a. Indicações para cirurgia:
       i. ICH com e_____ de m_____ significativo — efeito de massa
       ii. ICH com s_____ — sintomas
       iii. volume de ICH _____-_____ cc — 10-30 cc
       iv. localizações l_____ e c_____ — lobares, cerebelares
       v. idade j_____ — jovem
    b. A cirurgia é recomendada para ICH cerebelar, se a GCS é _____, tamanho de _____ e a h_____ está presente. — 13 ou menos; 4 cm ou mais, hidrocefalia

■ ICH em Adultos Jovens

19. **Nomear as cinco principais causas de ICH não traumática em adultos jovens (além das "indeterminadas" que respondem por ~ 1/4):** Tabela 87.7
    Dica: AHadt
    a. A_____, _____% — **A**VM, 30%
    b. H_____, _____% — **H**TN, 15%
    c. a_____, _____% — **a**neurisma, 10%
    d. d_____, _____% — **d**rogas, 7%
    e. t_____, _____% — **t**umor, 4%

■ Hemorragia Intracerebral no Recém-Nascido

20. **ICH no recém-nascido:**
    a. M_____ g_____ progressivamente i_____ até _____ semanas de idade gestacional. — Matriz germinativa; involui; 36 87.12.2
    b. A matriz pode persistir em bebês p_____ e causar hemorragia. — prematuros
    c. Sítio de hemorragia depende da i_____. — idade
    d. Entre 24-28 semanas, ICH localizada no c_____ do n_____ c_____. — corpo do núcleo caudado
    e. 29 semanas ou mais, a ICH localizada na c_____ do c_____. — cabeça do caudado 87.12.4
    f. Listar os fatores de risco: (Dica: vespacc)
       i. e_____ do v_____ — expansão do volume (**v**olume expansion)
       ii. E_____ — **E**CMO
       iii. c_____ — convulsões (**s**eizures)
       iv. p_____ — **p**neumotórax
       v. a_____ — **a**sfixia
       vi. d_____ c_____ c_____ — doença cardíaca cianótica (**c**yanotic heart disease)
       vii. u_____ a_____ de c_____ pela m_____ — uso abusivo de cocaína pela mãe (**c**ocaine abuse by mother)

Parte 20: Hemorragia Intracerebral

g. Sistema de Classificação de P_____. — Papile — Tabela 87.8
   i. Grau I = s_____. — subependimário
   ii. Grau II = I_____ sem d_____ v_____. — IVH; dilatação ventricular
   iii. Grau III = I_____ com d_____ v_____. — IVH; dilatação ventricular
   iv. Grau IV = I_____ com I_____ parenquimatosa — IVH; ICH parenquimatosa

h. A hidrocefalia desenvolve-se em _____-_____% dos casos em aproximadamente _____-_____ semanas após a ICH. — 20-50%; 1-3 semanas — 87.12.7

i. Diagnosticada com o uso de imagem u_____. — ultrassonográfica — 87.12.9

j. Os tratamentos médicos n_____ são eficazes. — não — 87.12.10

k. As opções cirúrgicas incluem p_____ l_____ seriada, p_____ v_____, d_____ de a_____ v_____ t_____, d_____. — punção lombar, punção ventricular, dispositivo de acesso ventricular temporário, derivação

l. Pré-requisitos antes da inserção da derivação incluem peso da criança igual ou superior a _____ gramas e proteína de CSF _____. — 2.000 gramas ou mais; inferior a 100 mg/dL

m. Resultados:
   i. Mortalidade _____-_____% com ICH grave. — 50-65% — Tabela 87.9
   ii. A hidrocefalia de _____-_____% com ICH grave. — 65-100%
   iii. _____% ambulatorial com ICH grau II — 100% — 87.12.11
   iv. _____% de faixa normal de IQ com ICH grau II. — 75%

88

Avaliação de Resultados

■ Câncer. Lesão Cefálica. Eventos Cerebrovasculares. Lesão à Medula Espinal

1. **Correspondência.** Corresponder as seguintes pontuações de desfecho com a condição para as quais visam avaliar.
   Pontuações de desfecho: ① Karnofsky; ② Rancho Los Amigos; ③ Desfecho de Glasgow; ④ Rankin Modificada; ⑤ Barthel; ⑥ Medida de Independência Funcional; ⑦ Escore de desempenho cerebrovascular da WHO

a. cerebrovascular	④, ⑤	88.3.1
b. medula espinal	⑥	88.4
c. câncer	①, ⑦	88.1
d. trauma craniencefálico	②, ③	88.2

2. **Verdadeiro ou Falso.** Um número mais elevado indica melhor função.

a. Escala de Karnofsky	verdadeiro	88.1
b. Escala de Desempenho da WHO	falso	
c. Escala do Rancho Los Amigos	verdadeiro	88.2
d. Escala de Desfecho Glasgow	verdadeiro	
e. Escala de Rankin Modificada	falso	88.3
f. Escala de Barthel	verdadeiro	
g. Medida de Independência Funcional	verdadeiro	88.4

3. **Na escala de Karnofsky, qual escore representa a transição de ser capaz de realizar uma atividade normal para apenas cuidar de si mesmo?**

   d. 70%. Tabela 88.1
   Não existem 75 ou 85 pontos. 70 cuidam de si, incapazes de realizar atividade normal ou trabalho; 50 necessitam de cuidado considerável; e 40 são incapacitados.

   a. 80%
   b. 85%
   c. 75%
   d. 70%

89

Diagnóstico Diferencial por Localização ou Achados Radiográficos – Intracraniano

■ Lesões na Fossa Posterior

1. Se a lesão intraparenquimatosa solitária é observada na fossa-p em um adulto, a presença de m_____ deve ser excluída. — metástase (de um tumor primário extracraniano) — 89.2.1

2. O tumor primário de fossa-p intra-axial mais comum em adultos é o h_____. — hemangioblastoma — 89.2.1

3. Completar as seguintes afirmações sobre hemangioblastomas: — 89.2.1
   a. Responsável por _____-_____% dos tumores de fossa-p. — 7-12%
   b. Geralmente observam-se s_____ v_____ na MRI. — sinais vazios (aspecto de serpentina)

4. Além de embolia e trombose de uma placa, duas outras etiologias de acidente vascular encefálico (AVE) são: — 89.2.1
   a. d_____ da a_____ v_____ — dissecção da artéria vertebral
   b. h_____ v_____ — hipoplasia vertebrobasilar

5. Múltiplas lesões no cerebelo podem ser sugestivas de: — 89.2.1
   a. m_____ — metástases
   b. h_____ associados à V_____ — hemangioblastomas; VHL
   c. a_____ — abscessos
   d. m_____ c_____ — malformações cavernosas

6. Como um grupo, os a_____ são os tumores cerebrais pediátricos mais comuns na fossa-p. — astrocitomas — 89.2.1

Diagnóstico Diferencial por Localização ou Achados Radiográficos – Intracraniano

7. Os três tipos de tumores descritos a seguir são responsáveis pela maioria dos tumores infratentoriais em pacientes com menos de 18 anos de idade: 89.2.1
   a. P_____ incluindo m_____: _____% (de tumores infratentoriais)   PNET; meduloblastoma: 27%
   b. a_____ incluindo a_____ p_____: _____%   astrocitomas; astrocitoma pilocítico: 27%
   c. g_____ do t_____ c_____: _____%   gliomas do tronco cerebral: 28%

8. Os seguintes fatos auxiliam na diferenciação entre meduloblastomas e ependimomas: 89.2.1

9 a. O "sinal de banana" é observado com o m_____.   meduloblastoma
   b. Cresce a partir do aspecto anterior do m_____ do 4º ventrículo.   meduloblastoma
   c. Tende a crescer a partir do assoalho do 4º ventrículo.   ependimomas
   d. Tende a ser não homogêneo na MRI T1WI.   ependimomas
   e. Calcificação é comum.   ependimomas

9. Complete as seguintes afirmações sobre as lesões CPA.   89.2.2
   a. Os neuromas acústicos são mais conhecidos precisamente como s_____ v_____ e ocorrem em _____-_____% das lesões CPA.   schwannomas vestibulares; 80-90%
   b. O meningioma ocorre em _____-_____% das lesões CPA.   5-10%
   c. O epidermoide ocorre em _____-_____% das lesões CPA.   5-7%

10. Relacione o tumor com o achado característico.   89.2.2
    ① schwannoma vestibular; ② meningioma.
    Característico: (a-f) abaixo
    a. Perda auditiva ocorre precocemente.   ①
    b. Fraqueza facial ocorre precocemente.   ②
    c. Canal auditivo interno está aumentado.   ①
    d. A calcificação é observada mais comumente.   ②
    e. Representa 90% dos tumores CPA.   ①
    f. Sinal e realce homogêneos.   ②

11. Relacione as lesões císticas do CPA com seus achados característicos.   89.2.2
    ① cisto aracnoide; ② cisto epidermoide; ③ cisto dermoide; ④ granuloma de colesterol
    Característico: (a-d) abaixo
    a. Sinal elevado em T1WI e sinal elevado em T2WI e associado à destruição óssea.   ④
    b. Componente cístico tem a mesma intensidade do CSF.   ①

480 Parte 22: Diagnóstico Diferencial

c. Sinal elevado em DWMRI diferencia isto do cisto aracnoide. ②
d. Intensidade em T1WI similar à gordura e geralmente na linha média. ③

12. **Quais são alguns dos aspectos de diferenciação que distinguem os neuromas dos nervos cranianos V, VII e VIII?**   89.2.2
    a. Neuromas do Cr. N. _____ podem passar pelo hiato tentorial medialmente.   Cr. N. VIII
    b. Neuromas do Cr. N. _____ podem cruzar a fossa média pelo ápice petroso.   Cr. N. V
    c. Neuromas do Cr. N. _____ podem cruzar o osso petroso médio   Cr. N. VII

13. **Complete as seguintes afirmações sobre lesões no forame magno.**   89.2.4
    a. A maioria é _____ (extra-axial vs. intra-axial).   extra-axial
    b. Uma massa atrás do odontoide comprimindo a medula espinal é um c_____ até que se prove o contrário.   cordoma
    c. O segundo sítio mais comum de origem dos meningiomas da fossa posterior é a p_____ a_____ do forame magno.   porção anterior
    d. A d_____ c_____ geralmente é de sintomas precoces de lesões nesta localização.   dor craniocervical

■ Múltiplas Lesões Intracranianas à CT ou MRI

14. **Causas infecciosas de múltiplas lesões intracranianas na imagem incluem:**   89.3
    a. t_____   toxoplasmose
    b. etiologias fúngicas, incluindo:
        i. a_____   aspergilose
        ii. c_____   coccidioidomicose
        iii. c_____   criptococose
        iv. c_____   candidíase
    c. etiologias parasitárias, incluindo:
        i. e_____   equinococose
        ii. e_____   esquistossomose
        iii. p_____   paragonimíase

15. **Complete as seguintes afirmações sobre múltiplas lesões intracranianas na imagem.**   89.3
    a. Qual é a porcentagem de gliomas multicêntricos?   6%
    b. O HSV geralmente ocorre no lobo t_____.   temporal
    c. Lesões na MS estão localizadas na área p_____.   periventricular

Diagnóstico Diferencial por Localização ou Achados Radiográficos – Intracraniano

d. A trombose do seio da dura-máter pode causar múltiplos i_____ v_____. — infartos venosos

e. Múltiplas hemorragias "hipertensivas" provavelmente ocorrem em virtude da a_____ a_____. — angiopatia amiloide

■ Lesões com Intensificação em Anel à CT/MRI

16. Quais são as etiologias clássicas das lesões com intensificação em anel à CT/MRI? (Dica: MAGIC DR. L)   89.4.3
    a. M_____ — Metástases
    b. A_____ — Abscesso
    c. G_____ — GBM
    d. I_____ — Infarto
    e. C_____ — Contusão
    f. D_____ — Desmielinização
    g. R_____ — Radiação
    h. L_____ — Linfoma (primário vs. metastático)

■ Lesões da Substância Branca

17. Liste as condições que podem afetar o corpo caloso.   89.5.2
    a. e_____ m_____ — esclerose múltipla
    b. G_____ — GBM
    c. l_____ — linfoma
    d. l_____ — lipoma
    e. l_____ a_____ d_____ — lesão axonal difusa

■ Lesões Selares, Suprasselares e Parasselares

18. A lesão da hipófise com realce mais comum em adultos é um a_____ p_____ ou h_____. — adenoma pituitário ou hipofisário   89.6.1

19. As lesões selares e parasselares mais comuns em crianças são os c_____ e os g_____. — craniofaringiomas e germinomas   89.6.1

20. Em relação aos tumores hipofisários.   89.6.2
    a. Os tumores adeno-hipofisários incluem os a_____ hipofisários e os c_____. — adenomas, carcinomas
    b. Os tumores neuro-hipofisários incluem m_____, p_____ e a_____. — metástases, pituicitomas e astrocitomas.
    c. Qual é o tumor mais comum encontrado na hipófise posterior? — metástases (primárias mais comuns são dos pulmões e da mama)

Parte 22: Diagnóstico Diferencial

21. A glândula hipofisária pode, normalmente, estar levemente aumentada em m_____ em idade r_____.
    — mulheres em idade reprodutiva — 89.6.2

22. Complete as seguintes afirmações sobre hiperplasia hipofisária. — 89.6.2
    a. A hiperplasia tireotrófica é mais provável ocorrer em decorrência do _____ _____. — hipotireoidismo primário
    b. A hiperplasia gonadotrófica é mais provável ocorrer em decorrência do _____ _____. — hipogonadismo primário
    c. A hiperplasia somatotrófica é mais provável ocorrer em decorrência da _____ _____ de _____-_____. — secreção ectópica de GH-RH
    d. A hiperplasia lactotrófica é mais provável ocorrer em virtude da _____. — gravidez

23. Os tumores suprasselares de células germinativas são: — 89.6.2
    a. mais comuns em _____ (homens vs. mulheres) — mulheres (região pineal mais comum em homens)
    b. tríade de d_____ i_____, p_____-h_____ e d_____ v_____. — diabetes insípido, pan-hipopituitarismo; déficits visuais

24. Complete as seguintes afirmações sobre massas perisselares. — 89.6.2
    a. Os craniofaringiomas respondem por _____% dos tumores nesta região em adultos e _____% em crianças. — 20%; 54%
    b. Para diferenciar os meningiomas de adenomas hipofisários, utilizar g_____. — gadolíneo
    c. Nas imagens, os meningiomas mostram:
        i. Realce? — realce homogêneo brilhante
        ii. Epicentro é s_____. — suprasselar
        iii. Pode detectar a presença de c_____ d_____. — cauda dural
        iv. O selar é aumentado ou não aumentado? — Geralmente não aumentado
        v. Tende a envolver as _____ _____. — artérias carótidas

25. A hipofisite hipofisária e os adenomas podem ser diferenciados pelo seguinte: (hipofisite vs. adenoma) — Tabela 89.2
    a. O aumento simétrico é mais frequentemente observado com a _____. — hipofisite
    b. O assoalho selar pode estar erodido com _____. — adenoma
    c. Realce mais intenso com _____. — hipofisite
    d. Pedículo hipofisário espessado com _____. — hipofisite
    e. Associado à gravidez — hipofisite

26. Verdadeiro e Falso considerando a hipofisite linfocítica: — 89.6.4 / 89.6.6
    a. Pode causar hipopituitarismo. — verdadeiro
    b. Maioria dos casos é observada em homens. — falso – em mulheres no final da gravidez ou no início do período pós-parto
    c. Requer cirurgia para o tratamento. — falso – tratamento com esteroides
    d. Pode produzir diabetes insipidus. — verdadeiro

Diagnóstico Diferencial por Localização ou Achados Radiográficos – Intracraniano

■ Cistos Intracranianos

27. Complete as afirmações a seguir sobre cisto aracnoide. — 89.7.1
    a. Também chamado c_____ l_____ — cisto leptomeníngeo
    b. Causado por uma d_____ do a_____. — duplicação; aracnoide
    c. Atinge o tamanho máximo em _____ mês(eses). — 1 mês
    d. Necessita de cirurgia em aproximadamente _____% dos casos. — 30%

28. Complete as seguintes afirmações sobre cavo do septo pelúcido.
    a. Presente em todos os b_____ p_____ e em 97% dos r_____-n_____. — bebês prematuros; recém-nascidos — Tabela 89.3
    b. Presente em _____% dos adultos. — 10%
    c. O que é isto? — Espaço variável cheio de fluido em fenda entre os folhetos do septo pelúcido esquerdo e direito. — 89.7.3
    d. Observado em b_____ que sofrem de e_____ t_____ c_____ — boxeadores; encefalopatia traumática crônica

29. *Cavum vergae* está localizado em região posterior ao e comunica-se com o c_____ do s_____ p_____ (CSP) — cavo do septo pelúcido (CSP) — Tabela 89.3

30. Complete as seguintes afirmações sobre o *cavum velum interpositum*. — Tabela 89.3
    a. Em razão da separação da c_____ do f_____ — crura; fórnice
    b. entre os t_____ e o t_____ v_____. — tálamos; terceiro ventrículo
    c. Presente em _____% das crianças com menos de 1 ano de idade. — 60%
    d. Presente em _____% das crianças entre 1 e 10 anos de idade. — 30%

■ Lesões Orbitais

31. A neoplasia intraorbital primária benigna mais comum é o h_____ c_____. O tumor maligno intraocular primário mais comum em adultos é o m_____. — hemangioma cavernoso; melanoma — 89.8.2

32. Complete as seguintes afirmações sobre as lesões orbitais e oculares. — 89.8.3
    a. A lesão orbital mais comum em crianças é um c_____ d_____. — cisto dermoide
    b. O tumor maligno mais comum da órbita nesta faixa etária é o r_____. — rabdomiossarcoma
    c. O tumor maligno intraocular primário mais comum em crianças é o r_____. — retinoblastoma

484 Parte 22: Diagnóstico Diferencial

33. **Correlacione as lesões orbitárias com suas características. (múltiplas respostas podem ser corretas para uma determinada característica)**
    ① hemangioma capilar; ② linfangioma;
    ③ linfoma; ④ oftalmoplegia tireoide
    Características: (a-e) abaixo
    a. proptose infantil — ①, ②
    b. regride espontaneamente — ①
    c. não regride — ②
    d. proptose indolor — ③, ④
    e. bilateral em 80% do tempo — ④

■ Lesões Cranianas

34. **Complete as seguintes afirmações sobre lesões cranianas.**
    a. Os tumores benignos mais comuns do crânio são os o_____ e h_____ — osteomas, hemangiomas
    b. O tumor maligno mais comum do crânio é o s_____ o_____. — sarcoma osteogênico

35. **Complete as seguintes afirmações sobre características das lesões cranianas.**
    a. Multiplicidade sugere m_____. — malignidade
    b. A expansão da díploe sugere uma lesão b_____. — benigna
    c. A esclerose periférica sugere uma lesão b_____. — benigna
    d. Lesões de espessura total sugerem m_____. — malignidade
    e. Múltiplos defeitos acentuadamente delimitados e penetrantes sugerem m_____ m_____. — mieloma múltiplo
    f. Presença de canais vasculares periféricos é altamente sugestiva de lesões b_____. — benignas

36. **Responda.**
    a. Qual lesão craniana apresenta um
        i. padrão trabecular? — hemangioma
        ii. padrão de raio solar? — hemangioma
        iii. ilhas de padrão ósseo? — displasia fibrosa
        iv. sensibilidade à palpação? — lesão histiocítica de células de Langerhans
    b. O granuloma eosinofílico é a forma mais leve de h_____ de c_____ de L_____. — histiocitose de células de Langerhans

37. **Podem causar desmineralização difusa ou destruição do crânio:**
    a. h_____ — hiperparatireoidismo
    b. m_____ — metástases
    c. m_____ m_____ — mieloma múltiplo
    d. o_____ — osteoporose

Diagnóstico Diferencial por Localização ou Achados Radiográficos – Intracraniano

38. Podem causar densidade craniana aumentada difusa ou generalizada:
    a. a_____ — anemia
    b. d_____ f_____ — displasia fibrosa
    c. h_____ i_____ g_____ — hiperostose interna generalizada
    d. m_____ o_____ — metástases osteoblásticas (próstata e mama)
    e. d_____ de P_____ — doença de Paget

39. Uma pneumatocele é um aumento de um s_____ a_____ que _____ (apresenta vs. não apresenta) erosão óssea. *Pneumosinus dilatans* é um aumento de um s_____ a_____ que _____ (apresenta vs. não apresenta) erosão óssea. — seio aéreo; apresenta; seio aéreo; não apresenta

■ Lesões Intra/Extracranianas Combinadas

40. As lesões intra-axiais podem crescer para fora do crânio? — Normalmente, não. No entanto, um glioma vegetante maligno pode fazer isso.

■ Hiperdensidades Intracranianas

41. O que pode causar uma estrutura intra-axial aparecer hiperdensa em relação ao tecido cerebral normal em uma CT sem contraste?
    a. s_____ a_____ — sangue agudo
    b. c_____ — cálcio
    c. v_____ de b_____ f_____ — vasos de baixo fluxo
    d. m_____ — melanoma (melanina pode aparecer hiperdensa)

■ Calcificações Intracranianas

42. São causas fisiológicas de calcificações intracranianas localizadas:
    a. p_____ c_____ — plexo corioide
    b. g_____ a_____ — granulação aracnoide
    c. d_____ s_____ — diafragma selar
    d. d_____ — dura
    e. g_____ p_____ — glândula pineal

43. Calcificações do plexo corioide possuem as seguintes características:
    a. _____% de pacientes na 5ª década de vida manifestam calcificações. — 75%
    b. As calcificações são raras em idade inferior a _____ anos. — 3 anos

Parte 22: Diagnóstico Diferencial

    c. Se as calcificações estão presentes em idade inferior a 10 anos, considerar o p_____ do p_____ c_____. — papiloma do plexo corioide

    d. Se calcificado o plexo corioide no corno temporal, então considerar a n_____. — neurofibromatose

44. **Complete as seguintes informações sobre calcificações dos gânglios basais.**
    a. Comum em i_____. — idosos
    b. Causas incluem:
        i. h_____ — hiperparatireoidismo
        ii. uso de a_____ — anticonvulsivante
        iii. doença de F_____ — doença de Fahr
    c. Correlacionam-se com as doenças psiquiátricas se > _____ cm. — 0,5 cm

45. **A doença de Fahr envolve a c_____ idiopática progressiva dos g_____ b_____, p_____ do s_____ e n_____ d_____.** — calcificação; gânglios basais (porções mediais), profundidades do sulco; núcleos denteados

■ Lesões Intraventriculares

46. **Complete as seguintes informações sobre lesões intraventriculares.**
    a. Qual é a lesão mais comum? — astrocitoma
    b. A lesão no forame de Monro? — cisto coloide
    c. Lesão no 3º ventrículo com calcificações pontilhadas? — craniofaringioma
    d. Preenche o 4º ventrículo com o "sinal de banana"? — meduloblastoma
    e. Lesão de baixa densidade mais comum no 4º ventrículo? — epidermoide
    f. Gordura flutuante livre nos ventrículos? — dermoide com ruptura do cisto
    g. Possui gordura e calcificações? — teratoma
    h. No septo pelúcido? — neurocitoma central
    i. Densamente realçado com calcificações? — meningioma

47. **Meningiomas intraventriculares são:**
    a. Suprimento arterial geralmente proveniente de uma artéria c_____ a_____ — artéria coroidal anterior
    b. Suprimento arterial menos comum proveniente de artéria c_____ p_____ m_____ e artéria c_____ p_____ l_____. — artéria coroidal posterior medial, artéria coroidal posterior lateral
    c. Acredita-se que o tumor tenha origem de células a_____ s_____. — células aracnoides superficiais

Diagnóstico Diferencial por Localização ou Achados Radiográficos – Intracraniano

48. Relacione o tumor que está localizado com mais frequência nos seguintes ventrículos.   *Tabela 89.4*
    ① astrocitoma; ② meduloblastoma; ③ meningioma; ④ ependimoma; ⑤ cisto coloide; ⑥ epidermoide; ⑦ dermoide; ⑧ teratoma
    Ventrículo: (a-e) abaixo
    a. 3º ventrículo   ⑤
    b. 4º ventrículo   ②
    c. átrio do ventrículo lateral   ③
    d. corno frontal do ventrículo lateral   ①
    e. corpo do ventrículo lateral   ④

49. As lesões que podem ser encontradas na porção posterior do 3º ventrículo são as seguintes: *89.14.3*
    a. p_____   pinealoma
    b. m_____   meningioma
    c. c_____ a_____   cisto aracnoide
    d. a_____ da v_____ de G_____   aneurisma da veia de Galeno

50. Quais massas dentro dos ventrículos laterais não apresentam realce?   *89.14.3*
    a. c_____   cistos
    b. d_____   dermoides
    c. e_____   epidermoides
    d. s_____   subependimomas

■ Lesões Periventriculares

51. Qual é o diferencial de uma lesão sólida periventricular com realce?   *89.15.1*
    a. l_____   linfoma
    b. e_____   ependimoma
    c. m_____   metástases
    d. m_____ em criança   meduloblastoma
    e. t_____ p_____   tumor pineal
    f. G_____   GBM

52. Quais são algumas das etiologias de lesões periventriculares de baixa densidade?   *89.15.2*
    a. e_____ t_____   edema transependimário
    b. e_____ m_____   esclerose múltipla
    c. e_____ a_____ s_____   encefalopatia arteriosclerótica subaguda (tal como doença de Binswanger)
    d. l_____   leucoaraiose

■ Realce Ependimário e Subependimário

53. Qual é o diferencial do realce ependimário e subependimário?
    (Dica: alguma sobreposição com lesões periventriculares)
    a. v_____ — ventriculite
    b. m_____ c_____ — meningite carcinomatosa (pode observar também o realce meníngeo)
    c. e_____ m_____ — esclerose múltipla
    d. e_____ t_____ — esclerose tuberosa (hamartomas subependimários)

54. Em pacientes imunocomprometidos, o que os seguintes padrões sugerem?
    a. realce linear fino — infecção viral (CMV, varicela-zóster)
    b. realce nodular — linfoma do CNS

■ Hemorragia Intraventricular

55. Complete as seguintes informações sobre a hemorragia intraventricular.
    a. A maioria ocorre como resultado da e_____ de h_____ i_____. — extensão de hemorragia intraparenquimatosa
        i. No adulto, isto pode se originar no t_____ ou p_____. — tálamo, putame
        ii. Em um recém-nascido, isso pode ter origem na r_____ s_____. — região subependimária
    b. Os aneurismas respondem por aproximadamente _____% das IVH em adultos. — 25%
    c. Quais são as localizações características de um aneurisma envolvido? — artéria comunicante, artéria basilar distal, ramo terminal da carótida, PICA distal

■ Lesões do Lobo Temporal Medial

56. As lesões mais comuns do lobo temporal medial são:
    a. h_____ — hamartoma
    b. e_____ t_____ m_____ — esclerose temporal mesial
    c. g_____ — glioma

Diagnóstico Diferencial por Localização ou Achados Radiográficos – Intracraniano

■ **Lesões Intranasais/Intracranianas**

57. **Complete as seguintes afirmações sobre as lesões intranasais/intracranianas.**

   a. A m_____ é uma infecção fúngica detectada principalmente em diabéticos ou pacientes imunocomprometidos. — mucormicose

   b. Os carcinomas nasofaríngeos estão associados à infecção pelo _____. — EBV

   c. Um c_____ s_____ n_____ d_____ (_____) é um carcinoma agressivo que pode invadir a fossa frontal e o seio cavernoso. — carcinoma sinonasal não diferenciado; SNUC

   d. O e_____ origina-se das células da crista da abóbada nasal e, frequentemente, apresenta invasão intracraniana. Geralmente manifesta e_____ ou o_____ n_____. — estesioneuroblastoma; epistaxe; obstrução nasal

   e. Uma massa polipoide nasal em um recém-nascido deve ser considerada uma e_____ até que se prove o contrário. Pode ser distinguida por um glioma nasal, pois é muitas vezes p_____ e i_____ com a manobra de Valsalva. — encefalocele; pulsátil; incha

90

Diagnóstico Diferencial por Localização ou Achados Radiográficos – Coluna Espinal

■ Subluxação Atlantoaxial

1. Quais são os processos patológicos que causam subluxação atlantoaxial?
   a. incompetência do ligamento _____ do _____   ligamento transverso do atlas
      i. a_____ r_____   artrite reumatoide
      ii. t_____   trauma
      iii. f_____ c_____   flacidez congênita (principalmente com a síndrome de Down)
      iv. uso crônico de e_____   esteroides
      v. infecções r_____ crônicas   retrofaríngeas
   b. incompetência do _____ _____   processo odontoide
      i. f_____   fratura
      ii. o_____ o_____   *os odontoideum*
      iii. a_____ r_____   artrite reumatoide
      iv. erosão pelo t_____   tumor
      v. síndrome de M_____   síndrome de Morquio (hipoplasia do processo odontoide
      vi. d_____ c_____   displasia congênita
      vii. i_____   infecção

2. Complete as seguintes afirmações sobre subluxação atlantoaxial.
   a. Incompetência do ligamento _____ do _____   transverso do atlas
   b. resulta em intervalo _____ aumentado.   atlantodental

3. Complete as afirmações a seguir considerando o diagnóstico diferencial pela localização.
   a. A síndrome de Morquio é a hipoplasia do _____ _____   processo odontoide
   b. decorrente de uma m_____.   mucopolissacaridose
   c. Pode resultar em subluxação _____.   atlantoaxial

Diagnóstico Diferencial por Localização ou Achados Radiográficos – Coluna Espinal   491

■ Anormalidades nos Corpos Vertebrais

4. Quais são os oito tumores malignos que apresentam tendência de metástase para os corpos vertebrais? — próstata, mama, pulmão, célula renal, tireoide, linfoma, melanoma e mieloma múltiplo — 90.3

5. O diferencial geral para lesões do corpo vertebral: — 90.3
   a. n_____ — neoplasia (metastática vs. primária)
   b. i_____ — infecção (ostemielite vs. discite)
   c. i_____ g_____ — infiltração gordurosa
   d. alterações d_____ — alterações degenerativas
   e. doenças m_____, incluindo doença de P_____, o_____ e e_____ a_____. — metabólicas; doença de Paget; osteoporose; espondilite anquilosante

■ Fraturas Patológicas da Coluna Espinal

6. Quais são os seis critérios para vértebra plana? Quais são as três etiologias que podem levar a este fenômeno? — 90.5.3
   a. Critérios:
      1. colapso uniforme do corpo vertebral
      2. densidade aumentada da vértebra
      3. poupa os arcos neurais
      4. disco normal e espaço do disco intervertebral
      5. sinal do vácuo com fissura intervertebral (patognomônico)
      6. sem cifose
   b. Etiologias:
      1. histiocitose de células de Langerhans
      2. doença de Calve-Kummel-Verneuil (necrose avascular do corpo vertebral)
      3. hemangioma

■ Lesões Destrutivas da Coluna Espinal

7. Se a destruição do corpo vertebral está associada à destruição do espaço discal, isto é sugestivo de qual etiologia geral? — infecção (frequentemente envolve pelo menos dois níveis vertebrais adjacentes) — 90.7.2

■ Hiperostose Vertebral

8. **Qual é o diagnóstico diferencial de hiperostose do corpo vertebral?** 90.8
   a. d_____ de P_____ — doença de Paget
   b. m_____, incluindo l_____, assim como c_____ de p_____ em homens e c_____ de m_____ em mulheres — metástases (osteoblásticas); linfoma; câncer de próstata; câncer de mama

■ Lesões Sacrais

9. **Complete as seguintes afirmações sobre agênese sacral.** 90.9
   a. A agênese sacral também é conhecida como _____ de _____ _____. — síndrome de regressão caudal
   b. _____-_____% apresentam mães _____. — 16-20%, mães diabéticas
   c. Incidência aumentada de anormalidades da _____ _____. — coluna vertebral

■ Raízes Nervosas Captantes

10. **Qual é o diferencial de uma raiz nervosa captante?** 90.10
    a. t_____, tal como a c_____ m_____ ou l_____ — tumor; carcinomatose meníngea; linfoma
    b. i_____, principalmente se o paciente tem _____ — infecção; AIDS (considerar CMV)
    c. i_____, incluindo _____-_____ ou _____. — inflamatória; Guillain-Barré; sarcoidose

■ Cistos Intraespinais

11. **Qual é o diferencial de um cisto intraespinal?** 90.12
    a. c_____ m_____ e_____ — cistos meníngeos espinhais
    b. n_____ c_____ — neurofibroma cístico
    c. e_____ — ependimoma
    d. s_____ — siringomielia
    e. c_____ c_____ dilatado — canal central dilatado

91

Diagnóstico Diferencial (DDx) por Sinais e Sintomas – Primariamente Intracraniano

■ Síncope e Apoplexia

1. **Complete as seguintes afirmações sobre as causas de síncope.**
   a. A prevalência de síncope é de aproximadamente _____% e é mais elevada em i_____. — 50%; idosos — 91.3.1
   b. Em cerca de _____% dos casos, nenhuma causa pode ser diagnosticada. — 40% — 91.3.2
   c. Causas cerebrovasculares incluem:
      i. h_____ s_____ — hemorragia subaracnóidea (mais comumente no aneurisma)
      ii. infarto do t_____ c_____ — infarto do tronco cerebral
      iii. i_____ v_____ — insuficiência vertebrobasilar
      iv. a_____ p_____ — apoplexia hipofisária
   d. Distúrbio de condução do nodo AV que leva à síncope com bradicardia é denominado _____ de _____-_____. — síndrome de Stokes-Adams
   e. Síncope durante o uso de um colar apertado ou enquanto se barbeia pode ocorrer em razão da _____ do _____ _____. — síncope do seio carotídeo
   f. A micção ou tosse causando síncope é denominada síncope de g_____ e é geralmente associada à elevação na pressão i_____. — gatilho; intratorácica
   g. A hipotensão ortostática é definida como uma queda na BP sistólica de pelo menos _____ mmHg ou BP diastólica de pelo menos _____ mmHg na posição em pé. — 20; 10

2. **Quando os testes neurodiagnósticos são (EEG, exame CT, MRI, Doppler da carótida) justificados na condição de síncope?** — convulsões, condição mental alterada, paralisia de Todd, história conhecida de comprometimento cerebrovascular, novos déficits focais, novos déficits de linguagem — 91.3.3

■ Déficit Neurológico Transitório

3. Complete as seguintes afirmações sobre déficits neurológicos transitórios (TIA).
   a. Por definição, dura menos do que _____ horas. — 24
   b. Sintomas geralmente vão diminuir em _____ _____ (minutos vs. horas) — 20 minutos
   c. São resultantes de i_____. — isquemia
   d. O diferencial do déficit neurológico transitório inclui:
      i. a_____ i_____ t_____ — ataque isquêmico transitório
      ii. e_____ — enxaqueca
      iii. c_____ seguida por _____ de _____ — convulsão; paralisia de Todd
      iv. h_____ s_____ c_____ — hematoma subdural crônica
   e. Os sintomas semelhantes ao TIA decorrentes da angiopatia amiloide cerebral exigem evitar o uso de medicamentos a_____ ou a_____. — antiplaquetários; anticoagulantes

■ Diplopia

4. Complete as seguintes informações considerando a etiologia de diplopia secundária à paralisia do VI nervo.
   a. p_____ i_____ a_____ — pressão intracraniana aumentada
   b. s_____ e_____ — sinusite esfenoidal
   c. t_____ — tumor

5. O diferencial de diplopia inclui:
   a. p_____ do n_____ c_____ — paralisias do nervo craniano
   b. m_____ i_____ — massa intraorbital
   c. doença de G_____ — doença de Graves
   d. m_____ g_____ — miastenia grave
   e. a_____ de c_____ g_____ — arterite de células gigantes
   f. b_____ — botulismo
   g. secundária ao t_____ — trauma

■ Anosmia

6. Complete as seguintes afirmações sobre anosmia.
   a. Causa mais comum é a i_____ do t_____ r_____ s_____ — infecção do trato respiratório superior
   b. A segunda causa mais comum é o t_____ c_____ com ocorrência de _____-_____% em casos graves. — trauma craniano; 7-15%
   c. As neoplasias intracranianas, como os m_____ do s_____ o_____ podem ser uma causa. — meningiomas do sulco olfativo
   d. A anosmia congênita também é conhecida como síndrome de K_____. — síndrome de Kallmann

Paralisias Múltiplas de Nervos Cranianos (Neuropatias Cranianas)

7. **Complete as seguintes afirmações sobre neuropatias cranianas.**
   a. A diplegia facial congênita também é conhecida como s____ de M____. — síndrome de Möbius — 91.8.1
   b. Afeta com mais frequência qual metade da face? — metade superior
   c. Quais outros nervos cranianos podem estar envolvidos? — Cr. N. VI, III ou XII
   d. A doença de Lyme pode causar paralisia do Cr. N. ____. — Cr. N. VII (uni ou bilateral)
   e. Afeta qual metade da face? — metade inferior
   f. Verdadeiro ou falso. Também pode envolver outros nervos cranianos. — Falso
   g. A meningite tuberculosa geralmente envolve qual nervo craniano primeiro e mais frequentemente? — Cr. N. VI
   h. A síndrome de Weber envolve o Cr. N. ____ e a h____ c____. — Cr. N. III e a hemiparesia contralateral
   i. A síndrome de Millard-Gubler envolve o Cr. N. ____ e o Cr. N. ____, assim como a h____ c____. — Cr. N. VI e VII; hemiparesia contralateral
   j. Uma massa no ____ ventrículo pode comprimir o c____ f____ causando diplegia facial. — 4º ventrículo; colículo facial — 91.8.2

8. **Complete as seguintes afirmações sobre a síndrome do seio cavernoso.** — 91.8.2
   a. Quais nervos cranianos podem estar envolvidos com uma lesão no seio cavernoso? — Cr. N. III, IV, V1, V2 e VI
   b. Os sintomas clínicos incluem d____ resultante de o____. — diplopia; oftalmoplegia
   c. Com paralisia do Cr. N. ____ na síndrome do seio cavernoso, a pupila ____ (estará vs. não estará) dilatada. — Cr. N. III; não estará

9. **Complete as seguintes afirmações sobre osteopetrose.** — 91.8.2
   a. Também conhecida como o____ — osteopetrose
   b. É um distúrbio g____ envolvendo a reabsorção o____ defeituosa do osso. — genético; osteoclástica
   c. Pacientes apresentarão densidade óssea____ (aumentada vs. diminuída). — aumentada
   d. Manifestação neurológica mais comum é a c____. — cegueira
   e. O tratamento consiste em descompressão bilateral do n____ ó____. — nervo óptico

■ Cegueira Binocular

10. **Qual é o diagnóstico diferencial de cegueira binocular *de novo*?**
    a. disfunção do l_____ o_____ bilateral secundária tanto ao t_____ ou i_____. — lobo occipital; trauma; isquemia
    b. c_____ — convulsões (Cegueira epiléptica)
    c. e_____ — enxaquecas
    d. n_____ ó_____ i_____ p_____ — neuropatia óptica isquêmica posterior
    e. h_____ v_____ bilateral — hemorragia vítrea
    f. funcional, como o distúrbio de c_____ — conversão

■ Cegueira Monocular

11. **Complete as seguintes afirmações sobre arterite temporal.**
    a. Também conhecida como a_____ de c_____ g_____ — arterite de células gigantes
    b. Geralmente em decorrência de isquemia do:
        i. n_____ ó_____ — nervo óptico
        ii. t_____ ó_____ — trato óptico
        iii. a_____ c_____ da r_____ (menos provável) — artéria central da retina

■ Exoftalmo

12. **Complete as seguintes afirmações sobre exoftalmia.**
    a. Também conhecida como p_____. — proptose
    b. Se a história de trauma está presente, o diferencial deve incluir a f_____ c_____-c_____. — fístula carotídeo-cavernosa
    c. Se após a cirurgia frontal-orbital, o diferencial deve incluir o defeito do t_____ da ó_____. — defeito do teto da órbita

13. **Qual é o diferencial de exoftalmia pulsátil?**
    a. f_____ c_____-c_____ — fístula carotídeo-cavernosa
    b. d_____ do t_____ da ó_____ com pulsações intracranianas transmitidas — defeito do teto da órbita
    c. t_____ v_____ — tumor vascular

Diagnóstico Diferencial (DDx) por Sinais e Sintomas – Primariamente Intracraniano

■ Ptose

14. Qual é o diagnóstico diferencial de etiologias que causam ptose?

a. c_____ — congênita (frequentemente de herança autossômica dominante)
b. t_____ palpebral — trauma
c. paralisia do Cr. N. _____ ou observada na síndrome de H_____ — Cr. N. III; síndrome de Horner
d. m_____ g_____ — miastenia grave
e. b_____ — botulismo
f. obstrução mecânica secundária ao t_____ ou extensão de m_____ do seio frontal — tumor; mucocele
g. induzida por d_____ — droga (álcool, ópio etc.)

■ Zumbido

15. Complete as seguintes afirmações sobre zumbido pulsátil.

a. A maioria dos casos de zumbido pulsátil é decorrente de lesões v_____. — vasculares
b. Abordagem diagnóstica inclui: M_____ e a_____. — MRI (com e sem realce); angiografia

16. Qual é o diferencial de zumbido não pulsátil?

a. oclusão da o_____ ex_____ — orelha externa
b. o_____ m_____ — otite média
c. d_____ de M_____ — doença de Ménière
d. l_____ — labirintite
e. tumores do s_____ e_____ — saco endolinfático
f. Fármacos como os s_____, q_____ e a_____ — salicilatos, quinina; aminoglicosídeos

■ Perturbações da Linguagem

17. Complete as seguintes afirmações sobre perturbações da linguagem.

a. A afasia de Wernicke é uma afasia f_____. — fluente
b. A afasia de condução está associada à fala f_____ e p_____. Os pacientes _____ (estão vs. não estão) cientes de suas deficiências. — fluente; parafasias; não estão
c. A disfunção bilateral do lobo frontal está associada ao m_____ a_____. — mutismo acinético

92

Diagnóstico Diferencial (DDx) por Sinais e Sintomas – Primariamente Coluna Espinal e Outros

■ Mielopatia

1. **Verdadeiro ou Falso. As seguintes afirmações são potenciais causas de mielopatia:**
   a. estenose da coluna cervical ou torácica — verdadeiro
   b. anemia crônica — verdadeiro
   c. doença de Cushing — verdadeiro
   d. doença de Lyme — verdadeiro
   e. síndrome da imunodeficiência adquirida (AIDS) — verdadeiro

2. **Como a anemia produz mielopatia?**
   a. A anemia crônica pode levar à hipertrofia da m_____ ó_____ e c_____ m_____. — medula óssea; compressão medular
   b. A anemia perniciosa pode levar à d_____ s_____ c_____. — degeneração subaguda combinada

3. **A l_____ e_____ é observada na doença de Cushing e pode produzir mielopatia.** — lipomatose epidural

4. **Ordene as seguintes localizações das massas neoplásicas que causam mielopatia em sequência do mais comum para o menos comum.**
   a. intramedular
   b. extradural
   c. extramedular intradural

   extradural, extramedular intradural, intramedular

5. **Quais são as frequências de tumores da medula espinhal nas seguintes localizações?**
   a. extradural: _____% — 55%
   b. extramedular intradural: _____% — 40%
   c. intramedular intradural: _____% — 5%

Diagnóstico Diferencial (DDx) por Sinais e Sintomas – Primariamente Coluna ...

6. **Complete as seguintes afirmações sobre infarto da medula espinal.**
   a. Embora incomum, o infarto da medula espinal ocorre com mais frequência no território da artéria e_____ a_____ e mais comumente em nível de _____. — artéria espinal anterior; T4
   b. Isso ocorre porque esta região é uma área l_____. — limítrofe
   c. Isto poupa as c_____ p_____. — colunas posteriores
   d. Causas de infarto incluem:
      i. h_____ — hipotensão
      ii. a_____ — aterosclerose
      iii. e_____ — embolização
      iv. d_____ a_____ — dissecção aórtica
      v. e_____ e_____ — estenose espinal

7. **A mielopatia necrotizante associada à trombose espontânea de uma AVM da medula espinal, que se apresenta como espástica à paraplegia flácida, com nível sensorial ascendente é denominada d_____ de F_____-A_____.** — doença de Foix-Alajouanine

8. **Considerando a mielite transversa aguda (idiopática):**
   a. Verdadeiro ou Falso. O aparecimento clínico é indistinguível de compressão aguda da medula espinal. — verdadeiro
   b. A imagem _____ (anormal *vs.* normal) é esperada na CT, mielografia e MRI. — normal
   c. A análise do líquido cerebrospinal (CSF) apresenta p_____ e h_____. — pleocitose e hiperproteinemia.
   d. A região t_____ é o nível mais comum. — torácica
   e. Verdadeiro ou Falso. A manifestação inicial mais comum ocorre entre 20 e 40 anos de idade. — falso – mais comum durante as primeiras duas décadas de vida
   f. Verdadeiro ou Falso. Geralmente resulta em diagnóstico de esclerose múltipla. — falso – MS é diagnosticada em apenas 7% dos casos.

9. **Os reflexos cutâneos abdominais são quase sempre ausentes na e_____ m_____.** — esclerose múltipla

10. **Considerando a síndrome de Devic:**
    a. Caracterizada por n_____ ó_____ aguda bilateral e m_____. — neurite óptica; mielopatia
    b. Verdadeiro ou Falso. A mielite transversa pode ser uma causa de bloqueio completo na mielografia. — verdadeiro
    c. Verdadeiro ou Falso. Mais comum na Ásia do que nos Estados Unidos. — verdadeiro
    d. Verdadeiro ou Falso. É uma variante da esclerose múltipla. — verdadeiro

500 Parte 22: Diagnóstico Diferencial

11. A n_____ ó_____ é outro nome para síndrome de Devic. — neuromielite óptica

12. As seguintes afirmações são parte do mecanismo responsável pela anemia perniciosa:
    a. má absorção de B12 no í_____ d_____. — íleo distal
    b. falta de secreção do fator intrínseco por c_____ p_____ g_____. — células parietais gástricas

13. Completar as seguintes informações sobre causas virais de mielopatia:
    a. O herpes varicela-zóster pode causar raramente m_____ n_____. — mielopatia necrotizante
    b. O HSV tipo 2 pode causar uma m_____ a_____. — mielite ascendente
    c. O CMV pode causar m_____ t_____. — mielite transversa

14. A AIDS pode produzir mielopatia pela v_____ da medula espinal. — vacuolização

15. Relacionar a doença com o achado importante:
    ① anemia perniciosa; ② Guillain-Barré; ③ ALS
    Achados: (a-m) abaixo
    a. fraqueza ascendente — ②
    b. fraqueza atrófica das mãos — ③
    c. parestesias simétricas — ①
    d. envolvimento da coluna posterior — ①
    e. sensação normal — ②
    f. demência — ①
    g. arreflexia — ②
    h. níveis séricos B12 — ①
    i. fasciculações — ③
    j. teste de Schilling — ①
    k. controle preservado do esfíncter — ③
    l. tratamento com B12 — ①
    m. dificuldade de propriocepção — ①

16. Quais são os sintomas de ALS?
    a. e_____ — espasticidade
    b. a_____ das m_____ e a_____ — atrofia das mãos e antebraços
    c. f_____ — fasciculações
    d. c_____ do e_____ geralmente preservado — controle do esfíncter

■ Ciática

17. Complete as seguintes informações sobre ciatalgia.
  a. O nervo isquiático contém raízes de L____ ao S____. — L4 ao S3 — 92.3.1
  b. O nervo passa por fora da pelve através do f____ i____ m____. — forame isquiático maior
  c. No terço inferior da coxa, divide-se em nervos t____ e f____ c____. — tibiais; fibulares comuns
  d. Causa mais comum é a r____ em decorrência da h____ do d____ l____. — radiculopatia; hérnia do disco lombar — 92.3.2

18. Complete as seguintes afirmações sobre o herpes-zóster. — 92.3.2
  a. Pode raramente causar r____. — radiculopatia
  b. Os dermatomas lombossacrais estão envolvidos em ____-____% dos casos. — 10-15%
  c. Geralmente, as lesões cutâneas seguem a dor em ____-____ dias. — 3-5 dias
  d. Verdadeiro ou Falso. Fraqueza motora pode ocorrer. — verdadeiro
  e. Verdadeiro ou Falso. Retenção urinária pode ocorrer. — verdadeiro

19. Complete as seguintes informações sobre a síndrome piriforme. — 92.3.2
  a. Quais são os principais sintomas de síndrome piriforme? — dor na distribuição do nervo isquiático com fraqueza da rotação externa e abdução do quadril
  b. O teste de Friedberg consiste em força de r____ i____ da e____ da parte alta da coxa. — rotação interna; extensão

20. Complete as seguintes informações sobre tumores extraespinhais que causam ciatalgia. — 92.3.3
  a. O que caracteriza a dor?
     i. i____ — insidiosa
     ii. c____ — constante
     iii. p____ — progressiva
     iv. posicional vs. não posicional? — não posicional
     v. pior de manhã ou à noite? — noite
  b. Aproximadamente ____% terão história prévia de tumor. — 20%

21. A neuropatia femoral é, com frequência, identificada erroneamente como uma radiculopatia em nível de L____. — L4 — 92.3.4

502 Parte 22: Diagnóstico Diferencial

22. **A neuropatia femoral ou radiculopatia em L4 leva a quais sintomas descritos a seguir?**
    a. quadríceps fraco — tanto a neuropatia femoral e a radiculopatia em L4
    b. a perda sensorial ocorrendo ao longo da coxa anterior. — neuropatia femoral
    c. iliopsoas é sensível na _____ _____. — neuropatia femoral
    d. os adutores da coxa podem estar sensíveis na r_____ em L_____. — radiculopatia em L4

23. **Uma paralisia do nervo fibular pode ser confundida com a radiculopatia em qual nível?** — L5

■ Quadriplegia ou Paraplegia Aguda

24. **Os sinais de compressão da medula espinal incluem:**
    a. -p_____ ou -p_____ — -plegia ou -paresia (para/quadri)
    b. r_____ u_____ — retenção urinária
    c. n_____ s_____ — nível sensorial
    d. possível B_____ positivo — Babinsky
    e. r_____ alterados — reflexos (hipo *vs.* hiper)

25. **Complete as seguintes afirmações sobre para/quadriplegia na infância.**
    a. A degeneração congênita das células do corno anterior leva à fraqueza, arreflexia, fasciculações da língua, com sensação normal é a_____ m_____ e_____. — atrofia muscular espinhal (doença de Werdning-Hoffmann é a forma mais grave.)
    b. Isso também é conhecido como síndrome da c_____ h_____ — "síndrome da criança hipotônica"
    c. Na presença de íleo, hipotonia, fraqueza e midríase, suspeitar de infecção bacteriana por C_____ b_____. — *Clostridium botulinum*

26. **Complete as seguintes informações sobre para/quadriplegia.**
    a. A paralisia ascendente clássica é observada na síndrome de G_____-B_____ — síndrome de Guillain-Barré
    b. Se pós-viral, a paraplegia pode ser secundária à m_____ t_____. — mielite transversa
    c. Correção rápida de hiponatremia pode levar à m_____ p_____ c_____. — mielinólise pontina central
    d. Uma lesão na área p_____ pode envolver ambas as faixas motoras. — parassagital

Diagnóstico Diferencial (DDx) por Sinais e Sintomas – Primariamente Coluna ...

■ Hemiparesia ou Hemiplegia

27. A etiologia mais comum para hemiplegia motora pura sem perda sensorial é um i_____ l_____ da c_____ i_____ contralateral.

    infarto lacunar; cápsula interna

28. Quais são as diferentes localizações nas quais uma lesão pode causar hemiplegia?
    a. h_____ c_____ — hemisfério cerebral (faixa motora)
    b. c_____ i_____ — cápsula interna
    c. t_____ c_____ — tronco cerebral
    d. j_____ c_____ — junção cervicomedular
    e. m_____ e_____ unilateral — medula espinal
    f. Embora não seja uma lesão, a h_____ pode estar associada à hemiparesia. — hipoglicemia

■ Lombalgia

29. Complete as seguintes informações sobre dor na coluna.
    a. Se um paciente está se contorcendo de dor, considerar etiologia a_____ ou v_____, como uma d_____ a_____. — abdominal; vascular; dissecção aórtica
    b. Se a dor constante em repouso, considerar um t_____ e_____. — tumor espinal
    c. Se dor lombar noturna aliviada com Aspirina®, considerar o o_____ o_____ ou um o_____ benigno. — osteoma osteoide; osteoblastoma
    d. Rigidez matinal nas costas, dor no quadril, inchaço no quadril, sem alívio com repouso e melhora com o exercício é sugestivo de s_____ ou e_____ a_____ p_____. — sacroiliíte; espondilite anquilosante precoce

30. Quais são os três principais sintomas de síndrome da cauda equina?

    anestesia perineal (tal como sela), fraqueza progressiva, incontinência urinária

31. Complete as seguintes afirmações sobre síndrome da cauda equina.
    a. Quais são as quatro etiologias tratáveis? — Etiologias incluem abscesso epidural, hematoma epidural, tumor (intradural ou extradural), herniação maciça do disco central.
    b. Requer avaliação diagnóstica _____ (não emergente ou emergente). — emergente

504 Parte 22: Diagnóstico Diferencial

32. **Complete as seguintes afirmações sobre as lacerações anulares.**
    a. Assintomáticas em _____% dos pacientes com 50-60 anos de idade. — 40%
    b. Assintomática em _____% dos pacientes com 60-70 anos de idade. — 75%

33. **Dois medicamentos que estão associados à dor aguda na coluna são:**
    a. e_____ — estatinas
    b. i_____ de f_____ — inibidores de fosfodiesterase, como o tadalafil

34. **A hérnia de disco na placa terminal cartilaginosa para o corpo vertebral é denominada n_____ de S_____.** — nódulo de Schmorl

35. **Complete as seguintes afirmações sobre dor lombar crônica.**
    a. Após 3 meses, aproximadamente _____% dos pacientes com dor lombar terão sintomas persistentes. Um diagnóstico estrutural é detectado em aproximadamente _____% desses pacientes. — 5%; 50%
    b. Alterações erosivas adjacentes à articulação sacroilíaca e HLA-B27 positivo sugerem e_____ a_____. — espondilite anquilosante

■ Pé Caído

36. **Quais achados do exame ajudam a diferenciar a paralisia do nervo fibular comum da radiculopatia em L4/L5?**
    a. resistência do t_____ p_____ com i_____ do pé — tibial posterior; inversão do pé (deve estar envolvida com a radiculopatia, mas poupada na paralisia do nervo fibular)
    b. resistência do g_____ m_____ com r_____ i_____ e f_____ do quadril — glúteo médio; rotação interna e flexão (deve envolver a radiculopatia, mas é poupado na paralisia do nervo fibular)

37. **Complete as seguintes informações sobre pé caído.**
    a. Ocorre em decorrência da fraqueza do t_____ p_____. — tibial posterior
    b. Isso normalmente envolve os níveis medulares em L_____ e L_____. — L4, L5
    c. Frequentemente acompanhado pelo e_____ l_____ do dedo e e_____ l_____ do h_____, que são inervados pelo nervo f_____ p_____. — extensor longo do dedo; extensor longo do hálux; nervo fibular profundo

Diagnóstico Diferencial (DDx) por Sinais e Sintomas – Primariamente Coluna ...

d. O "pé instável" pode ser causado por disfunção do nervo i_____. — nervo isquiático — 92.7.2
e. Qual divisão do nervo isquiático é mais sensível à lesão (fibular *vs.* tibial)? — divisão fibular mais sensível à lesão

38. Quais são as etiologias neurológicas de um pé caído? — 92.7.3
a. trauma do nervo f_____ — fibular (profundo *vs.* comum)
b. radiculopatia em L_____ ou L_____ — L5; L4
c. trauma do p_____ l_____ — plexo lombar
d. trauma do nervo i_____ — isquiático
e. A_____ — ALS
f. C_____-M_____-T_____ — Charcot-Marie-Tooth
g. e_____ por m_____ p_____ — envenenamento por metal pesado
h. lesão p_____ — lesão parassagital
i. trauma da m_____ e_____ — medula espinal

39. Quais são os músculos e raízes nervosas que produzem os seguintes movimentos?
a. adução da coxa — adutores, L2-3 — Fig. 92.1
b. extensão do joelho — quadríceps, L2-4
c. rotação interna no quadril — glúteo médio, L4-5, S1
d. extensão do quadril — glúteo máximo, L5, S1-2
e. flexão do joelho — bíceps femoral, L5, S1-2 — Tabela 92.3
f. flexão plantar do pé — gastrocnêmio, S1-2
g. inversão do pé — tibial posterior, L4-5
h. eversão do pé — fibular longo e curto, L5, S1
i. dorsiflexão do tornozelo — tibial anterior, L4-5

40. A adução da coxa envolve: — Fig. 92.1
a. músculos — adutores
b. nervo — obturador
c. raízes — L2,3

41. A extensão do joelho envolve: — Fig. 92.1
a. músculos — quadríceps
b. nervo — femoral
c. raízes — L2-4

42. Rotação interna da coxa envolve: — Fig. 92.1
a. músculo — glúteo médio
b. nervo — glúteo superior
c. raízes — L4-5, S1
d. Se sensível, significa que a lesão é bem p_____ — proximal

43. Regiões calcâneas escavadas em repouso envolvem: — Fig. 92.1
a. músculo — glúteo máximo
b. nervo — glúteo inferior
c. raízes — L5, S1-2
d. Se sensível, significa que a lesão é bem p_____. — proximal

Parte 22: Diagnóstico Diferencial

44. **A flexão do joelho com a coxa flexionada envolve:** Fig. 92.1
    a. músculos — isquiotibiais laterais
    b. nervo — isquiático
    c. raízes — L5, S1-2

45. **A flexão plantar do pé envolve:** Tabela 92.3
    a. músculo — gastrocnêmio
    b. nervo — isquiático
    c. raízes — S1-2

46. **A inversão do pé envolve:** Tabela 92.3
    a. músculo — tibial posterior
    b. nervo — tibial
    c. raízes — L4-5
    d. Se intensa, mas na presença de um pé caído, significa que o trauma é distal à retirada do nervo f_____ c_____. — fibular comum

47. **A eversão do pé envolve:** Tabela 92.3
    a. músculos — fibular longo e curto
    b. nervo — fibular superficial
    c. raízes — L5, S1
    d. Se intensa, mas na presença de um pé caído, significa que o trauma está localizado no nervo f_____ p_____. — fibular profundo

48. **Quais são as formas para distinguir o pé caído por trauma no nervo fibular profundo *vs.* comum?** Tabela 92.3
    a. Nervo fibular profundo:
        i. sintoma principal de fraqueza — pé caído
        ii. músculo fraco — tibial anterior
        iii. perda sensorial — espaço interdigital
    b. Nervo fibular comum:
        i. sintoma principal de fraqueza — pé caído e eversão fraca
        ii. músculos fracos — tibial anterior e fibular longo e curto
        iii. perda sensorial — perna e pé lateral

49. **O que distingue o trauma do nervo fibular superficial?** Tabela 92.3
    a. sintoma principal de fraqueza — eversão do pé
    b. músculos fracos — fibular longo e curto
    c. presença de pé caído? — não
    d. perda sensorial — perna e pé lateral

50. **Complete as afirmações a seguir.** 92.7.3
    a. O pé caído indolor é, provavelmente, decorrente do n_____ f_____. — nervo fibular (paralisia)
    b. O pé caído doloroso é, provavelmente, provocado por r_____. — radiculopatia

Diagnóstico Diferencial (DDx) por Sinais e Sintomas – Primariamente Coluna ...

c. O pé caído indolor sem perda sensorial pode ser resultante de uma lesão p_____, que estaria associada ao reflexo de B_____ e reflexos _____ (hipo *vs.* hiperativos).   parassagital; Babinski; hiperativos

■ Enfraquecimento/Atrofia das Mãos/UEs

51. Completar as seguintes afirmações considerando a localização da lesão e os achados na "paralisia cruciforme":   92.8.1
    a. O exame físico mostra fraqueza bilateral da e_____ s_____ e a_____ da m_____.   extremidade superior; atrofia da mão
    b. Isso ocorre em virtude da pressão nas d_____ p_____.   decussações piramidais

52. A atrofia do primeiro músculo interósseo dorsal é, geralmente, resultante de doença da raiz do nervo em C_____/T_____ ou do nervo u_____.   C8/T1; nervo ulnar   92.8.2

■ Radiculopatia, Membro Superior (Cervical)

53. O infarto do miocárdio pode apresentar sintomas similares a uma radiculopatia em qual nível e lado?   C6 esquerda   92.9

54. Complete as seguintes afirmações.   92.9
    a. O teste da lata vazia sugere _____ do _____.   patologia do ombro
    b. A dor interescapular sugere _____.   dor referida com radiculopatia cervical ou colecistite

55. Relacione o sintoma com a posição do disco mais provável de produzi-lo.   92.9, 92.10, 92.11
    ① disco cervical central; ② disco cervical lateral
    Sintoma: (a-f) abaixo
    a. dor   ②
    b. mielopatia   ①
    c. sintomas bilaterais   ①
    d. sintomas na extremidade superior   ②
    e. sintomas na extremidade inferior   ①
    f. síndrome da mão dormente-desajeitada   ①

Pés/Mãos Ardentes

56. **Quais são as possíveis etiologias em um paciente se queixando de mãos ou pés ardentes?**
    a. s_____ c_____ da m_____ — síndrome central da medula
    b. s_____ da q_____ nas m_____ — síndrome da queimação nas mãos
    c. s_____ da m_____ d_____-d_____ — síndrome da mão dormente-desajeitada
    d. s_____ d_____ c_____ r_____ — síndrome dolorosa complexa regional
    e. n_____ p_____ — neuropatia periférica
    f. e_____ — eritermalgia (ou eritromelalgia)
    g. doença a_____ — arterial

Sinal Lhermitte

57. **Complete as seguintes afirmações sobre o sinal Lhermitte.**
    a. Qual é o principal sintoma e o que o provoca? — Sensação semelhante a um choque elétrico irradiando abaixo da coluna vertebral. Geralmente induzida pela flexão do pescoço.
    b. Etiologias incluem:
        i. e_____ m_____ — esclerose múltipla
        ii. e_____ c_____ — espondilose cervical
        iii. d_____ s_____ c_____ — degeneração subaguda combinada
        iv. tumor da m_____ e_____ — medula espinhal combinada
        v. hérnia de disco na região c_____ —
        vi. m_____ de C_____ — malformação de Chiari
        vii. m_____ por r_____ — mielopatia por radiação
        viii. s_____ c_____ da m_____ — síndrome central da medula

Dificuldades de Deglutição

58. **Embora as dificuldades de deglutição não sejam incomuns após uma A_____, isso deve levar a considerar um h_____ pós-operatório.** — ACDF; hematoma

93

Procedimentos, Intervenções, Operações: Informações Gerais

■ Corantes Intraoperatórios

1. **Complete as seguintes declarações sobre corantes intraoperatórios.**   93.2
   a. _____ traz um pequeno risco de convulsão quando administrado por via intratecal.   Fluoresceína
   b. _____ _____ é citotóxico e certamente não deve ser usado.   Azul de metileno
   c. _____ pode ser usada para demonstrar malformação arteriovenosa (AVM) de vasos intraoperatoriamente e áreas de destruição da barreira cerebral do sangue (p. ex., tumores).   Fluoresceína
   d. _____ pode ser usada para identificar vazamentos do líquido cerebrospinal (CSF) e é considerada segura.   Fluoresceína
   e. _____ _____ usado para angiograma intraoperatório.   Indocianina verde (ICG)

■ Equipamento da Sala Cirúrgica

2. **Complete as seguintes declarações sobre instalação do microscópio.**   93.3.1
   a. Para casos da coluna vertebral, o instrumento ocular geralmente fica diretamente _____ ao cirurgião primário.   oposto
   b. Em contraste, para o trabalho intracraniano, o instrumento ocular do observador é colocado à _____.   direita
   c. As exceções a isso são:
      i. _____   cirurgia transfenoidial
      ii. _____.   fossa posterior direita
             craniotomia na região lateral
             posição oblíqua

Parte 23: Procedimentos, Intervenções, Cirurgias

3. **Preencha as seguintes declarações sobre fixação da cabeça** 93.3.2
   a. Alternativas à fixação da cabeça com pinos incluem
      i. _____ — repouso da cabeça em forma de ferradura
      ii. _____ — formato de rosquinha partir de meias
      iii. _____ — vista em posição prona
   b. A estabilização por pinos não é recomendada para utilização em crianças menores de _____ anos de idade. — 3
   c. Estas características de fixação da cabeça devem ser consideradas dependendo do tipo de caso:
      i. prendedores de cabeça radiolucentes para _____ — casos vasculares com angiogramas
      ii. fixação de _____ de _____ _____ ou — sistemas de retratores autorretentivos
      iii. _____ ao sistema Mayfield. — sistemas de orientação de imagem

4. **Recomendações de fabricação para a colocação de pinos cranianos incluem:** 93.3.2
   a. Similar a uma faixa para absorção de suor desgastada apenas sobre as _____ e _____. — órbitas e pina
   b. Evite colocar os pinos no osso temporal _____; ou seios nasais _____. — escamoso; frontais
   c. Um único pino é colocado _____ para a posição supina e ao _____ lado da operação ao fazer casos de fossa posterior na posição prona — anteriormente; mesmo
   d. Em adultos, devem ser colocados pinos que possuam tensão de repouso final entre _____ e 80 lbs. — 60

■ Hemostasia Cirúrgica

5. **Complete as seguintes declarações sobre hemostasia cirúrgica.**
   a. A cera óssea inibe a formação de _____. — osso 93.4.1
   b. Verdadeiro ou Falso. Os seguintes agentes hemostáticos químicos exercem seu efeito promovendo a agregação plaquetária: 93.4.2
      i. Gelfoam — falso
      ii. Celulose oxidada — falso
      iii. Avitene — verdadeiro (menos assim quando as plaquetas < 10 K)
      iv. Trombina — falso

6. **Combine a substância de hemostasia cirúrgica com a sua designação comercial:** 93.4.2
   ① Thrombostat; ② Gelfoam; ③ Oxycel; ④ Surgicel; ⑤ Avitene
   a. Esponja de gelatina — ②
   b. Celulose oxidada — ③
   c. Celulose regenerada — ④

d. Colágeno microfibrilar ⑤
e. Trombina ①

■ Informações Gerais sobre Craniotomia

7. **Complete a lista de verificação intraoperatória para edema cerebral.** 93.5.3
   a. d_____ _____ — drenar CSF
   b. e_____ a _____ — elevar a cabeça
   c. c_____ (_____) — CO_2 (hipercarbia)
   d. o_____ das _____ _____ — obstrução das veias jugulares
   e. m_____ — manitol
   f. h_____ — hiperventilado
   g. r_____ _____ — remover osso
   h. e_____ _____ — excisão cerebral (temporal ou lobos frontais)
   i. (s)
   j. (s)

8. **Complete as seguintes declarações relativas aos riscos de craniotomia.** 93.5.4
   a. Aumento do déficit neurológico (caso de tumor): _____% — 10%
   b. Hemorragia pós-operatória: _____% — 1%
   c. Infecção: _____% — 2%
   d. Complicações anestésicas: _____% — 0,2%

9. **Complete as seguintes declarações relacionadas com os anticonvulsivantes.** 93.5.4
   a. Verdadeiro ou Falso. Manter seu uso quando a incisão cortical é antecipada. — Verdadeiro (use o Keppra)
   b. Descreva o método de carregamento. — 500 mg PO/IV q12 horas

10. **Liste as possíveis causas de deterioração pós-operatória aguda** 93.5.5
    a. h_____ — hematoma
    b. h_____ a_____ — hidrocefalia aguda
    c. i_____ c_____ — infarto cerebral
    d. p_____ — pneumoencéfalo
    e. e_____ — edema
    f. v_____ — vasospasmo
    g. c_____ — convulsão
    h. a_____ p_____ — anestésico persistente

11. **Se ocorrerem convulsões pós-operatórias, considere o seguinte:** 93.5.5
    (Dica: abci)
    a. a_____ _____ — anticonvulsivante (nível) - coleta de sangue
    b. b_____ — *bolus* - anticonvulsivantes adicional

512   Parte 23: Procedimentos, Intervenções, Cirurgias

    c. C____   CAT *scan* – para identificar se há alguma causa

    d. i____   intubar – para proteger as vias respiratórias

93.5.6

12. **Complete as seguintes declarações relacionadas às cefaleias pós-operatórias.**
    a. "Síndrome do trefinado" pode continuar a melhorar em ____ anos em uma série para craniotomias de fossa posterior.   2
    b. Foi descrito como sendo semelhante à síndrome ____-____.   pós-concussiva

---

■ Mapeamento Cortical Intraoperatório (Mapeamento Cerebral)

93.6.2

13. **Responda as seguintes perguntas sobre a localização do córtex sensorial primário.**
    a. O SSEP intraoperatório pode localizar o córtex sensorial primário por ____ de ____ potenciais através do sulco central.   inversão de fase
    b. Isto é feito com um eletrodo de tira orientado na direção ____ para a orientação antecipada do sulco central.   perpendicular

93.6.3

14. **Responda as seguintes perguntas sobre craniotomia acordada.**
    a. Criticamente importante para compreender e gerir os agentes anestésicos que incluem paralíticos com ____ e ____ de modo a não obscurecer a estimulação elétrica.   atuação local e curta
    b. A prática pré-operatória com o paciente pode ser importante para identificar as ajudas no OR, tais como ____ de ____.   óculos de leitura
    c. A anestesia local deve ser considerada em 4 regiões:
       i. s____   supraorbital e supratroclear
       ii. a____   aurículo temporal
       iii. p____   pós-auricular
       iv. o____   occipital
    d. Intracraniano, a ____ é sensível à dor, enquanto o cérebro não é.   dura

Procedimentos, Intervenções, Operações: Informações Gerais 513

■ Cranioplastia

15. **Complete as seguintes afirmações sobre cranioplastia**
    a. As indicações incluem ____, ____ ____ e ____. — cosmético, alívio sintomático, e proteção — 93.7.1
    b. As opções materiais incluem o ____ ____ ____, ____, ____, ____ ____ ou ____. — osso do próprio paciente, metilmetacrilato, malha, retalho personalizado pré-fabricado; calvária de espessura dividida — 93.7.3

16. **Localização de níveis na cirurgia da coluna vertebral. Armadilhas do nome** — 93.7.3
    a. A contagem pode estar desativada se não houver ____ costelas e ____ vértebras lombares. — 12; 5
    b. O processo transverso pode imitar uma costela na ____ se for grande. — L1

■ Enxerto Ósseo

17. **Complete as seguintes afirmações a respeito do enxerto ósseo:** — 93.8.1
    a. Osso autólogo ou rhBMP é recomendado no contexto de uma ____ em conjunto com uma armação de titânio rosqueada. Isto é baseado no nível ____ de evidência. — ALIF; 1

18. **Qual dos seguintes não deve ser utilizado para avaliar a fusão?** — 93.8.2
    a. Radiografias estáticas apenas — não utilizar
    b. A digitalização óssea com tecnécio 99 — não utilizar
    c. filmes de flexão/extensão — não utilizar na ausência de instrumentação
    d. A correlação entre fusão e resultado clínico é ____. — não forte, possivelmente não relacionado

19. **Para fusões da coluna vertebral, os componentes de enxerto ósseo que são importantes para a fusão:** — 93.8.3
    a. ____ — osteoindução (estimular o desenvolvimento de células)
    b. ____ — osteogênese (formação de osso novo)
    c. ____ — osteocondução (estrutura de enxerto para que o osso novo possa se desenvolver)
    d. ____ — estabilidade mecânica

20. **Para cada um dos enxertos acima caracterize qual o material tem um efeito muito forte em cada um.** — 93.8.3
    a. osteoindução — BMP
    b. osteogênese — autoenxerto esponjoso
    c. osteocondução — autoenxerto esponjoso

514 Parte 23: Procedimentos, Intervenções, Cirurgias

    d. estabilidade mecânica

    e. BMP é aprovada pela FDA somente para utilização em procedimentos _____, outras utilizações são *off label*.

cortical ou autoenxerto vascularizado
ALIF

21. **Os sítios comuns de doadores de autoenxertos incluem**
    a. _____ _____
    b. _____
    c. _____
    d. _____

crista ilíaca
costela
fíbula
remoção óssea durante a descompressão

93.8.3

22. **Aquisição de enxerto de osso**
    a. O osso ilíaco anterior deve ser obtido 3-4 cm lateral ao _____, para evitar o _____.
    b. Os enxertos ósseos da crista ilíaca posterior são obtidos dos 6-8 cm _____ medial; da crista ilíaca para evitar os _____. O ferimento aqui pode resultar em uma _____.
    c. Ao isolar a fíbula, o nervo _____ deve ser evitado na região proximal da cabeça. Pelo menos _____ cm devem estar distalmente preservados para manter a estabilidade do tornozelo.

ASIS; nervo cutâneo femoral lateral
nervos cluneais superiores (que cruzam a crista ilíaca posterior em 8 cm); nádega dormente ou neuromas dolorosos
fibular;
7

93.8.4

■ Cirurgia estereotáxica

23. **Indicações de cirúrgias estereotáxicas**
    a. _____
    b. _____ do _____
    c. _____ de _____
    d. _____ de _____
    e. _____
    f. _____

biópsia
colocação do cateter
colocação de eletrodos
geração de lesões
SRS
experimental (*laser*, transplante, outros)

93.9.2

    g. A capacidade de fazer um diagnóstico no cenário de uma biópsia estereotáxica varia de _____ para _____ em uma grande série e foi ligeiramente menor em pacientes com _____.
    h. A taxa de rendimento é maior para lesões que _____ na CT ou MRI.
    i. A complicação mais frequente é _____, que foi um pouco pior em pacientes com _____.
    j. Em pacientes não imunocomprometidos, a maior taxa de complicação ocorreu em _____ _____ de _____ _____.

82-99%; AIDS

são realçadas

hemorragia; AIDS
gliomas multifocais de alto grau

93.9.3

94

Craniotomias Específicas

■ Craniectomia da Fossa Posterior (Suboccipital)

1. **Verdadeiro ou Falso. O tratamento correto para o embolismo aéreo ocorrido durante a craniotomia realizada com o paciente na posição sentada é** — Tabela 94.1
   a. encontrar e ocluir o local de entrada ou cobrir o ferimento com esponjas molhadas. — verdadeiro
   b. compressão venosa bilateral ou da lateral direita da jugular. — verdadeiro
   c. ventilação com 100% de O_2. — verdadeiro
   d. girar o lado direito do paciente para baixo. — falso (o paciente deve ser virado para baixo, à esquerda, para prender o ar no átrio direito.)
   e. aspiração de ar a partir da pressão venosa central (CVP). — verdadeiro
   f. evitar a pressão expiratória final positiva (PEEP), que é ineficaz e pode aumentar o risco de embolismo de ar paradoxal. — verdadeiro

2. **Complete as seguintes declarações sobre craniectomia da fossa posterior e embolia aérea.** — 94.1.2
   a. O efeito do ar no átrio direito é
      i. h_____ — hipotensão (em razão do retorno venoso prejudicado)
      ii. a_____ — arritmias
   b. Embolia aérea paradoxal pode ocorrer na presença de
      i. f_____ o_____ p_____ — forame oval patente
      ii. ou f_____ arteriovenosa (AV) p_____ — fístula AV pulmonar
   c. A incidência na posição sentada é de _____%. — 7 a 25%
   d. Precauções requerem:
      i. u_____ _____ com _____ — ultrassom precordial com Doppler
      ii. c_____ no _____ _____ — cateter CVP no átrio direito
   e. A primeira pista para a ocorrência é _____. — queda na pressão expiratória final de CO_2

Parte 23: Procedimentos, Intervenções, Cirurgias

3. **Como o embolismo aéreo causa problemas?** — 94.1.2
   a. O ar fica preso no _____ _____ — átrio direito
   b. prejuízos de _____ _____, e — retorno venoso
   c. produz _____. — hipotensão

4. **Delineie o tratamento intraoperatório paraembolismo aéreo durante a craniotomia.** — Tabela 94.1
   (Dica: occlude)
   a. o_____ — ocluir o local de entrada
   b. c_____ — cobrir os tampões úmidos
   c. c_____ — comprimir as veias jugulares
   d. l_____ — lateral esquerda abaixo da porção inferior da cabeça
   e. u_____ — ventilar/aumentar o volume
   f. d_____ — descontinuar óxido nitroso
   g. e_____ — evacuar o ar

5. **As primeiras pistas sobre a ocorrência incluem:** — 94.1.2
   a. cair em _____ _____ _____ — pressão expiratória final CO_2
   b. Som no Doppler é _____ de _____ — som de maquinaria
   c. Pressão sanguínea _____ — hipotensão

6. **Verdadeiro ou Falso. A abordagem a seguir é mais aplicável para uma endarterectomia vertebral:** — 94.1.2
   a. craneotomia suboccipital da linha média — falso
   b. abordagem da fossa posterior lateral extrema — falso
   c. craniotomia suboccipital — verdadeiro (craniotomia suboccipital paramediana fornece um bom acesso à artéria vertebral e à artéria cerebelar posteroinferior [PICA] e a junção vertebrobasilar.)
   d. craniotomia subtemporal — falso

7. **Considere o conceito de "5-5-5."** — 94.1.3
   a.
      i. Isto se refere à incisão de _____ — pele
      ii. Para uma incisão _____ linear — paramediana
      iii. Para o acesso ao _____. — CPA
   b.
      i. O primeiro número refere-se ao mm medial para a _____. — incisura mastóidea
      ii. O segundo número diz respeito à _____ _____ a incisura. — cm acima
      iii. O terceiro número diz respeito à _____ _____ a incisura. — cm abaixo

Craniotomias Específicas

8. **Correspondência. Combine a incisão com o objetivo.** 94.1.3
   Incisão:
   ① 5-6-4; ② 5-5-5; ③ 5-4-6
   Objectivo: abordagem para (a-e) abaixo
   a. O quinto nervo — ①
   b. Espasmo hemifacial — ②
   c. Nevralgia glossofaríngea — ③
   d. Descompressão microvascular do trigêmeo — ①
   e. Schwannoma vestibular — ②

9. **Localização da margem inferior do seio transverso pode ser estimada** 94.1.3
   a. estando a d____ d____ de ____ acima da — dois dedos de largura
   b. i____ m____. — incisura mastoidea

10. **Descreva o orifício craniano de Frazier.** 94.1.3
    a. É usado
       i. p____ — profilaticamente
       ii. para aliviar inchaço p____ — pós-operatório
       iii. Em razão de h____ ou — hidrocefalia
       iv. e ____. — edema
    b. está localizado
       i. ____ a ____ cm da linha média — 3 a 4
       ii. ____ a ____ cm acima do ínio em adultos. — 6 a 7
       iii. ____ a ____ cm acima do ínio em crianças. — 3 a 4

11. **Complete as seguintes declarações em relação às complicações pós-operatórias da fossa posterior.** 94.1.7
    a. Respiratórias: prevenir ____ ____ ____. — mantendo o paciente intubado
    b. Hipertensão: manter SBP abaixo de ____ com ____. — 160 com nitroprussiato
    c. Hidrocefalia aguda: tratar com ____ ____. — escoamento ventricular-drenagem ventricular externa(EVD)
    d. Meningite: prevenir por meio de pronto reparo de qualquer ____ de ____ ____. — vazamento de líquido cerebrospinal (CSF)

12. **A pressão arterial acima de ____ é perigosa para o paciente no pós-operatório da fossa posterior.** — 160 mm Hg sistólica 94.1.7

13. **Complete as seguintes declarações sobre fossa posterior.** 94.1.7
    a. Aumento da pressão na fossa posterior é anunciada por mudanças na
       i. p____ a____ — pressão arterial (aumento)
       ii. p____ r____ — padrão respiratório
    b. Não por
       i. d____ p____ — desigualdade pupilar
       ii. n____ de i____ — nível de inteligência
       iii. a____ I____ — alterações ICP

Parte 23: Procedimentos, Intervenções, Cirurgias

14. **Considerações sobre emergência no pós-operatório da fossa posterior incluem:**   94.1.7
    a. clinicamente
       i. pressão arterial (BP) _____   elevada
       ii. respirações _____   trabalhadas
    b. tratamento recomendado
       i. i_____   intubado
       ii. e_____ _____   esvaziamento ventrícular
       iii. f_____ a_____   ferida aberta
    c. Você deveria
       i. obter uma tomografia computadorizada (CT) primeiramente?   não
       ii. Esperar pela disponibilidade da sala de cirurgia?   não

15. **Indique se o aumento da pressão na fossa posterior ou compartimento supratentorial produz uma alteração no que se segue:**   94.1.7
    a. Reflexos pupilares: _____ _____   compartimento supratentorial
    b. Nível de consciência: _____ _____   compartimento supratentorial
    c. Aumento da pressão intracraniana (ICP): _____ _____   compartimento supratentorial
    d. Alterações na respiração: _____ _____   fossa posterior
    e. Aumento da pressão arterial: _____ _____   fossa posterior

■ Craniotomia Pterional

16. **Correspondência. Faça a correspondência da posição da cabeça com a localização do aneurisma.**   Fig. 94.5
    Posição da cabeça:
    ① ângulo de 30 graus; ② angular 45 graus; ③ ângulo de 60 graus
    Localização do aneurisma:
    a. ICA p-comm   ①
    b. terminal carotídeo   ①
    c. artéria cerebral média   ②
    d. bifurcação basilar   ①
    e. a-comm   ③

17. **Nomeie a(s) artéria(s) que cruza(m) a fissura silviana**   nenhuma cruza   94.2.2

■ Craniotomia Temporal

18. **Verdadeiro ou Falso. Craniotomia temporal pode permitir o acesso às seguintes estruturas:**   94.3.1
    a. Forame oval   verdadeiro
    b. Cavo de Meckel   verdadeiro
    c. Porção labiríntica e timpânica superior do nervo facial   verdadeiro

19. Uma lobectomia temporal 94.3.4
    a. pode ser ressecado com segurança _____-_____ cm no hemisfério dominante
       4-5 (antes da lesão na área Wernicke)
    b. e _____-_____ cm no hemisfério não dominante
       6-7 (antes da lesão das radiações ópticas)

■ Craniotomia Frontal

20. Complete as seguintes declarações relacionadas com o seio sagital superior (SSS). 94.4.2
    a. O risco em sacrifício do SSS é _____ _____. infarto venoso
    b. Verdadeiro ou falso. Quase sempre ocorre com sacrifício de
        i. terço posterior verdadeiro
        ii. terço médio verdadeiro
        iii. terço anterior falso

■ Abordagens do III Ventrículo

21. Tabela de Estudo. 94.7.1
    a. t_____ transcortical
    b. t_____ transcalosa
        i. a_____ anterior
        ii. p_____ posterior
    c. s_____ subfrontal
        i. s_____ subquiasmático
        ii. o_____ opticocarotideo
        iii. l_____ t_____ lâmina terminal
        iv. t_____ transfenoidal
    d. t_____ transfenoidal
    e. s_____ subtemporal
    f. e_____ estereotáxica

22. Qual é o risco de convulsões no pós-operatório após uma abordagem transcortical ao terceiro ventrículo anterior (p. ex., para um cisto coloide)? 5% 94.7.1

23. Quais são os princípios da remoção de tumor? 94.7.2
    a. Veias devem ser preservadas a todo _____. custo
    b. Primeiro remova o tumor do interior da _____. cápsula
    c. Se as aderências parecem inflexíveis, a causa mais provável é evacuação i_____ i_____. intracapsular incompleta

Parte 23: Procedimentos, Intervenções, Cirurgias

24. **Complete o seguinte:**
    a. Verdadeiro ou Falso. Uma síndrome de desconexão (síndrome do cérebro dividido) é comum com
        i. calosotomia posterior através do esplênio. — verdadeiro (onde mais informações visuais se cruzam)
        ii. calosotomia anterior. — falso
        iii. Calosotomia < 2,5 cm de comprimento a partir de um ponto 1 a 2 cm atrás da ponta do joelho do corpo caloso. — falso
    b. Quais das abordagens acima evita melhor a síndrome da desconexão? — Calosotomia < 2,5 cm de comprimento a partir de um ponto 1 a 2 cm atrás da ponta do joelho

25. **Descreva a abordagem transcalosa ao terceiro ventrículo.**
    a. O seio sagital superior (SSS) encontra-se frequentemente à _____ da sutura sagital. — direita
    b. A abertura craniana deve estar
        i. _____ anterior à sutura coronal — dois terços
        ii. e _____ atrás dela. — um terço
    c. Os dois giros cingulados podem estar aderidos à linha mediana e podem ser confundidos com o c_____ c_____. — corpo caloso
    d.
        i. O corpo caloso possui uma cor _____ distinta. — branca
        ii. Ele está localizado abaixo das artérias _____ pareadas. — pericalosas
    e. A abertura geralmente é realizada entre as artérias p_____ p_____ — pericalosas pareadas
    f. A trajetória da dissecção é da
        i. s_____ c_____ — sutura coronal
        ii. ao m_____ a_____ e_____. — meato auditivo externo
        iii. O f_____ de M_____ localiza-se ao longo dessa linha. — forame de Monro
    g.
        i. É útil fenestrar o s_____ p_____ — septo pelúcido
        ii. para evitar que ele se_____ no interior do ventrículo — sobressaia
        iii. especialmente no caso de um c_____ c_____. — cisto coloide

26. **Como você pode dizer em qual ventrículo você está?**
    a. O forame de Monro está localizado m_____. — medialmente
    b. Se o plexo coroide vai para a esquerda para entrar no forame de Monro, você está no ventrículo _____. — direito

c. Caso você não veja nenhum plexo corioide e nenhuma veia você pode estar em um c_____ do s_____ p_____. — cavo do septo pelúcio

d. O modo seguro de aumentar o forame de Monro é, posteriormente, entre o _____ _____ e o_____. — plexo coroide; fornix

27. **Complete as seguintes declarações sobre abordagens ao terceiro ventrículo.**
   a. A abordagem inter-hemisférica corre risco de lesão ao _____ _____ _____ — giro cingulado bilateral — 94.7.3
   b. que pode produzir _____ _____. — mutismo transitório
   c. A abordagem transcalosal anterior corre risco de lesão aos _____ _____ — fórnices bilaterais
   d. que pode ocasionar problemas com a m_____ a c_____ p_____ e n_____ a_____ — memória a curto prazo e nova aprendizagem
   e. A abordagem transcortical é — 94.7.4
      i. realizada por meio do giro _____ _____ — frontal médio
      ii. Isso ocorre aproximadamente no mesmo local utilizado para d_____ v_____ e_____. — drenagem ventricular externa
      iii. denominado ponto de _____. — Kocher

■ Craniectomia Descompressiva

28. **Indicações de craniectomia descompressiva:**
   a. — 94.10.1
      i. oclusão da artéria cerebral m_____ m_____ — maligna média
      ii. principalmente para o hemisferio n_____ d_____ — não dominante
   b. hipertensão p_____ i_____ — persistente intracraniana
   c. Verdadeiro ou Falso. É necessário abrir a dura. — Verdadeiro — 94.10.3
   d. o reimplante craniano pode ser considerado após _____ a _____ semanas. — 6 a 12
   e.
      i. Uma _____ abertura é melhor. — grande
      ii. aproximadamente _____ por _____ cm ou maior. — 12 por 12

95

Coluna Espinal Cervical

■ Abordagens Anteriores da Coluna Espinal Cervical

1. **Complete as seguintes declarações a respeito de abordagens extrafaríngeas da coluna espinal cervical.**
   95.1
   a. As abordagens extrafaríngeas utilizam uma intubação n_____ — nasotraqueal
   b. A cabeça é posicionada ligeiramente e _____ e é rotacionada _____ graus para a contralateral — estendida; 15
   c. Na abordagem extrafaríngea medial, os ramos da artéria _____, nervos _____ s_____, e nervo h_____ são encontrados. — ramos da artéria carótida externa nervos laríngeos superiores, e nervo hipoglosso
   d. Na abordagem retrofaríngea lateral o nervo e_____ _____ é encontrado. — nervo espinal acessório

■ Abordagem Transoral para Junção Craniocervical Anterior

2. **Complete as seguintes declarações sobre abordagem transoral à junção craniocervical.**
   95.2.1
   a. Útil principalmente em caso de lesão e _____ da linha média. — extradural
   b. A abordagem a lesões intradurais é limitada em razão de dificuldades na obtenção de oclusão i_____ e risco elevado de m_____ — impermeável; meningite

3. **Complete as seguintes declarações sobre abordagem transoral à junção craniocervical.**
   95.2.2
   a. _____% dos pacientes necessitam de fusão posterior após uma odontoidectomia transoral. — 75%
   b. O paciente deve ser capaz de abrir a boca pelo menos _____ mm. — 25 mm
   c. O tubérculo do a_____ pode ser palpado pela faringe posterior a fim de localizar a l_____ m_____. — atlas; linha mediana

d. Se o anel C1 é poupado, os _____ cm centrais do _____ é removido. — 3; atlas
e. Há aproximadamente _____-_____ de distância da área de trabalho entre as duas artérias vertebrais onde elas penetram o f_____ t_____ no aspecto inferior da massa lateral da_____. — 20-25; forame transverso; C2

Fusão Occipitocervical

4. **Quais são as desvantagens da fusão occipitocervical?** — 95.3
   a. a_____ de m_____ diminuída na junção occipitocervical — amplitude de movimento
   b. _____ _____ é mais elevada que na fusão C1-C2 apenas. — taxa de não união

5. **Verdadeiro ou Falso. O seguinte é uma indicação para fusão occipitocervical:** — 95.3
   a. ausência congênita do arco completo de C1 — verdadeiro
   b. migração ascendente do odontoide no interior do forame magno — verdadeiro
   c. anomalias congênitas das articulações occipitocervicais — verdadeiro
   d. tipo II de fratura odontoide — falso

6. **Complete as seguintes declarações relacionadas com a fusão occipitocervical.**
   a. O paciente irá perder aproximadamente _____% de flexão do pescoço. — 30% — 95.3
   b. A placa deve ser colocada na região _____ na _____ do osso occipital. — mais espessa; linha mediana
   c. É aconselhável _____ a espessura do osso occipital pré-operatoriamente. — mensurar — 95.3.1

7. **Verdadeiro ou Falso. Após a fusão occipitocervical, um halo é indicado nos seguintes pacientes durante 8-12 semanas;** — 95.3.4
   a. pacientes com fraturas graves na C1 — verdadeiro
   b. pacientes idosos — verdadeiro
   c. pacientes não confiáveis — verdadeiro
   d. fumantes — verdadeiro

Fixação com Parafuso do Odontoide Anterior

8. **Complete as seguintes declarações a respeito da fixação do odontoide anterior com parafuso.**
   a. O complexo C1-C2 é responsável por _____% da rotação da cabeça. — 50% — 95.4.1
   b. A estabilidade da articulação C1-2 depende da integridade do p_____ o_____ e ligamento t_____ a_____. — processo odontoide; transverso do atlas
   c. Indicado em pacientes que apresentam uma fratura odontoide tipo _____ e um ligamento t_____ intacto. — II; transverso — 95.4.3
   d. Pacientes com fratura tipo _____ também são indicados quando a linha de fratura encontra-se na porção c_____ do corpo da C2 em um paciente que não possui uma fusão tão boa com imobilização quanto um paciente mais jovem. — III; cefálica
   e. Contraindicações da fixação do odontoide anterior com parafuso incluem a existência de fratura do c_____ v_____ e se a fratura ocorreu há _____ meses. — corpo vertebral; 6 — 95.4.4
   f. Após a fixação o esforço pós-op é de somente _____% do odontoide normal. — 50% — 95.4.5
   g. Portanto, uma cinta cervical é recomendada por _____ semanas a menos que o paciente apresente osteoporose significativa, ponto em que uma cinta _____ é recomendada. — 6; halo
   h. Em fraturas com < 6 meses o índice de união foi de _____%. — 95%
   i. Não uniões crônicas > 6 meses apresentam um índice de união do corpo de _____%, e um índice de _____% de união fibrosa presumida. — 31%; 38%

Fusão Atlantoaxial (Artrodese de C1-2)

9. **Complete as seguintes declarações sobre fusão atlantoaxial (artrodese C1-C2).** — 95.5.1
   a. O paciente perderá, aproximadamente, _____% da rotação da cabeça. — 50%
   b. As indicações para fusão atlantoaxial incluem deslocamento a_____ em razão da incompetência do ligamento t_____ do a_____. — atlantoaxial; transverso do atlas

c. A fusão atlantoaxial é então indicada para pacientes com incompetência do processo odontoide, incluindo em pacientes com fraturas do tipo _____ com mais de _____ mm de deslocamento ou em pacientes com sinal de a_____ do c_____ caracterizado por insuficiência vertebrobasilar com giro de cabeça.   II; 6 mm; arco de caçador

10. **Descreva a técnica de fiação e fusão e diferencie.**
    a. A fusão de Brooks envolve fios sublaminares de _____ a _____ com _____ _____ de enxertos ósseos.   C1 a C2; duas cunhas
    b. A fusão de Gallie envolve o fio médio sob o arco de _____ com um enxerto ósseo _____.   C1; "H"
    c. A fusão de Dickman e Sonntag envolve fio passado sublaminar a _____ com um simples enxerto cunhado _____ entre C1 e C2.   C1; bicortical

11. **Complete as seguintes declarações sobre parafusos de faceta transarticular em C1-2:**
    a. Um risco importante do procedimento é a lesão artéria _____.   vertebral
    b. Pode ser usado como um adjunto a técnica de Dickman e Sonntag para alcançar estabilização _____.   imediata
    c. Requer exame de C_____ de c_____ f_____ pré-operatório dos c_____ o_____ através da _____ com reconstrução sagital através da faceta C1-2 em ambos os lados para procurar a presença de uma a_____ v_____ no caminho pretendido do parafuso.   CT de corte fino; côndilos occipitais; C3; artéria vertebral
    d. Uma taxa de fusão de _____% foi relatada.   99%

12. **Complete as seguintes declarações sobre parafusos de massa lateral em C1-2.**
    a. Envolve colocação de mini parafusos poliaxiais na _____ _____ de C1 e _____ de C2 com fixação de haste.   massa lateral; pedículo
    b. Diminuição do risco de lesão da _____ _____ se comparado a parafusos de faceta transarticular.   artéria vertebral
    c. Pode ser usado na presença de _____ da C1-2.   subluxação

526 Parte 23: Procedimentos, Intervenções, Cirurgias

d. O exame de _____ de _____ _____ pré-operatório é necessário para avaliar a espessura _____ do arco _____ de _____ caso o arco necessite ser perfurado para facilitar a colocação do parafuso; bem como determinar o _____ do parafuso e para estimar o ângulo _____ para parafusos.
   CT de corte fino; craniocaudal; posterior; C1; comprimento; mediolateral

e. Ao colocar os parafusos C1, o _____ pode estar a apenas _____ mm do local de saída ideal do parafuso.
   ICA; 1 mm

f. No pós-operatório, um colar cervical (macio ou rígido, como preferido) é usado para _____-_____ semanas.
   4-6

■ Parafusos de C2

13. **Os seguintes são os quatro tipos de parafusos de C2:**   95.6.1
    a. Parafusos para p_____, que são direcionados _____.
       pedículo; medialmente
    b. M_____ _____, que são dirigidos _____. Estes parafusos são dimensionados para ficar aquém do _____ _____.
       Massa lateral; lateralmente; forame transversal
    c. Parafusos t_____ C1-2, associados a mais riscos de lesão VA
       transarticulares
    d. Parafusos t_____
       translaminares

14. **Complete as seguintes declarações sobre colocação de parafusos de massa lateral C3-6.**   Tabela 95.1
    a. No método An, o parafuso é colocado _____ mm medial ao ponto médio em direção mediolateral e no ponto médio na direção craniocaudal com uma trajetória de _____ graus lateral e _____ graus cefálica.
       1mm; 30 graus; 15 graus
    b. No método de Magerl o parafuso é colocado _____ mm medial ao ponto médio em direção mediolateral e _____ mm cranial ao ponto médio em direção craniocaudal com uma trajetória de _____-_____ graus lateral e _____ para a articulação facetária.
       2 mm; 2 mm; 20-25 graus; paralela
    c. No método de Roy-Camille o parafuso é colocado no ponto médio na direção mediolateral e direção craniocaudal com uma trajetória de _____-_____ graus lateral e _____ graus craniocaudal.
       0-10 graus; 0 graus

96

Colunas Vertebral, Torácica e Lombar

■ Acesso Anterior à Junção Cervicotorácica/Coluna Torácica Superior. Acesso Anterior para a Região Média e Inferior da Coluna Torácica

1. Complete as seguintes declarações sobre o acesso anterior à junção cervicotorácica, coluna torácica superior e coluna torácica inferior.

   a. O procedimento d_____ do e_____ permite o acesso à _____ e ocasionalmente à _____. — divisão do esterno; T3; T5 — 96.1.1

   b. Ao acessar a coluna torácica média com toracotomia lateral direita, o c_____, m_____ e veia b_____ não impedem o acesso. — coração; mediastino; veia braquiocefálica — 96.2.2

   c. Ao acessar a coluna torácica média com umatoracotomia do lado esquerdo, a_____ é mais fácil de ser mobilizada e retraída. — aorta

   d. Ao acessar a coluna torácica inferior, uma toracotomia lateral _____ é preferida para mobilizar a _____. — esquerda; aorta — 96.2.3

   e. Na T10, a fixação ao _____ aumenta a dificuldade da abordagem. — diafragma

■ Parafusos Pediculares Torácicos

2. Complete as seguintes declarações sobre parafusos do pedículo.

   a. Em razão do osso denso dos ombros, a imagem da coluna torácica geralmente é difícil de _____ a _____ na fluoroscopia lateral. — T1 a T4 — 96.3.1

   b. No que diz respeito à direção craniocaudal utilize o _____ do processo transverso como um ponto de entrada para T1, T2, T3 e T12. — meio (mnemônico: T1-2-3"Mid tp") — 96.3.3

528 Parte 23: Procedimentos, Intervenções, Cirurgias

    c. No que diz respeito à direção craniocaudal, use o _____ do processo transversal como ponto de entrada para os níveis torácicos T7, T8 T9.   topo (mnemônico: T7-8-9 "topo da linha ")

    d. Ao usar mãos livres usando marcos anatômicos, o parafuso é introduzido _____ à superfície da faceta articular superior "visando", ao mesmo tempo, o _____ contralateral.   perpendicular; pedículo

    e. O comprimento típico do parafuso torácico é de _____-_____ mm.   35-40 mm

    f. O diâmetro do parafuso deve ser aproximadamente _____% do diâmetro do pedículo.   80%

■ Acesso Anterior à Junção Toracolombar. Acesso Anterior à Coluna Lombar

3. Complete as seguintes declarações sobre o acesso anterior à junção toracolombar e coluna lombar.

    a. É preferível uma abordagem lateral _____ visto que o _____ é mais fácil de retrair que o fígado, e a _____ é mais fácil de se mobilizar que a veia cava inferior.   esquerda; baço; aorta   96.4.1

    b. É importante flexionar a perna ipsolateral para relaxar o músculo _____, permitindo uma retração mais segura do plexo lombossacral ipsolateral.   psoas

    c. A fusão intersomática lombar anterior (ALIF) está relativamente contraindicada em homens por conta do risco de _____ _____ em 1-2% (até em 45% em algumas revisões).   ejaculação retrógrada   96.5.1

    d. A bifurcação dos grandes vasos ocorre logo acima para imediatamente abaixo do espaço de disco _____-_____, assim a ALIF é mais adequada para o acesso a _____-_____.   L4-5; L5-S1

    e. Em L5-S1, a _____ _____ _____ transcorre a _____ _____ de artéria sacral anterior; VB e tem que ser sacrificada para fazer um ALIF.   artéria sacral anterior; linha média

■ Pérolas da Instrumentação/Fusão para a Coluna Lombar e Lombossacral. Parafusos Pediculares Lombossacrais

4. **Complete as seguintes declarações em relação à fusão cirúrgica das colunas lombar e lombossacral.**

a. A fusão lombar que inclui a L1 não deve ser eliminada em _____ ou _____.	L1 ou T12	96.6
b. Os parafusos pediculares devem ter _____% do diâmetro do pedículo e possuir um diâmetro menor que _____ mm na coluna lombar do adulto e ser longos o suficiente para penetrar _____% do corpo vertebral.	70 a 80%; 5,5; 70 a 80%	96.7.1
c. Com a colocação de parafuso pedicular lombar aberta, o ponto de entrada encontra-se na _____ do processo transverso, na intersecção do centro do processo transverso e do plano sagital pelo aspecto lateral da _____ _____.	base; faceta superior	96.7.3
d. Ângulos medianos para parafusos pediculares lombares:		
i. O ângulo do nível mediano de L1 deve ser de _____ graus.	5 graus	
ii. O ângulo do nível mediano de L2 deve ser de _____ graus.	10 graus	
iii. O ângulo do nível mediano de L3 deve ser de _____ graus.	15 graus	
iv. O ângulo do nível mediano de L4 deve ser de _____ graus.	20 graus	
v. O ângulo do nível mediano de L5 deve ser de _____ graus.	25 graus (Cada ângulo é igual ao nível VB x 5.)	
vi. O ângulo do nível mediano de S1 deve ser de _____ graus.	25 graus	
vii. O ângulo do nível mediano de S2 deve ser de _____-_____ graus.	40-45 graus	
e. Cada parafuso deve cruzar _____ do corpo vertebral.	dois terços	
f. Na vista AP, se a ponta do parafuso cruza a linha mediana, há uma ruptura _____.	medial	
g. A fusão intercorpórea lombar posterior (PLIF e TLIF) é relativamente contraindicada com altura do _____ de _____ bem preservado; e geralmente é complementado com _____ _____ para prevenir _____ progressiva.	espaço de disco; parafusos pediculares; espondilolistese	96.7.8
h. Os benefícios do TLIF sobre o PLIF incluem menos retração da _____ _____ e prevenção de _____ _____ em reoperações.	raiz nervosa; tecido cicatricial	

■ Fusão Intersomática Minimamente Invasiva por Acesso Lateral Retroperitoneal Transpsoas

5. Complete em relação à fusão intercorporal via transpsoas retroperitoneal lateral minimamente invasiva.

   a. O acesso é melhor de _____-_____; entretanto, uma abordagem similar retropleural pode ser empregada na coluna torácica até _____.
   L1-L5; T4
   96.8.1

   b. Com fusões intersomáticas laterais torácicas não se pode _____ o _____ contralateral.
   penetrar; ânulo

   c. O LLIF é particularmente útil nos casos de f_____ s_____ a_____ porque ele obvia lidar com _____ ou _____ de cirurgia anterior que reduz o risco de _____.
   falha de segmento adjacente; tecido cicatricial; *hardware*; durotomia
   96.8.2

   d. O LLIF, quando combinado com a ressecção do l_____ l_____ a_____, pode ser usado para corrigir a _____ e para _____ a lordose lombar.
   ligamento longitudinal anterior; escoliose; aumentar

   e. A LLIF está contraindicada nos casos que requerem d_____ d_____, altura do espaço do disco > _____ mm, ou em casos com patologia no espaço _____-_____ secundária à interferência do _____.
   descompressão direta; 12 mm; L5-S1; ílio
   96.8.3

   f. Um *cage* isolado não deve ser colocado em pacientes com o_____, i_____ pré-operatória ou se o ligamento _____ _____ for interrompido durante a colocação.
   osteoporose; instabilidade; longitudinal anterior
   96.8.5

   g. Complicações transitórias comuns incluem dormência da coxa em _____-_____% de casos devido à lesão ao nervo _____ e corante para fraqueza da flexão da coxa na lesão do músculo _____.
   10-12%; genitofemoral; psoas
   96.8.6

   h. As taxas de fusão após a LLIF variam de _____-_____%.
   91-100%
   96.8.8

97

Procedimentos Cirúrgicos Diversos

■ Punção Lombar. Punção no Espaço C1-C2 e Punção Cisternal

1. **Complete as seguintes declarações sobre punções espinais.**

a. Contraindicações para punções lombares incluem pacientes com contagem de plaquetas < _____ ou pacientes com hidrocefalia n_____	50.000; não comunicante	97.3.1
b. Em pacientes com SAH, um LP pode aumentar a pressão t_____ e precipitar a ruptura aneurismática.	transmural	
c. Um LP em pacientes com raquianestesia pode produzir deterioração em até _____%.	14%	
d. O *conus medullaris* está localizado entre T12 e L1 em _____% dos pacientes, entre L1 e L2 em _____%, e entre L2 e L3 em _____% dos pacientes.	30%; 51-68%; 10%	97.3.2
e. A linha intercristal conecta a borda superior das c_____ i_____ e ocorre na maior parte dos adultos entre os processos espinhosos de _____ e _____.	cristas ilíacas; L4 e L5	
f. Ao executar um LP a agulha é sempre avançado com o _____ de modo a evitar a introdução de células _____ que poderiam produzir um t_____ e_____ iatrogênico.	estilete; epidermais; tumor epidermoide	
g. O Queckenstedt é um teste para bloqueio _____ em que a v_____ j_____ é comprimida, primeiro em um lado, em seguida, em ambos enquanto mensura o ICP; não havendo bloqueio, a pressão aumentará para _____-_____ cm de líquido, e cairá para o nível original em _____ segundos de lliberação.	subaracnóideo; veia jugular; 10-20; 10	
h. Em doentes não anêmicos deve haver _____-_____ WBCs para cada _____ RBCs.	1-2; 1.000	97.3.4
i. Uma contagem de RBC > _____ que muda pouco com a drenagem do CSF e uma relação elevada de _____ para _____ diferencia SAH de _____ _____.	100.000; WBC para RBC; punção traumática	

Parte 23: Procedimentos, Intervenções, Cirurgias

j. A incidência de cefaleia grave pós-punção (com duração superior a _____ dias) é de _____%.
   7; 0,1 a 0,5%

k. A paralisia cerebral _____ pode ocorrer com _____-_____ de atraso após a LP e geralmente se recupera após _____-_____ semanas.
   Cr. N. VI (geralmente unilateral); 5-14 dias; 4-6

l. O t_____ s_____ epidural é um tratamento para cefaleia refratária pós-LP
   tamponamento sanguíneo

m. A punção C1-2 é contraindicada em pacientes com m_____ de C_____ em razão de risco de baixo posicionamento das t_____ c_____ e t_____ medular.
   malformação de Chiari; tonsilas cerebelares; torção
   97.5.1

■ Drenagem de CSF com Cateter Lombar

2. **Complete as seguintes declarações sobre drenagem do CSF com cateter lombar.**

a. As indicações para a drenagem incluem a redução da pressão do CSF no local do _____/_____, reduzindo a pressão intracraniana nos casos de hidrocefalia _____ ou redução da pressão CSF na tentativade aumentar a perfusão da _____ _____.
   extravazamento/fístula; comunicante; medula espinal
   97.4.2

b. Caso o cateter não penetre o interior do canal medular, ele deve ser retirado _____ com a agulha para impedir a _____ da ponta do cateter.
   juntamente; remoção
   97.4.4

■ Procedimentos Diversivos para CSF. Dispositivo de Acesso Ventricular

3. **Complete as seguintes declarações em relação à cateterização ventricular:**
   97.6.1

a. O ponto de Kocher é usado como um ponto de entrada para colocação de um cateter no _____ _____ do ventrículo lateral e pode ser encontrado _____-_____ da linha mediana e _____ cm anterior à sutura coronária, que está aproximadamente _____ cm acima do násio; a trajetória é _____ à superfície do cérebro, que pode ser aproximada visando-se o c_____ m_____ do olho ipsolateral e do E_____.
   corno frontal; 2-3 cm (linha pupilar média); 1 cm; 11 cm; perpendicular; canto medial; EAM

b. O ponto de Keen encontra-se aproximadamente _____-_____ cm superior e posterior à pina e resulta na colocação docateter no _____.
   2,5-3 cm; trígono

c. O ponto de Dandy está a _____ da linha média, e a _____ cm acima do ínio.
   2 cm; 3 cm

d. A abordagem occipital-parietal é frequentemente usada para *shunting*; um ponto de entrada comum está _____ cm acima e posterior ao topo da pina;o cateter é inicialmente inserido _____ à base do crânio em direção à porção _____ da testa ou _____ _____ ipsolateral.
   3 cm;
   paralelo;
   central;
   canto medial

4. Complete as seguintes afirmações sobre *shunts* ventriculares:
   a. Listar as camadas a serem atravessadas na inserção aberta do cateter peritoneal.
      97.6.3
      i. g_____ _____ — gordura subcutânea
      ii. b_____ do _____ _____ — bainha do reto anterior
      iii. m_____ — músculo
      iv. b_____ do _____ _____ — bainha do reto posterior
      v. g_____ _____ — gordura pré-peritoneal
      vi. p_____ — peritônio
   b. Se um conector deve ser utilizado próximo à clavícula, coloque-o _____ na clavícula para diminuir o risco de _____.
      acima;
      desconexão
   c. Um *shunt* ventriculoatrial deve ser revisto quando a ponta do cateter encontra-se acima de _____.
      T4
   d. Durante a terceiro ventriculostomia, a abertura é realizada _____ aos corpos mamilares que está _____ à ponta da artéria basilar; após o puncionamento do assoalho ser certificado de que a _____ de _____ também é perfurada.
      anterior;
      anterior;
      membrana de Liliequist
      97.6.4
   e. A agulha a ser usada em uma punção do reservatório de Ommaya é de calibre _____ ou agulha _____ menor.
      25; borboleta
      97.7.4

■ Biópsia do Nervo Sural

5. Complete as seguintes declarações sobre biópsias do nervo sural.
   a. As seguintes são indicações para biópsia do nervo sural:
      97.8.2
      i. a_____ — amiloidose
      ii. C_____-M_____-T_____ — Charcot-Marie-Tooth
      iii. a_____ d_____ — amiotrofia diabética
      iv. d_____ H_____ — doença de Hansen
      v. l_____ m_____ — leucodistrofia metacromática
      vi. v_____ — vasculite
   b. Ao nível do tornozelo, o nervo sural encontra-se entre o tendão de _____ e o maléolo _____.
      Aquiles;
      lateral
      97.8.4
   c. Um torniquete é usado para distender a veia s_____ m_____.
      safena menor
      97.8.5
   d. Perda _____ é esperada, mas não persiste por mais de _____ semanas.
      sensorial;
      algumas
      97.8.3

98

Neurocirurgia Funcional

■ Estimulação Cerebral Profunda

1. **Caracterize a doença de Parkinson.**   98.1
   a. O melhor alvo é o _____ _____   núcleo subtalâmico
   b. Tem eficácia similar a _____   levodopa
   c. com menos _____ _____.   efeitos colaterais
   d. A cirurgia ablativa está cedendo lugar para os _____.   DBS (estimuladores cerebrais profundos)

2. **Associe as condições a seguir com seus sítios-alvo de estimulação.**   98.1
   Condições: ① síndrome de Tourette; ② transtorno obsessivo-compulsivo; ③ depressão
   a. cápsula anterior   ②, ③
   b. talâmico   ①
   c. STN   ②
   d. subgenual   ③
   e. giro cingulado   ③
   f. palidal   ①

■ Tratamento Cirúrgico da Doença de Parkinson

3. **Associando.** No que diz respeito ao tratamento cirúrgico ablativo da doença de Parkinson e sua origem histórica, associe os procedimentos listados com a(s) frase(s) e benefícios apropriados.
   Abandonado porque:
   ① resultados imprevisíveis; ② tremor não melhorou; ③ bradicinesia não melhorou; ④ rigidez não melhorou; ⑤ tremor ipsolateral persiste; ⑥ efeitos colaterais/resistência; ⑦ benefícios apenas modestos
   Procedimento: (a-e) abaixo
   a. Ligação da artéria coróidea anterior   ①   98.3.1
   b. Palidotomia anterodorsal   ②, ③
   c. Talamotomia ventrolateral   ③, ④, ⑤
   d. L-dopa   ⑥
   e. Transplante   ⑦   98.3.2

Neurocirurgia Funcional   535

4. **Verdadeiro ou Falso. Os sintomas a seguir melhoram depois de palidotomia anterodorsal:** 98.3.1
   a. tremor ipsolateral — falso
   b. rigidez — verdadeiro
   c. bradicinesia — falso
   d. ataxia — falso
   e. tremor contralateral — falso

5. **Talamotomia ventrolateral pode melhorar o tremor; não pode ser realizada bilateralmente porque talamotomia bilateral causa** 98.3.1
   a. d_____ e — disartria
   b. p_____ da m_____ — perturbação da marcha

6. **Complete as frases a seguir relativas ao tratamento cirúrgico da doença de Parkinson.** 98.3.2
   a. O alvo atualmente é o _____ _____ — pálido anterodorsal
   b. especificamente, o _____, o qual bloqueia a entrada do _____ _____. — GPi – segmento interno do globo pálido; STN – núcleo subtalâmico

7. **Como pode funcionar a palidotomia?** 98.3.2
   a. destruição direta do _____ — GPi
   b. interrompe as fibras _____ — palidofugais
   c. diminui a entrada do _____ _____ — núcleo subtalâmico

8. **Responda as questões a seguir relativas ao tratamento cirúrgico da doença de Parkinson.** 98.3.2
   a. Qual era o procedimento anterior para tratamento da doença de Parkinson? — ligação da artéria corióidea anterior
   b. Quais são os mecanismos pelos quais a palidotomia pode funcionar?
      i. destrói _____ — GPi
      ii. interrompe as v_____ p_____ — vias palidofugais
      iii. reduz a entrada no p_____ m_____ — pálido médio
   c. Qual é o alvo para o tratamento do tremor? — núcleo ventral intermédio (VIM) do tálamo
   d. Verdadeiro ou Falso. A palidotomia é primariamente focada no tratamento dos sintomas motores. — verdadeiro
   e. Quais são as complicações mais comuns da palidotomia? Dica: dhhd
      i. d_____ no _____ _____ — déficit no campo visual
      ii. h_____ — hemiparesia
      iii. h_____ i_____ — hemorragia intracerebral
      iv. d_____ — disartria

536 Parte 23: Procedimentos, Intervenções, Cirurgias

9. **Verdadeiro ou Falso.** As indicações para palidotomia em parkisonismo incluem:
   a. refratário à terapia medicamentosa — verdadeiro
   b. discinesia induzida por medicamentos — verdadeiro
   c. rigidez — verdadeiro
   d. tremor — falso
   e. demência — falso

10. Hemianopsia ipsolateral é uma contraindicação para palidotomia ventral porque um dos efeitos colaterais do procedimento pode ser l_____ t_____ o_____ e faria com que o paciente ficasse _____. — lesão no trato óptico; cego (Podem ocorrer defeitos no campo visual em 2,5% dos pacientes; pode resultar em cegueira)

11. Palidotomias bilaterais acarretam um aumento no risco de
    a. d_____ na f_____ e — dificuldades na fala
    b. d_____ c_____. — declínio cognitivo

12. **Verdadeiro ou Falso.** Quais são os benefícios para o paciente de palidotomia posteroventral conforme é feita atualmente?
    a. sintomas motores — verdadeiro
    b. discinesia — verdadeiro
    c. rigidez — verdadeiro
    d. bradicinesia — verdadeiro
    e. tremor — verdadeiro

13. Caracterize as lesões talâmicas.
    a. Lesão no núcleo _____ talâmico — intermédio
    b. reduz o _____ parksoniano — tremor
    c. No entanto, não melhora a _____ — discinesia
    d. e pode piorar os
        i. s_____ da m_____ e — sintomas da marcha
        ii. p_____ da f_____ — problemas da fala

14. Caracterize a subtalamotomia.
    a. Lesões no STN classicamente produziram _____. — hemibalismo
    b. Lesões seletivas podem dar alívio equiparado ao de _____. — palidotomia

■ Distonia

15. Caracterize distonia.
    a. Estimulação do _____ é o tratamento cirúrgico primário para a distonia. — globo pálido
    b. Os resultados são melhores para discinesia _____. — tardia
    c. O alvo mais comum é _____. — GPi

16. Verdadeiro ou Falso. A estimulação tem atraído interesse crescente em pacientes com doença de Parkinson que são refratários ao tratamento médico medicamentoso. O estimulador cerebral profundo (eletrodo) é colocado em quais das seguintes localizações? (há três respostas verdadeiras.) — 98.4
    a. zona incerta — falso
    b. pálido ventral (PV) posterior — falso
    c. substância negra (SN) — falso
    d. campo de Forel (H) — falso
    e. núcleo subtalâmico (STN) — verdadeiro
    f. globo pálido interno (GPi) — verdadeiro
    g. núcleo pedunculopontino — verdadeiro

■ Espasticidade

17. Verdadeiro ou Falso. Uma bexiga espástica terá — 98.5.2
    a. alta capacidade e esvaziará espontaneamente — falso
    b. alta capacidade e esvaziará com dificuldade. — falso
    c. baixa capacidade e esvaziará espontaneamente. — verdadeiro (Baixa capacidade e esvaziamento espontâneo são as características da bexiga espástica.)
    d. baixa capacidade e esvaziará com dificuldade. — falso

18. Verdadeiro ou Falso. O início de uma bexiga espástica após lesão na medula espinal é — 98.5.2
    a. imediato — falso
    b. tardio — verdadeiro (O início tardio é típico porque a fase aguda do choque espinal é hiporreflexa e hipotônica.)
    c. pode ocorrer a qualquer momento — falso

19. Verdadeiro ou Falso. A escala de Ashworth consegue classificar a severidade da espasticidade. O escore mais alto neste sistema é dado quando — Tabela 98.2
    a. não há aumento no tônus (movimento completo) — falso
    b. existe rigidez em todos os flexores — falso
    c. existe rigidez em todos os extensores — falso
    d. rigidez na flexão e extensão — verdadeiro

20. A escala de Ashworth é a classificação clínica da _____ da _____. — severidade da espasticidade — 98.5.2

Parte 23: Procedimentos, Intervenções, Cirurgias

21. Quais são as medicações usadas no tratamento da espasticidade?
    a. b_____ — baclofeno
    b. d_____ — diazepam
    c. d_____ — dantroleno
    d. p_____ — progabide

22. Quais são os procedimentos não ablativos usados para o tratamento da espasticidade?
    a. b_____ i_____ — baclofeno intratecal
    b. m_____ i_____ — morfina intratecal
    c. e_____ e_____ e_____ — estimulação elétrica epidural

23. Verdadeiro ou Falso. As fibras que são mais sensíveis à rizotomia por radiofrequência são
    a. pequenas fibras sensoriais não mielinizadas. — verdadeiro
    b. grandes fibras motoras alfa mielinizadas. — falso

24. Quais são os procedimentos ablativos com preservação da deambulação usados para o tratamento de espasticidade? Nomeie um. — bloqueio do ponto motor; bloqueio nervoso com fenol; neurectomia seletiva; rizotomiaforaminal por radiofrequência percutânea; mielotomia de Bischof; rizotomia dorsal seletiva; talamotomia estereotática; dentatotomia

25. Quais são os procedimentos ablativos com sacrifício da deambulação usados para o tratamento de espasticidade? Nomeie um. — Injeção intratecal de fenol; rizotomia seletiva anterior; neurectomia; neurólise intramuscular; cordectomia; cordotomia

26. Verdadeiro ou Falso. A espasticidade pode ser tratada com bombas de baclofeno intratecal. As complicações são principalmente
    a. bomba de infusão — falso
    b. complicações na ferida — falso
    c. complicações no cateter — verdadeiro (As complicações no cateter podem ter uma frequência de até 30% em bombas de baclofeno.)
    d. resistência à medicação — falso

■ Torcicolo

27. Qual é o outro nome para torcicolo? — pescoço torto
28. Que músculo é usualmente afetado no torcicolo espasmódico? — esternocleidomastóideo

29. **Quais são os procedimentos cirúrgicos usados para o tratamento de torcicolo espasmódico?** 98.6.3
    a. estimular a _____ _____ — medula espinal
    b. injetar _____ _____ — toxina botulínica
    c. cortar _____ — rizotomia H1 de Forel
    d. coagular a _____ _____ — artéria vertebral

30. **Que artéria está mais comumente implicada no torcicolo com origem no décimo primeiro nervo?** — artéria vertebral 98.6.6

■ Síndromes Compressivas Neurovasculares

31. **Caracterize a zona de entrada da raiz.** 98.7.1
    a. Síndromes causadas por compressão dos
        i. _____ _____ — nervos cranianos
        ii. na _____ _____ _____ — zona de entrada da raiz
    b. Este sítio, também conhecido como a zona de _____-_____. — Obersteiner-Redlich
    c. é o ponto onde a mielina central das células _____ — oligodendrogliais
    d. muda para a mielina periférica das células de _____. — Schwann

32. **Verdadeiro ou Falso. Espasmo hemifacial (HFS) inicia na metade inferior da face e se espalha até a metade superior da face.** — falso (inicia com o orbicular ocular) 98.7.2

33. **Complete as frases a seguir relativas às síndromes de compressão neurovascular.** 98.7.2
    a. Em que lado HFS é mais comum? — esquerdo
    b. Qual é a predileção por idade e gênero? — mulheres, depois da adolescência
    c. Qual é a artéria mais comumente envolvida? — AICA
    d. Verdadeiro ou Falso. Carbamazepina e fenitoína são tratamentos de um modo geral efetivo. — falso
    e. Qual é o material usado como almofada na descompressão microvascular (MVD)? — ivalon, espuma com álcool em polivinilformil

34. **Qual é o outro único transtorno do movimento involuntário além de HFS que persiste durante o sono?** — mioclonia palatina 98.7.2

Parte 23: Procedimentos, Intervenções, Cirurgias

35. **O que distingue HFS de mioquimia facial (FM)?**
    a. Espasmo hemifacial (HFS) é _____. unilateral
    b. Mioquimia facial (FM) é _____. bilateral

36. **Verdadeiro ou Falso. O vaso mais comumente associado a espasmo hemifacial é**
    a. ateria cerebelar inferior posterior (PICA) falso
    b. artéria cerebelar superior (SCA) falso
    c. artéria cerebelar inferior anterior (AICA) verdadeiro
    d. artéria cerebral posterior (PCA) falso
    e. artéria vertebral falso
    f. artéria basilar falso

37. **Espasmo hemifacial**
    a. é causado por compressão na _____ de _____ da _____ zona de entrada da raiz
    b. do _____ _____ nervo facial
    c. pela _____. AICA
    d. Não causa condução _____, mas efática
    e. produz _____ e _____. queimação, sincinesia

38. **Sincinesia é um fenômeno em que**
    a. a estimulação de _____ _____ do nervo facial um ramo
    b. resulta em _____ _____ através de _____ _____. descargas tardias; outro ramo

39. **Verdadeiro ou Falso. Pós-operatoriamente após descompressão microvascular para espasmo hemifacial, o paciente pode esperar**
    a. cessação imediata dos espasmos faciais. falso
    b. redução iniciando 2 a 3 dias mais tarde. verdadeiro
    c. melhores resultados quanto mais tempo o paciente teve HFS. falso
    d. melhores resultados quanto mais velho for o paciente. falso
    e. resolução completa dos espasmos eventualmente. verdadeiro (em 81 a 93% dos pacientes)
    f. possível recaída mesmo se livre de espasmos por 2 anos completos. falso (recaída depois de 2 anos apenas em 1%)

40. **As complicações da cirurgia para espasmo hemifacial (HFS) incluem:**
    Dica: hemifacial s
    a. r_____ rouquidão (**h**oarseness)
    b. i_____ idosos (**e**lderly) têm resultados piores
    c. m_____ **m**eningite (asséptica)
    d. p_____ _____ _____ perda auditiva ipsolateral (**i**psolateral)
    e. f_____ _____ fraqueza facial (**f**acial)
    f. a_____ ataxia (**a**taxia)
    g. r_____ rinorreia no CSF (**C**SF)
    h. a_____ _____ alívio incompleto (**i**ncomplete) dos sintomas

i. m____ ____	meningite **a**sséptica	
j. h____ ____	herpes **l**abial	
k. d____	**d**eglutição (**s***wallowing*) (disfagia)	

■ Hiperidrose

41. **Complete as afirmações a seguir referentes à hiperidrose.**
    a. É causada por hiperatividade das glândulas ____ ____. — sudorípara sécrinas — 98.8.1
    b. Estas glândulas estão sob o controle do ____ ____ ____. — sistema nervoso simpático
    c. O neurotransmissor é ____. — acetilcolina
    d. A maioria dos órgãos com terminações ____ é ____. — simpáticas; adrenérgica
    e. Alguns casos justificam ____ ____. — simpatectomia cirúrgica — 98.8.2

■ Simpatectomia

42. **Complete as afirmações a seguir relativas à simpatectomia.**
    a. Qual é o nível para simpatectomia cardíaca? — Dos gânglios estrelados — 98.10.1
    b. Qual é o nível para simpatectomia das UE? — segundo gânglio torácico T2 — 98.10.2
    c. Qual é o nível para simpatectomia lombar? — gânglios simpáticos L2 e L3 — 98.10.4
    d. Qual é a abordagem mais comumente usada para simpatectomia lombar? — retroperitoneal

43. **Nomeie cinco indicações para simpatectomia das extremidades superiores (UE).** — Tabela 98.6
    Dica: "crash" dos gânglios simpáticos
    a. c____ ____ ____ — **c**ausalgia maior primária
    b. d____ de ____ — doença de **R**aynaud
    c. a____ ____ — **a**ngina intratável
    d. s____ ____-____ — **S**índrome ombro-mão
    e. h____ — **h**iperidrose

44. **Quais são as complicações de simpatectomia das UE?** — 98.10.2
    a. p____ — pneumotórax
    b. n____ i____ — neuralgia intercostal
    c. l____ m____ e____ — lesão medular espinal
    d. s____ de H____ — síndrome de Horner

99

Procedimentos para Dor

■ Informações Gerais

1. **A dose usual tolerada de narcótico oral é M_____ c_____.**   MS contin (até 300 a 400 mg/dia)   99.1

■ Tipos de Procedimentos para Dor

2. **Nomeie os procedimentos ablativos intracranianos para tratar as seguintes dores:**   99.3
   a. dor do câncer: t_____ m_____   talamotomia medial
   b. dor na cabeça, pescoço, face: m_____ e_____   mesencéfalo estereotático

3. **Associando. Associe o procedimento à sua aplicação (alguns têm mais de uma).**   99.3
   Aplicações para dor devido a:
   ① lesões na medula espinal; ② dor pós-laminectomia; ③ dor pélvica com incontinência; ④ em ou abaixo de C5; ⑤ cabeça, face, extremidades superiores; ⑥ bilateral abaixo do diafragma; ⑦ causalgia; ⑧ bilateral abaixo dos dermátomos torácicos; ⑨ lesões por avulsão; ⑩ não para dor do câncer
   Procedimento: (a-h) abaixo
   a. mesencefalotomia estereotática   ⑤
   b. cordotomia   ④
   c. espinhal intratecal   ⑥
   d. cordotomia sacral   ③
   e. simpatectomia   ⑦
   f. mielotomia comissural   ⑧
   g. zona de entrada dorsal (DREZ)   ①, ⑨, ⑩
   h. estimulador da medula espinal   ②, ⑩

■ Cordotomia

4. Complete as frases a seguir referentes a acordotomia.

a. O seu objetivo é interromper as fibras do t_____ t_____ e_____ _____ no lado do trato do tálamo c_____ para a dor.	trato talâmico espinal lateral contralateral	99.4.1
b. Cordotomia é o procedimento de escolha para dor _____ abaixo do dermátomo C_____.	unilateral; C5	
c. Duas maneiras de realizar cordotomia:		
i. a_____	abrir	
ii. p_____	percutaneamente	
d. Pode ocorrer perda da respiração automática depois de c_____ b_____ e é denominada m_____ de O_____.	cordotomia bilateral; maldição de Ondine	
e. Qual é a porcentagem de corte no teste da função pulmonar antes que os pacientes possam se submeter acordotomia?	50%	99.4.2

5. Responda as perguntas a seguir relativas aos procedimentos para dor.

a. Que tipo de pacientes são candidatos à cordotomia?	pacientes com doença terminal	99.4.3
b. Em qual dos lados deve ser realizada a cordotomia?	contralateral à dor	
c. O que acontece com a impedância quando a agulha penetra na medula?	salta de 300 a 500 ohms para 1.200 a 1.500 ohms	
d. Que resposta deve impedir que a cordotomia seja realizada?	tetania muscular com estimulação	
e. Se olhar nos olhos do paciente, o que você saberá ?	Se ocorrer uma síndrome de Horner ipsolateral, o procedimento é satisfatório.	
f. Que porcentagem dos pacientes terá alívio da dor?	94%	

■ Mielotomia Comissural

6. Responda às perguntas a seguir referentes à amielotomia comissural.

a. Qual é a indicação para mielotomia comissural?	dor bilateral ou na linha mediana	99.5.2
b. Qual é a taxa de alívio completo da dor após comissural?	60%	99.5.4
c. Qual é o requisito especial para morfina intratecal?	solução salina a 0,9% sem conservantes	99.7.1

■ Administração de Narcóticos no CNS

7. Responda as questões a seguir referentes à administração de narcóticos no sistema nervoso central (CNS).
   a. O requisito para a implantação de uma bomba de morfina é d_____ de t_____ p_____-o_____. — dose de teste pré-operatória
   b. I_____ de b_____ pode reduzir o tempo de espera até que comece a funcionar uma bomba de morfina; caso contrário, o alívio pode não ocorrer por vários _____. — infusão de bolo; dias
   c. É comum meningite após a colocação de uma bomba? — não
   d. É comum insuficiência respiratória após a colocação de uma bomba? — não

■ Estimulação da Medula Espinal (SCS)

8. Complete as frases a seguir referentes à estimulação medular espinal.
   a. O sítio de estimulação da medula espinal é a c_____ d_____. — coluna dorsal
      i. A indicação mais comum é s_____ d_____ p_____-l_____. — síndrome dolorosa pós-laminectomia
      ii. Não é usualmente indicada para d_____ do c_____. — dor do câncer
   b. Dois tipos de eletrodos:
      i. semelhante a uma p_____ — placa
      ii. semelhante a um f_____ — fio

9. Complete as afirmações a seguir referentes à síndrome dolorosa regional complexa (CRPS).
   a. É uma condição dolorosa c_____ caracterizada por — crônica
   b. d_____ intensa ou dor em q_____. — dor; queimação

10. Qual é a diferença entre síndrome dolorosa regional crônica Tipo I e Tipo II? — Tipo I não tem lesão nervosa e Tipo II se segue a uma lesão nervosa.

11. Verdadeiro ou Falso. Em relação à estimulação medular espinal:
    a. Melhora o controle da dor mais do que fisioterapia ou manejo médico isolado em pacientes com insucesso na cirurgia da coluna. — verdadeiro
    b. Auxilia com a dor causada por isquemia inoperável dos membros. — verdadeiro
    c. Reduz dor de angina e melhora a capacidade para exercício. — verdadeiro

■ Estimulação Cerebral Profunda (DBS)

12. **Complete as frases a seguir referentes à estimulação cerebral profunda.** 99.9
    a. Síndromes dolorosas de desaferenciação podem-se beneficiar com a estimulação do _____ _____. — tálamo sensório
    b. DBS para dor neuropática crônica produz uma redução de _____-_____% na dor em aproximadamente _____-_____% dos pacientes. — 40-50%; 25-60%
    c. Síndromes dolorosas nociceptivas se beneficiam com a estimulação da _____ _____ _____. — substância cinzenta periaquedutal
    d. Cefaleias em salvas podem-se beneficiar com _____ _____. — estimulação hipotalâmica

■ Lesões na Zona de Entrada da Raiz Dorsal (DREZ)

13. **Complete as frases a seguir referentes a lesões na zona de entrada da raiz dorsal (DREZ).**
    a. Elas são úteis para dor de _____. — desaferenciação 99.10.1
    b. Resultam da a_____ da raiz nervosa. — avulsão
    c. Ocorrem mais comumente em razão de acidentes com m_____. — motocicleta
    d. Para este tipo de lesão, pode-se esperar alívio da dor em _____%. — 80 a 90% 99.10.5

100

Cirurgia de Epilepsia

■ Informações Gerais, Indicações

1. **Qual a porcentagem de pacientes que não são controlados com medicação?** — 20% — 100.1

2. **Características das convulsões refratárias consideradas para cirurgia.** — 100.1
   a. Natureza das convulsões? — incapacitação severa
   b. Duração do tratamento? — no mínimo 1 ano

3. **Complete as frases a seguir referentes a convulsões medicamente refratárias.** — 100.1
   a. Medicamente refratário é usualmente considerado _____ tentativas de monoterapia em alta dose — duas
   b. com _____ AEDs distintos e — dois
   c. _____ tentativa de politerapia. — uma

■ Avaliação Pré-cirúrgica

4. **Verdadeiro ou Falso. Em relação à avaliação pré-cirúrgica.**
   a. Todos os pacientes devem se submeter a MRI com alta resolução como parte da avaliação pré-cirúrgica. — verdadeiro — 100.2.1
   b. É o melhor teste para demonstrar assimetria hipocampal. — verdadeiro — 100.2.2

5. **Complete as frases a seguir referentes às técnicas para avaliação não invasiva de convulsão.** — 100.2.2
   a. Monitoramento por vídeo EEG é usado para identificar o f_____ da c_____. — foco da convulsão
   b. Em uma CT com contraste IV o foco pode r_____. — realçar
   c. PET-scan interictal mostra h_____ em _____% dos pacientes com CPS refratária. — hipometabolismo; 70%
   d. Durante uma convulsão, uma SPECT irá demonstrar f_____ s_____ durante uma c_____. — fluxo sanguíneo durante uma convulsão

Cirurgia de Epilepsia

6. **Complete as frases a seguir referentes ao teste WADA:**   100.2.3
   a. O propósito é localizar o h_____ d_____.   hemisfério dominante
   b. Você pode ser enganado por
      i. A_____   AVM
      ii. a_____ t_____ p_____   Artéria trigeminal persistente
      iii. h_____ s_____ pela   hipocampo suprido
      iv. c_____ p_____   circulação posterior

7. **Quando há falta de lateralização ou localização da fisiologia em avaliação pré-operatória, há duas opções cirúrgicas para a melhor definição do foco da convulsão:**   100.2.4
   a. e_____ p_____   eletrodo de profundidade
   b. r_____ ou f_____ cirúrgicas   redes ou faixas cirúrgicas

■ Técnicas Cirúrgicas

8. **As operações para desconexão cirúrgica disponíveis são:**   100.3.1
   a. c_____   calosotomia
   b. h_____   hemisferectomia
   c. t_____ s_____ m_____   transecções subpiais múltiplas

■ Procedimentos Cirúrgicos

9. **Complete as frases a seguir referentes à calosotomia.**   100.4.1
   a. Indicação para calosotomia
      i. q_____ s_____ – c_____ a_____   queda súbita ("*drop attack*") – convulsões atônicas
      ii. s_____ h_____ i_____   síndrome da hemiplegia infantil
   b. O quanto é ressecado do corpo caloso?   dois-terços anterior
   c. A complicação é um m_____ a_____.   mutismo acinético (ou verbalização temporária reduzida)
   d. A comissura anterior também deve ser seccionada?   não – menos provavelmente de ter síndrome de desconexão se preservada
   e. Contraindicação?   dominância cruzada
   f. Excluir pelo t_____ de W_____ em todas as pessoas c_____.   teste de Wada em todas as pessoas canhotas

548   Parte 23: Procedimentos, Intervenções, Cirurgias

10. **Complete as frases a seguir referentes à síndrome de desconexão em uma pessoa com esquerda dominante (isto é, destra).**   100.4.1
    a. Usualmente dura _____ meses. — 2 a 3 meses
    b. Efeito:
        i. a_____ t_____ da mão esquerda — anomia tátil
        ii. _____ da visão — Pseudo hemianopsia
        iii. olfato: a_____ — anosmia
        iv. cópia de figuras (isto é, síntese espacial): f_____ com a m_____ d_____ — fraca com a mão direita
        v. fala: e_____ r_____ — espontaneidade reduzida
        vi. _____ urinária — incontinência
        vii. d_____ no lado esquerdo — dispraxia
    c. Ocorre com g_____ l_____ do c_____ c_____. — grandes lesões do corpo caloso
    d. Menos provável de ocorrer se a c_____ a_____ for _____. — comissura anterior for preservada

11. **Complete as frases a seguir referentes aos limites da lobectomia temporal.**   100.4.2
    a. No lado dominante é permitido
        i. _____ — 4 a 5 cm
        ii. p_____ muito a f_____ — prejudica muito a fala
    b. No lado não dominante é permitido
        i. _____ — 6 a 7 cm
        ii. excessiva h_____ s_____ p_____ c_____ — hemianopsia superior parcial contralateral
    c. Ressecção maior do que
        i. _____ irá causar — 8 a 9 cm
        ii. h_____ s_____ c_____ c_____ — hemianopsia superior completa contralateral

■ Termoterapia Intersticial a *Laser* Guiada por MRI

12. **Complete as frases a seguir.**   100.6
    a. MRGLITT significa t_____ t_____ i_____ l_____ g_____ M_____. — termoterapia intersticial a *laser* guiada por MRI
    b. É realizada com MRI com o_____ e_____ simultânea. — orientação estereotáxica
    c. É considerada m_____ invasiva do que microcirurgia. — menos
    d. Qual é a vantagem principal? — recuperação pós-operatória mais curta
    e. O controle preliminar das convulsões é de _____ a _____%. — 60 a 70%

■ Tratamento Pós-Operatório para a Cirurgia de Epilepsia

13. **Verdadeiro ou Falso.** Em relação ao manejo pós-operatório de cirurgia para epilepsia: 100.7
   a. Requer observação na ICU por 24 horas. — verdadeiro
   b. Não é necessário tratar uma convulsão breve generalizada. — verdadeiro
   c. Administrar 10 mg de dexametasona IV antes da cirurgia, seguida de dosagem q8 horas, se necessário. — verdadeiro
   d. Os anticonvulsivantes podem ser descontinuados imediatamente após a cirurgia. — falso (precisam ser continuados por 1-2 anos mesmo que não ocorram convulsões pós-operatórias)
   e. Avaliação neuropsiquiárica 6-12 meses depois da cirurgia. — verdadeiro

■ Prognóstico

14. **Descreva as expectativas de resultados na cirurgia para convulsões.**   100.8.1
   a. O maior efeito da cirurgia é a r_____ da f_____ das c_____. — redução da frequência das convulsões
   b. A incidência pacientes livres de convulsões é de _____%. — 50%
   c. Convulsões reduzidas em no mínimo 50% em _____% dos pacientes. — 80%

15. **Qual é o principal risco da cirurgia durante a estimulação do nervo vago?** — paralisia nas pregas vocais   100.8.3

101

Radioterapia (XRT)

■ Radiação Externa Convencional

1. Lesão no tecido causada por radiação é uma função de: — 101.2.1
   a. d____ — dose
   b. t____ de e____ — tempo de exposição
   c. a____ — área

2. Quais são os quatro "R" da radiologia? — 101.2.1
   a. R____ — Reparo de dano subletal
   b. R____ — Reoxigenação de células tumorais previamente hipóxicas
   c. R____ — Repopulação das células tumorais após o tratamento
   d. R____ — Redistribuição das células dentro do ciclo celular

3. Qual é a equação linear e quadrática (modelo LQ)? — Dose biologicamente efetiva (Gy) = n x d x [1 + d / (α/β)]; onde n = nº de doses, d = dose por fração, e relação α/β = descrição da resposta celular à radiação, com os valores mais altos correspondendo a tecido com resposta mais precoce, tal como células tumorais. — 101.2.2

4. Complete as frases a seguir referentes à radiação craniana. — 101.2.3
   a. Após a cirurgia, a maioria dos cirurgiões espera ____ a ____ dias antes da radiação. — 7 a 10
   b. Os tumores que são muito responsivos à XRT incluem:
      i. l____ — linfomas
      ii. t____ c____ g____ — tumores de células germinativas

5. Quais são os dois tipos de células normais do CNS mais vulneráveis à necrose pela radiação? — 101.2.3
   a. e____ v____ — endotélio vascular
   b. c____ o____ — células germinativas

Radioterapia (XRT)

6. **Sete principais efeitos colaterais da radiação:**
   a. c_____ d_____ — cognição reduzida
   b. n_____ r_____ — necrose radioativa
   c. lesão do c_____ ó_____ — caminho óptico
   d. h_____ — hipopituitarismo
   e. h_____ p_____ — hipotireoidismo primário
   f. formação de novos _____ — formação de novos tumores – gliomas, meningiomas, tumores da bainha nervosa
   g. l_____ — leucoencefalopatia

7. **Os dois tratamentos principais de necrose por radiação são:** esteroides; cirurgia (se deterioração pelo efeito de massa)

8. **Qual é a dose estimada de XRT que pode ser tolerada pelo tecido cerebral normal?** Aproximadamente 65-75 Gy dados como 5 frações/semana durante 6,5-8 semanas. Ocorrerá necrose por radiação em cerca de 5% dos pacientes depois de 60 Gy dados como 5 frações/semana durante semanas.

9. **Verdadeiro ou Falso. Em relação aos seguintes estudos de imagem para detectar necrose por radiação:**
   a. espectroscopia por MR é útil se a massa for tumor puro. — verdadeiro
   b. espectroscopia por MR é útil se a massa for necrose pura. — verdadeiro
   c. espectroscopia por MR é útil se a massa for um misto de tumor e necrose. — falso
   d. RN levará à recaptação reduzida do radionuclídeo na imagem de SPECT. — verdadeiro
   e. RN levará a metabolismo aumentado da glicose regional na imagem de PET. — falso (será reduzido)

10. **A radiação de metástases espinais demonstrou prolongar a sobrevida?** Não há prova definitiva de prolongamento da sobrevida. Frequentemente usada para alívio da dor e preservação da função

11. **Os efeitos colaterais da radiação espinal incluem:**
    a. m_____ ou n_____ — mielopatia ou neuropatia
    b. n_____, v_____, d_____ — náusea, vômito, diarreia
    c. s_____ m_____ o_____ — supressão medular óssea
    d. r_____ no c_____ em crianças — retardo no crescimento em crianças
    e. desenvolvimento de m_____ c_____ — malformações cavernosas

552 Parte 23: Procedimentos, Intervenções, Cirurgias

12. **Quais são os fatores importantes relacionados com a ocorrência de mielopatia por radiação?** — 101.2.4
    a. t_____ de a_____ — taxa de aplicação
    b. d_____ t_____ de r_____ — dose total de radiação
    c. extensão da p_____ da m_____ — extensão da proteção da medula
    d. s_____ i_____ — suscetibilidade individual
    e. quantidade de t_____ i_____ — quantidade de tecido irradiado
    f. s_____ v_____ — suprimento vascular
    g. f_____ de r_____ — fonte de radiação

13. **Descreva os 4 tipos de mielopatia por radiação.** — Tabela 101.1
    a. Tipo 1 — Forma benigna, sintomas sensoriais leves/sinal de Lhermitte, ocorre vários meses após XRT, mas usualmente se resolve dentro de vários meses.
    b. Tipo 2 — Sinais neuromotores inferiores nas extremidades superiores ou inferiores em razão de lesão nas células cornificadas anteriores.
    c. Tipo 3 — Lesão completa na medula dentro de horas em decorrência de lesão nos vasos sanguíneos.
    d. Tipo 4 — Mielopatia progressiva crônica mais comum, com parestesias iniciais/sinal de Lhermite e eventual fraqueza espástica com hiperreflexia.

14. **Que doses de radiação estão associadas a risco negligenciável de mielopatia por radiação?** — Dependente do tamanho do campo. Campo grande: risco negligenciável com ≤ 3,3 Gy durante 6 semanas (0,55 Gy/sem.). Campo pequeno: risco negligenciável com ≤ 4,3 Gy durante 6 semanas (0,717 Gy/sem.). — 101.2.4

■ Radiocirurgia e Radioterapia Estereotáxica

15. **As três categorias principais para a realização de SRS/SRT são:** — 101.3.1
    a. G_____ K_____ — Gamma Knife (raios gama)
    b. a_____ l_____ — acelerador linear (raios-X)
    c. r_____ com p_____ p_____ c_____ — radiocirurgia com partículas pesadas carregadas

16. **A principal fonte de degradação gama usada em Gamma Knife é _____.** — Cobalto-60 — 101.3.1

Radioterapia (XRT)

17. Em geral, lesões com menos de _____ de diâmetro são suscetível ao tratamento com SRS.
    3 cm
    101.3.2

18. Qual é a dose máxima de radiação recomendada para os seguintes órgãos?
    101.3.4
    a. cristalino: _____ Gy — 1 Gy
    b. nervo óptico: _____ Gy — 1 Gy
    c. feixe na pele _____ Gy — 0,5 Gy
    d. tireoide: _____ Gy — 0,1 Gy

19. SRS é útil para
    101.3.5
    a. angiomas venosos? — não
    b. uma AVM com um nido compacto? — sim
    c. AVF durais com drenagem cortical? — não – alto risco de hemorragia com drenagem cortical

20. A escala para r_____ A_____ e e_____ P_____-F_____ são escalas úteis para predizer resultados favoráveis com radiocirurgia de AVM.
    escala para radiocirurgia de AVM; escala de Pollock-Flickinger
    101.3.5

21. A recomendação padrão ouro (Nível 1) para uma metástase cerebral única em uma região acessível é r_____ c_____ mais W_____.
    ressecção cirúrgica; WBRT
    101.3.5

22. Verdadeiro ou Falso. Com base em dados de estudo randomizado prospectivo envolvendo pacientes com uma metástase cerebral única:
    101.3.5
    a. A sobrevida entre SRS vs. cirurgia + WBRT é igual. — verdadeiro
    b. Houve uma incidência mais alta de recorrência distante no braço com SRS. — verdadeiro

23. Em adenomas hipofisários tratados com SRS, é mais alta a porcentagem da taxa de porcentagem do tumor ou a taxa de remissão endócrina?
    A taxa global de controle tumoral foi reportada como 90% vs. taxas de remissão endócrina variando de 26 a 54%, dependendo do hormônio que está sendo secretado em excesso. Tipicamente é necessária uma dose de radiação mais elevada para tumores secretores.
    101.3.5

24. As reações adversas imediatas a SRS incluem:
    101.3.5
    a. c_____ p_____-p_____ — cefaleias pós-procedimento
    b. n_____ e v_____ — náusea e vômitos
    c. c_____ — convulsões
    d. Os eventos adversos foram reduzidos por pré-medicação com m_____ e f_____. — metilprednisolona; fenobarbital

554 Parte 23: Procedimentos, Intervenções, Cirurgias

25. As complicações de SRS incluem: 101.3.5
   a. v_____ vasculopatia
   b. d_____ de n_____ c_____ déficits de nervos cranianos
   c. t_____ induzidos pela radiação tumores induzidos pela radiação
   d. a_____ na i_____ induzidas pela radiação alterações na imagem induzidas pela radiação

■ Braquiterapia Intersticial

26. Quais são as três técnicas para braquiterapia? 101.4.2
   a. inserção de s_____ de i_____-125 sementes de iodo-125
   b. inserção de c_____ contendo fonte radioativa cateteres
   c. administração de l_____ r_____ líquidos radioativos

102

Neurocirurgia Endovascular

■ Informações Gerais

1. **Contraindicações para angiografia por cateter:**
   a. transtornos h_____ não corrigidos — hemorrágicos
   b. função r_____ deficiente em razão de carga de corante de i_____ — renal; iodo

   102.1.3

■ Agentes Farmacológicos

2. **Agentes farmacológicos:**
   a. O nome comercial de abciximab é R_____. — ReoPro
   b. Seu mecanismo de ação é que ele impede a ligação do f_____ a r_____ p_____ GP IIb/IIIa. — fibrinogênio; receptores; plaquetários

   102.2.2

   c. Aspirina age inativando, irreversivelmente, a _____. — ciclo-oxigenase

   102.2.3

   d. Aspirina não revestida atinge o pico de concentração plasmática em _____-_____ minutos, enquanto que aspirina entérica revestida atinge o pico em _____ horas. — 30-40 minutos; 6 horas
   e. Até _____% dos pacientes são resistentes à aspirina 325 mg/dia. — 30%
   f. O nome comercial de clopidogrel é P_____. — Plavix

   102.2.4

   g. É um antagonista dos receptores A_____ plaquetários. — ADP
   h. Iniciar _____ dias antes do procedimento porque leva _____-_____ dias para atingir efeito terapêutico integral. — 5 dias; 3-7 dias
   i. Usar dose de carga de _____ mg se não houver tempo para atingir o efeito terapêutico em poucos dias. — 300 mg
   j. O nome comercial de eptifibatide é I_____. — Integrilin

   102.2.5

   k. É um inibidor r_____ da agregação p_____. — reversível; plaquetária
   l. A meta da ACT para a embolização de um aneurisma ou AVM é _____-_____ segundos. — 300-350 segundos

   102.2.6

   m. A meta da ACT para angioplastia com/sem *stenting* é _____-_____ segundos. — 250-300 segundos

556 Parte 23: Procedimentos, Intervenções, Cirurgias

n.	O agente usado para reverter o efeito da heparina é s_____ de p_____.	sulfato de protamina	
o.	Agente usado durante o teste de Wada é a_____ s_____.	amital sódico	102.2.9
p.	_____ mg é injetado por meio de um cateter para o teste de Wada com bolos adicionais de _____ mg, se necessário.	100 mg; 25 mg	
q.	tPA converte p_____ em p_____.	plasminogênio; plasmina	102.2.10
r.	Pode ser administrado por via i_____ ou i_____-_____.	intravenosa; intra-arterial	
s.	tPA pode ser revertido usando F_____.	FFP	
t.	Verapamil é um bloqueador dos c_____ de c_____ que possibilita à v_____.	canais de cálcio; à vasodilatação	102.2.11

■ Fundamentos do Procedimento Neuroendovascular

3. Fundamentos do procedimento neuroendovascular:

a.	Pode ser obtido acesso vascular via artéria f_____, artéria r_____, artéria b_____ ou artéria c_____.	femoral; radial; braquial; carótida	102.3.1
b.	As opções para fechamento de arteriotomia incluem pressão manual ou instrumentos para f_____ percutâneo.	fechamento	102.3.3

■ Intervenção Específica de Doença

4. Tratamento endovascular de aneurismas: 102.5.1

a.	O tratamento endovascular emergiu como uma terapia de p_____ l_____ para a maioria dos aneurismas, porém a cirurgia permanece sendo uma opção forte para aneurismas da M_____ e P_____.	primeira linha; MCA, PICA	
b.	Aneurismas em todo o pescoço eram anteriormente considerados mais adequados para c_____, mas a disponibilidade dos s_____ aumentou o espectro dos aneurismas receptivos a tratamento endovascular.	clipagem; *stents*	
c.	Aneurismas pequenos com _____ de _____ mm são menos favoráveis para b_____.	menos de 4 mm; bobinamento	
d.	Outra opção endovascular para aneurismas em todo o pescoço é o bobinamento assistido por b_____.	balão	
e.	A maioria das molas é feita de p_____ p_____.	platina pura	
f.	O dispositivo de e_____ c_____ impede a e_____ de s_____ no aneurisma e, assim, estimula a e_____.	embolização por canalização; entrada de sangue; estase	

Neurocirurgia Endovascular 557

g. O acompanhamento com angiografia aos _____ usualmente revela a o_____ completa do aneurisma. — 6 meses; obliteração

h. Tratamento de ruptura de aneurisma durante bobinamento:
  i. abaixar a p_____ a_____ — pressão arterial
  ii. inflar o b_____, se estiver sendo usado — balão
  iii. reverter a a_____ — anticoagulação
  iv. continuar o b_____ — bobinamento
  v. inserir E_____ — EVD

5. Manejo de vasospasmo: 102.5.2
a. As opções endovasculares incluem espasmólise q_____ e a_____. — química; angioplastia
b. A droga de primeira escolha para espasmólise é v_____. — verapamil
c. A r_____ dos tratamentos pode ser considerada. — repetição

6. Embolização de AVM: 102.5.3
a. Indicações:
  i. A indicação mais comum é embolização p_____-o_____. — pré-operatória
  ii. Embolização de aneurismas associados localizados em a_____ ou n_____. — alimentadores; *nidus*
  iii. A embolização curativa de AVM é r_____ e limitada a p_____ AVMs com angioarquitetura s_____. — rara; pequenas; simples
b. Os 2 agentes embólicos mais comuns incluem o_____ e N_____. — onix; NBCA
c. O componente radiopaco de Onix é t_____. — tântalo
d. Onix requer preparação do microcateter com D_____ para impedir a s_____ do Onix dentro do microcateter. — DMSO; solidificação
e. NBCA é um agente embólico que é uma c_____. — cola

7. Fístula arteriovenosa dural (DAVF):
a. DAVF com características a_____ são sempre consideradas para tratamento. — agressivas   102.5.4
b. Estas características incluem r_____ c_____, h_____, d_____ n_____ f_____, d_____, p_____ e p_____ i_____ a_____. — refluxo venoso cortical, hemorragia, déficit neurológico focal, demência, papiledema; pressão intraocular aumentada
c. A abordagem t_____ é preferida. — transvenosa
d. Os materiais embólicos que podem ser usados incluem m_____, o_____ e N_____. — molas, ônix; NBCA   102.5.3

102

558 Parte 23: Procedimentos, Intervenções, Cirurgias

8. **Fístula carótido-cavernosa (CCF):** 102.5.5
   a. Fístula direta requer t_____ porque não resolve e_____. — tratamento; espontaneamente
   b. As rotas endovasculares usadas para tratar CCF são t_____, t_____ e via v_____ o_____ s_____. — transarterial, transvenosa; veia oftálmica superior
   c. A rota e técnica de escolha é embolização por m_____ t_____. — mola transarterial
   d. Balões removíveis n_____ estão mais d_____ nos Estados Unidos. — não; disponíveis

9. **Fístula vertebrojugular:** 102.5.6
   a. As 3 principais etiologias são i_____, t_____ ou v_____. — iatrogênica, trauma; vasculite
   b. Os 2 principais tratamentos endovasculares são s_____ c_____ ou o_____ com m_____ se houver fluxo sanguíneo adequado através da artéria vertebral contralateral. — *stent* coberto; oclusão com mola

10. **Dissecção da carótida:** 102.5.7
    a. A característica angiográfica mais comum é e_____ l_____ (_____%). — estenose luminal (65%)
    b. As indicações para intervenção endovascular são sintomas i_____ persistentes apesar de a_____ ou lesão limitante do f_____ com comprometimento h_____. — isquêmicos; anticoagulação; limitante do fluxo; hemodinâmico
    c. O tratamento endovascular consiste em s_____ com mola c_____ ou n_____ _____. — *stenting*; coberta ou não coberta

11. **Estenose da artéria subclávia:** 102.5.8
    a. Apenas _____% dos pacientes com estenose da artéria subclávia têm r_____ do fluxo na artéria vertebral. — 2,5%; reversão
    b. A indicação para intervenção endovascular é estenose resultando em s_____ do r_____ da s_____. — síndrome do roubo da subclávia
    c. A intervenção consiste em a_____ e s_____. — angioplastia; *stenting*

12. **Trombectomia mecânica para acidente vascular isquêmico:** 102.5.9
    a. Pode ser realizada dentro de _____ horas do início do sintoma. — 6 horas
    b. Pode ser realizada para acidentes vasculares posteriores até _____ horas após o início do sintoma. — 24 horas
    c. O aparelho de escolha atual é o s_____-r_____. — stent-retriever
    d. A taxa de recanalização com este aparelho é de _____-_____%. — 88-100%
    e. Um dispositivo mais antigo usado é a_____ da p_____. — aspiração da penumbra

f. Tem uma taxa de recanalização de ____%.	80%	
g. A recanalização com o dispositivo mais antigo demora ____ para ser obtida.	mais tempo	
13. Embolização tumoral:		102.5.11
a. O propósito é a d____ pré-operatória de tumores v____, como ____.	desvascularização; vasculares; meningiomas	
b. A embolização com partículas de P____ não é d____ e, assim sendo, deve ser realizada cirurgia dentro de p____ dias da embolização.	PVA; durável; poucos	
14. O tamanho da partícula de PVA que é, tipicamente, usada para tratar epistase é ____-____ mcgm.	250-300 mcgm	102.5.13